科学是永无止境的，它是一个永恒之迷。

——爱因斯坦

《“中国制造2025”出版工程》
编 委 会

“十三五”国家重点出版物
出版规划项目

“中国制造2025”
出版工程

动态系统运行安全性分析与技术

柴毅 张可 毛永芳 魏善碧 著

化学工业出版社
·北京·

本书以大型工业过程系统与复杂工程系统为对象，对系统安全性的概念、运行危险分析、事故演化、系统运行异常工况识别、面向系统故障安全的故障诊断、系统安全性分析与评估等内容开展深入分析和论述。

本书适合从事工业和工程系统状态监测、故障诊断及运行安全性评估和智能维护的研究人员、工程技术人员阅读和参考，也可作相关专业的教学参考书。

图书在版编目（CIP）数据

动态系统运行安全性分析与技术/柴毅等著. —北京：化学工业出版社，2019.3

“中国制造2025”出版工程

ISBN 978-7-122-33733-7

Ⅰ.①动… Ⅱ.①柴… Ⅲ.①工业控制系统-安全性-分析 Ⅳ.①TB4

中国版本图书馆CIP数据核字（2019）第010223号

责任编辑：宋 辉　　文字编辑：陈 喆

责任校对：王 静　　装帧设计：尹琳琳

出版发行：化学工业出版社（北京市东城区青年湖南街13号 邮政编码100011）

印　　装：三河市延风印装有限公司

710mm×1000mm 1/16 印张19½ 字数366千字 2019年7月北京第1版第1次印刷

购书咨询：010-64518888　　售后服务：010-64518899

网　　址：http://www.cip.com.cn

凡购买本书，如有缺损质量问题，本社销售中心负责调换。

定　　价：88.00元

序

制造业是国民经济的主体，是立国之本、兴国之器、强国之基。 近十年来，我国制造业持续快速发展，综合实力不断增强，国际地位得到大幅提升，已成为世界制造业规模最大的国家。 但我国仍处于工业化进程中，大而不强的问题突出，与先进国家相比还有较大差距。 为解决制造业大而不强、自主创新能力弱、关键核心技术与高端装备对外依存度高等制约我国发展的问题，国务院于 2015 年 5 月 8 日发布了“中国制造 2025”国家规划。 随后，工信部发布了“中国制造 2025”规划，提出了我国制造业“三步走”的强国发展战略及 2025 年的奋斗目标、指导方针和战略路线，制定了九大战略任务、十大重点发展领域。 2016 年 8 月 19 日，工信部、国家发展改革委、科技部、财政部四部委联合发布了“中国制造 2025”制造业创新中心、工业强基、绿色制造、智能制造和高端装备创新五大工程实施指南。

为了响应党中央、国务院做出的建设制造强国的重大战略部署，各地政府、企业、科研部门都在进行积极的探索和部署。 加快推动新一代信息技术与制造技术融合发展，推动我国制造模式从“中国制造”向“中国智造”转变，加快实现我国制造业由大变强，正成为我们新的历史使命。 当前，信息革命进程持续快速演进，物联网、云计算、大数据、人工智能等技术广泛渗透于经济社会各个领域，信息经济繁荣程度成为国家实力的重要标志。 增材制造（3D 打印）、机器人与智能制造、控制和信息技术、人工智能等领域技术不断取得重大突破，推动传统工业体系分化变革，并将重塑制造业国际分工格局。 制造技术与互联网等信息技术融合发展，成为新一轮科技革命和产业变革的重大趋势和主要特征。 在这种中国制造业大发展、大变革背景之下，化学工业出版社主动顺应技术和产业发展趋势，组织出版《“中国制造 2025”出版工程》丛书可谓勇于引领、恰逢其时。

《“中国制造 2025”出版工程》丛书是紧紧围绕国务院发布的实施制造强国战略的第一个十年的行动纲领——“中国制造 2025”的一套高水平、原创性强的学术专著。 丛书立足智能制造及装备、控制及信息技术两大领域，涵盖了物联网、大数据、3D 打印、机器人、智能装备、工业网络安全、知识自动化、人工智能等一系列核心技术。 丛书的选题策划紧密结合“中国制造 2025”规划及 11 个配套实施指南、行动计划或专项规划，每个分册针对各个领域的一些核心技术组织内容，集中体现了国内制造业领域的技术发展成果，旨在加强先进技术的研发、推广和应用，为“中国制造 2025”行动纲领的落地生根提供了有针对性的方向引导和系统性的技术参考。

这套书集中体现以下几大特点：

首先，丛书内容都力求原创，以网络化、智能化技术为核心，汇集了许多前沿科技，反映了国内外最新的一些技术成果，尤其使国内的相关原创性科技成果得到了体现。 这些图书中，包含了获得国家与省部级诸多科技奖励的许多新技术，因此，图书的出版对新技术的推广应用很有帮助！ 这些内容不仅为技术人员解决实际问题，也为研究提供新方向、拓展新思路。

其次，丛书各分册在介绍相应专业领域的新技术、新理论和新方法的同时，优先介绍有应用前景的新技术及其推广应用的范例，以促进优秀科研成果向产业的转化。

丛书由我国控制工程专家孙优贤院士牵头并担任编委会主任，吴澄、王天然、郑南宁等多位院士参与策划组织工作，众多长江学者、杰青、优青等中青年学者参与具体的编写工作，具有较高的学术水平与编写质量。

相信本套丛书的出版对推动“中国制造 2025”国家重要战略规划的实施具有积极的意义，可以有效促进我国智能制造技术的研发和创新，推动装备制造业的技术转型和升级，提高产品的设计能力和技术水平，从而多角度地提升中国制造业的核心竞争力。

中国工程院院士 潘云鹤

前言

动态系统在现代化工业中广泛存在，如冶金、化工、核电等大型工业过程，运载火箭、航天器、大型客机、高速列车等复杂装备系统。这种大型化的复杂动态系统是维持民生、国家经济稳定发展的重要组成部分，是国家支柱产业构成的重要内容。动态系统结构复杂，其运行故障和事故的发生，会造成环境污染、设备损坏、财产损失、人员伤亡等重大问题。因此，保障大型工业过程与复杂装备系统的运行安全和长期无事故，具有重要的实际工程意义和学术研究价值。

大型工业过程和复杂装备是一类典型的动态系统，通常由时间演化子系统和事件驱动子系统相互作用组成，包含大量的连续过程和若干调度决策过程。这类系统体系结构和运行受不同性质的过程交替作用，故障机理和传播路径愈加复杂。实践表明，动态系统的整体安全性与其规模和复杂度成反比，细微的异常或故障就可能造成灾难性的后果，或导致巨大的损失。如何对系统运行安全性进行定量分析和评价，是动态系统运行安全工程实践和理论研究的关键问题。

本书基于这一需求，以大型工业过程与复杂装备系统为对象，开展动态系统运行安全性研究，涉及控制、机械、电气、系统科学、管理等学科的热点、难点方向。全书共分为7章，围绕动态系统运行安全性，分别针对系统安全性的概念、运行安全危险分析及事故演化、检测信号处理、运行异常工况识别、运行故障诊断、系统运行安全分析与评估、系统安全运行智能监控关键技术与应用等内容进行了深入分析和论述。

第1章为概述。分析了大型工业过程与复杂装备系统的运行安全需求，阐述了动态系统事故、故障与运行安全性等相关概念，介绍了运行安全事故分析、危险特性与影响、运行危险因素、运行安全性分析与评估、运行安全保障等研究内容与现状。

第2章为系统运行安全危险分析及事故演化。介绍了不同目的和环境下的危险源分类体系、危险分析方法、危险源辨识与控制，以系统运行安全事故典型分析方法为例，探讨了安全事故传播与演化过程，并给出了相应的典型案例。

第3章为运行系统检测信号处理。讨论了运行系统检测信号降噪、一致性分析、信号处理等问题。介绍了强噪声环境下基于小波的检测信号降噪方法；运行系统多点冗余采集造成动态信号采集冲突下的动态信号一致性检验和聚类分析方法；非平稳信号的希尔伯特变换、固有时间尺度分解、线性正则变换方法。

第4章为系统运行异常工况识别。讨论了如何根据监测数据识别出运行系统工况异常。介绍了基于统计分析的异常工况识别方法、基于信号分析方法的异常工况识别方法以及基于模式分类的异常工况识别方法，给出了应用案例和必要的对比分析。

第 5 章为系统运行故障诊断。讨论了系统在运行过程中出现的故障问题。分别以机械传动系统、电气系统、驱动控制系统以及过程系统等常见动态系统作为对象，介绍了基于小波理论、深度置信网络等故障诊断方法，并通过应用实例对几种故障诊断方法的优缺点进行了分析。

第 6 章为系统运行安全分析与评估。介绍了运行安全风险表征与建模和系统运行安全分析方法，从系统运行过程安全分析的角度，阐述了故障和人在回路误操作两种情况下的运行过程安全分析方法。概述了安全性评估体系构建的思路，介绍了安全评估指标体系及评价体系的构建方法和典型的安全性评估方法。

第 7 章为动态系统安全运行智能监控关键技术及应用。分析了动态系统运行安全监测信息化需求；在需求分析的基础上定义了包括数据采集、数据存取管理、数据处理、状态监测与异常预警、故障分析与定位、健康状态评估与预测、安全管控决策等系统应用功能模块；以航天发射飞行安全控制决策为典型案例，阐述了一种针对动态系统的运行安全控制决策的技术方法和任务流程，并给出了测试及实施结果。

本书是作者多年来在该领域从事理论研究与实践的总结，同时综合了国内外相关技术理论及工程应用的最新发展动态。内容上力求做到深入浅出，理论与应用并重，具有较强的系统性、完整性、实用性和技术前瞻性。本书作者希望通过从技术理论和工程实践等方面的详尽阐述，使广大读者能够从抽象和具象方面对动态系统运行安全性分析与技术有系统和深入的理解和认识。

本书第 1、7 章由柴毅撰写，第 2、6 章由张可撰写，第 3 章由魏善碧撰写，第 4、5 章由毛永芳、柴毅撰写，全书由柴毅统稿。课题组研究人员重庆大学尹宏鹏教授、郭茂耘副教授、胡友强副教授、屈剑锋副教授，以及博士研究生朱哲人、唐秋、任浩、李艳霞、刘玉虎、王一鸣、刘博文和硕士研究生贺孝言、朱燕、朱博等在文稿和图表整理等基础工作中付出了辛勤的工作，林庆老师做了大量审稿组织工作，这里一并表示感谢！

由于作者水平有限，书中不妥之处在所难免，诚恳广大读者批评指正，以便今后改正和完善。

著　者

目录

1 第1章 概述

22 第2章 系统运行安全危险分析及事故演化

第1章

概述

1.1 引言

随着信息科学技术与传统工业技术的相互融合和快速发展，人类所设计的认识自然、改造自然、利用自然的设备与系统的复杂度日益提升。例如，核电厂、石化厂、钢铁厂、航天器、大型飞机、高速列车等，均是自动化、信息化技术高度集成的大型工业系统和复杂装备系统。这些对象功能多结构复杂，投资大，价格昂贵，运行中涉及高能、高温、高压、高速等特性，安全性要求特别高。在运行状态下，如果不能及时发现并处理异常或故障，使得危险源出现在危险过程中，将会产生能量的突发释放，从而导致安全事故的发生。现代大型复杂系统在多设备互联、相互耦合以及分布集成的结构下，往往呈现出系统拓扑结构网络化、故障因素多元关联化等特点，过程异常与故障相互影响，导致系统部分功能失效，将危险源暴露于危险过程中（在初始安全状态下危险源与危险过程是相互安全隔离的），引发安全事故，即系统运行安全事故。如何发现危险因素，防止危险源出现于运行过程中，预防运行安全事故的发生，是动态系统运行安全性研究的主要内容。

本节将在1.1.1与1.1.2节中以大型工业过程与复杂装备系统为例，详细剖析动态系统运行安全性的重要性。

1.1.1 大型工业过程的运行安全需求

现代大型工业过程是复杂动态系统的典型代表，主要包括冶金、化工、核电等不同的工业过程，是维持民生、国家社会经济发展的重要组成部分。因此，保障大型工业过程运行安全稳定尤为重要。

（1）核能发电系统

核能发电系统由多层次多类型的子系统或单机设备组成，并且通过控制系统将各单机设备与子系统有效连接，形成相互制约与保障的关系。核能发电依赖于核裂变反应。因此，任何安全隐患、人员误操作以及系统故障，都可能导致运行事故甚至灾祸，造成巨大的人员伤亡和经济损失，产生极为严重的影响。

自福岛核事故之后，国际原子能机构（IAEA）在年度《核电安全评论》中表示应加强核动力设备安全标准。我国召开国务院常务会议，听取福岛核事故的情况汇报，迅速制定核电安全规划，调整与完善国家核电开发、利用与安全控制的中长期发展纲要与规划，并明确提出了“核电发展要把安全放在第一位，确保核动力设备绝对安全”这一核心安全战略。

利用有效的在线监测与安全分析、评估方法，及时发现核能发电系统的安全隐患与危险因素，不断优化、完善系统智能维护策略，延长系统平均无故障时间，增加各子系统、关键部件与单机设备的寿命，通过以上措施保障核能发电系统运行安全性。

（2）石油化工生产过程

化工过程是一类自带危险源的工业过程，石油化工生产原料与产物大多不是环境友好型的，部分石化过程产物甚至具有毒性、腐蚀性、易燃易爆特性，此外，在催化、裂化反应过程中，往往都要求处于高温或高压状态，所以化工过程本身就是危险过程。在运行中，一旦系统出现故障、误操作等，极易发生对人员、物资、财产以及环境破坏性强的运行安全事故（如爆炸、大面积燃烧等）。

随着人们对化工产品的需求越来越高，在新产品和新工艺推动下，新的生产方式和技术不断被采用，生产过程长期稳定可靠运行的控制与管理面临挑战。

在系统运行过程中应实时监测系统运行状态，在线发现系统运行异常或故障，通过准确的安全评估，快速制定有效的安全控制决策，解决化工过程或化工系统运行安全性问题，保障系统安全运行。

（3）冶金生产过程

冶金过程所涉及的工艺复杂、设备繁多，是一类高热能、高势能的生产过程，具有毒性、易燃易爆性、高温高压等危险特性，一旦出现误操作或故障，所发生的各类异常能量逸散事故危害极大。

研究面向冶金过程与系统的运行安全性分析、评估、控制与维护技术，保障冶金过程及其系统的安全运行，提高过程与系统的运行安全性，是当前伴随冶金工业可持续发展的重要环节之一。

1.1.2 复杂装备系统运行的安全需求

（1）航天发射系统

航天发射系统是一个典型的涉及多人、多机、多环境的大规模复杂装备系统[1]，该系统主要由航天器（例如通信卫星、载人飞船、空间站等）、运载火箭和航天发射场系统等多个子系统组成。在发射过程中，一旦出现任何安全隐患、设备或系统故障，都可能导致运行事故甚至灾难。航天工程的探索性、试验性、危险性和社会性决定了航天发射系统的安全具有非常重要的地位。航天运载器事故的发生伴随着巨大的人员伤亡和经济损失，将会造成极为严重的影响。

因此，在航天发射过程（如点火发射、主动飞行阶段、箭体分离等）中，如何针对航天运载器及发射设备设施的隐患、系统故障等危险因素进行检测、识别、定位，对其运行安全性进行分析、实时评估、控制与预防，一直是航天发射的重要研究内容和实际需求。

（2）高速列车

高速列车是现代化的先进交通工具，作为一种典型的动态系统，主要由车体、动力系统、控制系统、牵引制动系统等子系统组成，结构复杂且自动化、信息化集成程度高。由于高速列车成体系运行，其载客量大、线路长、速度快、要求准点，若存在安全隐患极易影响铁路系统的有效运行，进而引发严重的人员伤亡、财产损失、环境破坏等事故。

鉴于高速列车长时间大负荷持续运行的安全需求，在运行过程中快速准确处理运行故障、制定安全决策、确保列车安全等方面存在诸多挑战。需要在实时监测列车运行过程的基础上，形成一套可靠精准且智能化程度高的高速列车运行在线安全分析、评估、控制与维护体系。

综上所述，本节以大型工业过程系统与复杂装备系统为例，阐述了研究复杂动态系统运行安全性的重要性。同时，复杂动态系统的运行安全性研究，也是机械、电气、系统科学、管理、控制等学科的热点研究方向。本书围绕着复杂动态系统运行安全性，开展了对系统安全性的概念、运行危险分析、事故演化、运行状态监测、面向系统故障安全的故障诊断、系统安全性分析与评估等内容的介绍与分析。

1.2 系统运行安全性

本节所涉及的系统安全性，主要是关注在控制科学与工程学科背景下，运用系统与控制、管理与工程等多学科的分析方法，有效认识和处理危险，保障大型工业系统和复杂装备系统等处于最优安全状态。

从定义上看，系统运行安全是指系统在运行过程中，不受偶然或突发的原因而遭受损害、可以连续可靠地运行且不对内部与外部造成损害和风险的状态；从过程上看，系统运行安全是指动态系统在输入、输出和扰动以及危险因素等相互作用下，能够保持其正常运行状态及工况，而免受非期望损害的现象；从结果上看，系统运行安全是使系统本身及其相关的设备、装置、环境、人员等，在系统运行过程中可能受到的损害和危险均在预期可接受的范围内。

作为衡量系统性能的一个重要指标，系统运行安全性一直以来都广受工业界和学术界的关注[2]，主要聚焦于可导致人身及健康受到伤害、财产损失、设备设施损毁、环境资源破坏及污染等安全事故的危险因素。在系统运行工作条件下，这些危险因素主要体现为由于系统元部件（机械、电气、硬件、软件）故障等引起的部件或功能失效以及故障发生后的后续影响。

本书以实际工业过程中系统的运行安全性需求为切入点，以大型工业过程和复杂装备系统为对象，开展“动态系统运行安全性”的分析和技术研究。

1.2.1 故障

在系统运行过程中，尤其在具有高安全要求的控制系统中，除了可靠性技术之外，需要使用故障安全技术诊断、预测系统运行存在的各类故障。国际自动控制联合会（IFAC）的技术过程故障诊断与安全性委员会将故障定义为偏差，即偏离了正常的运行值。普遍认为，故障是“系统至少一个特性或参数出现较大偏差，超出了可接受的范围，此时系统的性能明显低于其正常水平，难以完成其预期的功能”[3]。具体地，故障是系统在运行过程中出现了不希望出现的异常现象，或是引起系统运行性能下降、元器件失效的一种现象或一类事件。而在特定操作条件下，作为一种非预期的异常，由于故障引起功能单元执行要求功能的能力降低，使系统持续丧失完成给定任务的能力，致使功能上的运行错误或完全丧失，继而形成风险（即存在遭受损失、伤害、不利或毁灭等事件的可能性）。

因此，故障对于系统安全性是一个非常重要的因素。根据故障本身的特性，将其按照不同的方式进行分类。

（1）按时间特性分类

根据故障随着时间的变化而变化的特性不同，可以将故障分为以下 3 类，如图 1-1 所示。

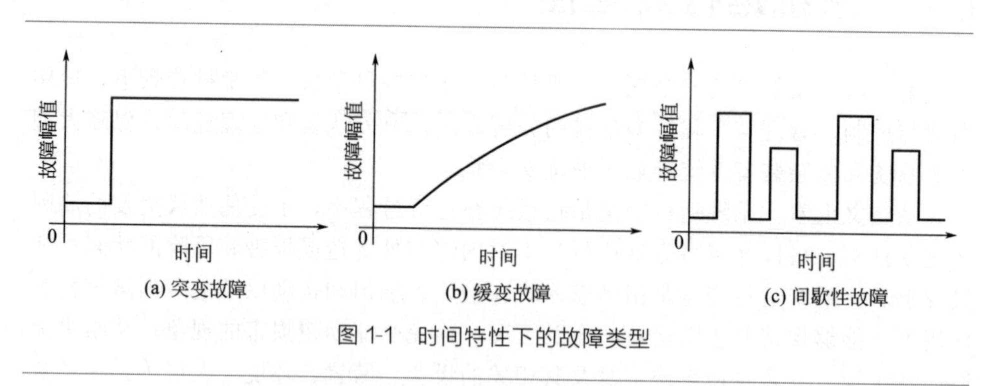

图 1-1 时间特性下的故障类型

① 突变故障：具有特征明显、发生比较突然、造成严重影响、难以预测等

特点。

② 缓变故障：具有随时间推移可以早期发现并排除故障，可以预测变化趋势等特点。

③ 间歇性故障：具有随机产生随机消失，对系统影响与噪声类似，具有累积效应、可逐渐演化、单次持续时间短、不易检测分离、难以在线检测等特点。

（2）按故障发生的不同位置分类

结合故障发生的不同位置，可以将故障分为以下 4 类。

① 传感器故障：因传感器工作异常导致测量值与实际值出现偏差。

② 执行器故障：因执行机构工作异常导致输入命令与执行动作出现偏差。

③ 控制器故障：因控制单元工作异常导致控制指令与被控量出现偏差。

④ 系统故障：因前述 3 类故障单一或复合导致被控对象实际工作与预期目标出现偏差。

（3）按故障间的相互关系分类

按故障间的相互关系，可以将故障分为单故障、多故障，或是分为独立故障和复合故障。

（4）按故障引发系统性能下降的严重程度分类

按故障引发系统性能下降的严重程度，可以将故障分为永久性故障和瞬态故障。

（5）按故障的不同发生形式分类

按故障的不同发生形式，可以将故障分为加性故障和乘性故障。

除此之外，以下相关故障概念也是了解和研究系统运行安全性的重要基础。

动态系统故障[4]：状态随时间而变化的系统在运行过程中发生的故障，其特征为系统的状态变量随时间有明显的变化，故障是时间的函数。

动态系统故障诊断[4]：根据动态系统的时间特性，进行故障检测、故障分离、故障辨识等行为。

复合故障[5]：至少 2 个系统变量或特性偏离了正常范围，但是在系统的异常表现上，复合故障并不能在故障分离之前与单一故障准确区分。

复合故障诊断[5]：故障模式识别存在多输出可能性的求解问题。

微小故障[6]：故障征兆观测值的偏离程度较小的故障。与征兆偏离程度显著的故障相对。

微小故障诊断[6]：对只有微小异常征兆却可危及系统安全运行的小故障进行及时有效的监控。

上述所列类型故障在动态系统中广泛存在且不易使用传统故障诊断方法进行处理，对系统安全性具有相当大的影响（因此，这些故障是系统安全性分析的难点）。

1.2.2 事故

事故一般定义为意外的损失或灾祸。在管理学科中，事故是造成死亡、灾难、伤害、损坏或其他损失的意外情况；在工程领域中，事故被定义为系统或设备完成某项活动过程中，导致活动过程正常运行状态被打断，且会对人员、物资、财产造成损失以及对环境造成破坏或损害的意外事件。通常，在危险出现后，由于控制方法与处理方案不合理、执行有偏差等情况，会引起事故。因此，将危险定义为存在引发事故风险的状态，是事故发生的基本条件。危险是由系统自身所具有的物质、系统运行的环境以及人员参与系统操作的活动等单一或多元共同作用而产生的。

因此，事故具有动态性。事故和故障一样，通常可以分为突发性事故与缓发性事故。突发性事故是由不可预知的外力作用引发的。例如，高速飞行客机的发动机受飞鸟撞击而发生损毁，化工厂突遇高强度地震导致系统大面积破坏。而缓发性事故的发生通常都存在一定的演化机理与路径。例如，化工系统里所使用的泵，其关键部件——轴承出现裂纹，进而发展为断裂，最终导致系统局部损毁。

设备出现事故是工业系统、装备系统等复杂动态系统最为常见的事故类型。设备事故指的是正式投入使用的设备，在运行过程中由于设备零部件损坏或损毁导致设备运行中断，无法继续使用的现象或事件。而在运行过程中当设备内置的安全防护装置正常执行动作，但其由于安全件损坏或损毁而导致运行中断却不造成其他设备损坏或损毁的事件，不可被归为设备事故。因此，设备事故发生具有缓发性或突发性，其中缓发性事故是可以通过建立事故树或系统状态方程来进行刻画描述的。

1.2.3 运行安全性

安全性是系统在运行过程中维持安全状态的性能或能力，是除了稳定性、可靠性之外系统处于运行状态下的基本属性之一。本书认为，运行安全性是指动态系统在处于运行过程时不因设计缺陷、故障、误操作等危险因素被激发，而导致系统设备损毁、环境破坏、人员伤亡、财产损失等破坏性事故的能力或特性。可描述为

$$S=f(G_i,G_e,G_h,G_f) \tag{1-1}$$

$$G_e=\varphi(G_i) \tag{1-2}$$

$$G_h=\phi(G_i) \tag{1-3}$$

$$G_f = \theta(G_i) \tag{1-4}$$

$$G_i = \vartheta(F, E_u, P_m) \tag{1-5}$$

式中，S 为运行安全状态，且满足 $S \in [0,1]$（0 为完全不安全状态，1 为完全安全状态）；G_i 为系统与设备损坏程度、损坏位置等；G_e 为环境污染程度；G_h 为人员伤亡数量；G_f 为财产损失；$f(\cdot)$ 为运行安全状态与设备损坏、环境污染、人员伤亡、财产损失之间的非线性映射关系；$\varphi(\cdot)$、$\phi(\cdot)$、$\theta(\cdot)$ 分别为设备损坏与环境污染、人员伤亡、财产损失的非线性映射关系（表征设备损坏是造成环境污染、人员伤亡、财产损失的原因）；F 为系统运行故障，E_u 为误操作；P_m 为工艺参数异常；$\vartheta(\cdot)$ 为运行故障、误操作、工艺参数异常等与系统设备损坏之间的非线性映射关系（表征运行故障、误操作、工艺参数是引发事故的危险因素）。

（1）运行安全性要求

运行安全性要求系统在寿命周期内符合 GJB 900《系统安全性通用大纲》的要求。各动态系统要满足所属系统类型的标准，例如电气系统的运行安全性需要达到国标 GB/T 20438. 1—2017/IEC 61508 的要求。

本书对于运行安全性最基本的要求是系统具有下述维持运行安全性的能力：通过及时的系统运行状态异常识别和故障诊断与预测，尽早发现引发事故的故障与误操作，采用预测性或主动安全防护策略（主要是通过维修的方式），有效避免危险事件或事故的发生。

（2）运行安全性内涵

GB/T 20438. 1—2017/IEC 61508-1 中利用伤害、危险（危险情况与危险事件）、风险（允许风险和残余风险）、安全（功能安全与安全状态）及合理的可预见的误用等术语对电气/电子/可编程电子安全相关系统的功能安全进行刻画，为保证系统安全，不仅要考虑各系统中元器件的问题（如传感器、控制器、执行器等），而且要考虑构成安全相关系统的所有组件。

当前，复杂工业系统的动态运行过程安全分析与预测实现仍存在巨大的挑战。一方面，大规模工业系统中的温度、流量、液位和压力等过程变量之间相互耦合，系统动态运行数据存在多时空、多尺度特性；另一方面，外界扰动、环境变化、人因误操作等因素也可能使系统出现新的未知潜在安全隐患。因此，利用安全风险分析、动态安全域等安全性分析方法与手段，尽早发现复杂系统动态运行过程中存在的安全隐患，实时监测系统危险因素是否处于被触发状态，是保证动态系统运行安全性的重要研究内容。

（3）系统运行安全性基本指标

系统运行安全性基本指标是度量系统运行安全程度的重要参量。常用的运行安全性基本指标有危险概率、危险严重度、运行安全风险、运行安全域以及安全可靠度等。

① 危险概率 危险概率是对一段时间内，动态系统运行时发生危险事件次数的统计解释。危险事件是系统发生功能丧失、结构破坏等引起状态改变性质的事件。例如，毒气泄漏、着火、爆炸等。因此本书将动态系统可能出现的危险事件等价为事故。

在本书涉及的动态系统中，危险概率等价于事故概率。事故概率[2] 被定义为：在规定的条件下和规定的时间内，系统的事故总次数与寿命单位总数之比，用下式表示为

$$事故概率=\frac{事故总次数}{寿命单位总数} \tag{1-6}$$

② 危险严重度 危险严重度是衡量或评估危险事件（或事故）发生对于动态系统内设备、其所在环境的破坏程度、经济损失、人员伤亡以及社会影响等多方面因素的综合指标。一般地，危险严重度用“轻微”“中度”“严重”等程度词汇描述。因此，对于危险严重度数学模型的建立与计算，通常使用隶属函数与模糊数学，也可以使用置信度等统计方法描述。

③ 运行安全风险 运行安全风险是综合当前时刻事故发生的可能性（危险概率）、发生时间的紧迫程度以及事故发生后的严重程度（危险严重度），用以衡量系统运行过程安全状态或安全水平而形成的评价指标（详见本书 6.2.1 节）。

④ 运行安全域 运行安全域是通过概率或运行状态数据描述系统安全运行范围的一个基本指标。假设系统可用下式描述：

$$\dot{\boldsymbol{x}}=f(\boldsymbol{x},\boldsymbol{u},t) \tag{1-7}$$

式中，$\boldsymbol{x}$ 为系统的状态；$\boldsymbol{u}$ 为系统输入；t 为系统运行时间；$f(\boldsymbol{x},\boldsymbol{u},t)$表示系统状态在时域内变化受系统状态自身、系统输入与运行时间等多元共同作用且具有一般非线性特性（其中线性变化是非线性变化的一种特例）。设定系统的状态集为 $\boldsymbol{X}\subseteq\boldsymbol{R}^n$，安全集为 $\boldsymbol{X}_{\mathrm{s}}\subseteq\boldsymbol{X}$，不安全集为 $\boldsymbol{X}_{\mathrm{u}}\subseteq\boldsymbol{X}$。通常，我们将运行安全集称为运行安全域。

对于单一状态变量或概率描述的动态系统，其运行安全域则为状态变量或概率范围的上下限。对于多状态变量描述安全运行的系统，其运行安全域的维数通常等于状态变量的个数。

动态系统在整个运行过程中通常具有不同的运行工况或运行状态，每个运行工况的运行安全域都不完全一致，因此动态系统的运行安全域也具有因工况改变而变化的特性。同时，由于系统内各组件在运行过程中会受到各种物理或化学方式作用下的性能退化，导致运行安全域的边界会随着系统的性能退化而内缩。因此，运行安全域的确定需要同时考虑上述两种特性（即运行安全域因工况不同而

变化的特性和因系统性能退化而变化的特性)。

目前有两种常用的运行安全域边界确定方法。一种是，当系统受到一个已知的故障或扰动影响时，利用动态安全域（dynamic security region，DSR）方法，找到系统动态稳定区域的边界。通常我们将边界内的区域定义为安全域，因此安全域往往是开集。DSR 方法需要通过挖掘或计算出系统所有的不稳定点，因此这样的方法对于难以精确建模且状态空间维度高的复杂系统并不适用。同时，由于 DSR 方法是基于非线性系统稳定性分析角度研究安全性的，其所确定动态系统的安全域是包含于运行安全域内的。因此，基于 DSR 方法的安全性分析或评估具有一定的保守性。此外，由于 DSR 方法是利用系统稳定性来解决安全性问题的，容易将稳定性和安全性相互混淆，不利于此方法的应用推广。另一种是，利用基于障碍函数（barrier function）的安全校验（safety certificate）法研究安全分析与安全控制，通过确定不安全集的边界，将边界以及边界内的区域定义为不安全域，运行安全域是不安全域关于系统状态域的相关补集。

在化工过程等复杂系统中，例如燃料加注等过程，采用的是相对简易的方法：主要利用各工况下所有工艺参数的上限值来确定运行安全域的边界。该方法的工艺参数上限来源于设计，通常无法探知其极限临界值，因此也具有一定的保守性。

⑤ 安全可靠度　安全可靠度 R_s[2] 是指在规定的一系列任务剖面中，无事故（专指由系统或其设备故障所造成的事故）系统或其设备故障造成的事故执行规定任务的概率，可表示为

$$R_s = e^{-\lambda_a t_m} \tag{1-8}$$

式中，λ_a 为造成事故的系统或其设备故障的故障率；t_m 为执行任务的时间。此外，安全可靠度在工程中还具有一个经验近似公式：

$$P_s = \frac{N_w}{N_T} \tag{1-9}$$

式中，P_s 为在规定时间内安全执行任务的概率；N_w 为在规定时间内无此类事故执行任务的次数；N_T 为在规定时间内执行任务的总次数。

(4) 系统运行安全规范

针对大型工业过程与复杂装备系统，国外主要研究机构与标准委员会已发布了众多有关安全的手册、指导书及行业标准，如表 1-1 所示。其中，国际电工委员会就以 IEC 61508 为基础，出台了各行业有关运行安全性的技术标准。例如，在过程工业系统中，普遍采用的是安全仪表系统来保障系统运行的安全性（IEC 61511—2003），对应国标 GB/T 21109—2007《过程工业领域安全仪表系统的功能安全》。本书以此标准为基础，阐述与工业过程运行安全有关的规范。

表 1-1 国外主要研究机构与标准委员会发布的有关安全的手册、指导书及行业标准统计

机构	手册、指导书及行业标准	内容及涵盖领域
美国国家航空航天局(NASA)	MIL-STD-882C	适用于关键的计算机系统，主要是系统安全的详细软件架构，并提供了一个软件风险评估过程(美国国家航空航天局，1984)
	NASA-GB-1740.13-96	提供了更多应用 1984 年标准的详细信息(美国国家航空航天局，1995)
	NASA-STD-8719.13A	提供了保障系统软件安全的方法，是整个系统安全计划的重要组成部分(美国国家航空航天局，1997)
国际电工委员会(IEC)	IEC 61508	在没有应用部门国际标准的情况下，提供了电气/电子/可编程电子系统的相关安全标准；是一类促进应用部门间的发展的国际标准(国际电工委员会，1998)
	DO-178B	在机载工业中开发与安全相关的软件，为机载系统提供了指导方针(软件考虑，1992)
	IEC 61511	应用于过程工业安全相关系统的标准
	IEC 60601	应用于医疗器械设备工业安全相关系统的标准
	IEC 62061	应用于机械工业和类似用途的安全相关系统的标准
	IEC 60335	应用于家用和类似用途的安全相关系统的标准
	IEC 61513	应用于核电和类似用途的安全相关系统的标准
	EN 50129	铁路设施通信、信号传输和处理系统安全标准
	ISO 26262	道路车辆功能安全

从工业过程系统安全定义来看，安全描述的是系统的一种功能，因此必然涉及故障与失效问题。确切地说，故障是描述可能引起功能单元执行要求功能的能力降低或丧失的异常状况，而失效则意味着功能单元执行一个要求功能能力的终止。因此，故障不一定会引起安全功能系统的失效，但必然会降低安全完整性等级。

表 1-2 IEC 61511《过程工业领域安全仪表系统的功能安全》中有关系统安全的规范

标号	名称	英文名	概念
1	基本过程控制系统	basic process control system	对来自过程的、系统相关设备的、其他可编程系统的和/或某个操作员的输入信号进行响应，并使过程和系统相关设备按要求方式运行的系统，但它并不执行任何具有被声明的 $SIL \geqslant 1$(safety integrity level，SIL)的仪表安全功能
2	伤害	harm	由财产或环境破坏而直接或间接导致的人身伤害或人体健康的损害
3	危险	hazard	伤害的潜在根源
4	风险	risk	出现伤害的概率及该伤害严重性的组合

续表

标号	名称	英文名	概念
5	故障	fault	可能引起功能单元执行要求功能的能力降低或丧失的异常状况
	故障避免	fault avoidance	在安全仪表系统安全生命周期的任何阶段中为避免引入故障而使用的技术和程序
	故障裕度	fault tolerance	在出现故障或误差的情况下，功能单元继续执行要求功能的能力
6	失效	failure	功能单元执行一个要求功能的能力的终止
	危险失效	dangerous failure	可能使安全仪表系统交替地处于某种危险或功能丧失状态的失效
	安全失效	safe failure	不会使安全仪表系统处于潜在的危险状态或功能故障状态的失效
	系统失效	systematic failure	与某种起因以确定性方式有关的失效，只有对设计或制造过程、操作规程、文档或其他相关因素进行修改才能消除这种失效
7	安全	safety	不存在不可接受的风险
	安全状态	safe state	达到安全时的过程状态
	安全功能	safety function	针对特定的危险事件，为达到或保持过程的安全状态，由安全仪表系统、其他技术安全相关系统或外部风险降低设施实现的功能
	安全完整性等级	safety integrity level	用来规定分配给安全仪表系统的仪表安全功能的安全完整性要求的离散等级（4个等级中的一个），SIL-4是安全完整性的最高等价，SIL-1为最低等级
	功能安全	functional safety	与过程和基本过程控制系统有关的整体安全的组成部分，其取决于安全仪表系统和其他保护层的正确功能执行
	功能安全评估	functional safety assessment	基于证据调查，以判定由一个或多个保护层所实现的功能安全
8	人为失误	human mistake	引发非期望结果的人的动作或不动作

由表1-2可知，工业过程系统安全是指在系统寿命期间内辨识系统的危险源，并采取有效的控制措施使其危险性最小，从而使系统在规定的性能、时间和成本范围内达到最优。更通俗地讲，安全性用来衡量系统“是否可用，是否敢用”，可由以下4点来理解。

① 系统安全是相对的，不是绝对的。系统是由相互作用连接和相互作用的若干元素组成的、具有特定功能的有机整体，任何元素都包含有不安全的因素，具有一定的危险性，系统安全的目标就是在保证系统发挥其最大性能指标的同时，达到“最佳的安全程度或允许的限度”。

② 系统安全贯穿于整个系统的寿命周期。在一个新系统的构思阶段就必须考虑其安全性，制定并开始执行安全性工作，并将其贯穿于整个系统的寿命周期中，直到系统退役。

③ 危险源是可能导致事故发生的、潜在的不安全因素，系统中不可避免地会存在着某些种类的危险源。事故的发生会造成大量的人力、物力和财力损失。为避免事故的发生，保证系统安全运行，应采取必要的技术手段，辨识系统中存在的危险源，并予以消除或控制。然而，不可能彻底消除一切危险源，但是可采取有效措施，监测并隔离危险源，不使危险源出现在危险过程中，从而减少现有危险源的危险性，降低系统整体的运行风险。

④ 不可靠是不安全的原因，可靠与安全不等价。安全性是判断、评价系统性能的一个重要指标，是系统在规定的条件下与规定的时间内不发生事故、不造成人员伤害或财产损失的情况下，完成规定功能的性能。在许多情况下，系统不可靠会导致系统不安全，但是系统可靠不一定说明系统安全性高，系统不安全一定说明系统不可靠。

⑤ 故障与异常是工业过程系统必须要考虑的可能会引起运行过程不安全行为或危险后果的两个因素。在实际工业过程中，主要采用过程监控系统来实现故障诊断与异常识别。就故障与异常而言，安全性的概念比两者的概念要宽泛得多，其分析与评估也必须要考虑两者对系统运行安全性的影响。

为科学、合理地预防安全事故发生，传统的方法已不能满足于对事故发生可能性进行定性评估，而是需要定量地预测事故的发生及其后果，评估系统的安全状况，这就要求深入研究新的事故预测及安全评价理论与方法。

1.3 系统运行安全性分析及评估

本节主要通过分析系统运行安全事故、运行危险特性与影响以及运行危险因素，从而简述影响、削弱与破坏系统运行安全性的来源，并对目前系统运行安全性分析技术与评估方法的研究现状进行概述。

1.3.1 系统运行安全事故分析

随着现代工业过程与装备系统的大规模集成化发展，高温、高压、高能等状态下的生产和控制等模式变得更为复杂，故障和事故的发生会造成环境污染、设备损坏甚至人员伤亡等问题。

系统运行安全事故（如图 1-2 所示）是在生产运行过程中发生的事故，指生产过程中突然发生的、伤害人身安全和健康或者损坏设备设施，导致原生产过程暂时中止或永远终止的意外事件。一般地，系统运行安全事故的发生需经历孕育、发展、发生、伤害（损失）等过程，主要特征表现为以下几个方面。

① 事故主体的特定性：仅限于生产单位在从事生产活动中所发生的。

② 事故的破坏性：事故发生后会对事故现场的人员与事故发生单位的财产等造成一定程度的损害，并产生严重的影响。

③ 事故的突发性：事故不是在某种危险因素长期作用下引起的损伤事件，而是在短时间内突然引发的具有破坏性的事件。

④ 事故的过失性：主要是人的过失造成的事故，这里过失指的是不安全生产操作行为。此外，因设备故障造成的安全事故也可被归为过失行为，这是由于生产单位管理者并没有针对设备故障制定正确的维修决策或开展正确及时的维修行为，从而导致事故的发生。

⑤ 事故致因多样性：以单一的事故结果如爆炸来分析，对引发爆炸的原因就有多种，如管道压力超限，易爆物质泄漏与静电接触或接触火源等。因此，事故致因是具有多种情况的。

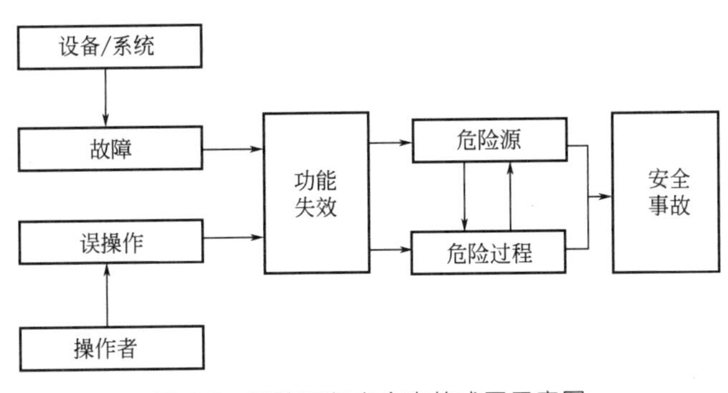

图 1-2 系统运行安全事故成因示意图

1.3.2 系统运行危险特性与影响

动态系统在设计、研制、生产和使用乃至退役处理的全生命周期内都可能存在着导致事故的潜在危险。在 GB/T 20438.1—2017/IEC 61508-1 标准中指出，危险分析、安全风险分析以及功能安全评估是保障 E/E/PE 安全相关系统达到并保持所要求的功能安全实现的方法。其中，危险包括危险过程、危险环境等。在系统运行过程中，构成系统的危险特性主要有：

① 系统使用或自身组成的一种及以上材料的固有特性；

② 设计缺陷；

③ 制造缺陷；

④ 使用缺陷；

⑤ 非恰当的维修策略与行为。

通常情况下，对于系统使用的一种及以上材料的固有特性所形成的危险特性是动态系统无法避免的。这里的“使用”一般指的是物料。例如，航天工程中低温加注过程的低温燃料、石油化工中的石油及其产物以及核电工程中的核物质等。这类材料往往具有易燃、易爆、有毒等特性，被称为危险材料。针对这类危险特性，设计者以及系统运行操作者应设置安全措施，有效防止危险源被触发。

设计缺陷是上述特性中最为主要的。设计者不仅可能在对系统本身设计时形成了系统缺陷，从而产生系统的危险特性，也可能是由于没有制定正确的控制或者保护机制。

制造缺陷是由于不正确生产或工艺技术不到位而形成的。

而在维修中也可能由于维修操作失误造成系统的危险特性。

一般来说，具有特性①的系统组成或环境物质，被称为第一类危险源；而具有特性②、③或④的危险源，被称为第二类危险源；特性⑤一般出现在第三类危险源中（具体内容将在本书第 2 章中具体展开）。

本书总结了危险源与危险特性，认为动态系统运行危险特性，可被归结为是一类因系统运行一段时间后由于性能退化产生的系统运行故障或是人因误操作而造成的危险特性。具有这类危险特性的危险源属于第二类危险源与第三类危险源的并集。因此，这类危险特性，是动态系统运行状态下的固有特性，是无法避免的，但却可以通过先进的故障诊断与预测技术、系统运行状态监测技术等手段及时发现与维修，在危险产生前被有效控制、“治愈”。本书将形成这类动态系统运行危险特性的因素称为面向动态系统运行安全的危险因素，具体内容将在 1.3.3 节中介绍。

1.3.3 系统运行危险因素

核能发电、化工过程、航天发射系统等大型工业过程与复杂装备系统通常都具有诸多子系统，各个子系统之间存在着复杂强烈的耦合关系，且系统中往往除了电气连接以外，还传输有易燃、易爆、有毒等极端物质。这种类型的运行过程被称为危险过程。而当工艺参数异常、故障以及误操作等情况下，危险源出现在危险过程中，就会引发安全事故。因此本书将工艺参数异常、故障以及误操作等因素称为危险因素。这类系统常具有高精度、高安全、高可靠的要求，及时对系统运行中危险因素的产生和影响进行识别和预警，避免和预防安全事故发生，是其运行安全性研究面临的严峻挑战。

（1）参数超限与运行工况异常

大型工业过程与复杂装备系统结构庞大，技术程度高，复杂性强，具有非线性、大迟延、分布式、随机、连续与离散过程并存等特性。

例如，化工过程系统、生物制药过程系统等，出现运行异常是过程/设备运行参数偏离运行限额（上、下值）或者停运等状况。以管路液体输送这一共性过程为例，根据工艺对过程/设备的运行限额做出了详细的规定，分为设备超正常运行动态限额、超高（低）报警限额或超紧急停运限额等情况。设备参数变化（如超限额），以及液体浓度探测报警，储罐液位、温度异常监测，储罐进出阀门或管道出现渗漏，或工艺指标出现异常（如液体的温度、压力、流量异常）等情况，以及操作中突然发生人为因素的差错（如误动开关、截止阀开度、操作顺序等）都会导致系统运行异常。及时分析识别运行工况和设备状况，对异常运行工况实时预警，为有效避免事故发生提供技术支撑。

所以，工艺参数超限是动态系统运行过程出现运行故障、人因误操作等运行异常的综合表现形式，也是运行异常达到一定程度后的直观的状态表示。研究动态运行安全性，提前预测运行过程的安全演化趋势，就应提前发现系统的运行工况异常。因此，运行工况异常识别，不仅仅是根据参数超限这样的一定程度危险积累后的数据表象，而应更加关注系统运行工况的细微变化。这样的变化，可能是由系统自身自然退化引起的，也可能是早期故障产生后的变化，或仅仅只是由干扰或噪声所带来的虚警。

目前，随着现代检测技术的不断发展与完善，我们可以利用大量运行监测数据进行动态系统异常运行工况识别。常用数据驱动的异常工况识别方法，有以PCA为内核的方法、小波奇异信号检测的方法、聚类识别方法等。本书第4章将针对上述动态系统异常运行工况识别方法展开详细介绍。

（2）运行故障

大型工业过程和复杂装备系统等动态系统的运行过程表现出服役时间长、使用条件严苛、部分环境恶劣等特点，其故障多发、模式多样。由于难以直接采用“浴盆曲线”的早期故障率阶段、稳定状态阶段和损耗阶段进行分析，导致系统安全性保障存在困难。

动态系统的运行故障具有如下特征。

① 多发性：指同一运行过程中可能会发生多次故障。

② 并发性：短时间内多个不同源故障的同时（或相继）发生，某一简单故障在同一时间点上导致多个子系统功能异常，以及多种类型故障的并发与相互转

化等。

③ 故障模式多样性：由于子系统之间的强耦合，可能出现影响强烈的突发性故障，也可能在发生强烈故障的同时出现局部的持续性、漂移性、泄漏性故障，或由小故障渐变到质变导致灾难的发生。

动态系统运行故障诊断的要求和难点如下。

① 高准确性：运行故障危害巨大，对安全性、可靠性有着苛刻的要求。其难点在于研究实时故障诊断和维修策略。

② 快速性：对故障处置具有实时性。其难点在于尽早发现故障，尽快定位故障，及时决策处理。

③ 故障决策风险性：对运行故障的误检、误判和错误处理，往往潜伏着巨大的风险。

大型、复杂动态系统长期运行下，已积累了大量的数据，这些数据规模大、类型多、价值高，通常使用常规的方法难以对其进行有效的处理，发现有价值的知识。数据驱动的动态系统运行故障诊断方法，能够有效地利用在过程系统中测量得到的大量数据挖掘过程的关键性能指标，发现、辨识、定位故障。

数据驱动的动态系统故障诊断，有基于小波、线性正则变换等信号处理应用于离散制造装备的故障诊断方法，也有基于深度学习等智能计算应用于流程工业系统的故障诊断方法，还有例如 PCA、聚类、SVM 等基于数据分析的故障诊断方法。本书第 5 章将重点针对前两类运行故障诊断方法展开介绍。

1.3.4 系统运行安全性分析

目前面向动态系统常用的安全分析实现方法包含事件树分析、失效模式与影响分析、危险与可操作分析、人的可靠性分析、安全检查等，但多数方法是基于静态的安全分析思想，很大程度上难以反映系统实际运行情况，如电力系统静态安全分析方法，只考虑了针对一组预想事故集合下，系统是否出现支路过载或电压越限，没有考虑当前运行状态出现较大波动时是否失稳。

在实际工业过程中，安全分析工作仍依赖于专家的经验知识，且所获的分析结论往往定性的较多、定量评价较少。因此，从可信度、精确性等角度评价，在一些高安全性要求的工程或工业系统中，现有的安全分析无法满足需求。

目前动态安全分析主要有数值解法、直接法、人工智能法及动态安全域等方法[7-11]。核能发电领域的动态安全分析实现则是在传统风险分析方法的基础上引入时序概念，如 D. R. Karanki[12] 等人利用改进的动态故障树分析方法实现反应堆冷却剂事故场景的动态处理分析；F. A. Rahman[13] 等人利用模糊可靠性分析方法评估系统故障树的故障概率分布，克服了传统故障树分析在核电厂概率安全评估应用中的限制。石油化工等系统的过程故障传播存在强非线性，动态安全运行分析实现更为复杂，U. G. Oktem[14] 等人提出了系统结构静态分析与故障演化机理动态分析相结合的分层故障传播模型，解决了炼油系统运行异常原因难以辨识与定位的问题。已有动态安全性分析方法大多存在计算量大的特点，难以满足复杂大规模系统安全分析实时性的要求，S. J. Wurzelbacher[15] 等人将离线大数据分析方法与动态风险分析方法相结合，解决了列车分布式控制系统和紧急刹车系统运行过程中缺陷检测与识别困难的问题。

由于过程复杂庞大从而导致建立精确模型比较困难，且实际工业过程系统的强非线性以及由此给系统带来的复杂特性，传统的安全分析主要关注系统稳态下的变量状态，较少从系统动态运行的角度思考安全性问题。现有动态系统考虑安全性问题主要有两种方法：一种是从系统动态稳定性角度[7] 出发的；另一种是从基于障碍函数（barrier function）的安全证书（safety certificate）理论出发的。

从动态稳定性角度分析系统运行安全性，无疑是非常符合控制学科的思想与理论的。但是，动态非线性系统可能具有多稳态点、极限环、分岔、混沌等复杂现象，因此大大增加了动力学系统分析的复杂度与难度。

实际系统在运行过程中容易出现不稳定振荡现象。不稳定振荡的产生容易引起系统的安全问题，降低或破坏系统的安全性。因而，部分学者提出利用动态安全区域（dynamic security region，DSR）分析系统运行安全性的方法。这类方法的关键在于需要通过计算系统所有不稳定平稳点来确定系统动态安全域的边界。因而，对于大部分难以精确建模的复杂系统，无法使用 DSR 方法。目前，只在电力系统中得到一定的应用。

分岔分析也可以分析过程系统的动态稳定性。分岔现象目前主要出现在化工或生物领域内的带有反应釜或反应器的系统中。有部分学者在研究中发现，通过分析或监测上述系统或其类似过程系统中出现的分岔现象可以判别系统运行过程的安全性。传统的分岔分析方法实时性较差，且并不适合分析多参数同时变化的情况。有学者为了利用分岔分析方法在线分析系统运行过程的安全性，将分岔临界曲面设定为约束边界，通过寻优的方式，大大减少了原有方法的计算量。

这两类方法都是基于系统若处于动态稳定则系统处于运行安全的判定，这使得基于动态稳定性的方法具有一定的保守性，同时还缺乏动态稳定性与运行安全性的定量建模，因此目前仍处于发展阶段。

从基于障碍函数（barrier function）的安全校验理论[16] 出发分析系统运行

安全性，目前正处于理论方法研究阶段，并没有投入实际运用，且主要研究的对象为一般非线性系统、混杂系统等系统。从该角度出发的方法，主要通过寻找满足某些条件的障碍函数来分析验证系统的安全性。系统的状态方程如式(1-7) 所示，系统状态集为 $\boldsymbol{X}$，安全集为 $\boldsymbol{X}_{\mathrm{s}}$ 且系统的初始状态 $\boldsymbol{x}_0$ 满足 $\boldsymbol{x}_0 \in \boldsymbol{X}_{\mathrm{s}}$，不安全集为 $\boldsymbol{X}_{\mathrm{u}}$。我们认为：当 $t \in [0,T]$ 时（T 表示某一时刻），若对于任意 t 都有系统状态 $\boldsymbol{x}(t) \cap \boldsymbol{X}_{\mathrm{u}} = \varnothing$，则系统在 T 时刻内处于安全状态。若存在 $B(\boldsymbol{x})$，满足以下条件：

$$
\begin{aligned}
&B(\boldsymbol{x}) \leqslant 0, \forall \boldsymbol{x} \in \boldsymbol{X}_{\mathrm{s}} \\
&B(\boldsymbol{x}) > 0, \forall \boldsymbol{x} \in \boldsymbol{X}_{\mathrm{u}} \\
&\dot{B}(\boldsymbol{x}) < 0, \forall \boldsymbol{x} \in \boldsymbol{X}
\end{aligned}
\tag{1-10}
$$

则系统处于运行安全状态。使用该类方法的主要难点在于障碍函数 $B(\boldsymbol{x})$ 的构建。学术界并没有获得一个普遍认可的障碍函数 $B(\boldsymbol{x})$ 基本构建法。目前，学者们的研究重心主要集中在针对不同的系统对象运用该定理进行安全控制律设计方面（且该理论仍处于理论发展与完善阶段，只作为拓展阅读内容，本书后续内容中不具体展开）。

1.3.5 系统运行安全性评估

对系统展开安全评估工作是建立在对系统进行安全分析工作完成的基础上的，因此安全分析是安全评估的基础与前提。安全评估的主要内容是运用定量计算的方法刻画对象（系统、过程或产品）的安全度。根据目前安全评估的主流方向来看，安全评估通常可被视为对安全风险的评估，因此很多安全评估的方法是基于风险概率的。也有一部分学者的研究是通过计算对象（系统、过程或产品）的可靠度来描述安全的。安全评估工作一般有以下三部分内容：

① 对系统历史安全状态的评估；

② 在设计时对对象（包括系统、过程与产品）的安全风险评估；

③ 当系统处于运行过程时对系统的安全状态或安全风险进行评估。

如何定量计算或刻画系统或过程的安全或危险程度，是系统或过程的安全评估研究的核心问题。现在主流的安全评估方法都需要建立安全评估指标体系或指标集。根据系统的不同、过程工况与环境特性的不同，所需要的指标个数也不尽相同。查阅已有的学术论文或相关文献发现，学者们在建立系统或过程的安全评估指标集时，通常都会使用诸如事故概率、状态演化到危险状态的状态距离（当前状态点与危险状态点的范数距离）、故障发生概率、故障发生的后果严重度等指标。因此，安全状态或安全等级往往是离散的、非二分的（二分即只有安全状态与不安全状态）。此外，工业过程或装备系统的工业参数也是描述系统运行安全性的关键量，例如，物料流量、管道或装置的压力与温度等。这些关键工艺参数易于得到安全限或安全域，因而能够通过计算运行过程中关键参数的监测数值与其安全域的范数距离综合评估系统运行是否处于安全状态。

复杂动态系统有别于其他一般系统，其系统运动特性难以通过机理分析获得，且时变特性较强，其安全事故或危险往往只发生在运行过程中。因此为了保证系统动态安全运行，解决运行安全实时评估问题显得极为重要。动态运行安全实时评估的结果直接关系到系统所需完成的任务是否按计划进行，甚至直接关系到事故能否被避免，可见运行安全评估在动态系统运行过程中的重要地位。目前，各类复杂动态系统运行的安全评估理论和方法主要包括如下几方面。

① 基于定性分析的运行安全评估方法，包括故障树分析方法、风险评估指数法、安全检查表、预先危险分析、故障模式与影响分析、危险可操作性分析等。

② 基于定量分析的运行安全评估方法，包括事件树法、马尔可夫法、事件序列图法、逻辑分析方法、模拟仿真方法等。

③ 综合安全评估方法，包括风险协调评审和概率风险评估方法等。

定性安全评估方法虽然可以快速高效地进行危险辨识、后果分析，但大多偏重于设计阶段的静态分析且只针对单一故障，而动态系统存在多工况运行过程特性，不同工况下故障模式多样且设备之间不是简单的一一对应关系，因而基于定性分析的安全评估难以建立对象多因素作用下的动态系统安全评估模型，也难以给出安全风险事件的重要度排序及其不确定影响和系统的累加风险值。定量安全评估方法以动态系统发生事故的概率或性能分析为基础，虽然能够求出风险率，以风险率的大小衡量系统危险性的大小及安全度，但复杂动态系统由于设施设备类型多、服役时间长、使用环境恶劣等特点，其失效模式复杂、诱因多、难以量化和预测，使得定量分析法难以准确地评估系统的运行安全。综合安全评估方法虽然能够全面且深入地了解复杂动态系统的运行特性，通过脆弱性分析发现系统的脆弱点，从而有效提高系统的安全性，为风险决策提供有价值的定量信息，但尚未从动态系统实时运行状态、运行多工况等方面系统深入地研究动态系统的运行安全性。

因此，如何根据动态系统异常工况和失效（故障、误操作）分析，构建系统运行安全性评估指标体系，系统全面地研究动态系统的运行安全性实时评估方法，是亟须研究与解决的问题。

1.3.6 系统运行安全保障

一般来说，大型工业过程与复杂装备系统运行安全保障主要分为主动安全控制决策和被动安全防护技术。被动安全防护技术是指设置安全“防火墙”，诸如安全栅等，对已发生的事故进行隔离，防止其演化至其他区域。而主动安全控制决策主要是指采用控制技术，利用已有的系统设备或者第三方设备，对安全风险临界状态进行控制，使其向内转移至安全区域。可见，主动安全控制决策是系统运行安全的重要手段，在安全事故发生前，有效地将其控制在萌芽状态。

系统安全作为现代安全工程理论和方法体系，起源于20世纪50～60年代美国研制兵式洲际导弹的过程中，后续推广至美国陆军和海军中，并于1969年颁布《系统安全大纲要求》，且1984年和1993年进行了两次修订，形成新版本的MIL-STD-882C，是系统安全产生和发展的一个重要标志，如表1-1所示。众多研究学者在这一阶段中开发了许多以系统可靠性分析为基础的系统安全分析方法，可定性或定量地预测系统故障或事故。

欧洲共同体在20世纪70～80年代频繁发生的重大事故的背景下，于1982年颁布了《关于工业活动中重大事故危险源的指令》，即塞韦索指令，要求各加盟国、行政监督部门和企业等承担在重大事故控制方面的责任和义务。1988年国际劳工局颁布了《重大事故控制指南》，以指导世界各国的重大事故危险源控制工作。我国自20世纪70年代末、80年代初开始了系统安全分析与评估方面的研究与应用，并与工业安全的理论、方法紧密结合，使得原本为解决大规模复杂系统安全性问题的系统安全工程得到了迅速的推广与普及。

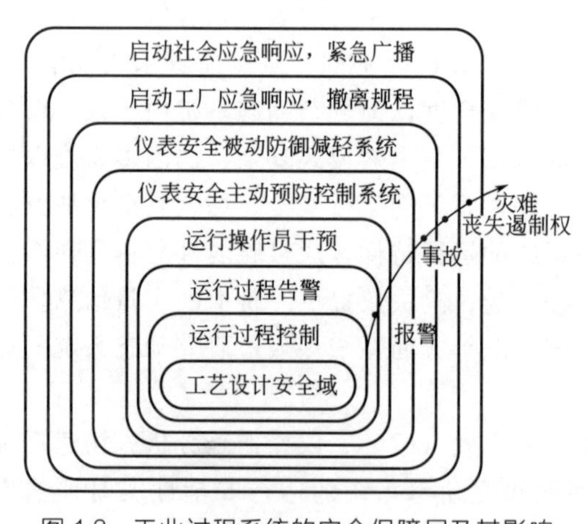

图1-3 工业过程系统的安全保障层及其影响

大量的事故调查分析表明，科学合理的动态系统的安全性分析与评估对于切实保障大型工业过程及复杂装备系统的运行安全、运行可靠性和经济性具有十分重要的意义。图1-3展示了工业及工程系统的安全保障层及其影响，它是一个保护层的基本控制系统，通过获取过程安全性的信息，发现潜在隐患威胁，最终目标是指导现场操作、管理人员采取适当有效措施，保证工业及工程继续健康安全地运行。

参考文献

[1] 柴毅，李尚福. 航天智能发射技术——测试、控制与决策[M]. 北京：国防工业出版社，2013.

[2] 周经伦. 系统安全性分析[M]. 长沙：中南大学出版社，2003.

[3] 周东华，叶银忠. 现代故障诊断与容错控制[M]. 北京：清华大学出版社，2000.

[4] 张萍，王桂增，周东华. 动态系统的故障诊断方法[J]. 控制理论与应用，2000，17（2）：153-158.

[5] 张可，周东华，柴毅. 复合故障诊断技术综述[J]. 控制理论与应用，2015，32（9）：1143-1157.

[6] 李娟，周东华，司小胜，等. 微小故障诊断方法综述[J]. 控制理论与应用，2012，29（12）：1517-1529.

[7] 叶鲁彬. 工业过程运行安全性能分析与在线评价的研究[D]. 杭州：浙江大学，2011.

[8] Qin Z，Hou Y，Lu E，et al. Solving long time-horizon dynamic optimal power flow of large-scale power grids with direct solution method[J]. Iet Generation Transmission & Distribution，2014，8（5）：895-906.

[9] Saeh I. Performance evaluation of deregulated power system static security assessment using RBF-NN technique[J]. Jurnal Teknologi，2013，64（1）.

[10] Gholami M，Gharehpetian G B，Mohammadi M. Intelligent hierarchical structure of classifiers to assess static security of power system[J]. Journal of Intelligent & Fuzzy Systems，2015，28（6）：2875-2880.

[11] Chen S，Chen Q，Xia Q，et al. N-1 security assessment approach based on the steady-state security distance[J]. Iet Generation Transmission & Distribution，2015.

[12] Karanki D R，Kim T W，Dang V N. A dynamic event tree informed approach to probabilistic accident sequence modeling：dynamics and variabilities in medium LOCA[J]. Reliability Engineering & System Safety，2015，142：78-91.

[13] Rahman F A，Varuttamaseni A，Kintner-Meyer M，et al. Application of fault tree analysis for customer reliability assessment of a distribution power system[J]. Reliability Engineering & System Safety，2013，111（3）：76-85.

[14] Oktem U G，Seider W D，Soroush M，et al. Improve process safety with near-miss analysis[J]. Chemical Engineering Progress，2013，109（5）：20-27.

[15] Wurzelbacher S J，Bertke S J，Ms M P L，et al. The effectiveness of insurer-supported safety and health engineering controls in reducing workers' compensation claims and costs[J]. American Journal of Industrial Medicine，2014，57（12）：1398-1412.

[16] Romdlony M Z，Jayawardhana B. Stabilization with guaranteed safety using Control Lyapunov-Barrier Function[J]. Automatica，2016，66（C）：39-47.

第2章

系统运行安全危险分析及事故演化

事故与系统运行安全有着直接联系，提升系统运行安全性的目的是阻止事故发生或降低事故的发生概率。对于事故的分析需要全面认识并区分危险因素在过去、现在、将来三种时态中的正常、异常、紧急等状况，在充分考虑危险因素的时空特性的基础上，发现潜在的危险源、分析可能存在的危险并刻画安全事故的演化流程。

本章从危险及危险源分析、安全事故演化、安全事故分析方法三个方面研究系统运行安全事故风险分析，并以两个典型对象作为案例分析。

2.1 概述

大型工业过程和复杂装备系统结构庞大、变量间相互耦合导致系统具有不确定性、非线性等特性，一个微小的局部故障或异常可能传播并扩散至整个系统，导致安全事故的发生。

事故致因理论表明，诱发事故的原因多种多样并在整个系统中无处不在，表现于环境状态、物质状态和人员活动状态以及它们的各种组合之上（这类状态被视为事故的危险因素）；当系统在某个时刻运行于某个符合危险因素的触发条件的特定工况时，即有可能导致事故发生（这种可能性与事故后果的组合被视为风险）；同时，事故具有突发性，其发生是危险因素累积到一定程度后引起的变化，并在发生后通过持续性变化扩大事故规模或引发其他事故（这种变化过程被视为事故的演化）。

在危险因素中，危险源是危险的根源，是可能导致事故发生的能量或能量载体。通常按照各种能量或能量载体造成事故时是否需要发生转化，将危险源分为显性危险源和隐性危险源两种，其中能量控制不平衡导致显性危险源的能量释放将直接作用于运行系统并导致事故，而隐性危险源的能量本身并不能造成事故，需要先转化为显性危险源再作用于运行系统。识别危险源在运行系统中的存在状态并确定其导致事故的触发方式，是危险因素控制的前提。

由于复杂动态系统通常存在易燃、易爆、有毒等极端物质，或处于高温、高压、强电、重负荷等恶劣环境中，当工艺参数异常、故障以及人因误操作时，各类危险因素在能量域和时域上累积，引发安全事故，该过程具有持续性。因此，在确定危险源后，需要从事故致因因素动态行为方面去考虑从危险到事故的演化过程。考虑到危险因素对事故发生的动态影响，需要建立危险因素-事故的演化模型，从工艺参数异常、故障、人因误操作等3类危险因素作用于系统的影响进行分析。

安全事故的发生具有随机性和不确定性，在特定的时间、空间范围内形成的一种由初始事故引发一系列次生事故的连锁和扩大效应，是事故系统复杂性的基本形式。一般地，大型工业过程和复杂装备系统多具有结构多层级、大时延、非线性等特性，我们可以通过分析系统的安全事故演化过程，为掌握安全事故的致因及发展本质、事故能量转换提供理论支撑，并为事故损失测量提供定量依据。

综上所述，系统运行安全事故及致因分析是一个涉及危险源、事故演化等多方面的复杂研究内容。本章主要通过分析系统运行安全事故触发模式，讨论各类危险源的组成、指出相关的辨识方法及控制技术；通过系统运行故障危险分析、人因误操作危险分析和外扰作用危险分析，挖掘危险因素与事故的关联关系；分析危险因素-事故的演化机理，探讨安全事故传播与演化过程。

2.2 危险源分析

2.2.1 危险源分类

危险源定义为由危险物质、能量及传递能量或者承载其物质的生产设备（设施、物体、装置、区域或场所等）共同构成的体系。危险源是客观存在于生产系统并具有一定边界的实体，其边界大小由实际需要决定[1]。危险源的确定对于防范安全事故的发生具有重要意义，根据前述，针对显性危险源，可通过建立危险源与运行过程的隔离、预警和冗余系统并切断能量在运行系统的传播路径来控制。针对隐性危险源，需要先分析初始触发危险源到显性危险源的转化过程，然后分别建立隔离、预警和冗余系统或者切断初始危险源转化过程中能量的传播路径，预防事故的发生或减弱事故造成的影响。

需要注意的是，危险源的定义中仅包含有限种类和数量的危险物质能量，并不能直接作为安全事故发生概率以及后果规模的量纲，仅当多个危险物质相互作用且能量值达到危险控制标准阈值才会转化为实际危险源，而实际危险源亦根据其功能、机理、组成等特征有所区分。一般地，动态系统中的危险源具有以下基本特征。

① 一个危险源包含至少一种危险物质或能量。例如，旋转机械运行时消耗电能并产生机械能，其中机械能可能造成轧伤事故；水力发电厂由水带动叶片转动是势能向动能的转化，其中动能可能造成超速损毁事故，它们都是危险源。

② 一个危险源包含至少一种事故模式，如上述旋转机械可能导致轧伤、触电、击打、烫伤等多种事故类型。

③ 多个危险因素的相互耦合作用增加了事故的发生概率，且事故危险性大小受多个危险因素的共同影响，其中能量种类、性质和数量对事故影响较大。

研究危险源研究的目的是了解危险源的特点、性质及其危险程度，并提出科学的、有效的危险源管理控制措施。依照不同目的和环境，危险源有如下分类[2]。

① 根据危险源的存在状态种类不同，危险源划分为物质型危险源、能量型危险源、混合型危险源三类。物质型危险源包括但不完全是危险化学品、设备等，如危险化学品储藏罐、旋转机械、燃料仓库；能量型危险源如声能、热能、光能、动能、势能、电能等能量的储存和放送设备设施，如高压电气设备、锅炉等；混合型危险源不仅存在危险物质，而且具有危险能量，如危险物质传输管道、高温高压反应装置等工业生产过程中的众多工艺设备和设施。

② 根据危险源的主要危险物质能量持续时间长短，危险源划分为永久危险源和临时危险源两类。临时危险源如检修施工、设施安装、临时物品搬运存放等过程中形成的危险源，其危险物质能量存在时间相对较短，而永久性危险源是生产系统正常生产过程中必需的设施装备，一般持续伴随着生产系统的整个生命周期，危险物质或能量存在的时间相对较长。

③ 根据危险源中主要危险物质的种类、数量、空间位置变化情况，将危险源划分为静态危险源和动态危险源两类。静态危险源的危险物质的数量、种类、空间位置在正常情况下不易发生改变，如一般企业的生产装置和生产设施。动态危险源的危险物质的种类、数量、空间位置随生产过程改变而改变，如地下巷道、矿井下的掘进工作面、回采工作面，建筑工地的高空作业场所等。

④ 根据现场是否有人员操作，危险源分为有人操作危险源和无人操作危险源。对于有人操作危险源，物质能量、物质缺陷及管理和操作人员的不安全行为是危险因素分析和控制的重点。无人操作危险源一般为具有遥控操作功能和自动控制的生产装置和设施，物质能量、物质缺陷等相关问题是其危险因素分析及控制的重点。

⑤ 根据能量载体或危险物质因素，危险源可划分为物理环境、物体故障因素、组织管理因素等三类危险源。第一类危险源包括系统中引起财物损失、人员伤亡、环境恶化的能量、能量载体和危险物质，也是导致事故发生的直接原因；第二类危险源作用于物质和环境条件的诱发因素超过阈值，导致第一类危险源失

控，也是导致事故发生的间接原因。第三类危险源包括了系统扰动、管理缺陷、人为失误、决策失当等，可导致危险源系统损坏、畸变、无序。

目前，三类危险源划分理论是目前最为通用的危险源划分理论，这三种危险与事故发展过程紧密相关，但对事故的影响各不相同。对某一类危险源的不当控制可能会引发其他危害，而且两类危险源共同起作用才会导致事故的发生。第一类危险源是事故的前提，即释放的能量或意外的危险物质的存在是事故发生的前提。第一类危险源的规模与危害性直接决定事故后果的严重程度，但仅有第一类危险源不直接导致事故。第二类危险源是导致事故发生的必要条件，且通常伴随第一类危险源发生，但是出现的难易程度和概率大小决定事故发生可能性的大小。第三类危险源作为事故发生的组织性前提，也是导致事故发生的本质原因。第三类危险源是前两类危险源特别是第二类危险源的更深层次原因，在一定条件下决定了前两类危险源的危险程度和风险等级。以上三类危险源在时间和空间两个维度上相互影响，可能导致事故发生概率增大。危险源与事故之间的关系如图 2-1 所示。

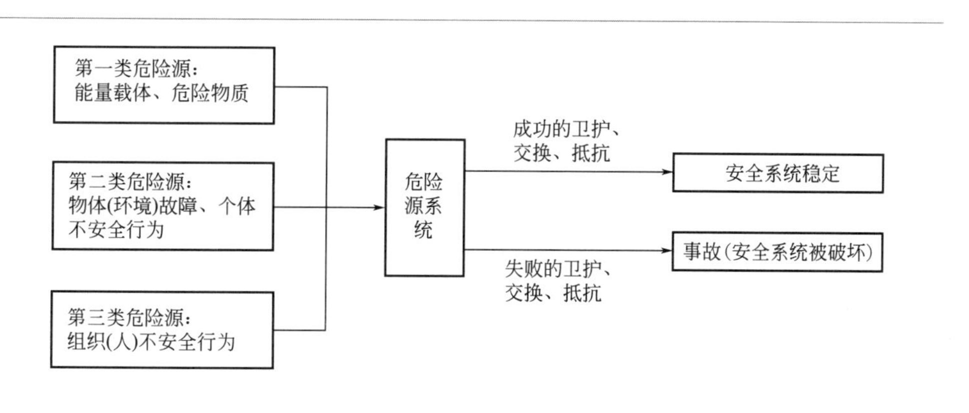

图 2-1　危险源与事故之间的关系

2.2.2　危险源识别与控制

（1）危险源识别

危险源识别用于确定系统中所有危险源的存在状态及类型，同时确定在研究系统中危险源导致事故的触发方式。目的是通过分析危险物质或能量导致事故的触发因素、运行条件、转化过程和规律，确定能量聚集单元、危险源存在状态和危害程度，同时进行风险评价，确定风险等级，制定针对性的控制措施，实现事故预防与管控。危险源识别的内容包括对工艺要求、操作动作、设备及所涉及物料的危险性进行定性或定量的分析，从狭义上来说，危险源识别是分析并确定可能造成损害的所有状态与活动；从广义上来说，危险源识别就是分析并确定危险的根源，即危险的能量和能量载体。

在系统运行中，危险源识别首要考虑系统对象自身的固有危险特性、安全状况、运行条件及环境因素、相对于对象自身的固有危险特性等[3]。环境因素和运行条件这类外部危险特性亦是重点考虑的内容，如周边人员密集程度、安全防护条件、人员操作能力、安全管理水平等，均可能对事故的发生提供决定性的触发条件，并影响事故规模。

危险源识别的范围不局限于当前时刻，针对正常运行下的系统，更应该全面考虑过去、现在以及将来三种时态中的正常、异常和紧急状态下的所有潜在危险源，即在对现有危险源识别时，要分析过去遗留的危险、当前时刻以及计划中的活动可能带来的危险。三种状态包括正常生产过程即正常状态，设备维修、装置宕机等异常状态，以及发生部分损毁、自然灾害等紧急状态[4]。

当前，对于危险源的识别多采用定性方法，需要详细了解系统的运行过程。通过研究目前的事故分析成果并结合专家经验知识，引入危险源识别基数 R 和危险源的影响因子 K_i，建立危险源识别的数学模型，实现危险源识别的量化指标危险源识别指数 H 的计算，其表达式如下：

$$H=\left|1+\frac{\sum_{i=1}^{5}K_i}{R}\right| \tag{2-1}$$

其中，i 是识别影响因子序号，取值范围为小于等于 5 的整数（有 5 类影响因子，如在典型的定义中，K_1 为设备发生事故可能造成的设备直接操作人员的致亡因子；K_2 为事故可能波及的周边人员致亡因子；K_3 为事故可能造成的直接经济损失和环境破坏因子；K_4 为设备使用年限的影响因子，在重大危险源识别中，其权重相对较低；K_5 表示特殊设备的安全管理因子[5]）。当 H 超过预定义的阈值范围时，即被确认为重大危险源。

在式(2-1) 中，危险源识别基数 R 反映了待识别系统或设备的潜在危险特性或固有危险特性，它决定了危险源的危险程度和发生概率，是危险源识别的关键指标，其值由设备或辨识单元自身决定，不随环境、操作和管理等外界条件变化，固有危险性与辨识基数值成正比关系。

(2) 危险源控制理论

大型工业过程和复杂装备系统内部存在大量且形式各异的潜在能量，能量控制不平衡就可能引发事故。为有效隔离危险源，预防危险源导致事故发生，或减轻事故造成的人员伤害和财产损失，需要进行危险源控制。危险源控制主要从工程技术和管理两方面出发，管理是通过计划、组织、指挥、协调任务或资源实现对人、物和环境的控制；相关工程控制技术是通过调整工艺变量和过程参数约束、限制系统中的能量，保持能量控制的平衡，避免或减轻能量控制不平衡造成的人或物的伤害。

事故致因理论表明，危险源分布于生产过程各环节，因此需要使用系统的方法全面评估工艺操作动作、设备运行情况、环境条件、人员操作情况，识别并预警系统运行中的危险源，通过切断能量传播路径、降低危险源能量到控制限以下、隔离危险源与危险过程等方式控制危险源，保证系统安全运行。

根据理论状态危险源是否有明确的控制限，将其划分为已辨识状态和未辨识状态，并分别进行控制。从图 2-2 中可知，已辨识的危险源一旦超过其控制限即转化为实际状态危险源，通过及时切断能量传播路径或降低危险源能量等控制措施，便能使其转移到理论状态危险源状态；若控制措施无效，便成为事故致因，而在不明确未辨识状态危险源的控制限时，无法判断其是否是实际的危害，大概率会转化为事故致因。

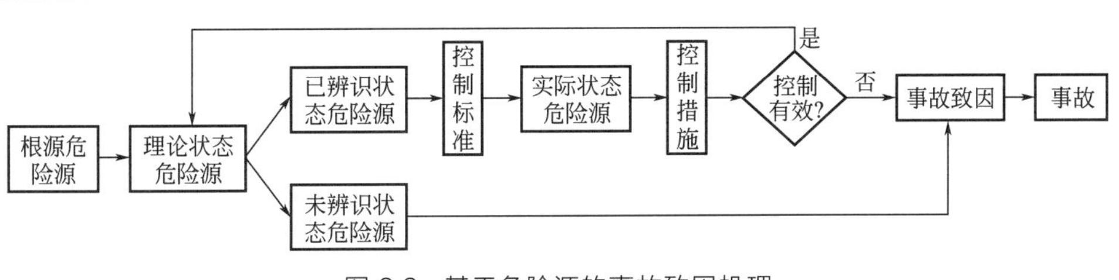

图 2-2　基于危险源的事故致因机理

分析危险源导致事故的发展过程，对危险源的预防控制手段主要有三类[6]：

① 加强识别根源危险源和理论状态危险源的能力，并确定危险源的控制限；

② 实时监控有控制标准的危险源，保证能量控制平衡的同时采取有效手段控制危险源在安全限以下，防止其转化为实际的危害；

③ 有针对性地制定各类危险源对应的控制措施，并及时采取动作，消除或降低转化为实际状态危险源可能导致的事故的影响，保证系统恢复安全和稳定的状态。

有的直接危险源的能量不需要转化就可以造成生命财产损失或系统结构破坏，而有的危险源能量必须转化为特定类型后才能造成事故损失。因此，依据直接危险源作用于系统是否发生转化，将其分为隐性直接危险源和显性直接危险源两类。如轧伤事故中的机械能、辐射事故中的辐射能在正常生产中即以机械能、辐射能存在，这类损害如触电、物体打击、辐射、机械伤害等都是显性直接危险源；而如化学爆炸事故中的化学能和物理爆炸事故中密闭环境内气体分子内能等则为隐性直接危险源，其在正常生产中的能量状态并不会导致事故，只有在危险因素（如泄漏、过压）作用下才转换为导致事故的能量。因而对该两类危险源的控制亦有差异。

① 显性直接危险源控制：显性直接危险源如航天发射加注过程中的液氢液氧、风力发电厂中高速运转的叶轮、化工过程中的有毒物等在能量控制不平衡下，会直接导致事故。正常情况下通过约束并限制能量状态及大小，使其按照规定流动、转换和做功。而在人因误操作、环境缺陷或设备故障等情况下，会导致能量控制不平衡，使得其突破约束或限制造成能量的意外释放或作用于错误位置，导致事故的发生。

为预防显性直接危险源导致事故的发生，不同能量类型需要针对性的控制措施来切断危险源在运行系统中的传播，通过一定手段（包含空间、时间和物理上的各类相关技术方法）隔离危险源和运行系统或者切断危险源能量的传递路径。从事故致因上来看，显性直接危险源的触发导致事故就是隔离作用被破坏导致了能量不被期望的传递或释放。

图 2-3 给出了显性直接危险源的触发流程，并形成系统控制模型。

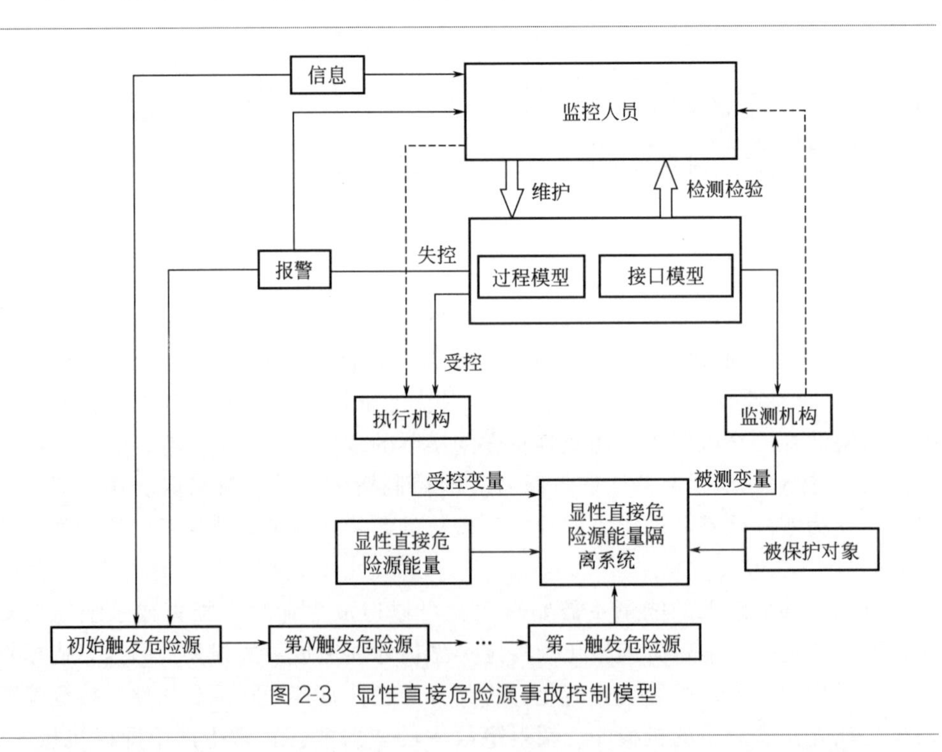

图 2-3 显性直接危险源事故控制模型

从图 2-3 中可以看到，主要从三个方面预防显性直接危险源导致事故的发生：a. 针对各类显性直接危险源能量，在运行系统和危险源能量之间设置隔离系统；b. 分析初始触发危险源到第一触发危险源之间的各类触发危险源隔离系统，识别会导致隔离失效的危险，切断事故触发及传播路径，同时降低第一触发危险源的能量到控制限以下；c. 针对隔离系统，分别建立检测、报警和修复系统，当隔离系统失效或性能受损时及时报警，无法及时修复即采用物理冗余替换或修复隔离系统，提高危险源控制系统的灵敏度和可靠性。上述三个系统组成了完备、有效的显性直接危险源事故控制结构[7]。

② 隐性直接危险源控制理论：隐性直接危险源由于其能量存在状态不会直接导致事故的发生，必须先要转换成可以直接造成伤害的若干种能量表示。因此，根据控制对象的不同，隐性直接危险源控制技术主要有两种：第一种采取工程技术或管理措施阻止隐性直接危险源的能量转化为事故能量；第二种，在能量发生转化后，建立隔离监测系统，保证能量控制平衡与正常使用。第二种类同于显性危险源控制方法，差异在于时机不同，属于“治标”，而第一种方法从源头上阻断危险进程，属于“治本”。

第一触发危险源的能量在超过某一临界值时才会导致隐性直接危险源能量转化为事故能量。例如，封闭物体的实时压力超过其承受范围才会导致爆炸事故，当操作人员与在运行的旋转机械有不期望的接触时才会导致伤害事故，温度达到易燃物品的着火点才会导致火灾和化学爆炸。也就是说，事故发生前一刻，隐性直接危险源的能量被平衡控制，第一触发危险源的控制限决定了系统维护自身稳定状态的能量，是系统稳定性的体现。当第一触发危险源作用的能量（或功）超过控制限后，控制作用失效，系统的能量平衡被打破，并向新的平衡和稳定状态发展，在此过程中，隐性直接危险源的能量转换为可能导致事故的能量。图 2-4 是隐性直接危险源事故控制模型。

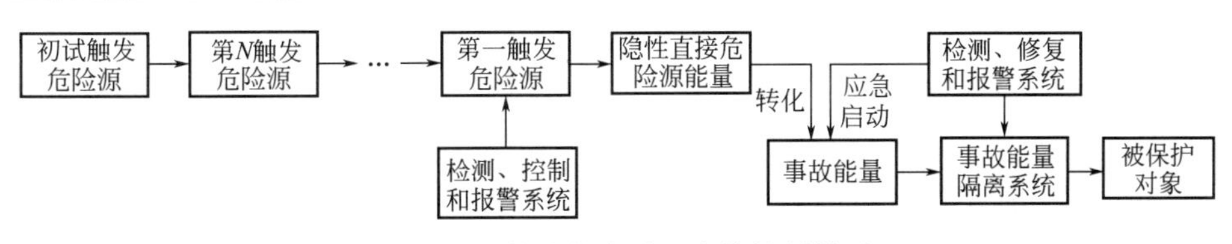

图 2-4 隐性直接危险源事故控制模型

必须要说明的是，隐性直接危险源的能量转化为事故能量后并不一定会导致事故，这取决于它转换的能量大小和最终作用于被保护对象的能量强度。如化工生产中氯乙烯是极易燃气体，与空气可形成爆炸混合物，在高温和高压条件下，即使没有空气仍可能发生爆炸反应。其中火灾、中毒等事故中隐性直接危险源能量转化为事故能量的过程是缓慢渐进的，可以通过减少参与转化的能量有效控制事故。另一方面，如液氢爆炸、高空坠落、设备撞击等事故中的隐性直接危险源能量向事故能量转化的过程是短暂突发的。因此，减少参与转化的隐性直接危险源能量的数量也可以有效降低事故损失。

对比图 2-3 和图 2-4 发现，隐性直接危险源事故中触发的是隐性直接危险源本身，而显性直接危险源事故中的触发链作用于隔离系统，同时触发链还可能作用于事故能量隔离系统，但是由于该隔离系统只有在隐性直接危险源能量发生转化后才起作用，因此，保证隔离系统的检测、修复和报警系统完好，是降低事故后果的重要途径。

综上所述，隐性直接危险源事故控制系统包含四个子系统：a. 第一触发危险源的检测、控制和报警系统，及时检测出触发危险源并报警，采取措施切断事故触发和传播路径，控制危险源能量在标准限范围内；b. 分析从隐性直接危险源能量到显性直接危险源的演化机理，设置隔离系统防止或降低参与转化的隐性直接危险源能量；c. 针对已经转化为显性直接危险源的情况，建立并启动隔离系统，阻止被保护对象与转化后的能量的接触；d. 为第三步中的隔离系统建立应急启动、检测、报警和修复子系统。

2.2.3 系统危险因素分析

危险因素分析要求应尽可能全面有效地辨识和评估全部危险，即除了要求分析应尽可能广泛，还需要尽可能准确彻底地分析单个危险。然而脱离了系统运行的动态特性的危险因素分析并不能全面表现危险的发展全过程，因此，针对设备或系统的不同运行阶段，系统安全性准则确定了初步危险分析、分系统危险分析、使用与保障危险分析、职业健康危险分析这几种危险因素分析方法，这些方法充分结合了安全事故的演化过程来揭示相关危险类型。

为了使系统具有最高的安全性，有关系统危险的所有可能的信息需要在系统运行过程中尽可能早提供，相关的系统性分析方法包括：最终影响法、危险评价法、自下而上分析法、自上而下分析法、能值法、检查表法等，并尽可能准确地预计其影响，提出最有效的消除或控制危险影响的措施。

2.3 系统运行危险分析

危险分析是安全性分析的重要组成部分，也是系统安全性大纲的核心所在。通过危险分析识别危险源及其影响，采取针对性的措施消除或控制系统长周期运行阶段的危险。一方面，危险分析通过分析设备设计、使用和维修的信息，确定并纠正系统设计的不安全状态，并确定所有与危险有关的系统接口，指导设计制造。另一方面，危险分析能够指出控制危险的最佳方法，并减轻危险所产生的有害影响。通过前一节的危险源分析，可以确定危险源的类型和各类危险源对系统的作用，本节主要从图 2-5 中描述的人员、信息、管理、设备、环境等方面进行系统运行危险分析研究，探索寻找从危险到事故的一般演化过程。

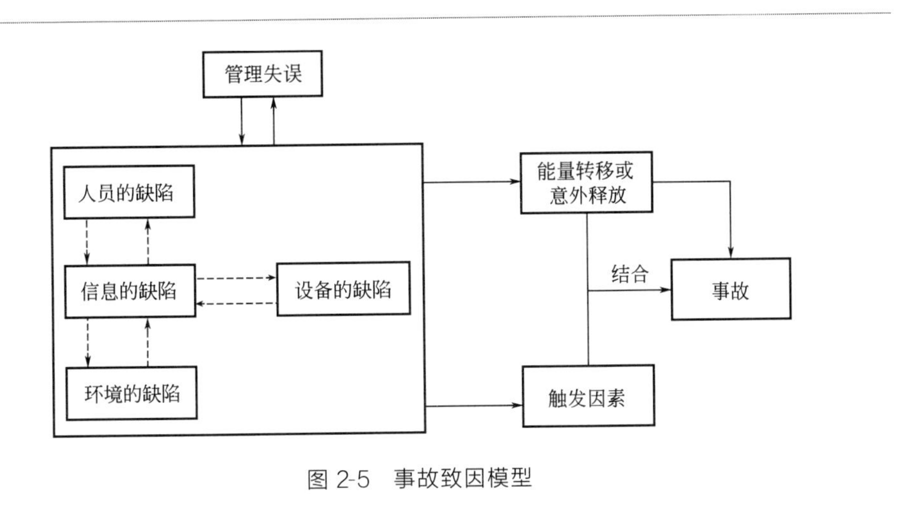

图 2-5 事故致因模型

2.3.1 运行危险分析方法

目前常用的危险风险评价方法有安全检查表分析法、失效模式与效应分析法、灰色评价方法分析、故障模式影响及危害性分析、概率风险评价分析方法、故障危险分析、层次分析法、故障树分析、事件树分析九种，本节重点介绍以下五种方法[8]。

① 故障模式影响及危害性分析（failure mode effects & criticality analysis，FMECA）：故障模式影响及危害性分析最初用于系统的可靠性分析，后来逐渐发展为一种卓有成效的安全性分析技术，广泛应用于系统危险分析中。该分析方法一般用来确定产品或系统潜在的故障原因和故障模式及其对工作人员健康安全的影响。危害性分析是故障影响分析的延续，可根据产品结构从定性或定量角度获得数据的情况。FMECA 通过评价故障模式的严重程度、发生的可能性以及它们在产品或系统上所具有的危害程度，进而对每种故障模式进行分类。故障影响分析和危害性分析这两部分组成故障模式影响及危害性分析，其中故障影响分析是一种定性分析技术，根据系统研制情况，可采用功能分析法或硬件分析法，用于分析因硬件故障导致的事故。危害性分析在基于故障影响分析的完成情况上，综合考虑了每种故障模式的严重程度和发生概率，以便确定由每种故障模式造成

危险情况的风险程度。

② 故障危险分析（fault hazard analysis，FHA）：故障危险分析要求在对系统的组成、工作参数、目标全面了解的基础上，先通过分析系统元件会出现故障的故障类型及其可能造成的危险，然后归纳出多个元件的故障分析结果，提出控制故障的有效措施。该方法可用于确定产品或系统组件的危险状态及其原因，以及该危险形式对产品、系统及其使用的影响，包括故障、人为失误、危险特性和有害环境影响都可通过这种方法分析得出。较多的应用为：a. 由于组件故障、危险产品或系统操作特性、不良故障情况以及可能导致事故的任何人员或操作失误而导致的所有产品或系统故障；b. 未能完全掌握能够控制或消除其不利影响的故障措施和安全装置的潜在影响；c. 上游故障引起的事故和事件。

③ 概率风险评价方法（probability risk assessment，PSA）：概率风险评价方法是一种定量的高精度安全评价方法，如图 2-6 所示，该方法利用失效的故障累积数据，根据综合分析获得系统最小单元的设计、运行性能和灾害结构之间的关系，并计算整个系统的失效或事故概率，综合得到系统风险状态，并将其作为评价系统安全性和制定安全措施的依据。该方法的优点在于能够明确描述系统的危险状态和潜在的事故发展过程的可能性，并及时计算各种风险因素引发的事故概率风险。缺点在于涉及大量数据的复杂计算，过程非常烦琐。由于部分复杂系统具有众多不确定因素并且具有高度非线性，分解完整的系统相当困难，因此概率风险评价方法的使用具有较大程度的限制。

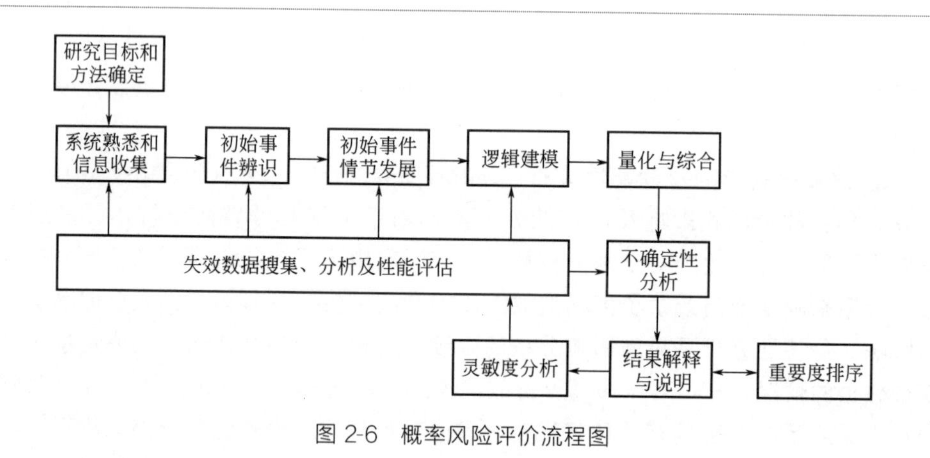

图 2-6 概率风险评价流程图

④ 灰色评价方法（theory of grey system analysis，TGSA）针对具有非线性、离散和动态因素的系统进行定量分析和综合安全评估具有准确结果。相较于静态分析方法，TGSA 考虑不同事件序列对参考序列的动态影响，并给出量化

结果，准确有效地实现了多因素系统危险源分析。然而，大多数灰色评价模型使用人工方法来确定灰色问题的白化功能，在一定程度上限制了该方法的准确性。

⑤ 层次分析法（analytical hierarchy process，AHP）最初用于运筹学，是一种定性分析方法，经过多年发展后被广泛地应用于工程领域。AHP 适用于多标准、多目标复杂问题的决策分析，符合主要危险源分级评价的特点。该分析法从系统工程的角度出发，利用模糊数学理论的同时又综合考虑影响重大危险源危险程度的因素，然后运用层次分析法对其进行综合评价，提出了评价和分类重大危险源的新方法。

总的说来，针对不同目的和要求，运行危险分析可从定性和定量角度来分类。其中定性分析是用来检查、识别并分析可能的危害类型及影响，并提出针对性的控制措施。定量分析必须以定性分析作为依据，用于确定特定事故发生的概率及其可能造成的影响，目前主要用于比较不同方案所达到的安全目标，为安全性保障方案的更改提供决策支持。上述的故障树分析、事件树分析和故障模式影响及危害性分析等方法均可用从定性与定量两方面展开分析。

2.3.2 “危险因素-事故”演化机理分析与建模

安全事故的发生与发展是系统中各种危险因素与系统相互作用与耦合的复杂动力学演化过程，通常从能量变化角度来描述演化模型。如化工生产中氯乙烯是一种易燃易爆、有毒有害化学品，遇明火、高温等危险因素可导致燃烧、爆炸事故。这是一类动态系统运行过程中，从能量变化角度演化为事故的典型案例。对此类事故的分析，必须考虑由危险因素到事故的演化过程。以主要危险事故为研究对象，分析事故发生的能量变化过程，建立能量变化模型。分析子系统事故能量传递特性，获得基于能量守恒和突变拓扑空间的运行安全事故分析模型。从能量变化的角度，提取温度、压力、危险物质/能量等。

从系统控制角度，事故演化分析需要针对运行过程中出现的工艺参数异常、故障以及误操作等危险因素，分析其在系统运行中发生、扩散、导致事故的过程中参数和状态行为的特征变化，通过系统运行监测参数和子系统机理模型，对运行安全事故的演化机理和演化条件，建立描述系统性能和工艺指标劣化、误操作、异常工况和系统故障的多时空多尺度事故演化模型（包括能量积累模型、危险因素的量化模型），分析运行过程的系统运动规律和状态运动规律。

(1) 能量积累模型

在动力能量-质量等输入输出作用下的被控执行系统动态过程，受到动量平衡、能量平衡、质量平衡、反应动力学等机理所驱动，变量相互关联耦合，传统的统计方法因其假定变量之间相互独立，难以解决这类问题。实际上大多数工业等复杂过程都是用更少的维数来监控的，如温度、压力、重量、流量、载荷等具有能源、动力、物质等动力能源数据。

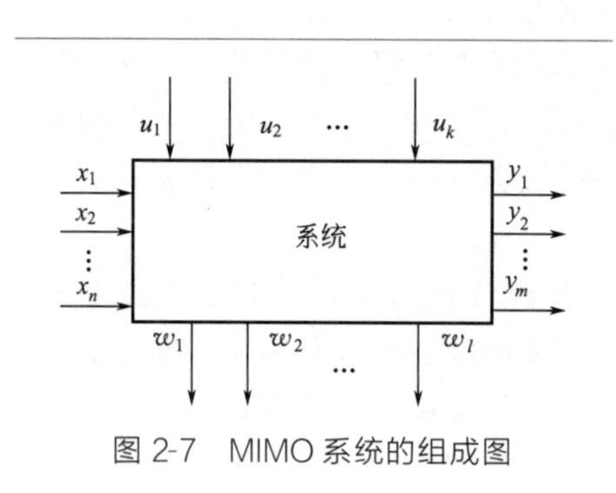

图 2-7　MIMO 系统的组成图

考虑多输入多输出（MIMO）的系统，如图 2-7 所示，其输入分别为 $\boldsymbol{x}=(x_1,x_2,\cdots,x_n)$，$\boldsymbol{u}=(u_1,u_2,\cdots,u_k)$，输出为 $\boldsymbol{y}=(y_1,y_2,\cdots,y_m)$，$\boldsymbol{w}=(w_1,w_2\cdots,w_l)$。

对该系统引入一类能量核函数 $\Psi(r,t)$，满足三个条件，即连续性、有限性、单值性。假设该系统工作过程中，没有受到任何的干扰，则有如下能量平衡模型：

$$\sum_{i=1}^{n}\left|\Psi_x(x_i,t)\right|^2+\sum_{i=1}^{k}\left|\Psi_u(u_i,t)\right|^2$$

$$=\hat{F}\left|\boldsymbol{x}\right\rangle+\hat{F}^{\dagger}\left|\boldsymbol{x}\right\rangle+\hat{F}^{\dagger}\left|\boldsymbol{u}\right\rangle+\sum_{j=1}^{l}\left|\Psi_w(w_j,t)\right|^2+\sum_{j=1}^{m}\left|\Psi_y(y_j,t)\right|^2 \quad (2\text{-}2)$$

式中，$\sum_{i=1}^{n}\left|\Psi_x(x_i,t)\right|^2$ 为输入向量 $\boldsymbol{x}=(x_1,x_2,\cdots,x_n)$ 的能量值；$\sum_{i=1}^{k}\left|\Psi_u(u_i,t)\right|^2$ 为输入向量 $\boldsymbol{u}=(u_1,u_2,\cdots,u_k)$ 的能量值；$\sum_{j=1}^{l}\left|\Psi_w(w_j,t)\right|^2$ 为输出向量 $\boldsymbol{y}=(y_1,y_2,\cdots,y_m)$ 的能量值；$\sum_{j=1}^{m}\left|\Psi_y(y_j,t)\right|^2$ 为输出向量 $\boldsymbol{w}=(w_1,w_2,\cdots,w_l)$ 的能量值；$\hat{F}$ 为能量湮没算符，以 $\hat{F}\left|\boldsymbol{x}\right\rangle$ 为例，它表示系统由状态 $\left|n\right\rangle$ 变到状态 $\left|n-1\right\rangle$，即系统处于能量状态 $\left|n\right\rangle$ 的输入向量 x 的分量个数减少一个，该算符反映了系统能量的减少；$\hat{F}^{\dagger}$ 为能量产生算符，以 $\hat{F}^{\dagger}\left|\boldsymbol{x}\right\rangle$ 为例，它表示系统由状态 $\left|n\right\rangle$ 变到状态 $\left|n+1\right\rangle$，即系统处于能量状态 $\left|n\right\rangle$ 的输入向量 x 的分量个数增加一个，该算符反映了系统能量的增加。

由上述模型还可以得到系统各输出分量的对于系统的敏感性，即

$$\Theta_{w_j}=\frac{\left|\Psi_w(w_j,t)\right|^2}{\sum_{i=1}^{n}\left|\Psi_x(x_i,t)\right|^2+\sum_{i=1}^{k}\left|\Psi_u(u_i,t)\right|^2}$$

$$\Theta_{y_j}=\frac{\left|\Psi_y(y_j,t)\right|^2}{\sum_{i=1}^{n}\left|\Psi_x(x_i,t)\right|^2+\sum_{i=1}^{k}\left|\Psi_u(u_i,t)\right|^2} \tag{2-3}$$

式中，Θ_{w_j} 为输出分量 w_j 对于系统的敏感性；Θ_{y_j} 为输出分量 y_j 对系统的敏感性。

(2) 危险因素的量化模型

通过过程质量平衡、能量平衡、物料平衡、温度平衡、压力平衡等过程平衡机理的研究，分析工艺参数异常、故障、误操作等不同危险因素下的系统状态变化，建立危险因素的定量描述。$x(t)$、$u(t)$、$y(t)$ 分别为系统的状态、输入和输出，系统参数矩阵和输出矩阵分别为 $\mathbf{A}$ 和 $\mathbf{C}$，系统的非线性项表示为 $\gamma(x(t),u(t))$，$h(t)$ 表征组件功能退化及潜在微弱故障等系统异常造成的系统运行结构变化，$f(t)$ 表征不同发生部位的传感器、执行器和系统故障，$m(t)$ 表征人在回路下操作人员自身原因或无法接收正确指令造成的人因误操作。将危险因素量化为系统结构的变化 $\Lambda_{\mathbf{A}}$ 和 $\Lambda_{\mathbf{C}}$。$\Sigma(*)$ 和 $\theta(*)$ 分别表示系统中故障和参数的退化函数。在故障、隐患和人误操作共同作用下系统的状态空间方程为：

$$\begin{cases}\dot{x}(t)=\mathbf{A}(\Lambda_{\mathbf{A}}(t))x(t)+\gamma(x(t),u(t))+\\ T_\tau(x(t-h(t)))+T_{\mathbf{A}}(x(t),u(t))\\ y(t)=\mathbf{C}(\Lambda_{\mathbf{C}}(t))x(t)+T_S(x(t),u(t))\end{cases} \tag{2-4}$$

其中结构变化函数为 $\Lambda(t)=\partial\Sigma(f(t),h(t),m(t))$，参数变化函数表示为 $\gamma(t)=\partial\theta(f(t),h(t),m(t))$；$T_{\mathbf{A}}(*)$ 为执行器故障，$T_S(*)$ 为传感器故障；$T_\tau(*)$ 为过程故障。

2.3.3 系统运行故障危险分析

系统本身的不安全状态在各个阶段都可能存在，涉及从设计开始，经各种加工程序，直到正式使用的各个过程。系统设备的本身不安全状态主要包含如下三方面原因。

① 设计缺陷。设计缺陷是一种隐藏度非常高的危险因素，据统计，化工设备由于质量问题导致的事故约有 50%是设计方面的原因。设备材料选择不当、条件估计失误、强度计算以及产品结构上的缺陷对产品质量有决定性影响。

② 制造缺陷。化工设备的制造缺陷主要包括加工工艺、加工技能以及加工方法三方面的缺陷。随着相关技术的成熟，纯粹的制造缺陷在所有缺陷中的占比日益减少。

③ 维保缺陷和使用缺陷。使用时间的延续、设备的磨损、耗伤和腐蚀等客

观因素将会导致故障发生。除此之外，使用时超过额定负荷、操作技术生疏以及缺乏安全意识等均会引发设备的不安全状态，进一步增大设备伤人的概率。这也是系统运行过程中占比最高的危险因素。

复杂系统设备结构不仅形式多样，而且类型繁多。由工作形式的不同，设备可以分为两大类：第一类是静设备，指没有驱动机带动的非转动或移动的设备，如炉类、换热设备类、储罐类、反应设备类、塔类；第二类是动设备，指有驱动机带动的转动设备（亦即有能源消耗的设备），如风机、泵、压缩机等，其能源可以是蒸汽动力、电动力、气动力等。

由于以上所述故障缺陷种类繁多，可以通过基于模糊综合评价法的系统运行故障危险分析计算危险源引起事故的概率大小[9]：

假设系统有 n 个危险源，记为 $W_1,W_2,\cdots,W_n$，危险源可能导致的 m 个潜在不良后果记为 $H_1,H_2,\cdots,H_m$，这里一个危险源可对应多个不良后果，而且每个危险源引发潜在风险的严重性和可能性由 X 名专家打分。假设第 i 个危险源 W_i 引发的风险 H 有 t 个，每个专家对 t 个潜在风险的严重性和可能性分别打分，相应的每个潜在风险只有 1 个严重性分值和 1 个可能性分值，因此第 i 个危险源有可能具有 t 个风险值。鉴于我们在风险评估中总是考虑最严重的情况，因此从每个危险源中取多个风险值中的最大值作为评判标准，即：

$$F_i=\max_{j\in[1,t]}(F_{ij}),\forall i\in[1,n] \tag{2-5}$$

假设每个专家已给出所有危险源的风险向量，并且第 k 位专家给出的风险向量为：

$$\boldsymbol{f}^{(k)}=[F_1^{(k)},F_2^{(k)},\cdots,F_n^{(k)}] \tag{2-6}$$

在评判过程中，各个专家所做出的评判质量必然存在差异，这是因为受到评判水平、知识结构和自身偏好等其他客观因素的影响，因此基于这些差异对专家进行赋权相对于专家的主观赋权必然具有优越性。由于专家的评价体系体现了专家间的差异，因此可以根据专家所给出风险向量间的差异来确定专家的权重。

假定有 X 位专家对风险进行评判，定义 θ_{kl} 为$\boldsymbol{f}^{(k)}$ 和$\boldsymbol{f}^{(l)}$ 之间的向量夹角，有

$$C_{kl}=\cos\theta_{kl}=\frac{\boldsymbol{f}^{(k)}\boldsymbol{f}^{(l)}}{\|\boldsymbol{f}^{(k)}\|\ \|\boldsymbol{f}^{(l)}\|}=\frac{\sum_{i=1}^{n}F_i^{(k)}F_i^{(l)}}{\sqrt{\sum_{i=1}^{n}F_i^{(k)2}\sum_{i=1}^{n}F_i^{(l)2}}},\forall k,l\in[1,X] \tag{2-7}$$

C_{kl} 代表$\boldsymbol{f}^{(k)}$ 和 $\boldsymbol{f}^{(l)}$ 之间的相似程度，$C_{kl}\in[-1,1]$，一般来说 C_{kl} 与相似程度成正比。

将所有专家的风险向量计算出来得到如下所示的矩阵：

$$\boldsymbol{C}=(C_{kl})_{X\times X}=\begin{bmatrix} 1 & C_{12} & \cdots & \cdots & C_{1X} \\ C_{21} & 1 & & & \\ \cdots & & \cdots & & \\ \cdots & & & \cdots & \\ C_{X1} & & & & 1 \end{bmatrix} \tag{2-8}$$

式中，$\boldsymbol{C}$ 为对称矩阵，定义 $C_k=\sum_{i=1}^{X}C_{ki}$，它表示 $\boldsymbol{f}^{(k)}$ 与其他所有风险向量总的相似程度，并且 C_{kl} 与相似程度成正比关系，因此 α_k 可以被用来表示第 k 位专家的权重大小：

$$\alpha_k=\frac{C_k}{\sum_{i=1}^{X}C_i},\forall k\in[1,X] \tag{2-9}$$

结合专家权重及相对应的风险向量，根据式(2-10)计算每个危险源引发的风险：

$$F_i=\sum_{k=1}^{X}\alpha_k F_i^{(k)} \tag{2-10}$$

式中，F_i 为第 i 个危险源引发潜在风险的概率大小。

2.3.4 人因误操作危险分析

人为差错定义为与正常行为特征不一致的人员活动或与规定程序不同的任何活动。在系统运行安全事故中，人为差错是造成系统事故的主要原因。世界民航组织对民航飞机灾难性事故的原因分析表明，大约有一半的灾难性事故是人为因素造成的。表 2-1 中列出了在飞机事故中人为差错引起事故的原因。由于人为差错对系统的影响随着系统的不同而不同，因此在研究人为差错时必须对人为差错的特点、类型及后果进行分析，给出定量的发生概率以便于评价和改进[10]。

表 2-1 飞机事故中人为差错分类

事故原因	百分比/%	备注人因主体
未能按规定程序操作	34	空勤人员
误判速度、高度、距离	19	空勤人员
空间定向障碍	8	空勤人员
未能看见并避开飞机	4	空勤人员
飞行监视有误	5	空勤人员

续表

事故原因	百分比/%	备注人因主体
飞行前准备及计划不当	7.5	空勤人员
空勤人员的其他差错	10	空勤人员
错误维修及其他	12.5	地勤人员
共计	100	

造成人为差错或降低人-机接口安全性的因素很多，归纳起来有如下一些方面：①操作人员缺少应有的知识和能力；②训练不足、训练缺乏；③操作说明书、手册和指南不完善；④工作单调、缺乏新鲜感；⑤超过人员能力的操作要求；⑥外界信号的干扰；⑦不舒适、不协调的作业环境；⑧控制器和显示器布置不合理；⑨设施或信息不足。

如前所述，大量事故是人为差错引起的，其不确定性和表现的差异性远较设备故障复杂，因此需要从使用和维修两方面来理解和预计人为差错对系统安全性的影响，在系统危险分析中应将所有其他故障模式分析与人为差错分析相结合。

在人为差错分析中，人为差错率预计技术是目前应用较广的人为差错分析技术。它可预计由人为差错造成的整个系统或分系统的故障率。这种预计技术从分析一项工作开始，把系统划分成为一系列的人-设备功能单元。被分析的系统用功能流程图来描述，对每个人-设备功能单元分析其预计数据，利用计算机程序来计算工作完成的可靠性和完成的时间，并考虑到完成工作中的非独立和冗余的关系。进行这种分析的步骤如下：

① 确定系统故障及影响后果，每次处理一个故障；

② 列出并分析与每个故障相关的人的动作（工作分析）；

③ 估算相应的差错概率；

④ 估算人为差错对系统故障的影响，在分析中应考虑硬件的特性；

⑤ 提出对人-设备系统（被分析系统）的更改建议再回到第 3 步。

表 2-2 人为差错率估计数据

活　动	概率估计值
选择一个键式开关(不包括操作人员因理解错误导致的误判)	10^{-1}
不存在决断错误的前提下的一般误操作，如选择一个与所要求的开关在形状上或位置上不同的开关	10^{-3}
一般的执行人为差错。例如，读错标记而选错开关	3×10^{-3}
一般疏忽性人为差错，例如，维修后没有把手动操作的实验阀恢复到正常的位置	10^{-2}
疏忽的产品夹在过程中而不是在过程终结的疏忽性差错	3×10^{-2}
在自行核算时未在另一张纸上重复的简单算术错误	3×10^{-2}
在危险活动正在迅速发生时高度紧张下的一般差错率	0.2～0.3

表 2-3 某类设备操作的人为差错概率

操作说明	人为差错概率
读图表记录仪的显示	6×10^{-3}
读模拟仪表	3×10^{-3}
读数字式仪表	1×10^{-3}
读指示灯显示	1×10^{-3}
读打印记录仪(有大量参数和图表)	5×10^{-2}
读图表	1×10^{-2}
高应力下拧错控制旋钮	0.5
使用核查清单	0.5
拧接插件	1×10^{-2}
阀关闭不当	2×10^{-3}
仪表故障,无指示报警	0.1

目前人为差错分析中的主要问题是缺少有效数据，表 2-2 和表 2-3 列出的一些人为差错估计数据是根据系统的维修活动进行研究的结果[11]。目前的人为差错概率估计值主要是根据专家意见的主观数据或按需要补充以主观判断的客观数据。人为差错分析的结果可用叙述格式、列表格式或逻辑树等形式表示，这取决于所提供的人为差错信息和安全分析的要求。

2.3.5 外扰作用下的危险分析

系统运行工况描述了系统在运行过程中的状况、工艺条件或设备在与其动作有直接关系的条件下的工作状态。来自外部的干扰与系统运行工况没有直接关系，但能在一定程度上使系统运行过程的各类工作状况出现异常，进而影响各功能模块和元件的工作状态，或使其成为危险因素。通常对系统由外扰作用造成的运行危险进行分析，需要监测对象在某一时刻的运行状况（如负荷超过额定值时的运行状态），在正常情况下，系统的运行参数或变量是按照工艺要求或者根据设备性能要求给定的一组额定参数，而在存在外扰时，如果仍以此为准则对运行工况进行判断，就会出现依据单一参数超限而对系统进行运行异常的误判。

根据存在于系统的时间长短，将外扰作用划分为暂态扰动和周期性扰动，函数形式有阶跃函数、斜坡函数、正弦函数等，外扰作用在运行系统内传播可能导致系统控制精度下降、运行工况不稳定和产品质量下降，严重情况下甚至导致安全事故的发生，如设备在外扰作用下意外启停时导致的短路电弧爆炸事故。外扰作用的类型以及外扰在系统中作用的对象、时间长短不同，造成的影响程度也不相同。因此，分析外扰作用的危害性需要有效辨识上述性质。分析外扰作用对系统的危害性主要从扰动信号去噪、基于时间窗的扰动时段划分、外扰作用建模与分析等方面出发。

针对暂态扰动可通过动态测度计算检测信号的畸变点，确定扰动出现的时间和类型，但该方法对噪声环境下的信号分析失效。分形分析可通过滤除信号中的随机和脉冲噪声辨识扰动信号，确定扰动类型和幅度并提出针对性的保障措施。针对周期性扰动分析，傅里叶变换通过分析信号的幅频特性如所含谐波的次数、幅值、初相角等，可有效提取由于交直流变换设备等造成的周期性谐波干扰特征，实现扰动对运行系统造成的影响及危害分析。

2.4 系统运行安全事故演化分析

系统运行安全事故演化是人们在研究事故发展中最关注的问题，通过溯源可以定位事故的源点和发现事故的起因，而通过跟踪可以预测事故未来的发展方向。安全事故演化与事故触发因素密切相关，这类非安全因素源自人的非安全行为、设备的非安全表现、环境的非安全管理失误。

在生产过程中，现场人员和设备本身既是需要保护的对象，自身非安全行为又是触发事故的主要因素，是最重要且最难控制的要素。同时由于系统结构复杂、变量间相互关联，危险源被触发导致事故的过程也是危险源传播和扩散影响系统安全的过程，因而系统运行安全性事故演化分析的首要任务就是研究事故动态演化过程。

本节通过分析故障传播及演化机理，分别建立基于图论的故障传播模型和小世界聚类特性的故障传播模型。利用事故链建立重大事故链式演化模型并分析其阶段性演化机理。针对大型工业过程和复杂装备系统具有的结构多层级、变量间高度耦合、非线性等特性，导致系统表现出极大的不确定性问题，建立了复杂动态系统的动力学演化模型。

2.4.1 事故动态演化

在事故动态演化过程中，故障的作用可以通过建模进行分析。由于系统发生故障的随机性大、传播性强，任何一个微小的局部故障都可能通过传播和扩散而导致整个系统的安全问题，故本节将介绍几种事故演化机理的建模方法，分析故障导致的事故传播与演化对系统的影响，并将详述基于图论、K 步扩散、小世界聚类特性的故障传播及基于 Petri 网等的故障传播建模方法以及动态演化机理。

(1) 事故动态演化机理

目前，事故传播机理建模与分析的理论发展集中于以下三个方面。

① 基于过程先验知识的系统建模，包括结构方程模型、因果图模型（如有向图、键合图、时序因果图、定性传递函数等）、基于规则的模型、基于本体论的模型等。该类模型通过反映底层事件和中间事件失效与顶层失效之间的逻辑作用关系来分析事故动态演化过程。

② 基于过程数据的系统拓扑结构获取方法，包括交叉相关性、Granger 因果分析、频域理论方法、信息熵方法、贝叶斯网络、Petri 网等。

③ 基于模型的事故推理方法，包括图遍历方法、基于专家系统的推理方法、基于贝叶斯网络的推理方法、基于本体模型的查询方法、基于小世界网络的推理方法等。其中，小世界网络模型是基于人类社会关系的网络模型，是从规则网络向随机网络过渡的中间网络形态。

(2) 故障传播及演化机理

故障传播的本质是网络中故障信号的流动过程，网络中各组成单元之间的依赖关系决定了故障信号具有可传播性。

复杂系统中各个元部件通过各种介质将离散的节点连接成相互关联且高度耦合的复杂网络[12]，其中故障的传播路径不固定且不统一，沿着若干条路径进行传播，所有节点的故障都能够在传播路径上同时朝多个方向传播，因此复杂系统的故障传播过程实质上是一种分步扩散过程，如图 2-8 所示。当系统内某节点发生故障时，首先会在同一子系统内迅速传播，其次通过边界节点逐步扩散到其他子系统中去，最终导致整个系统的失效。

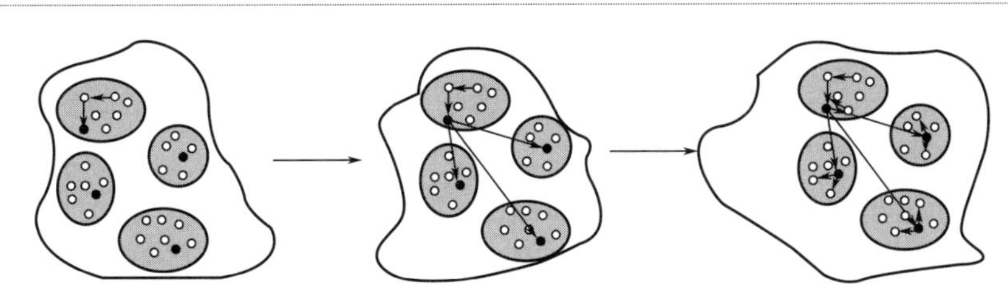

图 2-8 复杂系统故障传播扩散过程

系统中节点包含输入/输出的设备、部件、子系统、模块等。当节点有故障输出时，若节点 v_i 的故障输出经过 T_{ij} 时间单位后可引起节点 v_i 的故障输出，则称 v_i 将故障传播到 v_j，节点 v_i 到 v_j 的故障传播概率 $X_{ij}=T_{ij}$。设存在故障的系统节点同时具有故障传播性，具体判断节点有没有故障可以通过物理或逻辑的方法来诊断，假设在一次故障诊断中可以诊断到系统中所有的故障源，对故障进行恢复和处理后，若下次诊断出现新故障源，则认为与前次故障影响无关，即具有独立性。单点故障会以故障源节点为中心向四周传播，网络中其他节点自身没有故障，只负责传播故障源产生的故障信号。如此反复传播，在一次故障诊断中可以发现一个或多个故障源。

传统的故障传播分析方法认为故障的传播方向优先选择传播概率较大的边进行传播，但实际情况中，某些发生概率大但是规模小的故障的危害远远低于概率小规模大的故障所造成的危害，即在运行过程中某些支路传播故障概率虽然很小，但故障一旦经其传播，产生危害就会很大，引发的后果十分严重。因此对于复杂系统除了考虑节点之间的故障传播概率外，还需要考虑支路对故障传播的影响。

(3) 故障传播及演化模型

① 基于图论的故障传播模型　基于图论的故障传播模型通过树和图表示系统结构，分析故障传播机制。从理论的角度去看，树和图这种抽象模型可以表示系统任何要素间的故障传播关系，对于规模比较大的设备集成系统，在其内部，各个部件间的关系比较繁杂，将系统用图或树的模型来构建的工作量很大，并且工序很烦琐。该故障传播模型适用于关联度不大的简单系统。

符号有向图（signed directed graph，SDG）是一种定性模型，用来描述系统变量之间的因果关系，主要通过节点之间的有向线段表示，具有包容大规模潜在信息的能力。在 SDG 中，如果该支路本身的符号等于一条支路初始节点的符号与终止节点的符号之积，则该支路为相容通路，即传播故障的通路，故 SDG 的故障推理就是完备且不得重复地在 SDG 模型中搜索所有的相容通路。由于故障只能通过相容通路进行传播，所以通过对相容通路的搜索，就可以发掘出故障在复杂系统中的传播扩散过程，并据此找到故障源和故障原因。另外还可以通过引入故障传播强度来反映这两个因素，传播强度越大，表示故障通过此支路传播的后果越严重。

假设 SDG 模型的节点数为 n，节点 v_i 直接传播到节点 v_j 的故障概率为 $P(e_{ij})$。节点 v_i 与节点 v_j 之间支路的重要度为 $l(e_{ij})$，可以用 1、0.8、0.6、0.5、0.4、0.2、0 来表示。定义 SDG 节点之间支路的故障传播强度 I_{ij} 如式(2-11) 所示。

$$I_{ij}=w_s[w_p P(e_{ij})+w_i l(e_{ij})] \tag{2-11}$$

式中，$i \geqslant 1$，$j \leqslant i$；w_p 为故障传播概率的权重；w_i 为支路重要度的权重；$w_s(\geqslant 1)$ 为跨簇传播系数，用于强化故障跨簇传播时的扩散强度，故障传播强度可通过将其组成支路的传播强度进行加权和得到。

对于复杂系统的故障传播分析来说，需要依据建立的SDG模型，基于深度优先搜索策略找出所有的相容通路。

找出复杂系统中由故障节点引发的所有潜在的相容通路，可以分别计算故障传播路径的故障传播强度和传播时间来判断其是否会成为高风险高传播路径，而对于高风险传播路径，必须在其最短传播时间内采取控制和保护措施。

② 小世界聚类特性的故障传播模型　本方法突出复杂动态系统中网络模型自身的拓扑结构特性对故障传播的影响，以及从整体上研究故障发生、传播和放大的根本原因和内在机理。

a. 传播模型。若要建立故障传播模型，需要对系统进行结构分解，将系统拆成多个相互关联的子系统。同样，进一步地分解子系统，用集合 $\boldsymbol{T}=\{s_1,s_2,\cdots,s_n\}$ 表示不同级别系统。$\boldsymbol{T}$ 中的基本单元称为元素，同时将系统的结构模型记为 $\{\boldsymbol{T},R\}$，其中 R 为元素间的相互关系。为了方便计算机计算，此时通过邻接矩阵对 $\{\boldsymbol{T},R\}$ 表示，邻接矩阵 $\boldsymbol{A}$ 中的元素规定为：

$$a_{ij}=\begin{cases}1, & \text{元素 } i \text{ 和 } j \text{ 相邻}\\ 0, & \text{元素 } i \text{ 和 } j \text{ 不相邻}\end{cases}$$

得到邻接矩阵，通过引入小世界聚类特性来构建系统故障传播模型（见图2-9）。

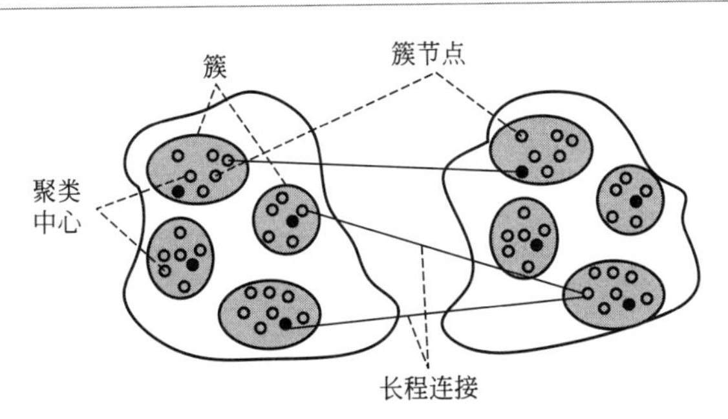

图2-9　小世界聚类特性的故障传播模型

图2-9中不同级别的结构模型使用簇的形式进行描述，使用 $\boldsymbol{T}$ 中的元素代表节点，元素之间的关系 R 通过节点间的连接边表示，通过邻接矩阵确定不同基本单元之间的连接关系，分析两个节点之间是否存在连接边。同一个簇内，如果节点之间的联系较为紧密，则聚类系数比较高，不同簇通过边界节点的远距离边进行连接，从而构成模型的主体。通过计算网络节点的度数，可以得到不同簇的聚类中心。为了对故障传播过程进行分析，提出假设：存在着结构连接关系的基

本单元之间必然存在故障传播途径。

b. 扩散过程。若复杂系统产生故障，复杂网络中某节点会率先出现变化，故障会通过一定的路径向相关节点扩散。在故障扩散的过程中，通过故障历史数据及系统参数估计，可以得知故障会优先选择传播概率较大的边进行扩散。节点之间的故障传播概率与传播路径长度有关，当传播路径长度 L_K 逐渐增大时，传播概率成数量级减小，当节点之间的传播概率低于 10^{-8} 时，则可以认为该节点安全。机电系统网络具有小世界特性，需要同时考虑节点间的传播概率、节点的度数以及节点间的长程连接，在实际的生产过程中，小概率大规模的故障风险足以与大概率小规模故障的风险总和相提并论。因此，在分析故障传播过程时，引入了故障扩散强度 I_{ij}^k 来整合这两个因素，并且扩散强度越大，故障越容易通过该边缘传播，传播范围越大。

设网络总节点数为 N，在第 k 步扩散过程中，故障由节点 v_i 直接传播到节点 v_i 的概率为 P_{ij}^k，若 2 个节点之间没有连接边，则 P_{ij}^k 等于 0。故障扩散强度公式为：

$$I_{ij}^k = w_s \left| w_p P_{ij}^k + \frac{w_d d_j^k}{\sum\limits_{j \in F_k} d_j^k} \right|, i \in F_{k-1} \tag{2-12}$$

式中，w_p、w_d 分别为传播概率和节点度数对应的权重；F_k 表示第 k 步扩散将波及的故障节点集合；d_j^k 表示 F_k 中第 j 个节点的度数；w_s（大于等于 1）为跨簇传播系数，用于强化故障跨系统传播时的扩散强度，并根据具体情况（比如系统重要度）确定。对 I_{ij}^k 进行归一化处理后，得到故障扩散强度的表达式为：

$$I_{ij}^k = \frac{I_{ij}^k}{\sum\limits_{j \in F_k} I_{ij}^k}, i \in F_{k-1} \tag{2-13}$$

在系统故障传播过程中，系统的节点和边组成一个复杂网络，通过对复杂网络的改进，找到复杂系统中起重要作用的传播路径及关键节点。

(4) 事故的动态演化模型

① 多米诺效应事故演化模型　多米诺效应指出在事故发生的过程中，一个非常小的初始能量引起一连串的反应，积累到事故发生，并且各个事故结果之间有某种特定的关系。在系统运行中，总是存在着各种危险因素，系统运行故障、人员误操作、环境等诸多危险因素都会对系统的工作状态造成影响，在系统运行过程中的某一状态点，受到激励，积蓄的能量释放，都会引发一场连锁反应，引发事故。在实际系统中，部分事故的发生可以由多米诺效应解释，如图 2-10 所示。

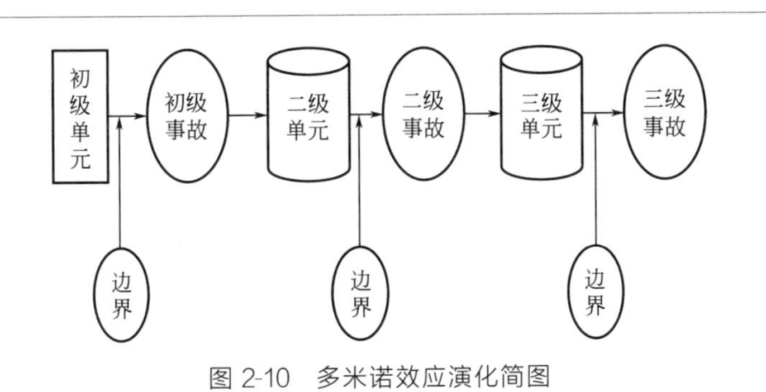

图 2-10 多米诺效应演化简图

② 能量释放事故演化模型 能量释放演化模型认为事故是由于某种原因导致能量失控而引发的。根据不同的能量释放模式，能量释放的形式可以分为聚集和辐射释放演化模型。从初始事故 A、B 和 C 到目标物体 D 的能量扩散是一个收敛的释放演化模型。例如，某储存区域中的多个氯储罐同时泄漏并集中在一个方向，则这种情况可以用聚集释放演化模型来解释。初始事故 A 的能量辐射到目标物体 B、C 和 D，形成辐射释放演化模型。又如，某储罐泄漏氯气，或者多个储罐泄漏，但是储罐之间没有相互影响，则这种情况可以用辐射释放演化模型来解释。能量释放的具体演化模型如图 2-11 所示。

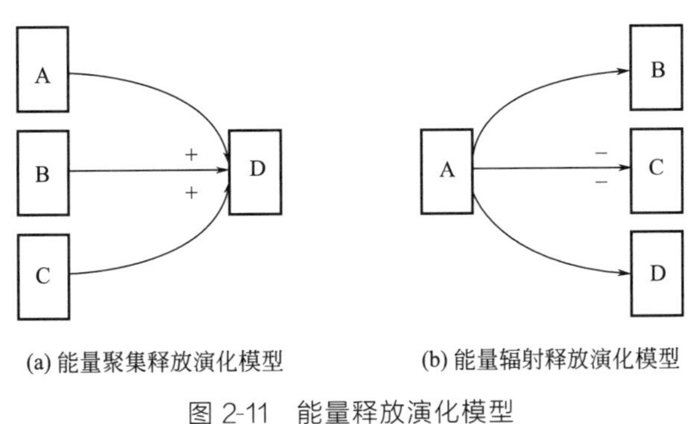

(a) 能量聚集释放演化模型　(b) 能量辐射释放演化模型

图 2-11 能量释放演化模型

③ 事故演化突变模型 突变理论主要是研究突然发生事故时的一种演化理论，是一种不连续变换的数学模型。如果系统中的某个函数为定值，或者系统能量处于最小值（当熵值最大时），此时系统处于稳定状态。随着系统中的参数不断变化，函数极值有不同的取值，这种状态表明系统处于不稳定的状态，可以理解为，系统中参数的改变影响着系统的状态变化，系统在状态之间跃迁的一瞬间称为突变，突变是系统的状态不连续变化的特性。

以化学工业中的氯气泄漏事故为例，可以看出氯气泄漏在扩散阶段受到周围不确定环境的影响总是处于连续突变的不稳定状态。当其满足爆炸条件时，泄漏的氯气将处于爆炸阶段，某一氯基团的能量将积累到临界值，这将触发其周围的相关氯基团，导致氯基团的连锁爆炸。这种状态类似于原子的裂变过程，但是由于氯气的爆炸不规则，这种状态的变化突然不连续。因此，突变理论能够更好地揭示实际工况下泄漏后氯气的扩散和爆炸状态，并清晰地描述事故的演变规律。

在实际情况下，突变理论不仅可以用作定性分析，也可以进行定量描述。当对某一实际状况进行定量描述时，一般通过建立势函数，选用合适的理论方法，将该状态下的势函数归结为经典类型，通过构建恰当的数学模型，对其结果进行计算。一般来说定量描述的难点是需要建立大规模的统计数据来进行模型的求解。在事故定性分析中，通常根据过去的经验、计算结果和事故症状建立初步突变模型，然后根据现有数据参数拟合新的计算模型，最后通过实际验证，检验该模型是否符合当前状态。

上述事故演化模型从不同的侧重点揭示了特定模型下事故的动态演化规律，但仍有很大的不足，如表 2-4 所示。

表 2-4 动态演化规律

事故演化模型	事故演化模型的不足
多米诺效应事故演化模型	揭示了事故发生的因果关系，初始事故可以演化为次生事故，但该模型无法回答初始事故是怎样导致周围设备、人群等发生事故的
能量释放事故演化模型	难以全面统计各种能量形式，在定量分析各类能量方面存在困难，因此该演化模型只能对泄漏事故过程能量释放大小做定性分析
事故演化突变模型	主要研究各种不连续变化的数学模型，描述系统处于某种状态。但在实际事故演化过程中，中间某一状态没有详细的参数，因此不能准确预测下一个状态的演化方向

④ 构建系统事故动态演化模型　为了使分析更具有普遍性，可以适用于多工况系统的研究，根据系统理论的观点，通过结合以上三种事故的演化模型来构建系统演化模型。新的系统演化模型称为系统事故动态演化模型。

系统事故动态演化模型：以人员-设备-环境的异常工作状态作为触发点，不受控制的能量作用在目标对象上，从而导致了目标对象发生一系列衍生事故。同时，突变效应使得三个层级发生自下而上的演变。该模型能够弥补上述三种单一演化模型的片面性，全面地描述事故动态演化过程，具体如图 2-12 所示。

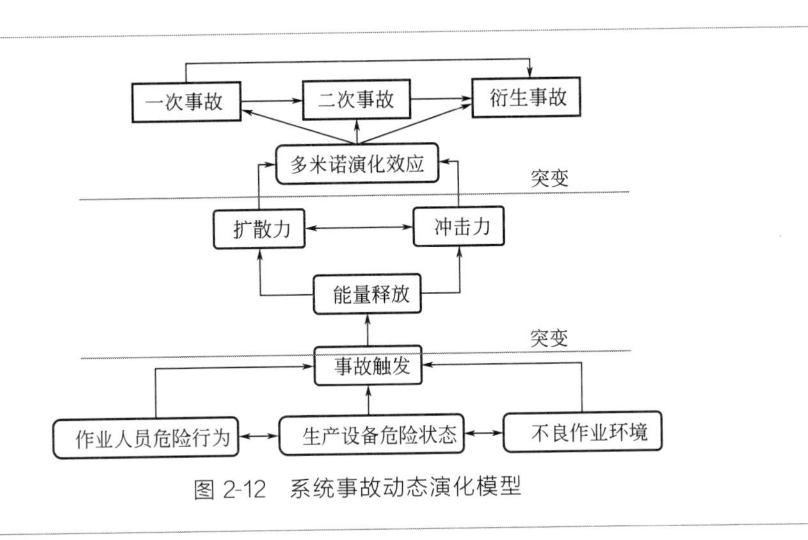

图 2-12 系统事故动态演化模型

2.4.2 事故链式演化

一般认为，事故的发生和发展是系统内外各种因素通过某种规则链相互作用的结果，即导致灾难的物质（可造成损害的物质）和避免灾难的物质（可避免或减少损害的物质）之间以及它们与人和环境之间相互作用的出现和波动。这种链式演化的现象往往出现在具有大规模损害的事故上。

目前，国内外对事故链演化机理的研究主要集中在以下几个方面：①事故致因理论，如事故因果连锁模型、“瑞士奶酪”（Swiss cheese）模型、STAMP 模型、“2-4”模型、“R-M”模型等。虽然事故致因理论已经在事故预防和安全管理实践中得到证明和应用，并形成了比较完善的理论体系，但在事故的演化机理方面还有待进一步研究。②在事故演变方面，多米诺骨牌链分析、事故链模型均从持续演化及变化方面考虑了事故发展的动态性。

上述模型多以实例作为参考，各自有较独立的针对性。而事故链的概念模型以形式化的方式表征了事故演化的机理和特性，通过抽象和假设研究对象和内容，将分散的和非结构化的知识转化为系统的、结构化的和可读的基础理论知识。人们希望以这样的形式来认识事故的发展规律，在本节中，主要以熵理论为基础，综合考虑事故链的物质、能量和信息的复杂耦合，研究事故链的形成机制、事故链载体的反映和事故链的演化，将事故演化的研究思路从传统的“静态-描述-解释”转变为“动态-建模-揭示”，从而构建事故防控框架，完善事故演化机制的理论体系，推动事故预警和预控、决策支持和应急救援遵循事故演化发展的客观规律[13]。

（1）事故链定义及内涵

在事故发生过程中，各致因因素在时空上的相互作用促使了事故进程的推进，对此展开分析发现，致因因素、事故对象、防止措施与事故发展有根本性联系：事故系统的致因因素、事故对象、防止措施在事故后，根据各自的内涵形成一种两两关联和两两制约的关系，类如一个三角形的三个顶点，若能对其中一个顶点进行改变，即能改变事故状态，促使或阻断事故的发展，合理的匹配可以阻止事故的继续发生（使用合理的防止措施可以使事故中断）；但若匹配不合理（如不符合标准地改变致因因素引起事故对象的作用时间、作用空间和作用强度的变化，将进一步加剧事故程度；而事故对象又有可能引发其他的致因因素出现，如失火后引发的爆炸，爆炸引发的坍塌），极有可能引发二次和衍生事故，并形成一种链式的事故演化进程。

通过以上分析，事故链是指事故系统（如果将整个事故视为一个连续变化的系统）致因因素、事故对象、防止措施之间不合理匹配而在特定的时间、空间范围内形成的一种由初始事故引发一系列次生事故的连锁和扩大效应，是事故系统复杂性的基本形式。事故链内涵解析如下。

① 在事故系统中，事故链可以被视为复杂事故系统的重要组成部分和基本特征，事故系统的子系统由系统事故链组成。事故链的发展趋势取决于致因因素的危险性、事故对象的暴露和脆弱性、防止措施的不确定性、环境的不稳定性以及人类主观能动性在时间和空间上的复杂耦合效应。

② 事故链必须满足三个条件：a. 发生初始事故，新的致因因素会在初始事故后产生。b. 新的致因因素对事故对象产生作用，致使至少发生一次二次事故，并蔓延到其他对象上。c. 二次事故增加了最初事故的严重性，即一次或多次二次（或三次）事故造成的事故比最初事故的后果更严重。

③ 事故链的演变过程有两方面的特殊性：a. 初次事故发生后，二次事故是否发生具有一定的随机性，但这不是一个完全随机的现象，因为事故有因果关系和触发关系。由于约束的随机性将产生复杂性风险，因此可能进一步增加事故系统的复杂性。b. 事故链具有时间连续性和空间扩展，导致事故规模的累积扩展。

（2）事故链式演化模型构建

① 事故链载体反映　根据对相关严重事故调查报告的分析，事故链关系演变的本质是媒体载体的转变，载体对事故链之间关系的反映是对事故链规律的客观理解。因此，通过将事故链演化的研究放在首位，掌握事故过程中载体的演绎规律和本质，我们可以了解整个事故演化过程及其本质，为能量转换和事故损失测量提供定量依据。

根据协同理论[14]，事故系统的形成与内部要素、子系统之间以及系统与外部环境之间的相互作用关系密切相关，其特征主要表征为物质、能量和信息之间的交换。因此，通过物质流、能量流和信息流之间的相互作用，可以从时间、空间、功能和目标等方面对事故系统的特定结构进行描述。事故链的载体反映如下。

a. 物质载体主要分为三种类型：固体、液体和气体。事故链在形成过程中，存在单一类型物质不同演绎状态或多种物质聚合、耦合和多重叠加等演变状态。其中，各类物质通过其内容、转化形式和时空位置的演变形成了物质之间的互相转换传递过程（物质流），这样的过程使得事故链关系的演绎具有多样性和复杂性的特点。

b. 能量是物质流动和转化的必要条件。在物质和能量的转化循环过程中，无论是物理还是化学的，都存在各种各样的能量收集、耦合、传输和转化，这种能量流动过程形成能量流，是物质载体演化的一大特征。

c. 物质流和能量流会产生大量信息，因此，基于物质和能量的信息反馈也是事故链的载体反馈。

② 事故链式演化概念模型　事故链载体是事故演变过程中的重要媒介。在基于事故链载体的进化系统中，“核心循环”由物质流、能量流和信息流组成，而事故链进化的概念模型（如图 2-13 所示）则由其他因素如人类和环境因素等“外环因素”共同构成。外部环境（外环因子）和载体核心循环（内环效应）的共同作用使事故链载体最终实现了链式演变。

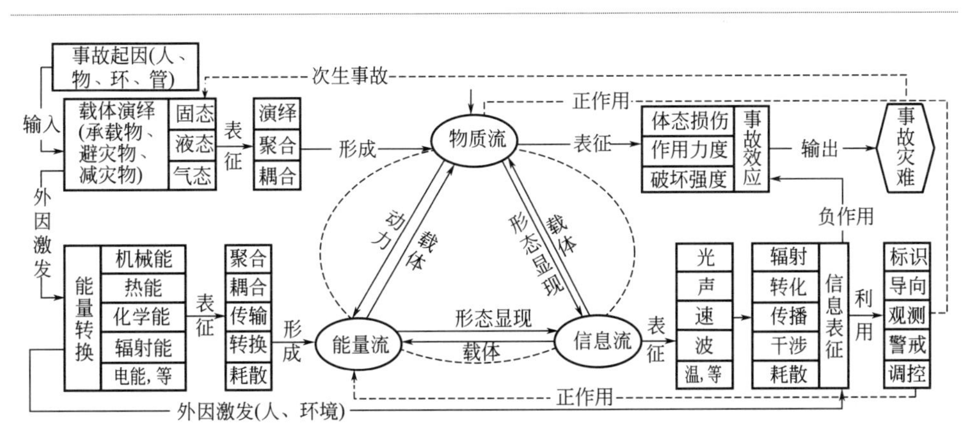

图 2-13　事故链式演化概念模型

a. 核心环流。在安全生产活动中，主体对客体的理解主要是通过能量流或物质流作为获取、传递、转换、处理和利用信息的载体来实现的。通过信息流标记、引导、观察、警告和调节来控制、操纵、调节和管理系统中的物质流和能量流，这是事故预防和控制的本质（积极效果），错误反映系统中物质流和能量流状态的信息将导致事故或导致事故处理失败（消极效果）。因此，我们应该充分发挥和利用信息流来引导和控制物质流和能量流。

b. 外环因素。系统中的物质流、能量流和信息流可以在正常的安全条件下以正常有序的方式排列和控制，即在一定的安全阈值范围内系统中的物质、能量和信息能够不断与外部系统交换。如果物质、能量和信息的正常交换由于某些触发条件而失控，物质流、能量流和信息流将会处于无序和紊乱状态，这将导致事故的发生。

③ 事故链式阶段性演化机理　事故链在孕育和进化过程中分为不同的阶段，而不同阶段的事故链载体的转变呈现不同的状态。因此，在事故演变过程中，通过载体特征识别事故是可行的。按一般规律，事故演变可分为四种类型：阶段演变、扩散演变、因果演变和情景演变。根据事故载体反映与事故链演变的关系，将事故链演变按时间顺序也分为四个阶段：事故链潜伏期、事故链爆发期、事故链蔓延期和事故链终结期[6]。

在熵理论中，熵代表系统中物质、能量和信息的混沌和无序状态。在无序系统中，系统的熵值更大。耗散结构理论讨论了系统从无序向有序转变的机理、条件和规律。从事故链的演化特征可以看出，事故系统的演化过程与熵的演化和耗散过程有很多相似之处。从潜伏期到蔓延期的事故链是熵增加到熵减少的过程，而终结期是熵减少多于熵增加的过程。根据事故链载体反映和安全物质学理论，事故系统可分为五个系统：物质流子系统、能量流子系统、信息流子系统、人流子系统和环境子系统。根据熵的可加性，事故系统的总熵可以表示为：

$$E=E_{\mathrm{M}}+E_{\mathrm{E}}+E_{\mathrm{I}}+E_{\mathrm{H}}+E_{\mathrm{C}} \tag{2-14}$$

式中，E 为事故系统的总熵；E_{M} 为物质流子系统的熵；E_{E} 为能量流子系统的熵；E_{E} 为信息流子系统的熵；E_{H} 为人流子系统的熵；E_{C} 为所处外部环境系统对事故系统的输入或输出熵。

系统的混乱程度取决于系统熵增（正熵，“E^{+}”）和熵减（负熵，“E^{-}”）。因此，可以进一步表述为：

$$E=(E_{\mathrm{M}}^{+}+E_{\mathrm{M}}^{-})+(E_{\mathrm{E}}^{+}+E_{\mathrm{E}}^{-})+(E_{\mathrm{I}}^{+}+E_{\mathrm{I}}^{-})+(E_{\mathrm{H}}^{+}+E_{\mathrm{H}}^{-})+(E_{\mathrm{C}}^{+}+E_{\mathrm{C}}^{-})=E^{+}+E^{-} \tag{2-15}$$

根据以上分析，构建事故系统熵的阶段性变化规律如图 2-14 所示（图中的时间段不代表实际时间长短）。

a. 潜伏期（$0\sim t_2$）：$0\sim t_1$ 时间段，$E=0$，系统的进化处于平衡状态。此时，秩序趋势和无序趋势是平衡的，这可以理解为系统的秩序和无序可以在这种状态下被抵消，并且系统大致处于稳定状态，这是安全管理和事故预防的最理想状态。然而，随着这两种状态的相互作用和各种条件的变化，这种临界状态的平衡将被打破。

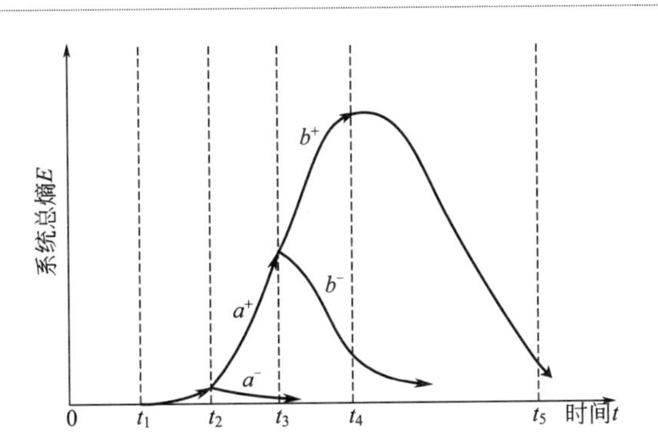

图 2-14　事故系统熵的阶段性变化规律

t_1～t_2 时间段，$E>0$，由于系统一直存在一些危险因素，如不合理的设计、规划和管理缺陷，系统中的事故因素不断积累，系统正熵产生的无序效应大于负熵产生的有序效应，系统逐渐进入不稳定状态。这时，系统有两种情况：第一种，它可以快速发现事故载体信息的异常演化，并采取相关的安全措施来增加系统的负熵，从而使系统能够恢复平衡状态，系统能够恢复正常，如图中的 a^- 曲线所示；第二种，如果事故载体信息的进化趋势没有及时发现，系统将继续朝着增加正熵的方向进化，导致事故并进入事故爆发阶段，如图中的 a^+ 所示。

b. 爆发期（t_2～t_3）：事故系统的总熵迅速扩大，事故从可能性到全面爆发阶段成为现实，造成人员伤亡和财产损失。存在两种情况：第一种，根据事故链演化载体的信息，采取正确的措施，向事故系统输入负熵，使得事故系统的有序效应大于无序效应，事故得到控制，系统的总熵回零，系统恢复平衡，如图中 b^- 所示；第二种，如果没有采取措施来输入负熵，或者负熵不足以抵消正熵，事故链将继续进化，并进入事故链扩展期，如图中 b^+ 所示。

c. 蔓延期（t_3～t_4）：由于事故的连锁演变，事故系统的总熵逐渐增加。这时，二次和衍生事故将会发生，事故造成的损失将会越来越大。对事故的处理效率与事故的严重程度决定了事故蔓延的时间跨度。如果事故链演变能够被有效控制，蔓延将不会造成严重后果；反之，会导致事故发生，造成严重后果，并不断加剧。

d. 终结期（t_4～t_5）：事故系统总熵可能因为物质、能量的耗散而自行趋于 0（事故链式演化过程自行终结），或在人为干预下重新变为 0（事故链式演化过程因为人为控制和干预而终结）。事故链自行终结所造成的损失通常大于人为干预造成的损失，事故链式演化终结的时间主要取决于物质、能量、信息的混乱程度以及事故造成的破坏强度和人为干预力度。

(3) 事故链式演化模型的应用

基于事故链演变的概念模型，并结合典型行业的应急救援，可以看出，事故前预防、事故控制和事故后救援不仅需要抑制物质流、能量流、信息流、人流和环境因素产生的正熵，还需要通过各种措施使这些因素产生负熵。根据事故链阶段演变的特点，提出了潜伏期的“预防”、爆发期和扩展期的“断链控制”、终结期的“管理”，即掌握事故链的演变路径，在事故潜伏期采取断链预防和控制措施，消除事故的萌芽和发展阶段。在上述分析的基础上，以事故阶段的连锁演变为起点，构建了事故预防和控制的框架。

每种类型的事故链在进化过程的每个阶段都有其特定的进化形式和性能特征。因此，进化阶段可以通过监测物质、能量和信息的聚集和转化，分析事故系统的各个要素或子系统之间的相互关系以及事故系统与环境之间的相互关系，找到事故预防和控制的切入点来确定应急响应方法和对策（如表 2-5 所示）。

表 2-5 事故链式演化阶段性对策

阶段	阶段性对策
潜伏期	通过识别、分析和评估系统风险，根据信息流的标记、引导、观察、预警和调节，引导和控制系统中的物质流、能量流、人流和环境，并采取断链措施增加有效负熵和抑制正熵，防止事故和事故链的形成
爆发期	两种情形：①为了更好地了解即将发生的事故的过程和机理，并掌握可靠的技术来控制事故的动态变化，可以通过人工控制事故的破坏过程（导致事故发生）来输送材料和能量，以最大限度地减少事故损失；②最初的事故已经发生了。此时，重点是消除和控制二次事故链的形成和传播，并尽可能减少人员伤亡和财产损失
蔓延期	将事故链演变控制在最小范围内：①控制危险源的措施，通过在最短时间内及时有效地控制危险源，控制事故系统总熵继续增加的源头；②隔离措施，将事故系统熵增限制在某个区域；③增阻措施，增加事故系统熵增阻力。采取控制危险源、阻隔、增阻使系统有效负熵增加，正熵减少，有效控制事故链蔓延
终结期	根据耗散结构理论，终结期应该导致事故系统中的负熵，抵消爆炸过程中产生的正熵，并将系统从无序不稳定状态变为有序稳定状态，并且使受影响物体的损害开始减弱，直到事故结束

2.5 系统运行安全事故典型分析方法

事故的发生与发展是系统中各种危险因素相互作用于系统的复杂动力学演化过程，是功能故障的直接结果，因此本节结合系统的功能耦合关系、结构关系，重点考虑以故障作为事故的主要致因因素，分析系统在运行过程中的故障的传播与扩散规律。

2.5.1 典型分析方法 1：事故树分析方法

前文已经提及，引发系统运行安全事故的致因因素有多种类型，在事故分析结果未能明确之前，无法区分致因因素的类别，通过事故链的分析可以追溯事故致因的源头，然而很难从一个单纯的致因因素来推断即将发生的事故，而且也无法就所有的致因因素来穷尽所有事故的可能性。

因此，对于实际中系统运行安全事故的分析，主要仍是以事故结果为基础的事后分析为主。考虑到事故的发生与发展是系统中各种危险因素系统相互作用与耦合的复杂动力学演化过程，可以被视为功能故障的直接结果，因此本节及 2.6 节将结合系统的功能耦合关系、结构关系，重点考虑以故障作为事故的主要致因因素，分析系统在运行过程中的故障的传播与扩散规律，并给出实例进行分析。

（1）事故树分析概述

① 事故树分析的概念　事故树由图论发展而来，由可能发生的事故开始，逐层分析寻找引起事故的触发事件、直接与间接原因，直到找出基本事件，同时寻找事故发生之间的逻辑关系，通过逻辑树图将事故原因及逻辑关系表示出来。事故树分析法是演绎分析的方法，通过结果寻找原因。其本质是布尔逻辑模型，通过树结构描绘系统中各事件之间的联系，这些事件最终将导致某种结果的产生，即顶事件。在系统安全分析过程中，顶事件通常为人们不希望发生的事件。

② 事故树分析的程序　为了预防再次发生同类事故，在事故树分析过程中，需要分析正在发生的或者已经发生的事故，搜寻事故发生的原因，通过分析事故发生的趋势与规律，采取必要的预防措施。在分析过程中，需要按一定的流程进行分析，保证事故分析的全面性以及系统性。

a. 确定顶事件。作为不希望发生的事件，顶事件是分析过程中的主要分析对象。在收集和整理过去的事故和未来可能发生的事故的基础上，选择容易发生并造成严重后果或者不常发生但后果严重或不太严重的事故作为首要事件。但是对于为顶事件，必须明确事故发生的系统与发生类别。

b. 充分了解系统。作为分析对象存在的必要条件，应该掌握被分析系统在分析过程中的状态，并详细了解系统的三个组成部分，即人、机器和环境，这是编制事故树的基础和依据。

c. 调查事故原因。通过对系统的人、机和环境的分析，了解事故原因。在构成事故的各种因素中，不仅需要注意因果因素，同时还需要注意相关关系的因素。

以上步骤属于事故树分析的准备阶段，是分析的基础，它决定着事故树分析是否符合实际，其分析结论是否正确。

d. 编制事故树图。在绘制事故树图的过程中，需要遵循演绎分析原则，以顶事件为起始，逐层向下分析直接原因事件，通过彼此间的逻辑关系，使用逻辑门连接上下层事件，直至达到要求的分析深度，最终形成一棵形如倒放的树的图形，即各致因因素均是树根的分支，通过不断汇聚到系统（主干）之上，又散发为多个不同的事故（树枝和枝叶）。

e. 定性分析。定性分析作为事故树分析的核心部分，主要目的是通过研究某类事故的发生规律及特点，求得控制事故的可行方案。其主要内容包括：求解事故树的最小割集、最小径集、基本事件的结构重要度以及制定预防事故的措施。

f. 定量分析。根据各事件发生的概率，求解顶事件的发生概率，在输出顶事件概率的基础上，求解各基本事件的概率重要度和临界重要度。

事故树分析包括了定性和定量分析。定量分析难以得到准确的分析结果，定性分析往往能够为事故的发展表现逻辑关系。

基于事故树的分析技术在定性分析方面对大系统级、系统级、分系统级故障、部件级和系统间接口的事故都有一定的有效性，特别地，该项技术在故障分析和诊断上主要适用于以下 3 种情况：①出现故障的系统很复杂；②引起故障的潜在因素很多；③故障不能只凭简单的直觉、工程判断来隔离。

在复杂动态系统运行过程中，碰到上述情况中的故障，使用一般的故障诊断技术往往是困难的，因为问题的复杂性，容易出现误判或漏判。这时使用基于事故树分析的故障诊断技术是有用的，而且是必需的。

(2) 诊断步骤和分析方法

通常因故障诊断对象、诊断精细程度不同，故障诊断步骤也略有不同，但一般按如下步骤进行。

① 收集相关资料，特别是整理确认故障现象。

② 抓住故障现象本质，正确选择顶事件。

③ 分析系统或设备工作原理和故障现象，建造事故树。

④ 建立事故树数学模型。

⑤ 定性分析。

⑥ 定量计算。

⑦ 结合其他故障诊断技术对事故树分析所得的所有故障模式（最小割集）进行逐一检测、隔离，最终进行故障定位。

(3) 事故树的数学模型

假设所研究的元、部件和系统只能取正常或故障两种状态，并假设各元、部件的故障相互独立。现在研究一个由 n 个相互独立的底事件构成的事故树。

设 x_i 为表示底事件的状态变量，x_i 仅取 0 或 1 两种状态。Φ 表示顶事件的状态变量，Φ 仅取 0 或 1 两种状态，0 代表不发生，1 代表状态发生。有如下定义：

$$x_i=\begin{cases}\text{底事件 } i \text{ 发生(即元、部件故障)}(i=1,2,\cdots,n)\\ \text{底事件 } i \text{ 不发生(即元、部件正常)}(i=1,2,\cdots,n)\end{cases} \tag{2-16}$$

$$\Phi=\begin{cases}\text{顶事件发生(即系统故障)}\\ \text{顶事件不发生(即系统正常)}\end{cases} \tag{2-17}$$

事故树顶事件状态 Φ 完全由底事件状态($x_1,x_2,\cdots,x_n$)所决定。

① 与门的结构函数：

$$\Phi=\bigcap_{i=1}^{n} x_i \tag{2-18}$$

式中，n 为底事件树。

当 x_1 仅取 0、1 时，结构函数也可以写为：

$$\Phi=\prod_{i=1}^{n} x_i \tag{2-19}$$

② 或门结构函数：

$$\Phi=\bigcup_{i=1}^{n} x_i \tag{2-20}$$

当 x_1 仅取 0、1 时，结构函数也可以写为：

$$\Phi=1-\prod_{i=1}^{n}(1-x_i) \tag{2-21}$$

(4) 事故树定性分析

事故树定性分析主要应用于寻找导致顶事件发生的原因，分析识别出所有顶事件发生的故障模式。在分析过程中，帮助判别潜在故障，指导故障诊断。完整的事故树能显示出事件发生的机理与演化过程，但人们不能快速从事故树中找出直接导致故障的全部原因。因此在分析过程中，有必要对事故树进行分析，达到判别和确定各种可能发生的故障模式的目的。事故树定性分析常用方法有最小割集诊断法、逻辑推理诊断法、子树法和分割法等[15]。

最小割集诊断法是指在故障诊断过程中，利用求解事故树所得到的最小割集，逐个分析、检测最小割集的底事件，即对事故树的各个故障模式逐一进行检测，直至隔离故障源，最终定位故障及原因。

逻辑推理诊断法采用自上而下的层次逻辑推理和检测方法，即从事故树顶事件开始，首先分析最初的中间事件，根据其导致顶事件发生的可能性，进行分析、检测，由分析、检测结果判断该中间事件是否故障。如果该中间事件故障，再分析、检测下一层的中间事件是否故障，如此依次逐级向下进行，直到分析、检测底事件，最终定为故障及原因。

就一个具体系统而言，如果事故树中与门多，最小割集就少，说明这个系统是较为安全的；如果或门多，最小割集就多，说明这个系统是较为危险的。对这两类系统，事故树定性分析应区别对待。与门多时，定性分析最好从求取最小割集入手，这样可以较为容易地得到最小割集，进而比较最小割集包含的基本事件的多少，采取减少事件割集增加基本事件的办法，提高系统安全性。如果事故树中或门多，定性分析从求取最小径集入手比较简便，也便于选择控制事故的最佳方案。因为我们选择的顶事件大多为多发性事故，所以事故树中或门结构较多是必然的。

（5）事故树定量分析

事故树定量分析的任务是计算或估计顶事件发生的概率。在确定事故树全部最小割集后，可利用相关数据进行定量分析。定量分析的对象往往是两状态事故树，对于多状态事故树，通常先将其转换为两状态再进行分析。在事故树的定量计算时，可以通过底事件发生的概率直接求顶事件发生的概率，也可通过最小割集求顶事件发生的概率。常用方法有最小割集测试法和部件测试法。

最小割集测试法是指为提高故障诊断效率，减少检测工作量，可利用最小割集重要度进行分析，对那些重要度值很小的最小割集的故障模式，可先不必测试。对需检测的故障模式，可按重要度值由大到小的顺序进行检测。

部件测试法是指在事故树定量分析的基础上，计算出所有部件的最小割集重要度，然后对部件进行排序，并按从大到小的顺序进行检测、隔离，从而较快地定位故障部件。

事故树分析既能分析硬件的影响，还能分析软件、环境、人为等因素的影响；不仅能够反映单元故障的影响，而且能够反映几个单元故障组合的影响；还能够把这些影响的中间过程用事故树清楚地表示出来。

① 与门结构寿命分布函数：

$$\begin{aligned}F_g(t)&=E[\Phi(x)]=E\left[\prod_{i=1}^{n}x_i(t)\right]\\&=E[x_1(t)]E[x_2(t)]\cdots E[x_n(t)]\\&=F_1(t)F_2(t)\cdots F_n(t)\end{aligned}\tag{2-22}$$

式中，$F_i(t)$ 为在 $[0,t]$ 时间内发生的概率（即第 i 个部件的不可靠度），E[·] 为数学期望。

② 或门结构寿命分布函数：

$$\begin{aligned}F_g(t)&=E[\Phi(x)]=E\left\{1-\prod_{i=1}^{n}[1-x_i(t)]\right\}\\&=1-E[1-x_1(t)]E[1-x_2(t)]\cdots E[1-x_n(t)]\\&=1-[1-F_1(t)][1-F_2(t)]\cdots[1-F_n(t)]\end{aligned}\tag{2-23}$$

2.5.2 典型分析方法 2：失效模式与影响分析

失效模式和影响分析（failure mode effects analysis，FMEA）是安全系统工程中重要的分析方法之一，主要用于系统安全设计。根据故障模式（失效模式也称为故障模式），分析影响系统的所有子系统（或元件）的故障，研究每个故障的模式及其对系统运行的影响，提出减少或避免这些影响的措施。故障模式和影响分析本质上是一种定型的、归纳的分析方法，为了能将它适用于定量分析，又增加了危险度分析（criticality analysis，CA）的内容，最终发展成为故障模式、影响及危险度分析（FMECA）。

20 世纪 60 年代，美国将故障模式和影响分析应用于飞机发动机分析上。随后，航天航空局和陆军都要求承包商进行故障模式、影响及危险度分析。此外，航天航空局还把故障模式、影响及危险度分析作为保证宇宙飞船可靠性的基本方法。目前这种方法已经广泛应用于核电、动力工业、仪器仪表等工业中。

（1）故障模式

故障模式和影响分析源于可靠性技术，用于航空、航天、军事和其他大型项目[16]。现在它已经广泛应用于很多重要的工业领域，如机械、电子、电力、化学工业、交通运输等。故障模式和影响分析是分析系统的每个组成部分，即子系统（或元件），找出它们的缺点或潜在缺陷，然后分析每个子系统的故障模式及其对系统（或上层）的影响，以便采取措施防止或消除它。因此，有必要详细阐述这种方法中涉及的一些概念。

① 元件　元件是构成系统、子系统的单元或单元组合，分为以下几种。

零件：不能再进行分解的单个部件，具有设计规定的性能。

组件：由两个以上零部件构成，在子系统中保持特定性能。

功能件：由几个到成百个零部件组成，具有独立的功能。

当系统中某个组件出现故障时，它可能表现出不止一种模式。例如，如果阀门出现故障，可能会导致内部泄漏、外部泄漏、打开或关闭故障，所有这些故障都会不同程度地影响子系统甚至系统。

② 故障模式　故障模式是发生故障的状态，即故障的表现。通常对故障模式的分析需要考虑以下几方面：a. 运行过程中的故障；b. 过早地启动；c. 规定时间内不能启动；d. 规定时间内不能停车；e. 运行能力降级、超量或受阻。

以上各种故障还可分为数十种模式。例如变形、裂纹、破损、磨耗、腐蚀、脱落、咬紧、松动、折断、烧坏、变质、泄漏、渗透、杂物、开路、短路、杂音等都是故障表现形式，都会对子系统产生不同程度的影响。

③ 元件发生故障的原因　通过分析元件发生故障的原因，可以将发生原因

分为以下五类：

a. 系统设计中的缺点。进行设计时所采取的原则与技术路线不当。

b. 工业制造中的技术缺点。加工方法不当或组装方面的失误。

c. 质量管理方面的缺点。检验不够或失误以及工程管理不当等。

d. 人为操作缺点。人的误操作等人为因素。

e. 维修方面的缺点。维修过程中的误操作或检修程序不合理等。

(2) 故障模式和影响分析的格式

故障模式和影响分析的标准格式见表 2-6。

表 2-6 标准的故障模式和影响分析格式

<table>
<tr><td colspan="3">系　　统________
子 系 统________</td><td colspan="4">故障模式和影响分析</td><td colspan="2">页号________
日期________
制表________
批准________</td></tr>
<tr><td>1</td><td>2</td><td>3</td><td>4</td><td>5</td><td>6</td><td>7</td><td>8</td><td>9</td></tr>
<tr><td rowspan="2">对象</td><td rowspan="2">功能</td><td rowspan="2">故障模式</td><td rowspan="2">设想原因</td><td>故障影响</td><td rowspan="2">检测方法</td><td rowspan="2">补偿措施</td><td rowspan="2">危险度</td><td rowspan="2">备注</td></tr>
<tr><td>子系统/系统</td></tr>
</table>

在表头栏里填写所列系统、子系统的名称等内容。此表可用于子系统中的组件或零件，因此仅列出子系统名称。表头中分别记录制表人和负责人的姓名。下面依次描述每个项目。

① 对象——设备、组件、零件等　一次列出一个组成子系统的单元。记住它在预先绘制的逻辑图上的编号或者在设计图上的零件编号，这两者都可以输入或者只有一个可以输入。我们目前看到的一些例子还包括标题栏中的框图。如果子系统很简单，这可以做到。

② 功能　指示第 1 栏中列出的对象要完成的功能。开发初期功能的失效模式和影响分析尚未确定，因此没有第 1 栏，只能从该栏开始分析。设计确定后，可以列出分析对象，也可以省略该列。

③ 故障模式　典型的故障模式有：短路、开路、无输出和电气元件不稳定；机械系统中的变形、磨损和黏结；流体系统中的泄漏、污染等。在故障模式和影响分析中，不同时考虑两个以上的故障，但是对于同一对象，考虑两个以上的故障模式，但是每次只能列出一个故障模式来分析和指定列 1 中所列对象应该完成的功能。开发初期功能的失效模式和影响分析尚未确定，因此没有第 1 栏，只能从该栏开始分析。当功能分析确定后，只需列出分析对象，在大多情况下也可以省略该列。

④ 设想原因　写下分析后设想的原因，仅包括意外故障的原因和意外外力的原因（环境、使用条件），并考虑制造方向或潜在缺陷。维护部门有大量关于

这些问题的信息。

⑤ 故障影响　假设第3栏中列出的故障模式已经发生，本栏用于描述其对更高级别的影响。首先，很容易记录直接连接到它的上层硬件的影响，然后对其进行更高层次的分析。有时也填写对系统的影响来完成任务。此外，当生命和财产受到威胁时，通常会单独设立一栏来记录影响。

⑥ 检测方法　上述故障发生后，用什么方法查出故障，例如通过声音变小和仪表读数的变化进行检查，又如对人造卫星通过遥测技术等进行检查。

⑦ 补偿措施　此栏与前一栏类似，记述在现有的设计中对故障有哪些补偿措施，例如可用手动代替自动功能等。

⑧ 危险度　是指故障结果会产生何种程度的危险，在此栏内要根据一定的标准或尺度确定危险度等级，一般多以故障发生的频率及影响的重要度作为分级标准，有的还进一步考虑了对应的时间裕度（紧迫性）。多数情况是根据系统的特性及其所承担任务的性质来决定级别。

⑨ 备注　这一栏是为了记载上述各栏尚未说清楚的事项或对阅表人有用的辅助性说明。

（3）分析程序

进行故障模式和影响分析时，一般应遵循以下程序。

① 熟悉系统。熟悉系统是所有系统安全分析方法的先决条件。这里提到的熟悉系统主要是了解系统的组成，系统的划分，子系统和组件，各部分的功能及其关系，系统的工作原理、工艺流程和相关的可靠性参数等，并关注系统的故障。

② 确定分析的深度。根据分析目的，确定失效模式和影响分析深度。对于系统的安全设计，必须进行详细的分析，并且不能放过每一个部件。对于系统的安全管理，特别是现有系统的安全管理，允许分析更粗略，并且可以将由几个组件组成的具有独立功能的所谓功能部件（例如泵和马达）作为组件进行分析。根据分析目的确定分析深度不仅可以避免安全设计中不必要的遗漏，还可以减少安全管理人员不必要的复杂分析过程。

③ 绘制系统功能框图或可靠性框图。绘制这两种方框图的目的是从系统功能或可靠性的角度明确系统的构成情况和完成功能的情况，并将其用作故障模式和影响分析的起点。绘制框图可以是功能框图，也可以是可靠性框图。功能框图是根据系统的每个部分的功能和它们的相互关系来表示系统的整体功能的框图。系统可靠性框图是根据系统可靠性的相关性绘制的一种框图。

④ 列出所有故障模式并分析其影响。根据框图绘制与系统功能和系统可靠性相关的组件，结合过去的经验和相关故障信息列出所有可能的故障类型，分析它们对子系统、系统和人员的影响。

⑤ 分析构成故障模式的原因及其检测方法，并制成故障模式和影响分析表。

(4) FMEA 分析

FMEA 分析的流程如图 2-15 所示。

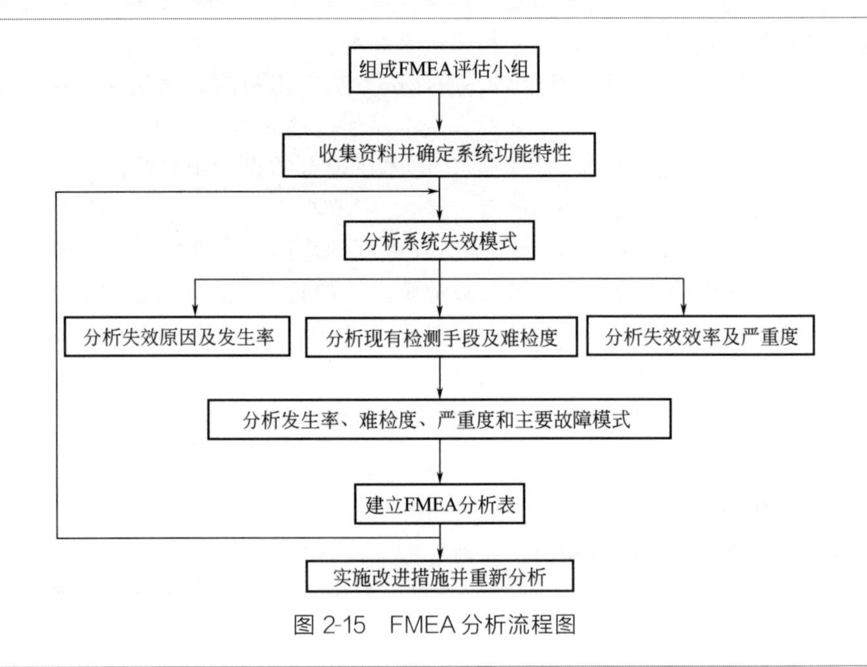

图 2-15 FMEA 分析流程图

① FMEA 步骤

a. 系统结构与功能分析。完整的系统是由众多子系统构成的，其中各个子系统又可划分为若干设备，设备包含大量的零部件。各个不同层次的构成部分有着不同的功能，底层结构支持上层结构，通过分析确定各层间的联系构建功能结构图。结构划分得越多，有助于提高系统结构缺陷分析和风险评估的准确率，同时会增加工作量，增加成本负担。

b. 缺陷分析。对于被分析的组件，由于系统的下层单元全部功能失效，随后的单元功能失效，该故障导致系统执行所需功能受限甚至无法执行。因此构建失效结构图需要反向构建，由最底层组建开始，逐步分析底层系统失效对上层系统单元的影响，并最终绘制出完整的失效结构图。

c. 风险评估。通过风险顺序数对风险进行度量。风险优先数的计算公式如下：

$$RPN = G \times P \times D \tag{2-24}$$

式中，G 为缺陷后果的严重程度，范围从 1～10，数值越大，缺陷后果越严重；P 为缺陷发生的频率，范围从 1～10，数值越大，发生越频繁；D 为缺陷的探知程度，范围从1～10，数值越大，越难以发现。

d.改进措施。通过对风险大小程度的判别，分析系统是否需要改进，如果需要改进，对所需改进的部分依据程度影响进行排序，从而明确系统改进的优先等级。

② FMEA的种类　失效模式与影响分析是一个逐步分析的过程，贯穿整个产品开发的过程，是从系统层面到设计层面最终到工程层面的深入过程，如表2-7所示。

表2-7　失效模式与影响分析

项目	系统FMEA	设计FMEA	工程FMEA
目的	产品总体	产品分析系统和零部件	工程实际操作
实施阶段	确保系统设计的完整性；各分系统相互影响的评估	确保设计的完整性；找出产品的故障形态及修改对策	确保设计的完整性；找出工程、材料和操作的故障形态及修改对策
故障预测阶段	概念设计阶段	概念设计阶段；详细设计阶段	详细设计阶段；试验验证阶段
故障预测对象	系统；分系统；部件	分系统；部件；零部件	工程；作业；材料
影响	产品（系统）性能	产品性能	产品性能
审核	概念设计阶段审核；详细设计阶段更新；试验验证阶段更新	详细设计阶段更新；试验验证阶段更新	试验验证阶段更新
共同点	用表格整理；相对评价发生频率、影响度、探知程度等，找出主要故障模式；筹划修改各种故障模式对策		

在大型复杂产品的研发过程中，为了降低产品的风险，必须要对目标产品进行失效模式与影响分析，以此保证产品的成功研发。复杂系统的特性使得简单的失效模式与影响分析在分析失效模式的影响和原因时效率比较低；与失效机制模型结合，有利于识别产品的失效原因，提高对关键因素的识别，有助于对复杂产品的改进。

（5）应用故障模式和影响分析注意事项

① 在故障模式和影响分析之前，应了解故障模式发生概率、故障模式严重程度、故障模式检测难度等。通常根据不同的产品（系统）划分为实际等级，并确定评估标准。在评估标准中通常采用投票方法。如果没有这个标准，实施团队在定量评估故障模式时就无法用通用标准找出关键故障模式。

② 故障模式严重度的等级划分，即使是对同一产品，系统层次的故障模式和影响分析与零件层次的故障模式和影响分析不同，也应采用分别划分评定标准

的方法。若从系统的故障模式和影响分析起到零件的故障模式和影响分析都用同一评定标准进行分析，对故障模式的评估将会混乱，不同级别的严重程度将会模糊不清。

③ 在与人身事故无关的、一般零件的故障模式严重度评级中，受到法规限制的故障模式，原则上评定其危险度为最高等级。

与限制排出气体的法规、环境保护法、电器用品限制法等限制有关的项目，必须要满足其全部要求。

④ 对零件（元素）数较多的产品（系统），首先要进行全面的系统层次的故障模式和影响分析，明确不希望发生的故障模式（设计方案上的强弱环节），对其中原因不明的致命性的故障模式，应当利用事故树分析法，彻底地追查其发生的途径和原因，并采取对策。

若进行从系统层次起至零件层次止的全部的故障模式和影响分析，则其工作量增大，要耗费相当多的时间。

⑤ 在故障模式的评价中，分析层次取到什么程度合适，应因情况不同而各异，原则上，严重度和危险优先级非常低的模式是可以去掉的。至于故障模式和影响分析的研究到何处为止，以研究小组取得一致意见为宜。

2.5.3 典型分析方法 3：因果分析法

（1）因果图理论

因果图（cause-and-effect diagram）又称为石川图和鱼刺图等。因果分析法逐步探究事物之间的因果关系，通过因果图（如图 2-16 所示）表现出来，因果图直观、醒目地反映了原因与结果之间的关系。

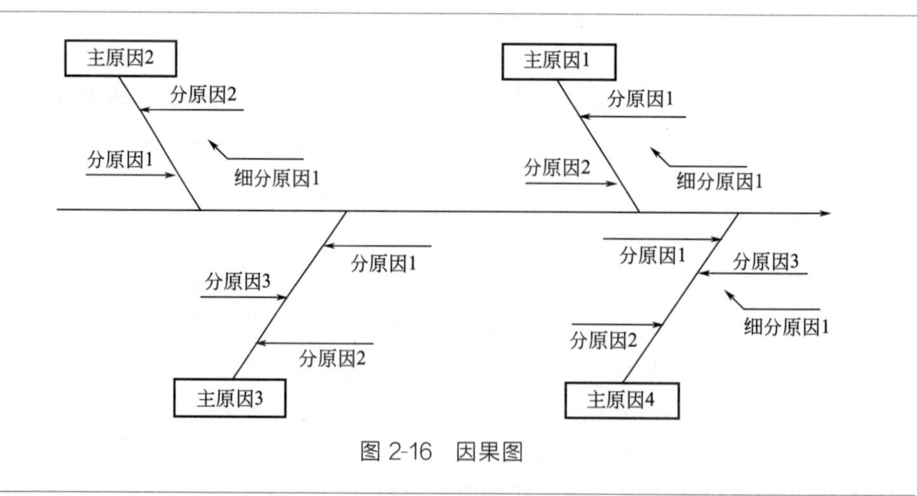

图 2-16　因果图

因果分析图由若干骨干组成，骨干大小的不同代表着不同程度的原因。应用因果图的步骤如下：

① 明确要分析的问题，画出骨干图，使用带有方向的箭头的线表示；

② 分析确定影响问题的大骨（大原因）、中骨（中原因）、小骨（小原因）、细骨（更小原因），并依次用箭头逐个标注在图上；

③ 通过逐步分析事件，找出其中的关键性原因，加以文字说明。因果分析图通过整理问题与原因的层次来标明关系，避免了使用数值来表示问题，因此在描述定性问题时更具有优势。

当前，因果图已发展成了一个能够处理离散变量和连续变量的混合因果图模型。因果图具有以下显著的特点。

① 使用概率论知识，具有良好的理论支撑。

② 可以处理因果环路特殊结构。因果图表达的是随机变量间的因果关系，因此因果图可以处理图形的拓扑结构。

③ 因果图采用直接因果强度表示问题，从而避免了条件概率需要给定知识间的相关性问题，从而更有利于专家获取知识。

④ 因果图引入了动态分析，可以根据在线信息动态变换结构，使之更为准确地表达每一时刻的实际情况。

⑤ 因果图的推理方式更为灵活，可以从因至果，也可由果到因，同样可以因果混合。

通过分析因果的特征可以得知，因果图的知识表示与系统的故障特征相对应，因果图的知识表示既可以准确地表达复杂系统的故障知识，同时也可以通过灵活的推理得到有效的推理算法。因此，通过对复杂系统采用因果图分析法，可以缩短故障诊断时间，达到提高故障处理效率的目的，在实际生产中具有较高的应用价值。

（2）故障影响传播图

对复杂系统进行故障诊断，多值因果图又可以称作故障影响传播图。多值因果图与常规因果图的不同之处在于：

① 使用节点事件变量表示可观测信号。将节点事件变量定义为连续数值或高数值，对应检测点的不同状态（如多种异常表现），一旦变量与初始值（默认检测点正常）不同，即认为存在异常。该定义是故障影响传播的信息来源。

② 基本的事件变量表示系统组件的故障状态。该方法将事件变量定义为初因事件和非初因事件两种，在构建故障影响传播图时，主要关注一个初因事件与若干非初因事件的结合所形成的基本事件变量（多个初因事件同时发生为小概率事件），此时明确地表征了系统由正常状态向某一个异常状态的转变。该定义降低了故障状态的搜索空间。

③ 连续事件变量表示原因变量对结果变量的故障影响关系。该方法严格要求连接事件变量与原因变量一一对应，即使用一种“非此即彼”的关系（连接性事件发生的概率为 1 或 0）来表现某个状态一定与某个原因变量相关，这种强连接关系是以明确刻画出故障的起因及传播路径。

分析故障影响传播图可以获得以下重要信息：研究故障的传播途径，推导出已有条件下所有可能发生的故障。通过定量描述故障之间传播的影响程度，计算故障各状态变量之间的联合概率分布，得出故障发生的概率大小，为决策提供可靠的分析基础。

2.5.4 典型分析方法 4：事件树分析

事件树分析起源于决策树分析，是系统工程中重要的安全性分析方法，按时间进程采用追踪方法，对系统各要素的状态进行逐项逻辑分析，推测出可能出现的后果，从而进行危险源的辨识。

（1）事件树分析程序

① 确定系统初始事件　事件树分析是动态的分析过程，在分析过程中通过分析初始事件和后续事件之间的时序逻辑关系，研究系统变化的过程，查出系统中各要素对事故发生的作用，判别事故发生的可能途径。初始事件指的是系统运行过程中，造成事故发生的最初原因，初始事件可能是系统故障、设备失效、工艺参数超限、人的误操作等。在实际生产应用中通常通过以下两种方法确立系统的初始事件：

a. 通过分析系统的设计、评价系统安全性、生产经验确定；

b. 根据系统故障或运行事故树分析，从初始事件或中间事件选择。

② 初始事件的安全功能　复杂系统运行过程中有很多安全保障措施，以减小初始事件的产生对系统运行带来的负面影响，从而保证系统的安全运行。普遍的运行系统中，有如下的安全功能措施：

a. 对初始事件做出自动响应，如自动泊车等；

b. 在初始事件发生时，系统自动报警；

c. 操作人员按照系统设计要求或操作程序对报警做出响应；

d. 设置缓冲装置以减轻事故的严重程度；

e. 设计工艺限制初始事件的影响程度。

③ 构建事件树　构建事件树时，从初始事件出发，以事件发展顺序为依据，自左向右依次绘制，以树枝代表事件的发展途径。构建事件树，需要考察在初始事件发生时，将最先做出响应的安全功能措施并发挥作用的状态作为顶部分支，将没有发挥作用的状态作为下面分支。随后依次检查后续的所有安全功能的状

态，上面的分支代表有效状态（即成功状态），下面的分支代表着不能正常发挥功能的状态（即失败状态），直到系统发生故障或事故。

④ 简化事件树　构建事件树时，部分安全功能可能与初始事件无关，或其功能关系相互矛盾、不协调，此时，需要根据工程知识与系统设计知识来进行辨识，这些事件不列入事件树的树枝中。当某系统已经完全失效，其后的各个系统已经不能减缓后果时，则在此以后的系统也不需要再分叉。构建事件树的过程中，需要对树枝上的各状态进行标注，需要将事件过程特征标注于横线之上，成功或失败的状态需要在横线下面体现。

（2）事件树的定性分析

使用事件树分析，需要以客观条件和事件特征为根据，做出客观的逻辑推理，通过使用与事件有关的技术确认事件可能发生的状态，因此绘制事件树时必须对各发展过程和事件发展的途径作初步的可能性分析。

事件树构建完成后，需要找出事故发生的途径与类型，分析预防事故的对策。

① 找出事故连锁　事件树的分支代表着系统运行过程中初始事件发生之后事件的发展途径，事故连锁指的是最终导致事故发生的途径。一般情况下，在系统运行过程中，各个途径都可能会导致事故的发生，事故连锁中包含的初始事件与安全功能在后续发展过程中具有“逻辑与”的关系，因此，系统中事故连锁越多，系统越危险，反之亦然。

② 找出预防事故的途径　在事件树的分析中，通过分析事件树中安全的路径，制定预防事故发生的措施。保证成功连锁中安全功能有效，可以避免事故的发生。通常，一个事件树中会有许多成功连锁，因此，可以通过若干种方法保证系统的安全运行。在事件树中，成功连锁个数越多，该系统安全性越高，反之亦然。

事件树代表着事件之间的时序逻辑关系，保证系统运行安全需要从优先做出有效反应的功能入手。

（3）事件树的定量分析

事件树定量分析是指依据系统运行过程中各事件发生的概率，通过计算各路径下事故发生的概率，对各概率进行比较，确定最易发生事故的途径。通常情况下，如果各事件独立，则系统的定量分析比较简单。若事件之间统计不独立（如共同原因故障、顺序运行等），此时，系统的定量分析变得异常复杂。

① 各发展途径的概率　事件树中各途径发生的概率为自初始事件开始时，各状态发生概率的乘积。

② 事故发生概率　事件树定量分析中，事故发生概率等于导致事故的各发展途径的概率和。定量分析要有事件概率数据作为计算的依据，而且事件过程的

状态又是多种多样的，一般都因缺少概率数据而不能实现定量分析。

(4) 事故预防

通过对系统的事件树进行分析，可以准确了解系统发生事故的过程，此后，需要通过设计预防方案，制定相关的预防措施，达到保障系统安全运行的目的。

由事件树可知，事故是一系列危害和危险作用的结果，从某一环节中断该过程的发展就可以避免事故的发生。因此，在各个阶段应该采取相应的安全措施，减少危害或危险的发生，避免最终事故的发生，保证系统的安全运行。

在事件的不同发展阶段制定不同的措施，阻止系统转化为危险状态，能在初期将危险消灭，从而避免后期各种危险事件频发的状态。但有时因为各种原因无法满足要求，此时，需要在后续过程中采取多种控制措施。

(5) 事件树分析法的功能

① 事件树分析法可以提前预测事故及系统中的不安全因素，估计事故的可能后果。

② 事故发生后使用事件树分析法，能快速找出事故原因。

③ 事件树的分析资料既可以用于安全教育，也可以为相似事故提供解决方案。

④ 通过对大量事故资料的模拟，可以提高事件树分析法的分析效率。

⑤ 事件树分析法在安全管理决策上比其他方法更有优势。

2.6 典型案例分析

2.6.1 案例一：基于事故树的低温液氢加注事故演化分析

低温液氢加注系统是指在规定的时间内，将规定数量、规定温度、规定品性的低温液氢，以可控的流动状态输运至目标储箱中，如图 2-17 所示[17]。在低温液氢加注系统中，加注密封功能起到至关重要的作用：一方面如果密封功能失效，所加注燃料对象的品性不达标；另一方面，可能会造成不同程度的泄漏，导致空气中燃料浓度过大，发生爆炸事故（爆炸的体积浓度为 4%～75.6%）。

(1) 加注密封失效危险因素分析

一般来说，低温密封子系统贯穿整个加注系统，任何密封子系统出现失效，将会导致整个加注系统密封失效，引发泄漏、堵塞、燃料品性不达标等一系列加注事故。低温密封功能包括压力补偿子系统、储罐密封子系统、加注管路密封、过冷器密封子系统、各种阀控密封等。

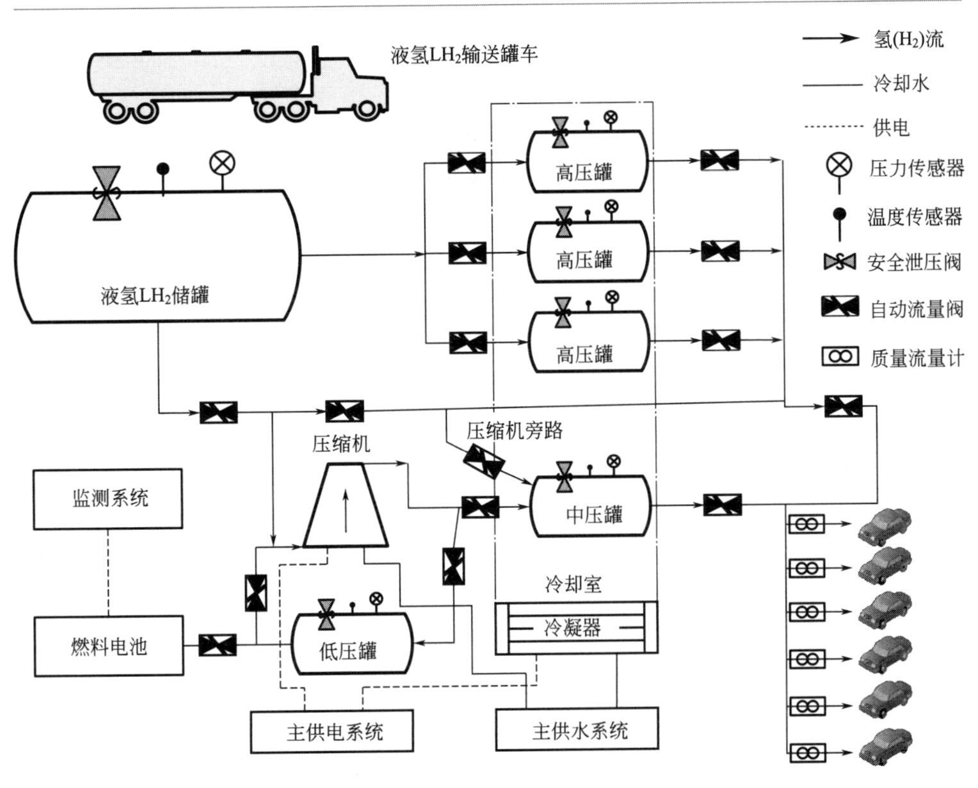

图 2-17 新能源燃料汽车液氢加注系统示意图

每个密封子系统又都涉及各个方面的密封失效问题，但基本包括储罐、管路、阀控等设备的密封问题。针对低温液氢加注系统，由于每个功能包括一个或多个目标、一个或多个设备、一个或多个方法以及一个或多个约束，因此可以将目标、设备、方法以及约束等作为不同层级的对象进行处理，而每一个目标、设备、方法和约束又包含一种或多种功能，将目标自顶向下逐层展开。从整体功能结构上构建装备系统和不同层次装备体系模型，形成底层的加注密封失效的危险因素集。

本节以低温加注系统密封功能为研究对象，研究加注系统“危险因素（设备故障)-功能故障-事故”的演化机理，构建加注系统的事故演化过程。

（2）构建低温液氢加注密封功能失效事故树

事故树是由图论理论发展而来的。由可能发生的事故开始，逐层分析寻找引起事故的触发事件、直接与间接原因，直到找出基本事件，同时寻找事故发生之间的逻辑关系，通过逻辑树图将事故原因及逻辑关系表示出来。事故树分析法是演绎分析的方法，通过结果寻找原因。其本质是布尔逻辑模型，通过树结构描绘系统中各事件之间的联系，这些事件最终将导致某种结果的产生，即顶事件（在系统安全分析过程中，顶事件通常为人们不希望发生的事件）。

为研究低温燃料加注系统“功能故障-安全事故”演化机理，从功能层面将加注系统分为设备级（或部件单机级）、子系统级、系统级，通过子系统之间的耦合、子系统与系统间的关联关系，以及系统功能故障的产生原理，利用事故树分析方法，以“与”“或”的逻辑运算符描述同层级元素间的关联关系（独立关系为或，耦合关系为与），建立低温液氢加注系统“功能故障-安全事故”演化机理模型。

在绘制事件树图的过程中，需要遵循演绎分析原则，以顶事件为起始，逐层向下分析直接原因事件，通过彼此间的逻辑关系，使用逻辑门连接上下层事件，直至达到要求的分析深度，最终形成一棵倒放的树的图形。分析过程中，作图是关键部分，只有绘制正确的事件树图，才可以做到准确分析。通过对加注密封失效危险因素的分析，可建立低温加注密封功能失效的事件树图，如图 2-18 所示。

(3) 低温液氢加注密封功能故障的事故树分析模型

假设在加注系统中只能取正常或故障两种状态，设各元、组件的故障相互独立。基于低温液氢加注密封功能事故树模型，列出逻辑关系式，求出最小割集，找出引发加注系统密封安全事故的可能路径，用布尔代数法求密封事故的最小割(径) 集。

① 求事故树最小割集。最小割集是指能够引起顶事件发生的最低数量的基本事件的集合。利用布尔代数表达式，求出加注系统密封事故发生的可能途径。

$$T=A_1A_2A_3A_4A_5A_6A_7 \tag{2-25}$$

② 求事故树最小径集。最小径集是能够使顶事件不发生的最低数量的基本事件的集合，其结构函数为：

$$T=A_1'+A_2'+A_3'+A_4'+A_5'+A_6'+A_7' \tag{2-26}$$

③ 结构重要度分析。结构重要度反映基本事件在事故树中的重要性，即影响程度。事故树一旦建立，各事件间的逻辑关系就确定了，不考虑基本事件发生概率，只与事故树的结构有关，基本事件结构重要度的计算公式如下。

由于底事件 x_i 的状态取 0 或 1，当 x_i 处于某一状态时，其余 $n-1$ 个底事件组合系统状态为 2^{n-1}，因此底事件 x_i 的结构重要度定义为：

$$I_\varphi(i)=\frac{1}{2^{n-1}}\left[\sum\varphi(1_i x)-\sum\varphi(0_i x)\right] \tag{2-27}$$

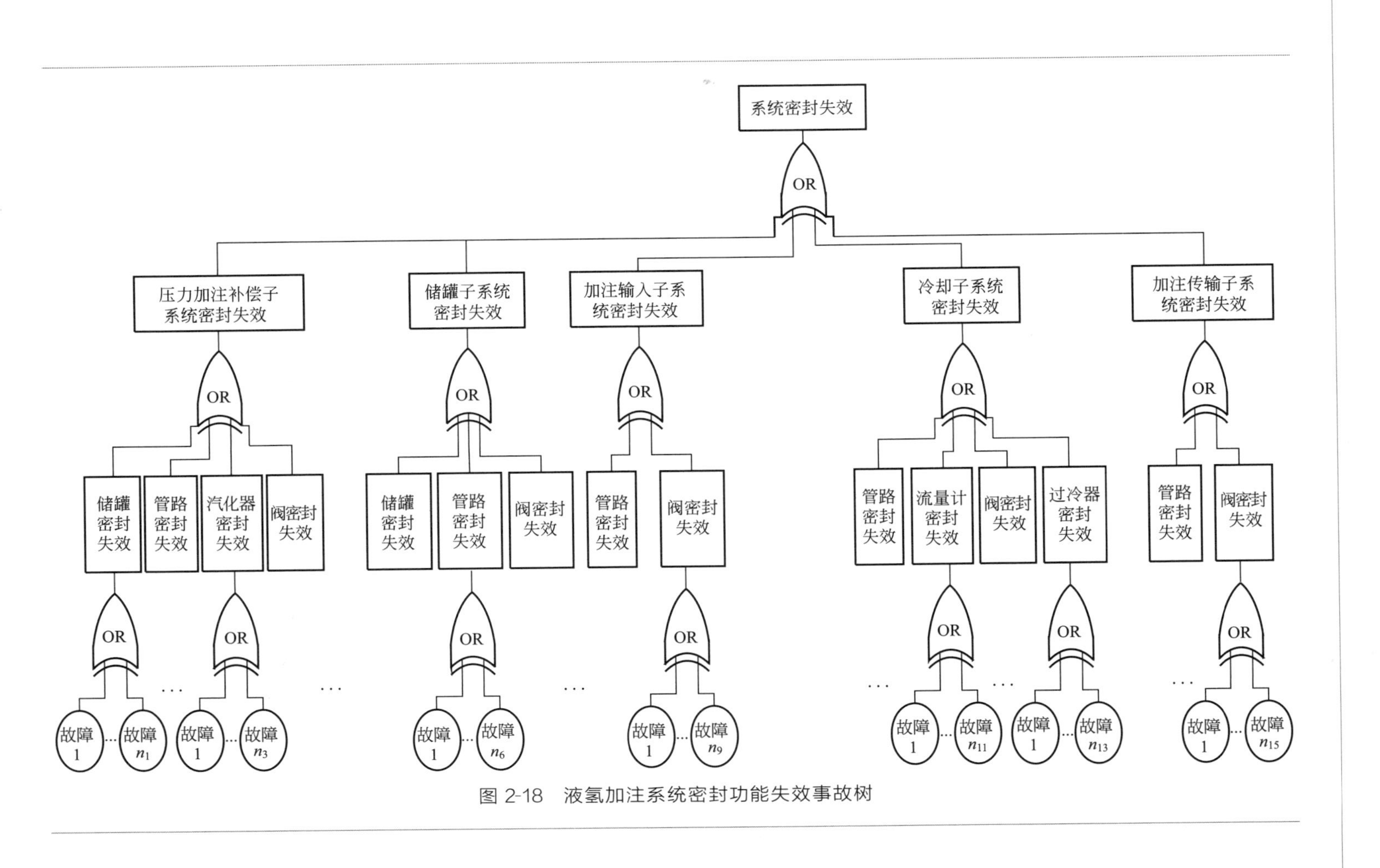

图 2-18 液氢加注系统密封功能失效事故树

式中，$I_{\varphi}(1_i x)=(x_1,x_2,\cdots,x_{i-1},1_i,x_{i+1},\cdots,x_n)$，即第 i 个底事件为 1；$I_{\varphi}(0_i x)=(x_1,x_2,\cdots,x_{i-1},1_i,x_{i+1},\cdots,x_n)$即第 i 个底事件为 0。

2.6.2 案例二：基于层次分解方法的复杂系统漏电分析

运载火箭系统中并列的分系统多，每个分系统又分为若干个逻辑层次，在结构和功能上具有多层次性，其系统级和分系统级之间紧密耦合，作为一个整体分析起来困难大，所以在问题求解策略上应采用面向对象的问题约简法，将整个诊断问题按已定策略分解为比较容易解决的若干子问题。

(1) 基于结构与行为的层次分解数学模型

复杂设备由若干相互联系的分系统按某种特定方式组成，并且具有一定的功能和特征。因此，可把复杂设备系统模型化为层次结构有向图的层次集合。

设 $\boldsymbol{S}$ 表示控制系统，对 $\boldsymbol{S}$ 按结构与功能进行层次分解后，$\boldsymbol{S}$ 在结构上可表示成为一个层次集合：

$$\boldsymbol{S}=\{\boldsymbol{S}_1,\boldsymbol{S}_2,\cdots,\boldsymbol{S}_i,\cdots,\boldsymbol{S}_n\},i=1,2,\cdots,n \tag{2-28}$$

$\boldsymbol{S}$ 进行层次分解的一个层次结构有向图 D 定义为：

$$D=(\boldsymbol{V},\boldsymbol{E}) \tag{2-29}$$

式中，$\boldsymbol{V}=\{\boldsymbol{S}_1,\boldsymbol{S}_2,\cdots,\boldsymbol{S}_n\}$为结点集合，$\boldsymbol{E}=\boldsymbol{S}\times\boldsymbol{S}$ 为连接结点的有向边集合，由各分系统 $\boldsymbol{S}_i$ 之间的衔接关系 R 所组成。

衔接关系 R 是定义在 $\boldsymbol{S}$ 上的，其中 $R\in\boldsymbol{S}\times\boldsymbol{S}$，并且 $\boldsymbol{S}_i R\boldsymbol{S}_j$，$\boldsymbol{S}_i$，$\boldsymbol{S}_j\in\boldsymbol{S}$。这种衔接关系构成了控制系统 $\boldsymbol{S}$ 中的故障传播的所有路径。层次结构有向图 D 的结点集 $\boldsymbol{V}$ 由可监视结点集 $\boldsymbol{V}_M$ 和不可监视结点集 $\boldsymbol{V}_N$ 组成，并且满足：

$$\boldsymbol{V}=\boldsymbol{V}_M\cup\boldsymbol{V}_N \text{ 且 } \boldsymbol{V}_M\cap\boldsymbol{V}_N=\varnothing \tag{2-30}$$

D 中由 $\boldsymbol{S}_j$ 到 $\boldsymbol{S}_k$ 的有向边用 $e_{jk}=$（$\boldsymbol{S}_j$，$\boldsymbol{S}_k$）表示，并且

$$e_{jk}\in\boldsymbol{E} \text{ 且 } \boldsymbol{S}_i R\boldsymbol{S}_j \tag{2-31}$$

层次结构有向图 D 的衔接矩阵 $\boldsymbol{A}$ 表示为：

$$\boldsymbol{A}=\{a_{jk}\} \tag{2-32}$$

式中，$a_{jk}=\begin{cases}1, & e_{jk}\in E\\ 0, & \text{其他}\end{cases}$。

由衔接矩阵 $\boldsymbol{A}$ 可计算系统 $\boldsymbol{S}$ 的可达性矩阵 $\boldsymbol{M}$：

$$\boldsymbol{M}=[m_{jk}]=[\boldsymbol{I}+\boldsymbol{A}]^k=[\boldsymbol{I}+\boldsymbol{A}]^{k+1} \tag{2-33}$$

式中，$k\geqslant k_0$，k_0 是一个正整数，$\boldsymbol{I}$ 是单位矩阵。祖辈结点集和后代结点集是层次结构有向图 $\boldsymbol{D}$ 中结点集 $\boldsymbol{V}$ 上的两个函数，它们分别定义如下：

$$\boldsymbol{A}_M(\boldsymbol{S}_j)=\{\boldsymbol{S}_k\,|\,m_{jk}\neq 0,m_{jk}\in\boldsymbol{M},\boldsymbol{S}_j,\boldsymbol{S}_k\in\boldsymbol{V}\} \tag{2-34}$$

$$\boldsymbol{D}_M(\boldsymbol{S}_j)=\{\boldsymbol{S}_k \mid m_{kj}\neq 0, m_{kj}\in \boldsymbol{M}, \boldsymbol{S}_j, \boldsymbol{S}_k \in \mathbf{V}\} \tag{2-35}$$

运用可达性矩阵 $\boldsymbol{M}$，层次结构有向图 $\boldsymbol{D}$ 中的结点集 $\mathbf{V}$ 可分解成 m 个层次级别 $\mathbf{V}_1, \mathbf{V}_2, \cdots, \mathbf{V}_m$，其中：

$$\mathbf{V}_i=\{\boldsymbol{S}_j \mid \boldsymbol{D}_M \cap \boldsymbol{A}_M(\boldsymbol{S}_j)=\boldsymbol{A}_M(\boldsymbol{S}_j)\} \tag{2-36}$$

$$\mathbf{V}_i=\{\boldsymbol{A}_M(\boldsymbol{S}_j)-\mathbf{V}_1-\cdots-\mathbf{V}_{k-1}\}, k=2,\cdots,m \tag{2-37}$$

这里 $m(\leqslant n)$ 是使 $\mathbf{V}-\mathbf{V}_1-\cdots-\mathbf{V}_m=\varnothing$ 的正整数，称为层次结构。这种对象满足下列性质：

① $\bigcup\limits_{i=1}^{m}=\mathbf{V}$；

② $\mathbf{V}_i \cap \mathbf{V}_k=\varnothing$，$j\neq k$；

③ 对于 $\boldsymbol{S}_j$，$\boldsymbol{S}_k \in \mathbf{V}$ 下列条件之一成立：若 $m_{jk}=m_{kj}=1$，则 $\boldsymbol{S}_j$ 与 $\boldsymbol{S}_k$ 在同一闭环路中；若 $m_{jk}=m_{kj}=0$，则 $\boldsymbol{S}_j$ 与 $\boldsymbol{S}_k$ 不互相衔接；

④ 离开对象 V_j 中的结点的边只能到对象 $\mathbf{V}_k$ 中的结点。

分解从系统级开始，然后从各分系统、各子分系统、各部件级和各元件逐级展开。具有单一结点复杂设备系统 S 本身构成层次分解模型的第一层次级，而层次结构有向图 D 构成控制系统层次分解模型的第二层次级。在此基础上，根据上述的层次分解模型，继续对每个分系统按结构与功能进行层次分解，得到相对应的 n 个层次结构有向图：

$$D(\mathbf{V}_j, \boldsymbol{E}_j), j=1,\cdots,n \tag{2-38}$$

这 n 个层次结构有向图组成的集合 $\{D_j\}$ 构成层次分解模型的第三层次级。依次类推，层次分解模型第 i 层次级上与第 $i-1$ 层次级上的结点 V 相对应的层次结构有向图可表示为：

$$D_{ijk}=(\mathbf{V}_{ijk}, \boldsymbol{B}_{ijk}), j=1,\cdots,n \tag{2-39}$$

综上所述，控制系统 $\boldsymbol{S}$ 按结构与功能进行层次分解的数学模型可描述成

$$\boldsymbol{H}=\{L_i\}, i=1,2,\cdots,l \tag{2-40}$$

式中，l 表示分解模型的层次级数，L_i 表示分解模型的第 i 层次级，并且

$$L_i=\{D_{ijk}\}, j=1,\cdots,n; k=1,\cdots,m_j \tag{2-41}$$

采用上述层次分解模型，对控制系统 $\boldsymbol{S}$ 按结构与功能进行分解后，第 1 层次级是控制系统本身，第 2 层次级是组成控制系统 $\boldsymbol{S}$ 的各分系统 $\boldsymbol{S}_j$，第 3 层次级是组成各分系统 $\boldsymbol{S}_j$ 的各子分系统 $\boldsymbol{S}_{jk}, \cdots$，第 i 层次级是组成与第 $i-1$ 层次对应的各子分系统的各部件，依此递推逐级分解直至所需要的层次级为止。

(2) 基于层次分解方法构建系统的条件故障图

为满足描述信息的完备性及描述形式的规范性，提出条件故障图的描述模型，以利于用计算机进行自动化描述和自动化分析。

① 状态关系描述　故障图是以故障模式为结点，以故障模式间的关系为有

向边的一类有向图，可表示为 $GN=<\boldsymbol{V}_N,\boldsymbol{R}_N>$。式中，$\boldsymbol{V}_N$ 为故障模式的集合，故障模式既有系统中的各种原发故障，又有表现故障；既可以是部件或子系统的实在的故障形式，又可以是系统中某些参数的异常偏离；$\boldsymbol{R}_N$ 为故障模式间的二元关系集合，它主要描述的是故障模式间的因果传递关系。建立条件故障图，首先要描述系统中各种状态之间的关系。可将状态分为系统状态和部件状态两种类型。系统状态是对系统工作的整体状态的称谓。它首先包括系统全状态，即系统工作的所有状态的总称，全状态又可以被分解为若干分状态，分状态又可以包含自己的子分状态，从而建设起基于状态包含关系的状态层式结构，在层式结构中，任何下层状态都包含于其上层状态，而上层状态也由其下层状态叠加构成。可用集合来表示这种包含关系：以所有的最底层状态集合为其集建立集簇，则任何系统状态都是此集簇的元素，表示为 $\boldsymbol{Q}(i)$，而系统状态集 $\{\boldsymbol{Q}\}$ 是此集簇的子集。因而若状态 i 是 j 的上层状态，则有 $\boldsymbol{Q}(j)\subset\boldsymbol{Q}(i)$。为满足自动化分析的需要及与故障图的匹配，将这种状态关系描述为树结构。

定义 2.1　状态根树。有向根树 $T=<\boldsymbol{V},\boldsymbol{R}>$，它的结点与系统状态集 $\{\boldsymbol{Q}\}$ 的元素一一对应，即结点 v_i 对应状态 $\boldsymbol{Q}(v_i)$，且满足：若 $r(v_j,v_i)\in\boldsymbol{R}$，则 $\boldsymbol{Q}(v_j)\cap\boldsymbol{Q}(v_i)=\varphi$。称有向树 T 为状态集 $\{\boldsymbol{Q}\}$ 的状态根树。

通俗地说，状态根树是状态层式结构的树状描述，根结点表示系统状态全集，叶结点集合则表示系统状态基集。运载火箭的控制系统共有三种单相一次电源，电源与电源之间以及它们与运载火箭箭体壳之间采用绝缘浮地方式。电源母线在地面分别为 $\pm M_1$、$\pm M_2$、$\pm M_3$，箭上分别对应 $\pm B_1$、$\pm B_2$、$\pm B_3$。运载火箭发射前要在下面 10 个状态下分别进行检测。状态 1：导通绝缘检查；状态 2：关瞄准窗；状态 3：分系统；状态 4：控制与遥测匹配；状态 5：控制、遥测、低温动力三大系统匹配；状态 6：总检Ⅱ状态总检查；状态 7：总检Ⅰ状态总检查；状态 8：总检Ⅲ状态总检查；状态 9：常规加注后；状态 10：发射。同时，每种状态下接入控制系统的元部件不一样，而且不同状态下元部件发生漏电故障的状态权值不同，界于两状态之间的测试项目以前一状态进行故障诊断。例如，根据上面的分析可以建立电源 I 负母线供电模型（见图 2-19）。

定义 2.2　状态树。有向树 T 的结点的集合为 $\boldsymbol{V}$，对于状态集合 $\{\boldsymbol{Q}\}=\{\boldsymbol{Q}_B\}+\{\boldsymbol{Q}_S\}$，如果存在 $\boldsymbol{V}_1\subset\boldsymbol{V}$，且满足：

a. $\boldsymbol{V}_1$ 的结点和 $\boldsymbol{V}_1$ 在有向树 T 中的内边构成 $\{\boldsymbol{Q}_S\}$ 的一个层根树，且其中出度为 0 的结点在有向树 T 中出度也为 0；

b. $\boldsymbol{V}-\boldsymbol{V}_1$ 与 $\{\boldsymbol{Q}_B\}$ 一一对应，且 $\forall v-v_1,d^-(v)\neq 0$；

c. $\forall v\in\boldsymbol{V}$，如果存在边 $r(v_j,v_i)$，则 $\boldsymbol{P}(v_j)\subset\boldsymbol{P}(v_i)$；如果 $\boldsymbol{P}(v_j)\subset\boldsymbol{P}(v_i)$，则必有通路 $v_j\rightarrow v_i$。则称有向树 T 为 $\{\boldsymbol{Q}\}$ 的状态树。

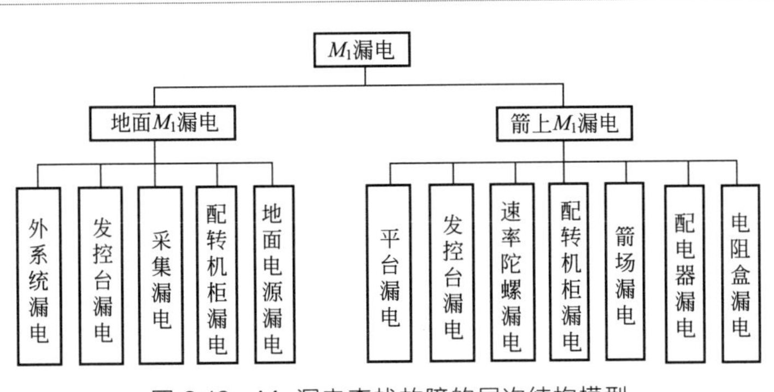

图 2-19 M_1 漏电查找故障的层次结构模型

通俗地说，状态树就是以系统状态根树为核心，将部件状态并联描述出来的一个树状结构。

② 条件故障图结构

定义 2.3 条件故障图。一个有向图 $G_K=<\boldsymbol{V}_K,\boldsymbol{R}_K>$及一个状态树 $T_u=<\boldsymbol{V}_u,\boldsymbol{R}_u>$，若 $\boldsymbol{V}_K$ 包括两类结点，即：$\boldsymbol{V}_K=\boldsymbol{V}_N+\boldsymbol{V}_T$，且对于任意的 $v_i\in\boldsymbol{V}_T$，存在唯一对应结点的 $v_u\in\boldsymbol{V}_u$，使得 v_t 间满足 v_u 间的状态关系。同时满足：

a. 结点集 $\boldsymbol{V}_N$ 及其内边构成一个故障图 G_{KN}；

b. $\forall v_T^{(i)}\in\boldsymbol{V}_T$，$v_N^{(i)}\in\boldsymbol{V}_N$，不存在$(v_T^{(i)},v_N^{(i)})\in\boldsymbol{R}$；

c. 如果$(v_T^{(i)},v_N^{(i)})\in\boldsymbol{R}$，则有如下两项条件连通规则：如果结点 $v_N^{(j)}$ 在结点集 $\boldsymbol{V}_N$ 没有入点，则结点 $v_T^{(i)}$ 是结点 $v_N^{(j)}$ 的条件结点，表示结点 $v_T^{(i)}$ 是结点 $v_N^{(j)}$ 的存在条件；如果结点 $v_N^{(j)}$ 在结点集 $\boldsymbol{V}_N$ 有入点 $v_N^{(g)}$，则结点 $v_T^{(i)}$ 是边 $v_N^{(g)}$、$v_N^{(j)}$ 的条件结点，表示结点 $v_N^{(j)}$ 是 $v_N^{(g)}$ 同 $v_N^{(j)}$ 间有直接连通的条件，则称此有向图 G_K 为建立条件树 T_u 上的条件故障图。

在故障图中融入了状态条件结点，使得故障传播成为了条件传播，在传播过程中，条件的交汇中重叠形成新的条件传播，在传播过程中，条件的交汇或重叠就形成新的条件。按照状态关系特点，状态条件的传递规则主要包括：

a. 一个条件故障图 G_K，其中 G_{KN} 内存在一个通路 $v_N^{(i)}\rightarrow v_N^{(j)}$，令 $\boldsymbol{V}_T$ 为通路 $v_N^{(i)}\rightarrow v_N^{(j)}$ 中经历的结点与边和条件与边的条件结点集合，则$\cap\boldsymbol{P}(V_t)|v_t\in\boldsymbol{V}_T$ 为通路 $v_N^{(i)}\rightarrow v_N^{(j)}$ 的条件。

b. 如果两个通路 $v_N^{(i)}\rightarrow v_N^{(j)}$ 和 $v_N^{(g)}\rightarrow v_N^{(j)}$ 在 $v_N^{(i)}$ 点相交，两个通路的条件量分别为 $\boldsymbol{P}_1$、$\boldsymbol{P}_2$，则定义结点 $v_N^{(i)}$ 在两个通路下的条件量：如果结点 $v_N^{(i)}$ 为“与关系”结点，则条件为 $\boldsymbol{P}_1\cap\boldsymbol{P}_2$；如果结点 $v_N^{(i)}$ 为“或关系”结点，则条件为 $\boldsymbol{P}_1\cup\boldsymbol{P}_2$。

参考文献

[1] Walter P. Mendenhall. DC Arc hazard mitigation design at a nuclear research facility[J]. IEEE Transactions on Industry Applications，2015，51,69-72.

[2] 刘诗飞. 重大危险源辨识与控制[M]. 北京：冶金工业出版社，2012：105-118.

[3] GJB 450A—2004. 装备可靠性工作通用要求[S].

[4] 罗云，裴晶晶. 风险分析与安全评价[M]. 北京：化学工业出版社，2016：166-173.

[5] 束钰. 重大危险源概率风险评价应用研究[D]. 天津：天津理工大学，2011.

[6] 张跃兵，王凯，王志亮. 危险源理论研究及在事故预防中的应用[J]. 中国安全科学学报，2011，21(6)：10.

[7] 张跃兵，王凯，王志亮. 直接危险源控制理论研究初探[J]. 中国安全生产科学技术，2012，8(11)：33-37.

[8] He Haoyang，Gutierrez，Yadira. The role of data source selection in chemical hazard assessment：a case study on organic photovoltaics[J]. Journal of hazardous materials，2018，365，227-236.

[9] 丁子洋，张嘉亮. 中国危险化学品管理现状及对策研究[J]. 广东化工，2016，43(16)：291-292.

[10] 张翔昱. 航空维修系统危险源识别和风险分析方法[J]. 中国安全生产科学技术，2013，9(3)：104-107.

[11] Acharyulu P V S，Seetharamaiah P. A framework for safety automation of safety-critical systems operations[J]. Safety Science，2015，77：133-142.

[12] 黄浪，吴超，王秉. 基于熵理论的重大事故复杂链式演化机理及其建模[J]. 中国安全生产科学技术，2016，12(5)：10-15.

[13] Kabir S. An overview of fault tree analysis and its application in model based dependability analysis[J]. Expert Systems with Applications，2017，77：114-135.

[14] Setiawan T H，Adryfan B，Putra C A. Risk analysis and priority determination of risk prevention using failure mode and effect analysis method in the manufacturing process of hollow core slab [J]. Procedia Engineering，2017，171：874-881.

[15] Zhang Q，Zhang Z. Dynamic uncertain causality graph applied to dynamic fault diagnoses and predictions with negative feedbacks[J]. IEEE Transactions on Reliability，2016，65(2)：1030-1044.

[16] 樊友平，陈允平，黄席樾，等. 运载火箭控制系统漏电故障诊断研究[J]. 宇航学报，2004，25(5)：507-513.

[17] Richardson I A，Fisher H T，Frome P E，et al. Low-cost，transportable hydrogen fueling station for early market adoption of fuel cell electric vehicles[J]. International Journal of Hydrogen Energy，2015，40(25)：8122-8127.

第3章

运行系统检测信号处理

动态系统运行安全分析与评估依赖于动态系统运行监测或检测数据。然而由于各种工况和运行环境的影响，原始采集信号的有效信息通常会被淹没在噪声中；且运行过程受摩擦阻力、负载、间隙等非线性因素的影响，实际获取的检测数据往往都具有非线性非平稳特性。如何利用信号降噪、动态信号一致性检验、非平稳信号处理等方法，是保障动态系统运行数据准确可靠，为系统运行工况异常识别、运行故障诊断、运行安全分析等提供支撑的关键。本章将在介绍强噪声环境下基于小波的运行系统检测信号降噪、多点冗余采集造成动态信号采集冲突下的动态信号一致性检验和聚类分析方法的基础上，给出面向非平稳信号的希尔伯特变换、固有时间尺度分解、线性正则变换方法等主要处理方法及其应用。

3.1 概述

现代工业生产过程中，设备越来越大型化、复杂化、网络化和智能化。这些设备结构复杂，各系统间耦合程度越来越强，一旦发生故障往往造成巨大的经济损失和人员伤亡，如挑战者号航天飞机灾难、福岛核泄漏事故等。而当这些大型设备出现安全故障时，维修费用及停工损失将大幅上升。在设备安全运行中进行监测可有效地对工况进行识别并及时地消除隐患，减少故障和事故发生。因此，为保障复杂系统安全可靠地以最佳状态运行，设备和系统运行检测及信号处理成为了工业界和学术界的研究热点[1-3]。

系统运行检测及信号处理通常包含以下问题：信号降噪、信号一致性校验、信号分析等。

在强噪声环境下，尤其是当数据的信噪比过低的时候，数据中有价值的信号甚至会被噪声完全淹没，难以获取这部分数据的某些重要特征。另外，在微弱信号情况下，噪声与有效信号混合（耦合），所需要获取的信息非常微弱时，有用信号无法从噪声中提取，对它们的精准测量就变得十分困难。例如，在大型旋转机械的故障诊断过程中，若能在发现功能部件出现异常现象或异常具有发展趋势时，就诊断出该部件具有故障发生的可能性，并在故障发生早期采取相应措施，则可防止灾难性故障的发生进而避免重大安全事故与经济损失[4]。

由于在动态运行环境下，过程工艺和工况等参数有多个测量点，如何保证信号一致性对系统故障诊断具有重要意义。通过动态系统信号一致性校验以及聚类分析方法，降低故障误诊断的概率，提高诊断的准确性。

信号分析对于运行设备和系统而言，难点之一在于非平稳信号处理。传统傅里叶变换是信号处理中的最重要的工具，经过众多学者的不断研究，傅里叶变换下的卷积、采样、不确定性、离散化、时频与频移、抽取与插值等基本理论已经很完备地建立起来，并且已经广泛应用到实际工程中。其中抽取与插值理论是传统傅里叶变换下信号处理领域中的重要原理之一，它们是多抽样率数字信号处理的核心基础，可以降低计算复杂度和减少存储量。然而傅里叶变换域的抽取与插值分析只适用于平稳信号的分析。在现代信号处理中，非平稳信号分析已经成为研究的热点与难点[5]。

大型设备在运行过程中受摩擦阻力、负载、间隙等非线性因素的影响会产生大量反映设备运行状态的非线性非平稳数据，即使在设备正常运行条件下受系统噪声和环境噪声的影响所产生数据仍具有非线性非平稳特性，因此非平稳信号有效的特征提取在故障诊断中起着至关重要的作用。而非平稳信号的频谱特性是随时间变化的，傅里叶变换方法难以对其充分刻画，多分辨率分析和局部信号的特征分析方法受到越来越多的重视。时频分析方法将时域分析和频域分析相结合，通过构造二维函数将一维信号映射至二维时频平面中表示，不仅能够在时域和频域上对信号的变化情况进行表示，还能够反映信号能量随时间和频率的分布情况。而线性正则变换作为一种新颖的信号分析工具，含有三个自由参数，具有更强的灵活性，并且在非平稳信号的分析上具有独特优势，已经成为重要的非平稳信号分析工具，能够克服经典傅里叶变换体系下的采样与频谱分析理论对非平稳信号不能取得满意效果的缺点[6,7]。

3.2 信号降噪

由于测量设备的状态、传输信道、检测环境的影响（电磁干扰等）等原因，最终获取的信号上叠加了非平稳非高斯噪声和白噪声。对于这些噪声的处理，基于传统处理方法，在某些时段、某些特定条件下处理出的数据曲线仍存在一定的毛刺，出现实际不存在的数据跳点，使得对数据的分析结果不准确，或者根本无法获取这部分数据的某些重要特征。

在系统实际运行过程中，由于干扰致使检测结果不能完全符合真实情况。如激光陀螺的随机噪声是由白噪声和分形噪声组成的，分形噪声是非平稳随机过程，采用传统的方法很难去除，利用信号处理软件补偿来提高实际使用精度的趋势变得更为实用。随着对数据处理要求（导航系统精度）的不断提高，将信号降噪方法用于系统运行信号的处理以克服传统方法存在的不足是十分有意义的。

小波去噪方法能够在频域内对信号进行有效的分解，从而方便地去除无效噪声信息，进而对信号的有效成分进行有效估计。而对于源信号不可知性和对信号混合方式未知，小波消噪问题更为复杂[8]。

3.2.1 噪声在小波变换下的特性

传统的基于傅里叶变换的方法不能在时域中对信号作局部化分析，难以检测和分析信号的突变，且在频域内对信号进行处理的同时也将夹带在信号中的噪声视作有用信号一起分解了，当要获得数据信号的局部特征时，势必将数据真实特征和噪声同时放大；同理，减少噪声影响的同时也会缩小信号的局部特征。相对于傅里叶变换，小波变换因具有时频局部化特性，可以根据需要调节时域窗口和频域窗口的宽度，而成为数据降噪领域中的重要方法。

设 $x(t)$ 为噪声，在对其进行小波分解后，其低频部分会对后续小波分解的最深层和低频层产生影响，小波分解后的高频部分只会对其后续小波分解的第一层细节有所影响。如果信号 $x(t)$ 只是由高斯白噪声构成，那么随着小波分解层次的增加，信号中高频系数的幅值会迅速地衰减，显然，该小波系数的方差的变化趋势也是同样的。此处，用 $C_{j,k}$ 表示对噪声进行小波分解后所得到的小波系数，其中，k 为时间下标，j 为尺度下标。通过分析，可得到将此离散时间信号 $x(t)$ 视为噪声后的下列特性：

① 当 $x(t)$ 是零均值、平稳、有色的高斯型噪声的时候，对 $x(t)$ 进行小波分解后所得到的小波系数也应是一个高斯序列，并且对于每一个小波分解尺度 j，与之相应的小波分解系数同样是一个平稳、有色的序列；

② 当 $x(t)$ 是由高斯型噪声所构成的时候，$x(t)$ 经小波分解后所得到的小波系数应服从高斯分布，并且它们互不相关；

③ 当 $x(t)$ 是零均值、平稳的白噪声的时候，$x(t)$ 经小波分解后所得到的小波系数应是相互独立的；

④ 当 $x(t)$ 是由已知相关函数的噪声所构成的时候，$x(t)$ 经小波分解后可以根据相关函数计算出相应的小波分解系数序列；

⑤ 当 $x(t)$ 是由已知相关函数谱的噪声所构成的时候，$x(t)$ 经小波分解后就可以通过相关函数谱计算出对应小波系数 $C_{j,k}$ 的谱以及相应的尺度 j 和 j' 的交叉谱；

⑥ 当 $x(t)$ 是由零均值且固定的自回归滑动平均（autoregressive and moving average，ARMA）模型所构成的时候，$x(t)$ 经小波分解后，对于其中的每一个小波分解尺度 j，与之相应的小波分解系数 $C_{j,k}$ 同样是零均值且固定的 ARMA 模型，该小波分解系数的特性只取决于小波分解尺度 j。

3.2.2 基于阈值决策的小波去噪算法步骤

基于阈值决策的小波去噪过程一般可分为以下 2 个步骤：

① 选择一个合适的小波基并确定分解层次，然后对其进行小波分解。在合理选择小波基对信号进行小波分解后，需要在分解的不同尺度上对小波系数进行阈值处理，其中在粗尺度下进行小波系数的阈值处理可能会消除信号当中的重要特征，而在细尺度下进行的小波系数阈值处理则有可能引起去噪的程度不足。因此，分解层次的选择与小波基的选择同样重要。一般认为小波分解的层次为 $n=\log_2 m-5$，其中 m 表示信号长度。

② 对各个分解尺度下的小波系数选择一个阈值进行阈值量化处理。阈值处理主要分为以下两种：硬阈值法和软阈值法。

3.2.3 阈值的选取及量化

(1) 阈值方式

小波阈值去噪主要有硬阈值和软阈值两种处理方式。采用硬阈值处理方式的缺点在于进行阈值消噪时由于阈值的选取有可能同时过滤掉信号中部分有用成分，特别地，当信号中夹带着瞬时变量信息时，采用此方法进行小波重构的精度较差；而采用软阈值处理方式，通过稍微减少所有系数的幅值来减少所加的噪声以使阈值的选取风险有所下降，从而尽可能地保留原始信号中的瞬变信息，但是采用此方法所取得的以上优势是以牺牲对噪声的去噪效果换来的。式(3-1) 和式(3-2) 所示分别为硬阈值与软阈值小波系数去噪方式。

$$F(W_f,T)=\begin{cases}W_f, & |W_f|\geqslant T\\ 0, & |W_f|<T\end{cases} \tag{3-1}$$

$$F(W_f,T)=\begin{cases}\operatorname{sign}(W_f)(|W_f|-T), & |W_f|\geqslant T\\ 0, & |W_f|<T\end{cases} \tag{3-2}$$

对式(3-2) 做以下变形，可得式(3-3)：

$$F(W_f,T)=\begin{cases}\operatorname{sign}(W_f)\left(1-\dfrac{T}{|W_f|}\right)|W_f|, & |W_f|\geqslant T\\ 0, & |W_f|<T\end{cases} \tag{3-3}$$

式中，$F(\cdot)$ 为进行小波变换；W_f 为小波系数，T 为阈值。

由式(3-3) 可以看出，采用软阈值进行数据处理的原理是将大于阈值的那部分小波系数按照一定比例在数轴上向零方向收缩，而不是直接将这部分小波系数过滤掉。在多数情况下，为了降低对阈值选取的风险，从而增强小波阈值去噪的鲁棒性，一般采用软阈值的方式。

(2) 阈值规则

由式(3-1)～式(3-3) 可以看出，阈值 T 的选取直接影响到去噪后信号的质量。阈值 T 的选取有四种规则：通用阈值规则、无偏似然估计（SURE）规则、启发式阈值规则、最小极大方差阈值。

① 通用阈值规则（sqtwolog 规则） 阈值选取算法公式为：

$$T=\sigma\sqrt{2\ln N} \tag{3-4}$$

式中，令 J 为小波变换的尺度，N 为实际测量信号 $x(t)$ 经过小波变换分解在尺度 $1\sim n(1<n<J)$ 上得到小波系数的个数总和；σ 为附加噪声信号的标准差。实验证明，通用阈值规则在软阈值处理函数中能够得到很好的降噪效果。

② 无偏似然估计规则（rigrsure 规则） 无偏似然估计规则是一种软件阈值估计器，是一种基于 Stain 的无偏似然估计（二次方程）原理的自适应阈值选择。对一个给定的阈值 T，先找到它的似然估计，然后再将其最小化，从而得到所选的阈值。具体的阈值选取规则如下。

令信号 $x(t)$ 为一个离散的时间序列，$t=1,2,\cdots,N$，再令 $y(t)$ 为$|x(t)|^2$ 的升序序列。阈值的计算公式如下：

$$\begin{cases} R(t)=\left(1-\dfrac{t}{N}\right)y(t)+\dfrac{1}{N}\left[N-2t+\sum\limits_{i=1}^{t}y(i)\right] \\ T=\sqrt{\min R(t)} \end{cases} \tag{3-5}$$

③ 启发式阈值规则（heursure 规则） 启发式阈值规则是无偏似然估计规则和通用阈值规则的折中形式。当信噪比较大时，采用无偏似然估计规则，而当信噪比小的时候，采用固定阈值。

具体公式如下：

$$T=\begin{cases} T_1, & \dfrac{\|x(t)\|^2}{N}<1+\dfrac{1}{\sqrt{N}}(\log_2 N)^{3/2} \\ \min(T_1,T_2), & \dfrac{\|x(t)\|^2}{N}\geqslant 1+\dfrac{1}{\sqrt{N}}(\log_2 N)^{3/2} \end{cases} \tag{3-6}$$

式中，N 为信号 $x(t)$ 的长度；T_1 为通用阈值规则得到的阈值；T_2 为无偏似然估计规则得到的阈值。

④ 最小极大方差阈值（min-max） 这种阈值选取规则同样也是一种固定的阈值，它能在一个给定的函数集中实现最大均方误差最小化。算法公式如下：

$$T=\begin{cases}\sigma[0.3936+0.1829\ln(N-2)], & N\geqslant 32\\ 0, & N<32\end{cases} \tag{3-7}$$

$$\sigma=\frac{\text{middle}(W_{1,k})}{0.6745},0\leqslant k\leqslant 2^{j-1}-1 \tag{3-8}$$

式中，N 为对应尺度上的小波系数的个数；$W_{1,k}$ 表示尺度为 1 的小波系数；j 为小波分解尺度；σ 为噪声信号的标准差，即为对信号分解出的第一级小波系数取绝对值后再取中值。

⑤ 数值实验 以一个信噪比 $SNR=4$ 的矩形波检测信号为例，对其进行基于以上四种阈值规则的小波阈值去噪，图 3-1(a)、(b) 分别显示了原始信号与染噪的 Blocks 信号。图 3-2(a) 显示的是基于 min-max 规则的小波阈值去噪效果，图 3-2(b) 描述了基于 rigrsure 规则的小波阈值去噪效果，图 3-2(c) 表示基于 sqtwolog 规则的小波阈值去噪效果，图 3-2(d) 显示了基于 heursure 规则的小波阈值去噪效果。

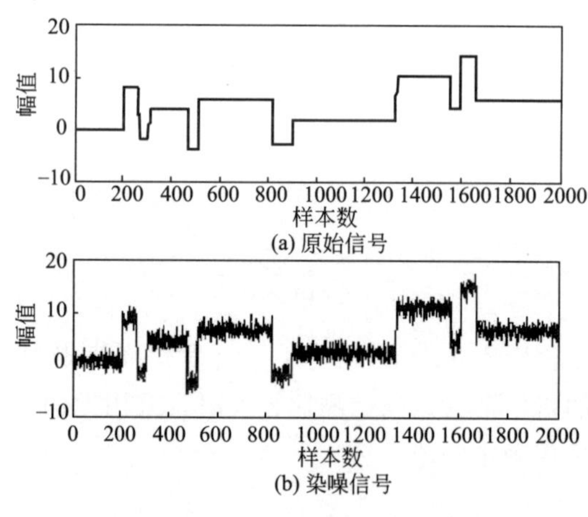

图 3-1 Blocks 原始信号及其染噪信号

从图 3-2 中可以看出，基于四种阈值规则的小波去噪效果差别不大，实际运用中应该具体情况具体分析，选择合适的阈值，最大程度地保留有用信号的细节部分，并且最大限度地消除噪声干扰。

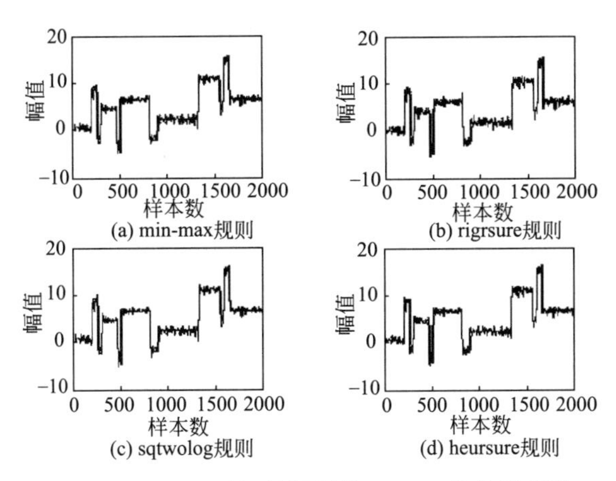

图 3-2 基于四种阈值规则的 Blocks 信号消噪图

3.2.4 小波去噪的在线实现

与传统的滤波方法相比，基于阈值决策的小波滤波方法的滤波效果较好。在实际的工程中，在线的小波阈值滤波要比离线的小波阈值滤波更具有价值和意义。在线多尺度滤波之所以要比离线小波滤波优越，其原因在于该方法中含有边缘校正滤波器及二进长度 $N=2^n$（这里 n 表示正整数）的滑动窗口这两个关键要素。对传统的小波滤波器来说，其设计理念都是属于非因果的，在实际滤波过程中，当前时刻的数据小波系数除了依赖于现在时刻和过去时刻的数据，将来时刻的数据其实也对其存在着不可忽视的影响，因此这类小波滤波器在计算小波系数方面明显存在着时间上的延迟。相比之下，对于在线多尺度滤波来说，在实际的滤波过程中，采用了一种特殊的边缘校正滤波器，通过这个边缘校正滤波器，在线多尺度滤波算法不仅可以消除滤波过程中所出现的边缘效应，而且由于它的设计理念是属于因果滤波器，从而在其滤波过程中不必知道将来时刻的数据信息就能够通过滤波器本身算法计算出当前时刻的数据小波系数。

在线多尺度滤波算法可分为以下 4 步：

① 在长度为 $N=2^n$ 的窗口范围内用边缘校正滤波器对待分析的数据进行小波多尺度分解；

② 采用阈值公式(3-7) 对信号分解所得到的小波系数进行阈值处理，然后根据这些阈值处理后的数据进行完全重构，得到相应的重构信号；

③ 保留完成重构的信号的最后一个数据点，这样做的目的是增加算法的灵活性，使其能适应其他的在线应用；

④ 在滤波器接收到新的数据后，通过移动数据窗口使其包含最新时刻的采样数据，但需要保证最大的窗口长度为 2^k（$k=n$ 或 $k=n+1$），当数据窗口移到这个长度后就不再增加。

下面以一个长度为 $N=8$ 的信号为例来介绍二进长度的滑动窗口的基本原理，其变化情况如图 3-3 所示。每一行代表数据窗以及它所包含的数据，i 表示第 i 个数据，加黑的数字框代表所采样到的最新数据块。每当采样到一个新的数据块时，相应的数据窗就要向后移动一次，移动的规则是保持已经设定好的最大 $N=2^n$ 长度。这是因为随着采样到的数据的增多，数据窗口的长度会相应地逐渐增长，但数据窗口的长度越长，滤波算法的计算量就越大，时间开销和计算机物理开销也会相应增加，因此当数据窗口增大到一定程度时，这个数据窗口就要保持不变，此时只需要在保持数据窗口长度不变的前提下，滑动数据窗口使其包含最新时刻的数据就可以了。从理论上来讲，只要当前时刻的噪声水平固定不变时，滤波器的每个数据窗口内的小波阈值也就不变，此时数据窗口的长度就可以维持原来的长度。

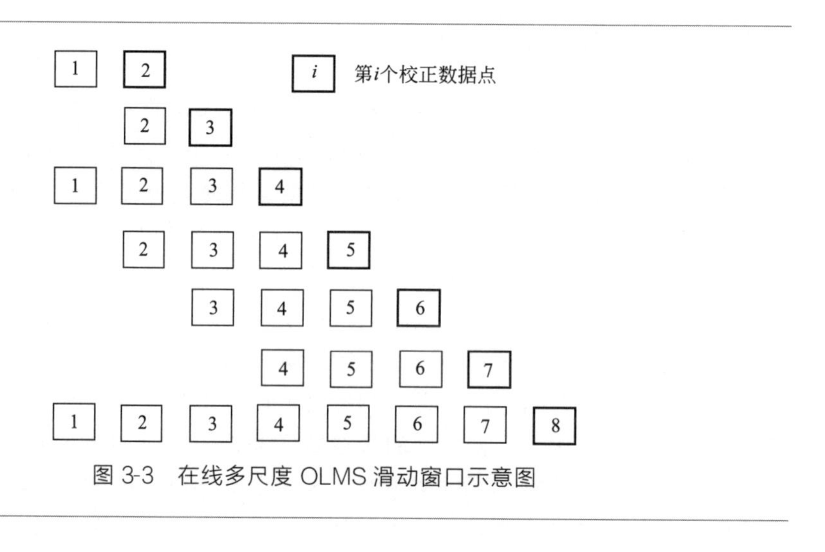

图 3-3 在线多尺度 OLMS 滑动窗口示意图

3.3 信号一致性检验

一致性分析是对检测数据进行正确性和可靠性分析的重要手段。本节对检测数据一致性定量分析方法进行了一些尝试性的研究，充分利用历史检测数据分析参数的一致性，着重分析测量参数的聚类分析方法[8]。

3.3.1 动态系统信号一致性检验

在输入信号相同的情况下，对仪器的多组输出序列进行两两比对分析，衡量输出数据的一致性程度，从而判断仪器的工作性能。如果能够获得理论输出数据序列，通过这种方法还可以判断仪器的实际输出与理论输出的一致性。

（1）统计假设检验方法

统计假设检验是统计推断的核心内容之一，数理统计中称有关总体分布的论断为统计假设，它是根据来自总体的样本来判断统计假设是否成立，在理论研究和实际应用上都占有重要地位。此处应用该方法以比较两组数据的一致性。已知两组长度相等的数据 x_i 和 y_i，对应的两个数据的差异仅是由测量本身所引起的，现分别作各对数据的差 $d_i=x_i-y_i$，并假设 $d_1,d_2,\cdots,d_n$ 来自正态总体 $N(\mu_d,\sigma^2)$，这里 $N(\mu_d,\sigma^2)$ 均属未知。若 x_i 和 y_i 相等，则各对数据的差异 $d_1,d_2,\cdots,d_n$ 为随机误差，可认为其服从均值为零的正态分布，因而问题可归结为假设检验：

$$H_0:\mu_d=0 \quad H_1:\mu_d\neq 0 \tag{3-9}$$

分别记 $d_1,d_2,\cdots,d_n$ 的样本均值和样本方差为 $\bar{d}$、$\bar{\sigma}^2$，则由单个正态总体均值的 t 检验可知其拒绝域为：

$$|t|=\left|\frac{\bar{d}-0}{\hat{\sigma}/\sqrt{n}}\right|>t_{a}(n-1) \tag{3-10}$$

式中，$\hat{\sigma}$ 为样本方差；t_a 为拒绝域临界值。

若检验结果未落入拒绝域，即原假设成立，则说明两组数据无明显差异，认为它们是一致的。一般使用的 t 分布表中 n 在 45 以下，当样本容量很大（如大于 50）时，由中心极限定理知，当 H_0 成立时，统计量 $U=\dfrac{\overline{X}-\mu_d}{s/\sqrt{n}}$ 渐近地服从 $N(0,1)$，知其拒绝域为：

$$|U|=\left|\frac{\overline{X}-0}{\hat{\sigma}/\sqrt{n}}\right|>U_d \tag{3-11}$$

式中，s 为样本方差；$\overline{X}$ 为样本均值，U_d 为拒绝域临界值。

因而可对该统计量来进行假设检验。一般情况下总体方差未知，需用样本方差来对总体方差作估计。这时至少要求样本容量大于 100，才能利用极限分布来求近似的拒绝域。实际上，当样本容量很大时，正态分布和 t 分布近似相等。

在许多情况下，假设检验拒绝与否在很大程度上取决于显著检验水平 α 值的大小。α 值越大，如接受假设，则两组数据的相似程度就越高，拒绝假设的可能性也就越大，认为数据达不到要求，可能得出与事实相悖的结论。若 α 值过小，则又容易把不合格的数据认为合格。我们可以根据 α 值划分数据的一致性等级。常取的几个 α 值有 0.1、0.05、0.02、0.01、0.001 等，如将 α 值由高到低依次划分为优、优良、良、合格等，这样就可以定量地评价两组数据一致性的好坏，进而对仪器的工作品质进行评价。

(2) 动态关联分析法

动态关联分析法的基本思想是：把相同输入条件下所获得的两组输出数据看成一个动态过程——时间序列，然后构造一个关于这两组数据序列的标量函数，以此作为衡量两组数据一致性和动态关联性的定性指标。具体描述如下。

设 x_i 和 y_i 为两组输出序列，并取数据长度为 N，定义如下标量函数作为 TIC（Theil 不等式系数，Theil inequality coefficient）系数：

$$\rho(x,y)=\frac{\sqrt{\frac{1}{N}\sum_{i=1}^{N}(x_i-y_i)^2}}{\sqrt{\frac{1}{N}\sum_{i=1}^{N}x_i^2}+\sqrt{\frac{1}{N}\sum_{i=1}^{N}y_i^2}}=\frac{\sqrt{\sum_{i=1}^{N}(x_i-y_i)^2}}{\sqrt{\sum_{i=1}^{N}x_i^2}+\sqrt{\sum_{i=1}^{N}y_i^2}} \tag{3-12}$$

显然，$\rho(x,y)$ 具有如下几个性质。

① 对称性：$\rho(x,y)=\rho(y,x)$。

② 规范性：$0\leqslant\rho(x,y)\leqslant 1$，$\rho=0$ 表示对所有的 N，两组数据序列完全一致，$\rho=1$ 表示两组数据序列之间的一种最不相关的情况。

③ ρ 越小表明两组数据序列一致性越好。这一方法属于非统计方法，对所要求的时间序列本身没有限制条件，运用起来比较方便。

本节所提到的方法已经过工程化处理，可直接在试验任务的数据比对工作中广泛应用。其分析结果能够提供数据一致性的定量结论，对产品性能评估、故障排除及关键环节的质量控制具有一定意义。

3.3.2 信号的相似程度聚类分析

针对数据的相似程度进行聚类，将聚类结果中属于同一类的参数取值按时间求平均，以该平均值曲线作为对系统工作状况进行分析的依据。将历史检测数据与新检测数据进行聚类，能分析新检测数据的一致性，并对未来检测数据进行预测。

(1) K 均值聚类算法

① 设 x_l 为待聚类的数据，其中 $l=1,2,\cdots,N$。从中随机选取 K 个值为初始聚类中心，记为 $Z_1(1),Z_2(1),\cdots,Z_K(1)$。$Z_i(m),i=1,2,\cdots,K$，表示第 m

次迭代得到第 i 个聚类中心。

② 从 x_l 中将逐个待聚类的数据，按最小距离原则分配给以上 K 个聚类中心。即：如果 $\| x-Z_j(m) \| = \min\{ \| x-Z_i(m) \|, i=1,2,\cdots,K \}$，则 $x \in C_j(m)$。m 为迭代次数，$C_j(m)$ 为经过第 m 次迭代得到的第 j 个聚类，其聚类中心为 $Z_j(m)$。

③ 新聚类中心：

$$Z_j(m+1) = \frac{1}{N_j} \sum_{x_h \in C_j(m)} x_h, j=1,2,\cdots,K, h=1,2,\cdots,N_j, N_j < N \tag{3-13}$$

式中，N_j 为第 j 个聚类的 $C_j(m)$ 所包含的样本数，$x_h \subset x_l$。

④ 如果 $Z_j(m+1) \neq Z_j(m), j=1,2,\cdots,K$，则令 $m=m+1$，重复步骤②、③，直至 $Z_j(m+1)=Z_j(m)$。

（2）基于 K 均值聚类算法的测量参数曲线聚类分析

① 曲线相似的度量　对于两条曲线，其相似程度可以用其取值的接近程度和变化趋势的接近程度来描述。

如图 3-4 所示，对于曲线 L_a 和 L_b，其取值相似程度可以定义为：

$$\mathrm{Sim_V}(a,b) = \frac{1}{K} \sum_{k=0}^{T} [F_a(t_k) - F_b(t_k)]^2 \tag{3-14}$$

式中，$F_a(t_k)$ 和 $F_b(t_k)$ 为曲线 L_a 和 L_b 在 t_k 时刻的取值。其变化趋势的相似程度可以定义为：

$$\mathrm{Sim_T}(a,b) = \frac{1}{K} \sum_{k=1}^{T} \{[F_a(t_k) - F_a(t_{k-1})] - [F_b(t_k) - F_b(t_{k-1})]\}^2 \tag{3-15}$$

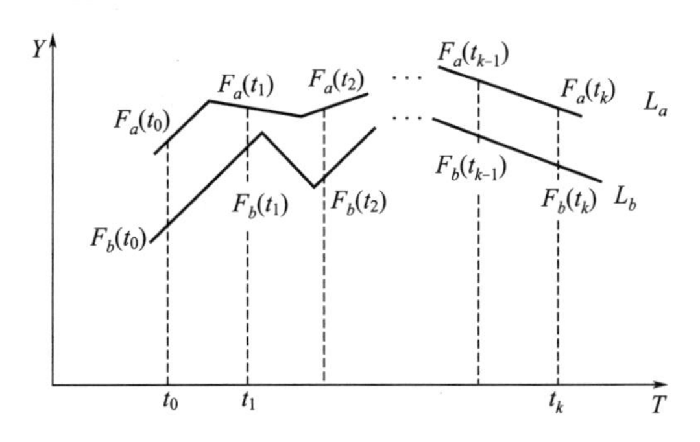

图 3-4　测量参数曲线相似性分析图

② 参数曲线相似程度的表示　对于历史数据，将各采样点的参数值记为：

$$F_n(1), F_n(2), \cdots, F_n(t_k), \cdots, F_n(T)$$

式中，$F_n(t_k)$ 为第 n 次测量中，参数在 t_k 时的取值；T 为本次测量计时结束时间。进一步，在第 n 次测量中，参数在 t_k 时刻，其取值的变化趋势 $Y_n(t_k)$ 为：

$$Y_n(t_k) = F_n(t_k) - F_n(t_{k-1}), t_k = 1, \cdots, T$$

于是，得到：

$$Y_n(1), Y_n(2), \cdots, Y_n(t_k), \cdots, Y_n(T)$$

其中 $Y_n(t_k)$ 为计时点的取值，T 为测量结束时间。因此，综上所述，参数曲线的采样值及其变化可描述如下：

$$S_n = [F_n(0), F_n(1), \cdots, F_n(T), Y_n(1), Y_n(2), \cdots, Y_n(T)] \tag{3-16}$$

③ 算法步骤

a. 野值剔除。

b. 选取 K 个初始聚类中心：

$$Z_1(1) = [S_{a1}], Z_2(1) = [S_{a2}], \cdots, Z_K(1) = [S_{aK}]$$

其中，括号内的序号为搜索聚类中心的迭代次数，初始时为 1。随机选取系统历史运行中的 K 条曲线所对应的 $S_{a1}, S_{a2}, \cdots, S_{aK}$ 为初始聚类中心。

c. 根据式(3-14) 描述曲线相似程度，按最小距离原则将所有历史曲线对应的 S_n 分配给以上 K 个聚类中心。

$\| S_n - Z_j(m) \|_2 = \min\{ \| S_n - Z_i(m) \|_2, n = 1, 2, \cdots, N, i = 1, 2, \cdots, K \}$，则 $S_n \in C_j(m)$。其中，$C_j(m)$ 为第 m 次迭代得到的第 j 个聚类，其聚类中心为 $Z_j(m)$；N 为发射次数。

d. 新聚类中心为

$$Z_j(m+1) = \frac{1}{N_j} \sum_{S_l \in C_j(m)} S_l, j = 1, 2, \cdots, K \tag{3-17}$$

式中，N_j 为第 j 个聚类的 $C_j(k)$ 所包含的曲线数。上式表示第 j 个聚类中心的值为属于该聚类中心的各个曲线的 S_n 的均值。

由式(3-16) 可以得到：

$$S_l = [F_l(0), F_l(1), \cdots, F_l(T), Y_l(1), Y_l(2), \cdots, Y_l(T)]$$

因此式(3-17) 可以表示为：

$$\begin{aligned} Z_j(m+1) = \frac{1}{N_j} \Bigg\{ & \sum_{S_{l1}, \cdots, S_{Nj} \in C_j(m)} [F_{l1}(0) + F_{l2}(0) + \cdots + F_{lN_j}(0)], \cdots, \\ & \sum_{S_{l1}, \cdots, S_{Nj} \in C_j(m)} [F_{l1}(T) + F_{l2}(T) + \cdots + F_{lN_j}(T)], \\ & \sum_{S_{l1}, \cdots, S_{Nj} \in C_j(m)} [Y_{l1}(1) + Y_{l2}(1) + \cdots + Y_{lN_j}(1)], \cdots, \end{aligned}$$

$$\sum_{S_{l1},\cdots,S_{Nj}\in C_j(m)}\left[Y_{l1}(T)+Y_{l2}(T)+\cdots+Y_{lN_j}(T)\right]\Big\}$$

式中，N_j 为第 j 个聚类的 $C_j(m)$ 所包含的样本数。

e. 如果 $Z_j(m+1)\neq Z_j(m), j=1,2,\cdots,K$，则令 $m=m+1$，重复步骤 c、d，直至 $Z_j(m+1)=Z_j(m)$，得到最终聚类 $C_j(m+1), j=1,2,\cdots,K$。

可以得到第 j 个（$j=1,2,\cdots,K$）聚类中心对应的曲线：

$$z_j(t_k)=\frac{1}{N_j}\Big\{\sum_{S_{l1},\cdots,S_{Nj}\in C_j(m)}\left[F_{l1}(0)+F_{l2}(0)+\cdots+F_{lN_j}(0)\right],\cdots,$$

$$\sum_{S_{l1},\cdots,S_{Nj}\in C_j(m)}\left[F_{l1}(T)+F_{l2}(T)+\cdots+F_{lN_j}(T)\right]\Big\}$$

式中，$t_k=1,\cdots,T$。

对图 3-5 所示的某参数变化曲线聚类分析，得到三个聚类中心曲线，如图 3-6 所示。

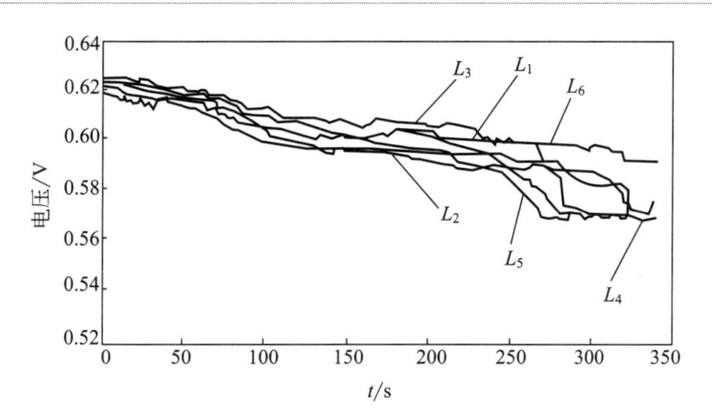

图 3-5 某参数变化曲线

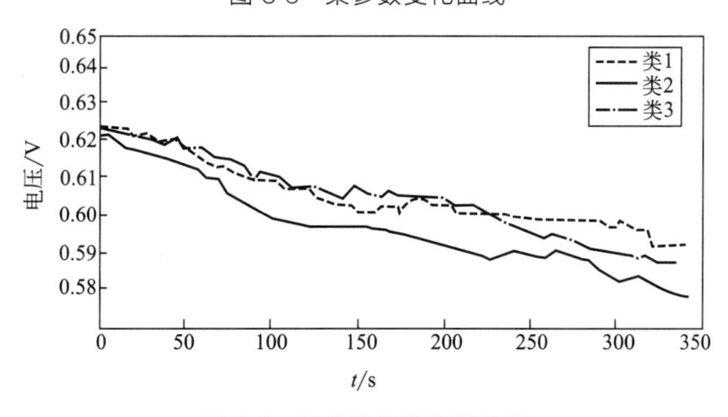

图 3-6 正常数据的聚类结果

(3) 基于聚类分析的参数动态预测

通过对历史数据的聚类分析，可以得到某参数历史的正常值趋势，如图 3-6 所示，其变化状况可以得到 3 个不同的聚类，每一个类具有相似性。利用聚类分析得到的参数正常历史数据分类结果，可对系统中该参数的工作状况进行预测。

用 $F_{\text{new}}(t_i)$ 表示当前获取的某参数数据，当前时刻 t_k 以前的实测参数为 $s_{\text{new}}(t_{k-1})=[F_{\text{new}}(0),F_{\text{new}}(1),\cdots,F_{\text{new}}(t_{k-1})]$。根据式(3-18) 计算其与聚类中心对应的曲线相似程度如下：

$$d(i,j)=\| s_{\text{new}}(i)-z_j(i) \|_2 \tag{3-18}$$

其中，$z_j(i)$ 为第 j 个聚类中心对应曲线在 i 时刻以前的取值，$z_j(i)=\dfrac{1}{N_j}\left\{\sum\limits_{S_{l1},\cdots,S_{Nj}\in C_j(m)}[F_{l1}(0)+F_{l2}(0)+\cdots+F_{lN_j}(0)],\cdots,\sum\limits_{S_{l1},\cdots,S_{Nj}\in C_j(m)}[F_{l1}(i)+F_{l2}(i)+\cdots+F_{lN_j}(i)]\right\}$；$d(i,\ j)$ 为在 i 时刻 $s_{\text{new}}(i)$ 与第 j 个聚类中心 $z_j(i)$ 的距离。

在 $[0,t_k)$ 时段内，当前实测曲线与聚类结果中的第 j 类 S_j 距离最近的次数用 $T(j)$ 表示，其中 $j=1,2,\cdots,K$。其计算规则如下。

① 当 $i=1,2,\cdots,K$ 时，计算 $\min[d(i,1),d(i,2),\cdots,d(i,K)]$中当前实测数据 $F_{\text{new}}(t_i)$ 在 t_i 时刻与第 j 个聚类中心对应曲线的最小值距离次数 $T(j)$，$j=1,2,\cdots,K$。

② 统计 $T(j)$ 中的极大值。对得到的 $T(1),T(2),\cdots,T(K)$排序，求得 $T(j)$ 取最大值时的 j。

③ 如果此时 j 有多个取值。则将 $[0,t_k)$ 时间段右移 1 个时刻，即 $[1,t_k)$，再重复步骤①、②，直到 j 有唯一取值。

通过以上计算可得到 $T(j),j=1,2,\cdots,K$。对应于 $T(j)$ 取最大值时的 j，将第 j 个聚类中心所对应曲线在 t_{k+1} 时刻的取值作为该参数在 t_{k+1} 的参考取值。

由于聚类曲线描述了系统工作正常时，参数变化与时间的关系，因此，可以用其作为系统工作状态的预测。通过上述算法得到实测值与距离最近的聚类曲线，如果这时某参数 $d_{\min}(t_k,j)<\delta$，δ 是该参数允许的变化范围，则可做出目前时刻 t_k 和下一时刻 t_{k+1} 系统的工作状况正常的预测。当某参数在 t_k 时刻 $d_{\min}(t_k,j)>\delta$ 偏离聚类曲线，则可做出系统出现异常的报警，在某时刻 t_k 后连续出现 $d_{\min}(t_{k+1},j)>\delta$，$d_{\min}(t_{k+2},j)>\delta,\cdots,d_{\min}(t_{k+n},j)>\delta$，则可以预测系统的工作状况异常。

如图 3-7 所示为某实测参数的实际数据（正常数据）与该参数的聚类趋势线比较。结果表明，实际参数值的变化与历史数据的聚类趋势一致，在规定的变化范围内，系统工作状况是正常的。

图 3-8 给出了某系统工作状态异常时，实测数据与聚类趋势线的比较结果。在 330s 前实测数据与聚类曲线的值趋势一致，其变化范围在聚类趋势曲线的邻域内，即处于正常变化范围内，可以认为在该时段系统工作正常。但在 330s 后，实测数据与聚类趋势线的偏差逐渐加大，可以预测出该参数开始出现异常，即可以预测系统工作状况开始出现异常。

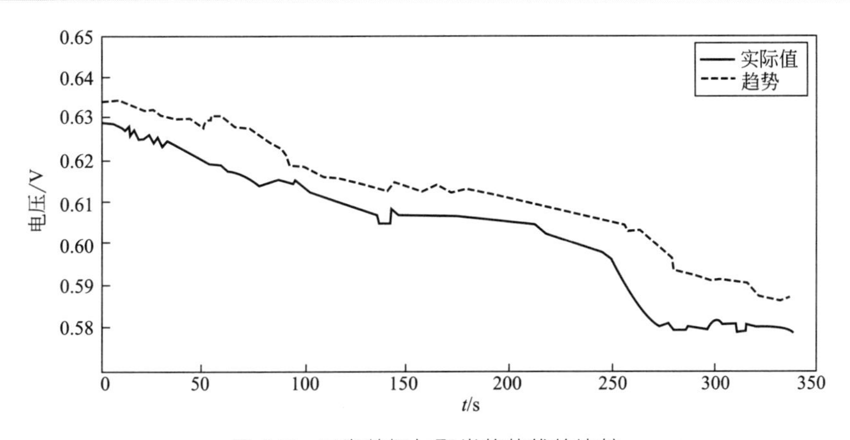

图 3-7 正常数据与聚类趋势线的比较

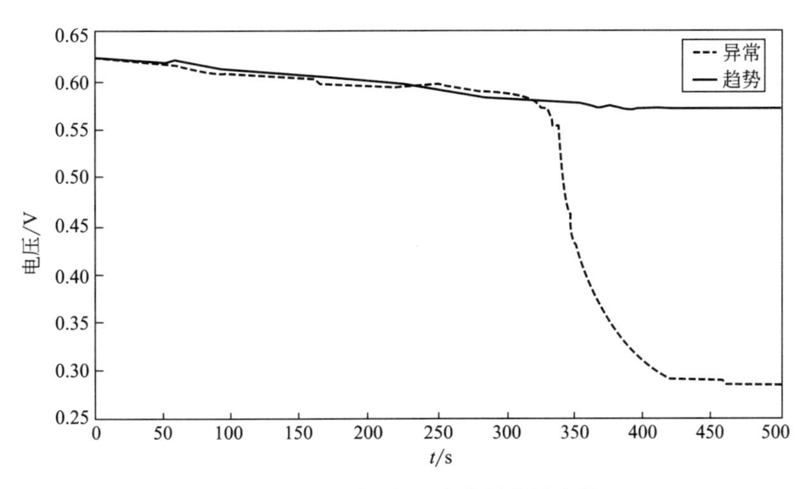

图 3-8 异常数据与聚类趋势线的比较

3.4 非平稳信号分析

3.4.1 希尔伯特变换

(1) 基本概念

① 瞬时频率 瞬时频率与传统频率的概念有很大区别，在传统谱分析中，频率是对周期信号一段时间内的特征进行表示。采用传统频率方法对非平稳信号进行分析时，可能出现虚假信号和假频问题，因此需采用瞬时频率对信号局部特征进行表示。傅里叶分析中认为至少需要一个周期的正弦或余弦信号来定义频率，而瞬时频率与此理论冲突，导致该概念的提出受到很大阻碍。另外，学者们提出的瞬时频率均存在局限性，难以全面解决问题。目前最常用的方法是通过对解析信号相位求导求取，其中解析信号由希尔伯特变换确定[9,10]。

对于信号 $x(t)$，其希尔伯特变换为：

$$y(t)=\frac{1}{\pi}P\int_{-\infty}^{+\infty}\frac{x(\tau)}{t-\tau}\mathrm{d}\tau \tag{3-19}$$

式中，P 为柯西主值积分。

用信号 $x(t)$ 和 $y(t)$ 构造原信号的解析函数 $z(t)$：

$$z(t)=x(t)+iy(t)=a(t)\mathrm{e}^{i\phi(t)} \tag{3-20}$$

式中，幅值函数和相位函数定义如下：

$$a(t)=\sqrt{x(t)^2+y(t)^2}$$

$$\phi(t)=\arctan\frac{y(t)}{x(t)} \tag{3-21}$$

对相位函数求导得：

$$\omega(t)=\frac{\mathrm{d}\phi(t)}{\mathrm{d}t} \tag{3-22}$$

或

$$f(t)=\frac{1}{2\pi}\times\frac{\mathrm{d}\phi(t)}{\mathrm{d}t} \tag{3-23}$$

瞬时频率是一个基本的物理概念。从式(3-22) 中可以看出，瞬时频率仅随时间变化，即在任意时间点上存在唯一频率值，但从物理学角度而言存在一定的歧义。当信号为单分量或某些窄带信号时，对解析信号相位求导是具有物理意义的。但在许多情况下难以用式 (3-22) 对信号瞬时频率进行求取，因此寻找一种物理上实现简单且能有效识别单分量信号的方法是十分必要的。

② 本征模态函数　为使得希尔伯特变换求取的瞬时频率有意义，许多学者对信号进行了条件约束。但大多数约束条件均是在全局意义上提出的，缺乏局部意义。Huang 基于信号的局部特性，提出了本征模态函数（Intrinsic Mode Function，IMF）的概念[10]。IMF 需满足如下基本条件。

a. 在整个信号序列中，极值点数目 N_e 与穿越零点的次数 N_z 相等或最多差 1。

$$(N_z-1)\leqslant N_e\leqslant(N_z+1) \tag{3-24}$$

b. 在任意的时间点 t_i，基于局部极大值和局部极限值定义的上下包络线 $f_{\max}(t)$ 和 $f_{\min}(t)$ 的均值为 0，即信号关于时间轴局部对称。

$$[f_{\max}(t_i)+f_{\min}(t_i)]/2=0, t_i\in[t_a, t_b] \tag{3-25}$$

IMF 分量在每个周期上都仅有一个波动模态，而不存在多模态共存的现象。因此，IMF 分量在任意时刻均只有唯一频率值，通过希尔伯特变换可对其进行求取。一个典型的 IMF 分量如图 3-9(a) 所示，对应的瞬时频率如图 3-9(b) 所示。

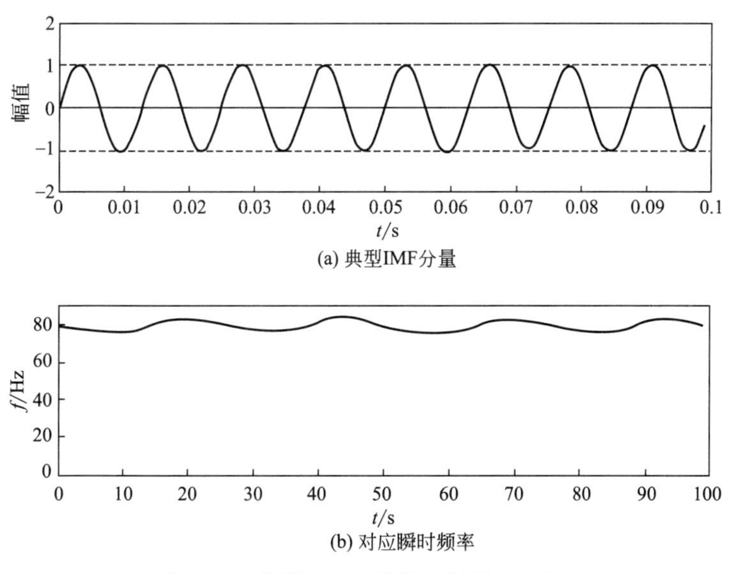

图 3-9　典型的 IMF 分量及其瞬时频率

(2) 经验模态分解

由上述可知，对满足条件的 IMF 分量进行希尔伯特变换，可得到有意义的瞬时频率。但自然界中大多数信号是不满足上述条件的，难以通过希尔伯特变换直接求取瞬时频率，须先将原信号分解为 IMF 分量。在给出 IMF 定义的基础上，Huang 发展了将任意信号分解为 IMF 分量的方法，即经验模态分解(EMD)。相较于其他信号处理方法，EMD 算法具有直观、直接和自适应特性。采用 EMD 方法对信号进行分解须假定原信号存在极大值和极小值点，若信号无极值点，先对其微分再对结果积分来求取分量，且特征时间尺度为相邻极值点间的时间间隔[10]。EMD 分解是对信号筛分的过程，其流程如图 3-10 所示，具体分解步骤如下。

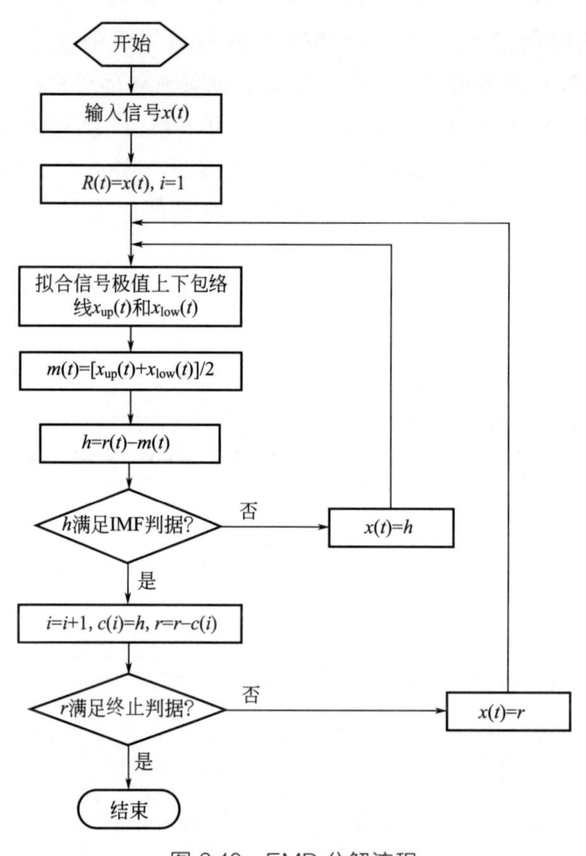

图 3-10 EMD 分解流程

① 对任一给定信号 $x(t)$，首先找出 $x(t)$ 上的所有极值点，采用三次样条曲线分别连接所有极大值和极小值点形成上下包络线 $x_{up}(t)$ 和 $x_{low}(t)$。

② 计算上下包络线均值 $m_1(t)$，将 $x(t)$ 减去 $m_1(t)$ 得到 $h_1(t)$，即

$$h_1(t)=x(t)-m_1(t) \tag{3-26}$$

③ 将 $h_1(t)$ 视为新的 $x(t)$，不断重复上述步骤 k 次，直至 $h_{1k}(t)$ 满足 IMF 条件。定义 $c_1(t)=h_{1k}(t)$，即得到第一阶 IMF 分量，$c_1(t)$ 包含原始信号

中最高频分量。

在筛分过程中，若重复次数太多会使 IMF 分量变为纯粹的调频信号，其幅值也会变为定值。因此，须设置停止处理准则，该准则可选择为如下标准差：

$$S_d = \sum_{t=0}^{T} \frac{|h_{1(k-1)}(t) - h_{1k}(t)|^2}{h_{1(k-1)}^2(t)} \tag{3-27}$$

式中，T 为信号的时间跨度；$h_{1(k-1)}(t)$和 $h_{1k}(t)$ 为筛分 IMF 过程中两个连续的处理结果；S_d 为筛分门限值，Huang 建议取值范围为 0.2～0.3，当其小于某一预设值时便结束此次筛分操作。

④ 从原始信号中分离出分量 $c_1(t)$，即 $r_1(t)=x(t)-c_1(t)$。将 $r_1(t)$ 作为新信号，按上述方法进行重复处理，得到信号 $x(t)$ 的 N 个 IMF 分量，即：

$$\left.\begin{array}{c} r_1(t)-c_2(t)=r_2(t) \\ r_2(t)-c_3(t)=r_3(t) \\ \cdots \\ r_{N-1}(t)-c_N(t)=r_N(t) \end{array}\right\} \tag{3-28}$$

当残余信号 $r_N(t)$ 为单调函数，不能再筛分出 IMF 分量时，筛分停止。$x(t)$ 最终可表示为：

$$x(t) = \sum_{i=1}^{N} c_i(t) + r_N(t) \tag{3-29}$$

式中，$r_N(t)$ 为趋势项或常量；各 IMF 分量 $c_i(t)$ 为信号从高到低不同频段的成分。

EMD 算法中每个 IMF 在不同时刻的瞬时频率是不同的，可充分反映原信号的瞬时频率特征。其打破了傅里叶级数展开中固定幅值和固定频率的限制，是一个幅值和频率都可变的信号描述方法。EMD 算法中的 IMF 分量是随信号本身而改变的，具有自适应性，不同信号分解后得到不同的 IMF 分量。因此，EMD 算法在信号自适应分解过程中可以取得很好的效果。

(3) 经验模态分解算法改进研究

HHT 算法是一种很直观合理且适用性很强的信号分析方法，产生了许多成果，但作为一种经验算法仍处于发展阶段，其理论和算法仍需不断完善。Huang 在提出 HHT 算法的同时，也指出其存在的一些问题，如边界处理、包络线拟合和模态混叠等。在本节中，主要对 EMD 模态混叠和端点效应问题进行分析。

① 模态混叠　EMD 方法的分解过程依赖于信号本身含有的时间特征尺度信息，能将不同时间尺度的成分自适应地分离为基本模态分量。Huang 在实验过程中是以均匀分布的白噪声为信号对 EMD 算法进行分析研究的。EMD 方法能够将白噪声分解为具有不同中心频率的有限个 IMF 分量，而其中心频率为上一

个的一半。在这种分析中白噪声的尺度是均匀分布在整个时间和频率上的，而当数据不是纯白噪声时，分解中一些时间尺度会丢失，造成EMD分解的混乱，即模态混叠问题。在EMD分解过程中，若所得IMF分量中包含了不属于同一频段的多个频率时，EMD尺度就会发生混乱，造成模态混叠现象。从信号角度分析，是由于信号的间断引起的，但实际是EMD时间尺度的丢失，导致各阶IMF分量失去应有的物理意义。

Huang在研究白噪声的基础上提出了聚合经验模态分解（ensemble empirical mode decomposition，EEMD）方法。EEMD原理是：当信号加上均匀分布的白噪声时，不同尺度的信号区域将映射到与白噪声相关的适当尺度上去。分解后得到的分量中都包含了信号本身与白噪声，通过多次检测求全体均值的方法，将噪声抵消，实现信号的有效分解。EEMD方法可以使信号中添加的白噪声相互抵消，将IMF保持在正常的动态滤波范围内，对模态混叠现象进行抑制，并保持IMF的动态特性。EEMD方法利用了白噪声的统计特性和EMD的尺度分离原则，极好地改进了EMD方法。EEMD算法步骤如下：

a. 在目标信号 $y(t)$ 中加入白噪声序列 $n_i(t)$，即：

$$y_1(t)=y(t)+n_i(t) \tag{3-30}$$

b. 采用EMD方法将加入白噪声的信号 $y_1(t)$ 分解为IMF分量：

$$y_1(t)=\sum_{j=1}^{n} c_{1j}+r_{1n} \tag{3-31}$$

c. 每次加入不同的白噪声序列，不断重复上述过程 n 次：

$$y_i(t)=\sum_{j=1}^{n} c_{ij}+r_{in} \tag{3-32}$$

d. 对 n 次分解得到的各IMF求均值，将其作为最终结果：

$$c_j=\frac{1}{n}\sum_{i=1}^{n} c_{ij} \tag{3-33}$$

式中，n 为加入白噪声的次数。白噪声应符合如下规律：

$$e=a/\sqrt{n} \text{ 或 } \ln e+0.5a\ln n=0 \tag{3-34}$$

式中，e 为所求IMF分量与原信号间的偏差；α 为白噪声幅值。

在EEMD分解中，若白噪声幅值过小，则其分解效果难以取得最佳。若白噪声幅值过大，原信号易产生畸变，导致分解结果失效。Huang等人对实际信号进行反复实验分析后认为，噪声的幅值为原信号的方差的0.2倍时，分解效果较为合理。

② 端点效应　经验模态分解的另一个关键问题是端点效应问题，其严重影响了EMD分解的精度，因此抑制端点效应的研究从EMD被提出后就一直备受关注。采用EMD算法对信号进行分解时，由于信号两端边界的不确定性，信号

端点不一定为极值点，导致构成上下包络线的三次样条曲线在数据两端发散，成为端点效应。这种发散的结果会向中心部位扩散，使信号分解结果失效。另外，在对 IMF 分量进行希尔伯特变换时，信号的两个端点处也会产生振幅失真的情况。因此，端点效应问题已成为研究 HHT 时频分析的一个瓶颈。

根据不同的信号特性，消除端点效应的方法也是不同的。针对较长的信号可以根据极值点的情况丢弃两端的数据来保证所得到的包络失真度达到最小。但在 EMD 筛分过程中，每次丢弃的数据积累很快，多次筛选后信号长度会变得很短，对短数据信号难以适用。因此，目前得到普遍认可的方法是通过对信号边界延拓的方法来抑制端点效应。对信号边界延拓的方法的关键在于对端点处特征信息的提取和利用，使得所加延拓信号与原信号的端点信息尽量相符。国内外学者在这方面做了深入的研究，常用的 EMD 端点效应处理方法有包络线延拓法、平行延拓法、镜像延拓法、多项式拟合延拓法、神经网络延拓法和支持向量机回归预测延拓[10]。

a. 包络线延拓：利用信号边界的两个相邻极值点做直线延伸来估计端点处极值，原理如图 3-11(a) 所示。

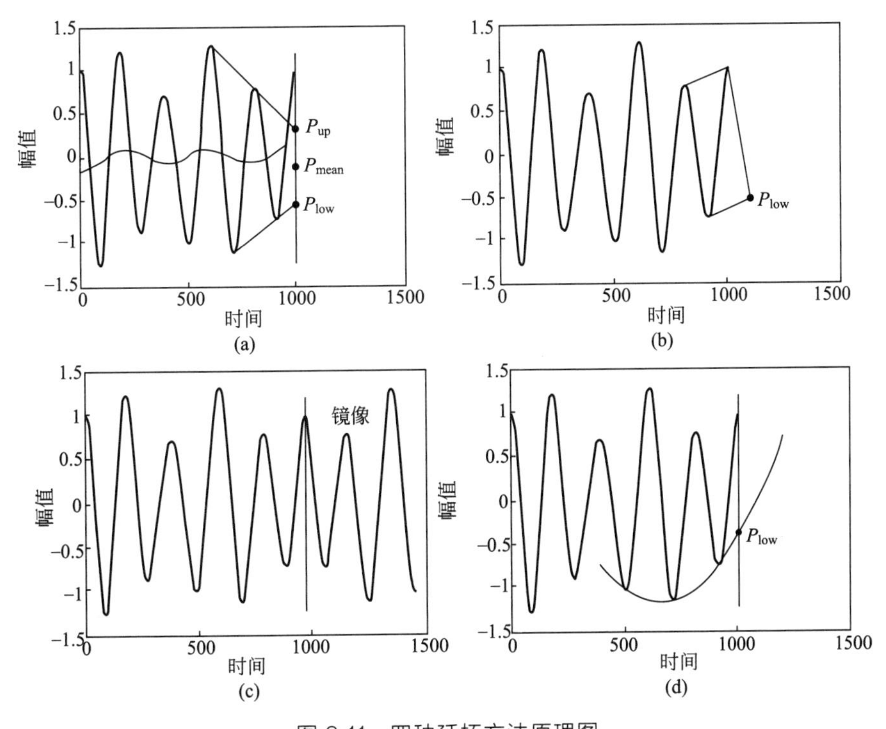

图 3-11 四种延拓方法原理图

b. 平行延拓：利用信号边界的两个相邻极值点处斜率相等的特点，在信号边界分别定义新的极值点，从而对信号进行延拓，原理如图 3-11(b) 所示。

c. 镜像延拓：将信号对称的映射为一个闭合曲线，其包络线基于信号本身获取，从本质上对端点效应进行抑制，原理如图 3-11(c) 所示。

d. 多项式拟合延拓：基于信号边界处三个极值点得到多项式拟合函数，估计边界处极值点值，以确定其所在位置，原理如图 3-11(d) 所示。

e. 神经网络延拓：通过对给定序列的样本矩阵进行学习，确定神经网络的参数值，神经网络训练完成后对边界数据进行预测延拓。

f. 支持向量机回归预测延拓：从观测数据建立学习样本，然后对支持向量机进行训练得到回归函数，根据预测模型对边界进行延拓。

以上延拓方法中，包络线延拓、平行延拓和镜像延拓均属于直接延拓法，多项式拟合延拓、神经网络延拓法和支持向量机回归预测延拓法属于预测延拓法，均对端点效应起到了较好的抑制作用，但仍存在一些局限性。其中，平行延拓法将极值点作为边界端点会使边界处的包络线收缩而导致包络线失真。预测延拓方法能抑制端点处波动，但计算时间较长，不同的模型参数对结果影响较大。镜像延拓计算量较小，当信号边界不是极值点时，原信号与延拓部分的均值有明显差异，影响分解效果。为此，G. Rilling 提出的改进镜像延拓法简单有效，取得了广泛的应用。

3.4.2 固有时间尺度分解方法

(1) 固有时间尺度分解理论

固有时间尺度分解（ITD）是一种新的自适应的时频分析方法，对非平稳信号处理有极好的效果。该方法能将任意复杂的信号分解为一系列表征其特征的固有旋转分量（proper rotation component，PRC）和一个单调趋势项之和，通过计算信号的瞬时幅值和瞬时频率，得到原始信号完整的时频分布[9]。对于一个给定的非平稳信号 X_t，ITD 方法的分解过程如下。

① 定义 L 为基线提取算子，利用 L 从原信号 X_t 中提取基线信号，并将该基线从原信号中分离出来，剩余信号作为旋转分量。由此可将信号 X_t 一次分解为：

$$X_t=LX_t+(1-L)X_t=L_t+H_t \tag{3-35}$$

式中，$L_t=LX_t$ 为信号低频部分，$H_t=(1-L)X_t$ 为信号高频部分，分别称为基线信号和固有旋转分量。

② 设 X_t 的极值点为 $X_k(k=1,2,\cdots,M)$，其相对应的时刻为 $\tau_k(k=1,2\cdots,M)$，并定义 $\tau_0=0$。分别用 X_k 和 L_k 表示 $X(\tau_k)$ 和 $L(\tau_k)$，假设在$[0,\tau_k]$上定义了 L_t 和 H_t，X_t 在$[0,\tau_{k+2}]$上有意义。L 为$[\tau_k,\tau_{k+1}]$上定义的基线提取

算子：

$$LX_t=L_t=L_k+\frac{L_{k+1}-L_k}{X_{k+1}-X_k}(X_t-X_k),t\in(\tau_k,\tau_{k+1}] \tag{3-36}$$

$$L_{k+1}=\alpha[X_k+\frac{\tau_{k+1}-\tau_k}{\tau_{k+2}-\tau_k}(X_{k+2}-X_k)]+(1-\alpha)X_{k+1} \tag{3-37}$$

式中，α 为增益控制参数，取值范围为 0～1，一般情况下取 0.5。

③ 将基线信号 L_t 作为原信号，重复上述步骤直至基线信号变为单调函数或信号中少于 3 个极值点时，分解结束。信号 X_t 的整个分解过程可表示为：

$$\begin{aligned}X_t&=HX_t+LX_t=HX_t+(H+L)LX_t=[H(1+L)+L^2]X_t\\&=(H\sum_{k=0}^{p-1}L^k+L^p)X_t\end{aligned} \tag{3-38}$$

式中，HL^kX_t 是第 $k+1$ 层固有旋转分量，L^pX_t 为原信号单调趋势分量。因此，通过 ITD 算法可将高频分量不断地从原信号中分解出来。

(2) ITD 定义的瞬时时频信息

原信号经 ITD 算法分解后，通过对其 PRC 分量进行分析，提取信号的瞬时幅度、瞬时相频信息。为了避免希尔伯特变换的边界效应及可能存在的负频率问题，ITD 算法给出了一种新的定义时频信息的方法。

① 瞬时相位　ITD 方法以全波为单位对瞬时相位进行定义，其中信号两相邻向上或向下过零点间的波形即为一个全波，如图 3-12 所示。基于此瞬时相位可以定义为：

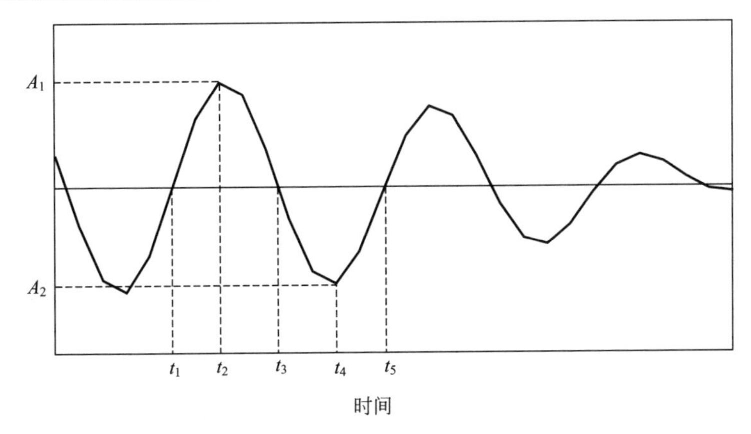

图 3-12　ITD 全波定义

$$\theta_t^1=\begin{cases}\arcsin\dfrac{x_t}{A_1}, t\in[t_1,t_2)\\ \pi-\arcsin\dfrac{x_t}{A_1}, t\in[t_2,t_3)\\ \pi-\arcsin\dfrac{x_t}{A_2}, t\in[t_3,t_4)\\ 2\pi+\arcsin\dfrac{x_t}{A_2}, t\in[t_4,t_5)\end{cases} \tag{3-39}$$

$$\theta_t^2=\begin{cases}\dfrac{x_t}{A_1}\times\dfrac{\pi}{2}, t\in[t_1,t_2)\\ \dfrac{x_t}{A_1}\times\dfrac{\pi}{2}+\left(1-\dfrac{x_t}{A_1}\right)\pi, t\in[t_2,t_3)\\ \dfrac{x_t}{A_2}\times\dfrac{3\pi}{2}+\left(1+\dfrac{x_t}{A_2}\right)\pi, t\in[t_3,t_4)\\ -\dfrac{x_t}{A_1}\times\dfrac{3\pi}{2}+\left(1+\dfrac{x_t}{A_2}\right)2\pi, t\in[t_4,t_5)\end{cases} \tag{3-40}$$

式中，$A_1>0$，$A_2>0$，分别为全波中正负半波的幅值大小。式(3-40) 为对式(3-39) 的近似，避免反正弦运算，提高算法计算效率。该方法对信号的相位进行了重新定义，即信号在上过零点 t_1 处相位为 0，极大值点 t_2 处相位为 $\pi/2$，下过零点 t_3 处相位为 π，极小值点 t_4 处相位为 $3\pi/2$。

② 瞬时频率　对 ITD 定义的瞬时相位进行微分，即可得到信号的瞬时频率 f_t，即

$$f_t=\frac{1}{2\pi}\times\frac{d\theta_t}{dt} \tag{3-41}$$

该瞬时频率定义方法摆脱了传统傅里叶变换中对信号周期性的限制，能够更精确地对信号的动态特性进行描述。

③ 瞬时幅度　定义瞬时幅度为信号极值点处的值，其在每个半波内为一定值，定义如下：

$$A_t^1=A_t^2=\begin{cases}A_1, & t\in[t_1,t_3)\\ -A_2, & t\in[t_3,t_5)\end{cases} \tag{3-42}$$

(3) ITD 算法的优越性

ITD 方法摆脱了经典傅里叶变换对信号周期性的限制，克服了小波变换难以对信号自适应分析的缺点，其性能也优于 EMD 方法，避免了 EMD 算法中迭代运算的问题，降低了运算复杂度。ITD 方法的优越性具体如下。

① ITD 方法计算复杂度低，运算速度快，能够自适应地对非平稳信号进行实时分析。

② ITD 方法能较好地抑制 EMD 算法中存在的端点效应问题，并将其限制在信号始末的极点边缘，防止其向内传播，污染整个信号序列。

③ ITD 方法中每个旋转分量的瞬时频率和瞬时幅值均具有非常精确的时间分辨率，即其时间分辨率与时频分析中信号极值点出现的频率相一致。

④ ITD 方法提供了一种新型的实时信号滤波器，获取信号的瞬时幅值和瞬时频率，并对信号关键信息进行保存。

ITD 算法可对平稳和非平稳信号进行信号分析，并表现出巨大的优越性，是一种能够实时对信号进行时频分析的特征提取方法。

3.4.3 冗余小波变换

高密度离散小波变换（higher density discrete wavelet tansform，HD-DWT）是一种基于不规则小波框架的冗余小波变换，它是通过如图 3-13 所示的三通道滤波器组实现的。

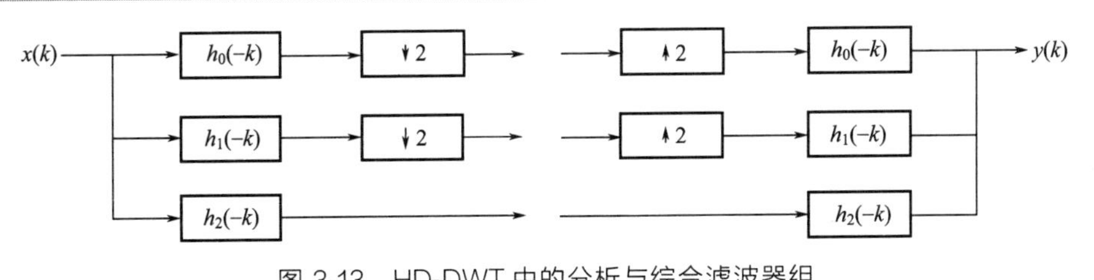

图 3-13 HD-DWT 中的分析与综合滤波器组

HD-DWT 中所用的尺度函数 $\phi(t)$ 和两个母小波 $\psi_1(t)$、$\psi_2(t)$ 满足以下双尺度关系：

$$\phi(t)=\sqrt{2}\sum_{k\in Z}h_0(k)\phi(2t-k) \tag{3-43}$$

$$\psi_i(t)=\sqrt{2}\sum_{k\in Z}h_i(k)\phi(2t-k),i=1,2 \tag{3-44}$$

对于 j，$k\in\mathbf{Z}$，令

$$\phi_{j,k}(t)=2^{\frac{j}{2}}\phi(2^j t-k) \tag{3-45}$$

$$\psi_{1,j,k}(t)=2^{\frac{j}{2}}\psi_1(2^j t-k) \tag{3-46}$$

$$\psi_{2,j,k}(t)=2^{\frac{j}{2}}\psi_2(2^j t-k) \tag{3-47}$$

若 $h_i(k)(i=0,1,2)$满足后面将给出的完全重构条件且 $\phi(t)$ 足够正则，则

以下函数集合$\{\phi_{0,k}(t),\psi_{i,j,k}(t):j,k\in \mathbf{Z},j\geqslant 0,i=1,2\}$形成了$L^2(\boldsymbol{R})$上的紧框架，即对任意$f\in L^2(\boldsymbol{R})$，有

$$f=\sum_{k=-\infty}^{\infty}\langle f(t),\phi_{0,k}(t)\rangle\psi_{i,j,k}(t)+\sum_{i=1}^{2}\sum_{j=0}^{\infty}\sum_{k=-\infty}^{\infty}\langle f(t),\psi_{i,j,k}(t)\rangle\psi_{i,j,k}(t) \tag{3-48}$$

从式(3-47)中可知，$\psi_2(t)$是以$\frac{1}{2}$的整数倍平移的，因此$\{\phi_{0,k}(t),\psi_{i,j,k}(t):j,k\in \mathbf{Z},j\geqslant 0,i=1,2\}$形成的是一个不规则的小波框架。

为了进一步提高对时频面的采样密度，并根据高密度小波变换（higher density wavelet transform，HD-WT）具有的时间尺度分析特点，提出了高密度二进小波变换（higher density dyadic wavelet transform，HDD-WT），即不进行下采样的高密度离散小波变换。

设HD-DWT的小波构造方法获得的尺度函数为$\phi(t)$，两个母小波分别为$\psi_1(t)$和$\psi_2(t)$。若尺度被离散化为一二进序列$\{2^j\}_{j\in \mathbf{Z}}$，则$f(t)\in L^2(\boldsymbol{R})$的高密度二进小波变换定义为

$$Wf_i(\tau,2^j)=\int_{-\infty}^{\infty}f(t)\frac{1}{\sqrt{2^j}}\psi_i\left(\frac{t-\tau}{2^j}\right)\mathrm{d}t=f*\overline{\psi}_{i,2^j}(\tau),i=1,2 \tag{3-49}$$

式中：

$$\overline{\psi}_{i,2^j}(t)=\psi_{i,2^j}(-t)=\frac{1}{\sqrt{2^j}}\psi_i\left(-\frac{t}{2^j}\right),i=1,2 \tag{3-50}$$

若再对式(3-49)中的τ进行离散化，则HDD-WT的小波系数由下式给出：

$$d_{i,j}(k)=Wf_i(k,2^j)=\langle f(t),\psi_{i,2^j}(t-k)\rangle=f*\overline{\psi}_{i,2^j}(k),i=1,2 \tag{3-51}$$

对任意$j\geqslant 0$，定义HDD-WT的尺度系数（离散逼近）为

$$c_j(k)=\langle f(t),\phi_{2^j}(t-k)\rangle=f*\overline{\phi}_{2^j}(k) \tag{3-52}$$

式中：

$$\overline{\phi}_{2^j}(t)=\phi_{2^j}(-t)=\frac{1}{\sqrt{2^j}}\phi\left(-\frac{t}{2^j}\right) \tag{3-53}$$

从输入信号$c_0(k)$开始，可以逐层找到相应尺度的小波系数。

HDD-WT可通过滤波器级联结构来实现。对于滤波器$h_i(k)(i=0,1,2)$，用$h_{i,j}(k)$表示在每两个系数之间插入2^j-1个零后所得的滤波器。易知，$h_{i,j}(k)$的傅里叶变换为$H_i(2^j\omega)$。再记$\overline{h}_{i,j}(k)=h_{i,j}(-k)$。下面给出了HDD-WT的快速分解与重构算法。

HDD-WT的分解算法可表示为

$$c_{j+1}(k)=c_j * \overline{h}_{0,j}(k) \tag{3-54}$$

$$d_{i,j+1}(k)=c_j * \overline{h}_{i,j}(k), i=1,2 \tag{3-55}$$

重构算法可表示为

$$c_j(k)=\frac{1}{2}[c_{j+1} * h_{0,j}(k)+c_{j+1} * h_{1,j}(k)]+c_{j+1} * h_{2,j}(k) \tag{3-56}$$

根据式(3-54)～式(3-56)，HDD-WT 的快速分解算法可表示为如图 3-14(a) 所示的滤波器级联结构，而快速重构算法可表示为如图 3-14(b) 所示的滤波器级联结构。需要注意的是，虽然理论上图 3-14(a) 中分解计算的输入是 $c_0(k)$，但在工程应用中 HDD-WT 的输入也可直接取为信号 $f(t)$ 的采样序列 $f(k)$。

最后，根据图 3-14 所示的滤波器级联结构与 h_0、h_1 和 h_2 的特性可知，HDD-WT 对时频面的采样情况如图 3-15 所示。

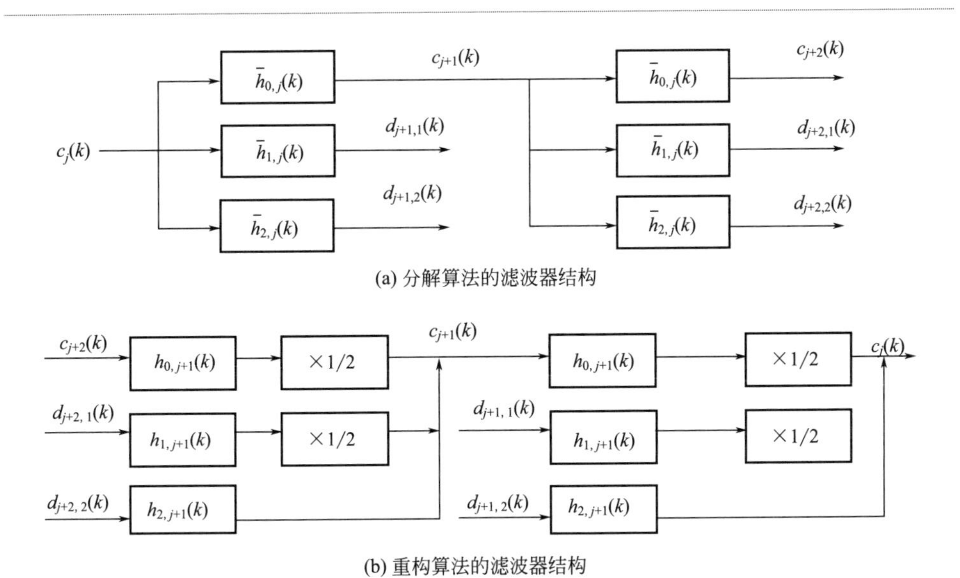

图 3-14 实现 HDD-WT 的分解算法与重构算法

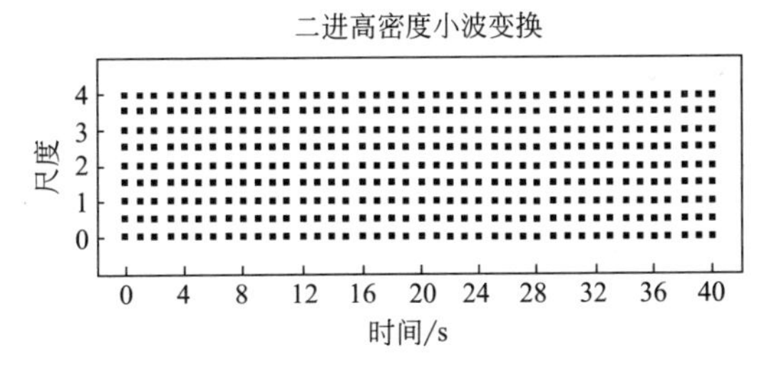

图 3-15 高密度二进小波变换对时频面的采样

3.4.4 线性正则变换

(1) 线性正则变换的定义与性质

从不同的实际应用角度出发，线性正则变换（linear canonical transform，LCT）的定义有很多种，这些定义在本质上是一样的，为了更好地理解与分析，本书采用最常见的积分形式[10]。

① 线性正则变换的定义 信号 $f(t)$ 以实数矩阵 $\boldsymbol{A}=\begin{bmatrix}a & b\\ c & d\end{bmatrix}$ 为参数变量的线性正则变换定义为：

$$F_{\boldsymbol{A}}(u)=L_f^{\boldsymbol{A}}(u)=L_{\boldsymbol{A}}[f(t)](u)=\begin{cases}\int_{-\infty}^{+\infty} f(t)K_{\boldsymbol{A}}(t,u)\mathrm{d}t, & b\neq 0\\ \sqrt{d}\,\mathrm{e}^{\mathrm{j}\frac{cd}{2}u^2} f(du), & b=0\end{cases} \tag{3-57}$$

式中，$K_{\boldsymbol{A}}(t,u)=\frac{1}{\sqrt{\mathrm{j}2\pi b}}e^{j}\left(\frac{d}{2b}-\frac{ut}{b}+\frac{a}{2b}t^2\right)$ 并且满足 $ad-bc=1$，$F_{\boldsymbol{A}}[\cdot]$ 和 $L_{\boldsymbol{A}}[\cdot]$ 表示参数为 $\boldsymbol{A}=\begin{bmatrix}a & b\\ c & d\end{bmatrix}$ 的线性正则算子。由定义知，当参数 $b=0$ 时，线性正则变换将退化为一个简单的 Chirp 乘积形式，因此，除非特别声明，在本书中只考虑 $b\neq 0$ 的情况。

线性正则变换的逆变换（inverse linear canonical transform，ILCT）可以表示为 $F_{\boldsymbol{A}}(u)$ 以 $\boldsymbol{A}^{-1}=\begin{bmatrix}d & -b\\ -c & a\end{bmatrix}$ 为参数变量的线性正则变换，即：

$$f(t)=\begin{cases}\int_{-\infty}^{+\infty} F_{\boldsymbol{A}}(u)K_{\boldsymbol{A}^{-1}}(t,u)\mathrm{d}t, & b\neq 0\\ \sqrt{a}\,\mathrm{e}^{-\mathrm{j}\frac{ca}{2}t^2} f(at), & b=0\end{cases} \tag{3-58}$$

式中，$K_{\boldsymbol{A}^{-1}}(t,u)=\sqrt{\frac{1}{-\mathrm{j}2\pi b}}\mathrm{e}^{\mathrm{j}\left(\frac{-d}{2b}u^2+\frac{ut}{b}-\frac{a}{2b}t^2\right)}$，$\boldsymbol{A}^{-1}$ 为参数矩阵 $\boldsymbol{A}$ 的逆矩阵。

当式(3-57) 中参数变量 $\boldsymbol{A}=\begin{bmatrix}\cos\alpha & \sin\alpha\\ -\sin\alpha & \cos\alpha\end{bmatrix}$ 时，线性正则变换变为分数阶傅里叶变换。如果进一步令 $\alpha=\frac{\pi}{2}$，则线性正则变换变为傅里叶变换，因此傅里叶变换和分数阶傅里叶变换都是线性正则变换的特殊形式。并且从式(3-57) 中可以看出，信号 $f(t)$ 可以表示为 u 域上的一组正交 Chirp 基的线性组合，这里 u 域称为线性正则变换域。由于傅里叶变换和分数阶傅里叶变换是线性正则变换的特殊形式，因此线性正则变换域可以看作时域、频域和分数阶傅里叶域的统一，并且同时包含了信号在时域和频域的信息，可以看作一种新的时频分析方法。更多线性正则变换的特殊形式，请参看表 3-1。

表 3-1 线性正则变换的特殊形式

参数 $\boldsymbol{A}$	变换
$\boldsymbol{A}=\begin{bmatrix}0 & 1\\-1 & 0\end{bmatrix}$	傅里叶变换
$\boldsymbol{A}=\begin{bmatrix}\cos\alpha & \sin\alpha\\-\sin\alpha & \cos\alpha\end{bmatrix}$	分数阶傅里叶变换
$\boldsymbol{A}=\begin{bmatrix}1 & b\\0 & 1\end{bmatrix}$	Fresnel 变换
$\boldsymbol{A}=\begin{bmatrix}1 & 0\\\tau & 1\end{bmatrix}$	Chirp 乘积算子
$\boldsymbol{A}=\begin{bmatrix}\sigma & 0\\0 & \sigma^{-1}\end{bmatrix}$	尺度算子

类似于一维线性正则变换的定义，二维线性正则变换的定义也有很多种，为了更好理解分析，本书给出了可分二维线性正则变换的定义。

二维信号 $f(x,y)$ 以实数矩阵 $\boldsymbol{A}=\begin{bmatrix}a_1 & b_1\\c_1 & d_1\end{bmatrix}$，$\boldsymbol{B}=\begin{bmatrix}a_2 & b_2\\c_2 & d_2\end{bmatrix}$ 为参数变量的二维线性正则变换定义为：

$$L_{\boldsymbol{A},\boldsymbol{B}}[f(x,y)](u,v)=\begin{cases}\iint_{R^2} f(x,y)K_{\boldsymbol{A},\boldsymbol{B}}(u,v;x,y)\mathrm{d}x\,\mathrm{d}y, & b_1b_2\neq 0\\ \sqrt{d_1d_2}\,\mathrm{e}^{\mathrm{j}\frac{c_1d_1}{2}u^2+\frac{c_2d_2}{2}v^2}f[d_1(u-u_{01}),d_2(v-u_{02})], & b_1^2+b_2^2=0\end{cases}\tag{3-59}$$

式中，$K_{\boldsymbol{A},\boldsymbol{B}}(u,v;x,y)=K_{\boldsymbol{A}}(u,x)K_{\boldsymbol{B}}(v,y)$，$a_1d_1-b_1c_1=1$，$a_2d_2-b_2c_2=1$，并且 $K_{\boldsymbol{A}}(u,x)=\sqrt{\dfrac{1}{\mathrm{j}2\pi b_1}}\mathrm{e}^{\frac{\mathrm{j}}{2b_1}[a_1x^2-2xu+d_1u^2]}$，$K_{\boldsymbol{B}}(v,y)=\sqrt{\dfrac{1}{\mathrm{j}2\pi b_1}}\mathrm{e}^{\frac{\mathrm{j}}{2b_2}[a_2y^2-2yv+d_2v^2]}$。

由于二维线性正则变换的基本性质和定理与一维线性正则变换的相似，所以在下面主要介绍一维线性正则变换的性质与定理。

② 线性正则变换的基本性质　由于线性正则变换是傅里叶变换和分数阶傅里叶变换的广义形式，傅里叶变换和分数阶傅里叶变换的许多基本性质都已经拓展到线性正则变换中。基于本书后续部分的需要，在这里介绍一些线性正则变换的重要性质。

a. 叠加性质：

$$L_{\mathbf{A}_2}\{L_{\mathbf{A}_1}[f(t)]\}=L_{\mathbf{A}}[f(t)] \tag{3-60}$$

其中参数矩阵 $\mathbf{A}_1=\begin{bmatrix}a_1 & b_1\\ c_1 & d_1\end{bmatrix}$，$\mathbf{A}_2=\begin{bmatrix}a_2 & b_2\\ c_2 & d_2\end{bmatrix}$，并且满足 $\mathbf{A}=\mathbf{A}_2\mathbf{A}_1$。

b. 线性性质：如果信号 $x(t)$ 的 LCT 为 $L_{\mathbf{A}}[x(t)]$，信号 $y(t)$ 的 LCT 为 $L_{\mathbf{A}}[y(t)]$，m，n 为常数，则

$$L_{\mathbf{A}}[mx(t)+ny(t)]=mL_{\mathbf{A}}[x(t)]+nL_{\mathbf{A}}[y(t)] \tag{3-61}$$

c. Parseval 准则：

$$\int_R |f(t)|^2\mathrm{d}t=\int_R |L_{\mathbf{A}}[f(t)](u)|^2\mathrm{d}u \tag{3-62}$$

d. 时移性质：若 $g(t)=f(t-\tau)$，则

$$L_{\mathbf{A}}[g(t)]=\mathrm{e}^{\mathrm{j}(cu\tau-ac\tau^2/2)}L_{\mathbf{A}}[f(t)](u-a\tau) \tag{3-63}$$

e. 调制性质：若 $g(t)=f(t)\mathrm{e}^{\mathrm{j}vt}$，则

$$L_{\mathbf{A}}[g(t)]=\mathrm{e}^{\mathrm{j}(dvu-bdv^2/2)}L_{\mathbf{A}}[f(t)](u-bv) \tag{3-64}$$

f. 尺度性质：若 $g(t)=f(mt)$，则

$$L_{\mathbf{A}}[g(t)]=\sqrt{\frac{1}{m}}L_{\mathbf{A}_1}[f(t)](u),\mathbf{A}_1=\begin{bmatrix}a/m & bm\\ c/m & dm\end{bmatrix} \tag{3-65}$$

g. 微分性质：若 $g(t)=f'(t)$，则

$$L_{\mathbf{A}}[g(t)]=(a\frac{\mathrm{d}}{\mathrm{d}u}-\mathrm{j}cu)L_{\mathbf{A}}[f(t)](u) \tag{3-66}$$

h. 积分性质：若 $g(t)=\int_{-\infty}^{t}f(x)\mathrm{d}x$，则

$$L_{\mathbf{A}}[g(t)]=\begin{cases}a>0,\dfrac{1}{a}\mathrm{e}^{\mathrm{j}cu^2/2a}\displaystyle\int_{-\infty}^{u}\mathrm{e}^{-\mathrm{j}cv^2/2b}L_{\mathbf{A}}[f(t)](v)\mathrm{d}v\\ a<0,-\dfrac{1}{a}\mathrm{e}^{\mathrm{j}cu^2/2a}\displaystyle\int_{-\infty}^{u}\mathrm{e}^{-\mathrm{j}cv^2/2b}L_{\mathbf{A}}[f(t)](v)\mathrm{d}v\end{cases} \tag{3-67}$$

③ 与时频分布的关系　时频分析是研究信号的频谱如何随时间变化的，它弥补了传统傅里叶变换的不足。随着在时频分析领域的深入研究，出现了许多种类的时频分析函数。例如，短时傅里叶变换、Wigner 分布、模糊函数、Cohen 类分布、Gabor 变换和小波变换等。线性正则变换作为一种新的信号分析工具，相对分数阶傅里叶变换的一个自由变量和傅里叶变换的零个自由变量，线性正则变换含有三个自由变量，具有更强的灵活性。通过分析线性正则变换与时频分布之间的关系，为信号的时频分析提供新的途径。以线性正则变换与模糊函数之间的关系为例，信号 $f(t)$ 的模糊函数定义为：

$$A_f(\tau,v)=\int_R f\left(t+\frac{\tau}{2}\right)f^*\left(t-\frac{\tau}{2}\right)\mathrm{e}^{-\mathrm{j}w\tau}\,\mathrm{d}\tau \tag{3-68}$$

若$A_f(\tau,v)$,$A_{F_{\mathbf{A}}}(\tau,v)$分别为$f(t)$，$F_{\mathbf{A}}(u)$的模糊函数，则有以下关系表达式成立：

$$A_{F_{\mathbf{A}}}(\tau,v)=A_{F_{\mathbf{A}}}(d\tau-bv,-c\tau+av) \tag{3-69}$$

$$A_f(\tau,v)=A_{F_{\mathbf{A}}}(a\tau+bv,c\tau+dv) \tag{3-70}$$

根据式(3-69)和式(3-70)，图3-16展示了时频平面上的信号在线性正则变换参数下的变化形式，可以看出信号经过线性正则变换后信号的模糊函数与原信号的模糊函数存在着仿射变换关系，这种仿射变换关系与分数阶傅里叶变换在时频面上的旋转关系相比，不仅包括旋转关系，还包括压缩、拉伸等关系，并且在时频平面上的总支撑域保持不变。通过选择不同的线性正则变换参数就可以灵活地改变信号在时频平面上的形状和位置，体现了线性正则变换相比傅里叶变换和分数阶傅里叶变换所具有的优势。因此，线性正则变换在处理非平稳信号上具有更强的灵活性和处理能力。类似线性正则变换与模糊函数的关系，线性正则变换与Wigner分布和短时傅里叶变换等时频分析工具也存在着同样的仿射变换关系。

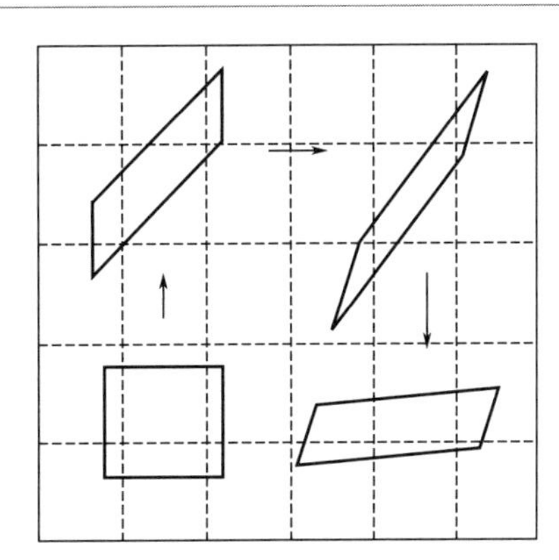

图3-16 线性正则变换与时频分析的关系

(2) 线性正则变换在信号处理中的应用

近年来，随着众多专家学者不断地对线性正则变换进行深入研究，线性正则变换的理论体系得到了不断的完善。在此基础上，线性正则变换在信号处理中的应用也逐渐地展开。然而由于线性正则变换的研究尚处于起步阶段，线性正则变换在信号处理中的应用还没有分数阶傅里叶变换和傅里叶变换那么广泛。目前，线性正则变换在信号处理中主要集中在滤波、信号调制、频率估计、信号处理以及图像处理等方面（见图3-17）。

① 在信号调制上的应用　在传统信号处理中，信号的调制建立在傅里叶变换的基础上，但当信号在频域为非带限信号，而在线性正则变换域为带限信号时，利用线性正则变换进行信号调制往往能够取得更理想的效果。在线性正则变换域信号的调制过程中，首先选取合适的线性正则变换参数$\begin{bmatrix} a & b \\ c & d \end{bmatrix}$，使输入信

号 $g_n(t)$ 为线性正则变换域带限信号。其次对输入信号作参数为 $\begin{bmatrix} -c & -d \\ a & b \end{bmatrix}$ 的线性正则变换，得到 $f_n(t)$。最后利用传统的调制方法对 $f_n(t)$ 进行调制，得到对输入信号 $g_n(t)$ 的调制。这种基于线性正则变换的信号调制过程，对非平稳信号的调制有独特优势，尤其是对雷达信号和声信号。此外，当输入信号为实信号的时候，在调制过程中，还可以利用线性正则变换域希尔伯特变换产生的线性正则变换域解析信号来节省带宽，有利于信号的快速传输。

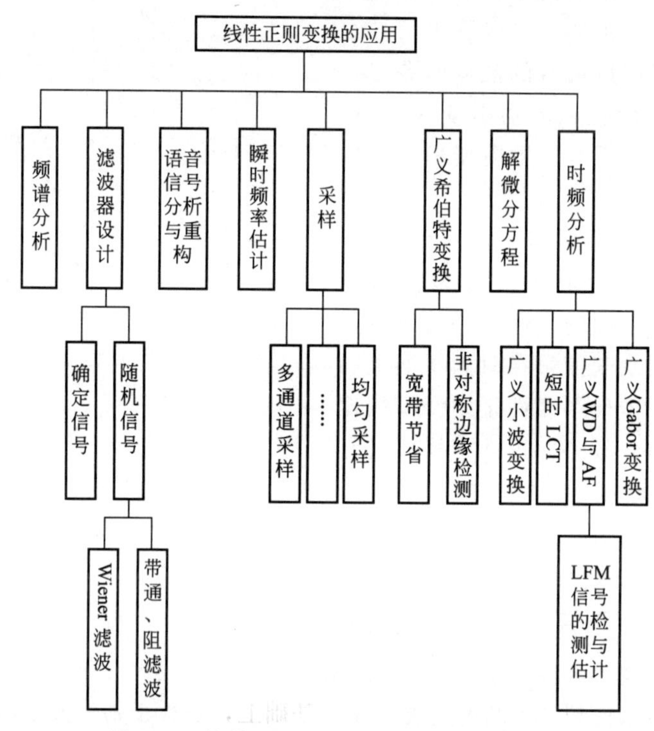

图 3-17 线性正则变换在信号处理中的应用

② 信号瞬时频率估计 信号的瞬时频率估计是现代信号处理中的一个基本问题，它在通信、雷达和生物医学等领域起着重要的作用，尤其是非平稳信号的瞬时频率估计一直是研究的热点与难点。根据线性正则变换在非平稳信号分析与处理方面的独特优势，提出了利用线性正则变换的功率谱和信号的相位倒数来估计信号的瞬时频率，获得了以下瞬时频率估计公式：

$$f_{\mathrm{IF}}(t)=\frac{1}{2\pi}\times\frac{\mathrm{d}\phi(t)}{\mathrm{d}t}=\frac{1}{2\pi}\left(\frac{M-N}{2|f(t)|^2 tb(a+d)}-\frac{a-d}{2b}t\right) \tag{3-71}$$

式中，$\phi(t)$ 为信号 $f(t)$ 的相位，并且有

$$M=\left|L_{A^{-1}}[L_{A}(f(t))(u)u](t)\right|^{2},N=\left|L_{A}[L_{A^{-1}}(f(t))(u)u](t)\right|^{2} \tag{3-72}$$

在此基础上，通过对含噪声和不含噪声两种信号进行瞬时频率估计，验证了基于线性正则变换的瞬时频率估计方法的有效性。此方法相对传统的瞬时频率估计方法而言具有不需要迭代过程、计算复杂度较小、准确性高的优点，为实际工程应用中的信号瞬时频率估计提供了新的方法。此外，利用线性正则变换域Wigner分布与模糊函数对线性调频信号和二次调频信号的频率进行了检测与估计。

③ 线性正则变换域滤波　作为传统乘性滤波器的进一步推广，首先根据线性正则变换域卷积理论，得到了线性正则变换域乘性滤波器，其模型如图3-18所示。

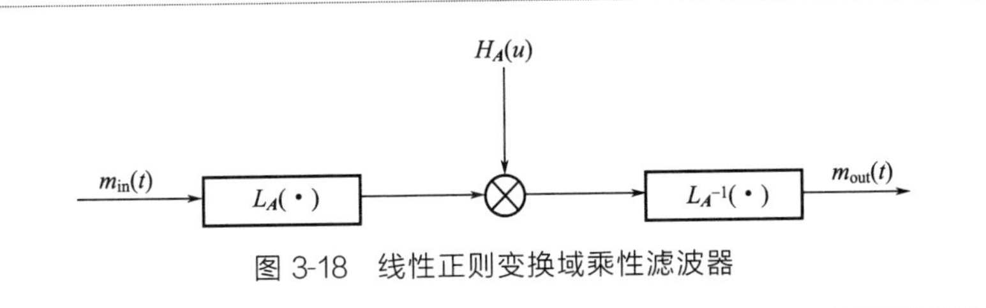

图 3-18　线性正则变换域乘性滤波器

滤波器的输出为：

$$m_{out}(t)=L_{A^{-1}}\{L_{A}[m_{in}(t)]H_{A}(u)\} \tag{3-73}$$

这里 $H_A(u)$ 为滤波器的传递函数，当设计不同的 $H_A(u)$ 时，可以获得不同形式的滤波器，如带通、带阻等。线性正则变换域乘性滤波器能够解决一些传统滤波器不能解决的问题，例如输入信号 $m_{in}(t)=s(t)+n_1(t)+n_2(t)$，$n_1(t)$ 和 $n_2(t)$ 为噪声，其时频分布如图3-19所示。

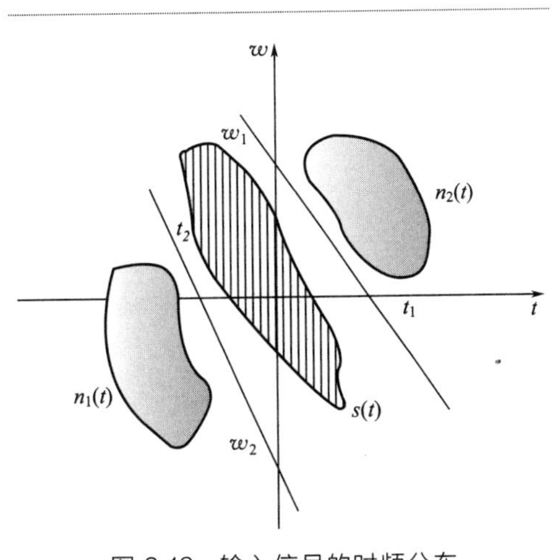

图 3-19　输入信号的时频分布

由图3-19可以看出，原信号 $s(t)$ 和噪声在时频面上存在耦合，传统的时频方法不能够将信号很好地分离出来，然而根据线性正则变换与时频分布之间的关系可知，可

以利用改变线性正则变换的参数来实现时频平面的分割，即通过两个参数分别为 $a_1/b_1=w_1/t_1, a_2/b_2=w_2/t_2$ 的线性正则变换域滤波就可以完全去掉噪声，获得原信号 $s(t)$。基于不同的线性正则变换域卷积定义与线性正则变换域乘性滤波，其实质是一样的。

在最小均方误差准则下的线性正则变换域 Wiener 滤波，假设输入信号 $x(t)=s(t)+n(t)$，令式(3-73) 中的传递函数为

$$H_{\mathbf{A}}(u)=R_{S,X}(u,u)/R_{X,X}(v,v) \tag{3-74}$$

式中

$$R_{S,X}(u,u)=\int_{-\infty}^{\infty}\int_{-\infty}^{\infty}K_{\mathbf{A}}(u,t)K_{\mathbf{A}}^{*}(u,\sigma)R_{sx}(t,\sigma)\mathrm{d}t\,\mathrm{d}\sigma$$

$$R_{X,X}(u,u)=\int_{-\infty}^{\infty}\int_{-\infty}^{\infty}K_{\mathbf{A}}(u,t)K_{\mathbf{A}}^{*}(u,\sigma)R_{xx}(t,\sigma)\mathrm{d}t\,\mathrm{d}\sigma \tag{3-75}$$

式中，$R_{sx}(t,\sigma)$为 $s(t)$ 和 $x(t)$ 的互相关函数，$R_{xx}(t,\sigma)$为 $x(t)$ 的自相关函数。其算法是通过计算最小均方误差来确定最佳的参数 $\mathbf{A}$，然后代入式(3-75) 获得线性正则变换域 Wiener 滤波的传递函数。由于线性正则变换域 Wiener 滤波是从信号的相关函数出发获得的，因此它具有更广泛的普适性。

④ 液位雷达信号处理　根据线性正则变换在处理非平稳信号上的优势，线性正则变换可应用在雷达测量系统中。首先假设两个球盘 A 和 B 之间的距离为 D，它们半径和区域分布函数分别是 R_A、R_B 和 $F_A(x,y)$、$F_B(s,h)$。然后根据雷达的性质，可以得到 $F_A(x,y)$和 $F_B(s,h)$之间的关系为：

$$F_B(k,h)=\mathrm{e}^{\mathrm{j}2\pi D\lambda^{-1}}O_{Sx}^{(R_A,R_B,D)}\left\{O_{Sy}^{(R_A,R_B,D)}[F_A(x,y)]\right\} \tag{3-76}$$

式中

$$O_{Sx}^{(R_A,R_B,D)}[f(x)]=\sqrt{\frac{\mathrm{j}}{\lambda D}}\mathrm{e}^{-\frac{\mathrm{j}\pi}{\lambda}(R_B^{-1}+D^{-1})s^2}\int_{-\infty}^{\infty}\mathrm{e}^{-\frac{\mathrm{j}2\pi}{\lambda D}sx+\frac{j\pi}{\lambda}(R_A^{-1}-D^{-1})s^2}f(x)\mathrm{d}x \tag{3-77}$$

由上知可以把 $O_{Sx}^{(R_A,R_B,D)}[f(x)]$看成如下的线性正则变换，即：

$$\begin{bmatrix} a & b \\ c & d \end{bmatrix}=\begin{bmatrix} 1-R_A^{-1}D & -D/k \\ k(R_A^{-1}-R_B^{-1}+R_A^{-1}R_B^{-1}D) & 1+R_B^{-1}D \end{bmatrix} \tag{3-78}$$

并且 $O_{Sy}^{(R_A,R_B,D)}[f(y)]$与 $O_{Sx}^{(R_A,R_B,D)}[f(x)]$具有相同的形式，因此可以利用线性正则变换建立雷达系统模型。根据雷达信号的 Chirp 特性和线性正则变换在处理 Chirp 信号时的优势，提出了一种基于线性正则变换的快速雷达信号处理

算法。由于线性正则变换在处理非平稳信号时，尤其是Chirp类信号时具有独特的优势，因此线性正则变换在雷达中的应用必将引起更多的重视。

⑤ 在信号处理中，频谱分析是提取信号特征和研究信号物理含义的基本分析方法。同时，信号采样的质量将会影响频谱分析的好坏。目前，线性正则变换域信号采样与频谱分析理论已取得了一定的成果。例如，线性正则域带限信号的均匀采样定理、基于线性正则卷积定理的线性正则域信号的均匀采样与频谱分析理论、能够降低信号采样率的线性正则域倒数采样定理和基于线性正则域希尔伯特变换的采样定理、线性正则变换域的周期非均匀采样定理与周期非均匀采样信号的频谱分析。在此基础上，还提出了线性正则变换域一般非均匀、有限点平移非均匀、N阶周期非均匀等非均匀采样定理、线性正则变换域多抽样率信号的采样与频谱分析方法、线性正则变换域信号的混叠采样与其频谱分析方法、基于再生核希尔伯特空间的采样理论等。这些采样与频谱分析理论的发表一定程度上促进了线性正则变换在信号处理中的应用，丰富线性正则变换的采样与频谱分析理论体系。但这些成果大都集中在线性正则域带限的确定信号上，线性正则变换的采样与频谱分析理论体系还有待进一步完善。

⑥ 设备声发射信号分析　声发射具有非平稳性，其频率是不断发生变化的。常见的声发射信号模型有正弦信号模型、Chirp信号模型、AM-FM（amplitude modulation and frequency modulation）模型等。由于线性正则变换具有三个自由参数，在处理非平稳信号上具有独特优势，在多分量AM-FM的语音信号模型的基础上，提出了基于线性正则变换的两种声发射信号分析与重构方法。第一种方法是根据AM-FM信号模型中的声发射信号与干扰的Gauss信号在线性正则域具有不同的能量聚集性质，设计合理的线性正则变换域滤波器滤掉大部分噪声能量，随后利用线性正则变换的逆变换恢复原始语音信号，实现语音信号的去噪。第二种方法是根据AM-FM的语音信号模型具有多分量Chirp模型的形式，在多分量Chirp模型的检测和参数估计中，为了避免强Chirp分量对弱Chirp分量的干扰，首先设置一个门限，利用拟牛顿方法进行思维峰值搜索来获得最大峰值点的记录值。然后可以利用单分量AM-FM模型的检测和参数估计方法检测估计出最强Chirp分量，这样AM-FM模型中的第一强分量能够被重构出来，其后在线性正则变换域设计一个自适应滤波器来滤除最强Chirp分量，并利用线性正则变换的逆变换获得AM-FM模型中的第二强分量，重复以上过程直到检测出的分量低于设置的门限值，恢复原始声发射信号。

除了以上介绍的应用，线性正则变换还在采样时刻未知的信号重构、通信系统、GRIN系统等方面具有广泛的应用。总的来说，相比傅里叶变换和分数阶傅里叶变换，线性正则变换在实际工程中的应用还尚处于起步阶段，有待进一步的研究。

参考文献

[1] Benzi R, Sutera A, Vulpiana A. Theme chanism of stocha sticresonance [J]. Journal of Physics A: Mathematica land General, 1981, 14(11): 453-457.

[2] 冯志鹏，褚福磊，左明健. 机械系统复杂非平稳信号分析方法原理及故障诊断应用[M]. 北京：科学出版社，2018.

[3] Duarte L, Jutten C. Design of smart ion-Selective electrode arrays based on source separation through nonlinear independent component analysis[J]. Oil & Gas Science & Technology, 2014: 293-306.

[4] Shi P M, Ding X J, Han D Y. Study on multi-frequency weak signal detection method based on stochastic resonance tuning by multi-scale noise[J]. Measurement, 2014, 47: 540-546.

[5] Jutten C, Karhunen J. Advances in blind source separation (BSS) and independent component analysis (ICA) for nonlinear mixtures[J]. Int J Neural Syst, 2004, 14(5): 267-292.

[6] Chang Y, Hao Y, Li C. Phase dependent and independent frequency identification of weak signals based on duffing oscillator via particle swarm optimization [J]. Circuits, Systems, and Signal Processing, 2014, 33(1): 223-239.

[7] Yan J, Lu L. Improved Hilbert-Huang transform based weak signal detection methodology and its application on incipient fault diagnosis and ECG signal analysis[J]. Signal Processing, 2014, 98: 74-87.

[8] 柴毅，李尚福. 航天智能发射技术——测试、控制与决策[M]，北京：国防工业出版社，2013.

[9] 许水清. 基于线性正则变换的非平稳信号采样与频谱分析研究[D]，重庆：重庆大学，2017.

[10] 邢占强. 基于非平稳信号时频分析的故障诊断及应用[D]，重庆：重庆大学，2017.

第4章

系统运行异常工况识别

系统在运行过程中，部件性能退化或者损坏、运行环境变化、过程受到扰动导致工作点漂移等会导致运行工况发生异常。因此，需要监测系统运行中关键状态参量，对其进行深入分析，对异常工况进行识别，以利于发现故障隐患，从而保障系统安全稳定运行。

异常工况识别往往依赖于现场监测数据。目前，最为常用的异常工况识别方法包括数据驱动的运行工况识别、基于信号分析方法的运行工况识别、基于模型的运行工况识别以及基于分类及聚类方法的运行工况识别。

4.1 概述

动态系统在运行过程中，由于物料变化、环境干扰、设备部件故障等情况，出现运行工况变化波动，致使难以精确判断系统状态，影响系统的故障处置及系统运行安全。因此，对系统运行状态进行有效的在线监测，及时有效地识别出系统运行工况异常，有利于保障系统安全运行[1]。

通常意义上，对系统进行异常工况识别，即是根据现场监测数据，对设备参数变化（如超限额）、工艺指标出现异常（如过程中的温度、压力、流量异常）以及运行状态参量异常进行监测，分析监测数据中能体现系统运行工况的特征，进而对其异常状态进行检测及分析，从而识别出各种异常工况的过程[2]。

目前，大多复杂的机械装备系统及工业过程系统都配备了状态监测系统，在长期运行过程中累积了大量的监测数据。通过这些状态监测数据，进行系统运行状态评估，期望发现系统在运行期间可能存在的潜在故障，尽早发现性能劣化趋势。常用的方法大致可以分为：基于模型的方法、基于数据的方法、基于信号分析的方法以及基于模式分类的方法。

基于模型的异常工况识别方法思路简明、运算量较小，但仍受模型的欠定问题等影响，需进一步研究。在实际工况过程中，由于系统运行众多设备相连、结构复杂，很难建立其系统层面的机理模型，即使是依次对分系统建模，也会面临不同分系统间连接关系复杂、建模精度难以提高、联合模型难以吻合现实等情况。

基于多元统计分析的异常工况识别方法，其核心思想是通过对多个过程变量之间的相关性进行统计检验分析，此类方法通常需要建立系统过程变量的主元模型，然后建立相应统计指标来进行阈值监测，之后通过分析贡献率，识别出工况异常的影响因素。此类方法由于系统运行所涉变量众多，且变量与变量之间存在关联，并不满足独立同分布的预设。此外，工业生产过程状态监测数据虽然反映了系统运行的阶段，过程及事件的发生形式，但过程的复杂性导致所采集到的数据易受到随机噪声和扰动的影响。

基于信号分析的工况异常识别方法通过对系统监测参数进行分解、奇异点提取等，直接从监测信号中发现奇异模式的发生点位，再结合机理知识对各类运行工况的时域响应进行匹配，进而发现工况异常。此类方法所面临的挑战在于监测数据中往往存在干扰噪声的影响，而且由于缺乏异常信息的先验知识，在选用各种时频分析方法往往不能达到最优的分析效果。

基于模式分类的工况异常识别方法，直接用监测数据训练分类模型，采用传统的统计方法、人工神经网络、支持向量机、贝叶斯网络等算法建立系统正常运行状态下的监测模型，然后对实测数据进行分类或聚类，从而实现异常工况识别。此类方法所面临的挑战在于异常或失效信息的多源性、复杂性与相关性。

4.2 基于统计分析的运行工况识别

系统运行过程中产生的高维监测数据中，蕴含着大量的系统运行状态相关信息，对其进行深入分析对于过程监控、运行工况识别具有重要意义。基于统计分析的方法是异常工况识别检测的有力工具，常用于多工况条件下的异常工况识别。基于统计的分析方法包括主元分析（PCA）方法主元分析及其各种改进形式、PLS及其各种改进形式、主元回归、正则变元分析、独立分量分析等[3]。其中主元分析方法由于其算法简洁，目前已广泛应用于各种工业过程的统计监测与异常检测以及制造装备运行状态监测中，因此本节将以对PCA方法的应用展开讨论。

4.2.1 PCA方法及其发展

PCA方法对高维数据空间进行降维处理，再通过多元投影方法构造一个较小的隐变量空间，以隐变量空间代替原始变量空间，此隐变量空间由主元变量张成的较低维的投影子空间（主元空间）和一个相应的残差子空间构成，并在主元空间和残差空间中构造能够反映相应空间变化的统计量，然后将观测向量分别向主元空间和残差空间进行投影，并通过计算来判定实际系统的监控统计量是否超过设定的过程监控指标，进而判断系统是否发生异常。常用的监测统计量有投影空间中的 T^2

统计量、残差空间中的 Q 统计量、Hawkins 统计量和全局马氏距离等。

PCA 能通过对原始数据空间的数据压缩来抽取一种有代表性的数据统计特征。在正常操作条件下，PCA 可通过直接对历史过程数据的相关性进行提取来建立起正常工况下的主元模型，根据检验新的观测数据相对于过程的历史数据统计模型的背离程度来判断系统是否含有异常工况，从而实现对过程的状态监视及异常诊断。具体来说，PCA 将数据矩阵分解为得分向量和负荷向量的外积和，其中得分向量即为数据矩阵的主元，负荷向量实际上是矩阵协方差阵的特征向量。

基于过程历史数据建立起系统正常运行情况下的主元模型后，可以应用多元统计控制量进行异常识别与诊断的分析，常用的统计量有 2 个，即 Hotelling T^2 统计量和平方预测误差 SPE 统计量。

定义 4.1 Hotelling T^2 统计量在主元子空间的定义为

$$T_i^2=\sum_{j=1}^{m}\frac{t_{ij}^2}{s_{t_i}^2} \tag{4-1}$$

式中，T_i^2 为第 i 行的 T^2 统计量；m 为所选主元个数；t_{ij} 为主元 t_i 第 j 行的值；$s_{t_i}^2$ 为 t_i 的估计方差。其控制限可由 F 分布确定：

$$UCL=\frac{k(n-1)}{n-k}F_{k,n-1,\alpha} \tag{4-2}$$

式中，n 为主元模型的样本个数；k 为所选主元个数；α 为检验水平；$F_{k,n-1,\alpha}$ 为自由度分别为 k 和 $n-1$ 时 F 分布的临界值。

定义 4.2 SPE 统计量位于残差子空间，其定义为

$$SPE(k)=\|E(k)\|^2=x(k)(I-\boldsymbol{P}_t\boldsymbol{P}_t^{\mathrm{T}})x(k)^{\mathrm{T}} \tag{4-3}$$

式中，$\boldsymbol{P}_t$ 为主元模型中相应载荷矩阵的前 t 列所构成的数据矩阵。SPE 的控制限可由对应的正态分布确定：

$$\boldsymbol{Q}_\alpha=\theta_1\left[\frac{h_0C_\alpha\sqrt{2\theta_2}}{\theta_1}+\frac{\theta_2h_0(h_0-1)}{\theta_1}+1\right]^{\frac{1}{h_0}} \tag{4-4}$$

$$\theta_j=\sum_{i=t+1}^{T}\lambda_i^j,j=1,2,3 \tag{4-5}$$

$$h_0=1-\frac{2\theta_1\theta_3}{3\theta_2^2} \tag{4-6}$$

式中，λ_i 是数据协方差矩阵的特征根，C_α 为正态分布的 α 分位点。

SPE 和 T^2 统计量分别从不同角度反映了观测数据中没有被已选取的主元模型所解释的那部分数据变化情况。SPE 统计量的含义是表示第 k 时刻的观测数据 $x(k)$ 相对于其主元模型的背离程度，通过这个背离程度来衡量主元模型对应的外部数据变化的一个测度；T^2 统计量的含义是反映每个数据采样点在幅值及

变化趋势方面相对于已选取的主元模型的偏离程度，通过这个偏离程度作为评价主元模型内部所发生的变化情况的一个测度。

PCA 方法通过检测 T^2 和 SPE 两个统计量的取值是否超过与其对应的控制限确定实际系统是处于异常工况还是处于正常工况。当采集到的在线数据与建立主元模型的数据都处于正常的工况时，则主元模型中对应的 T^2 统计量和 SPE 统计量都将低于 PCA 模型所设定好的 T^2 与 SPE 控制限，反之，T^2 和 SPE 统计量的取值将超出这个设定好的控制限。

传统 PCA 是一种静态建模方法，它假设被监控系统处于某种稳定运行状态，且被监测变量之间不存在相关性，而且当主元模型建立之后，由于数据矩阵的协方差不变，以该数据矩阵建立的主元模型也就固定不变。但从较短的时间角度来看，实际的工业过程大多数是一个动态的非平稳过程。即使工业过程在某段时间内处于正常状况，系统的各种主要参数在正常范围内都没有较大变化，但从较长的时间角度来看，原来反映系统的主元模型已经不能准确反映该系统。这是由于系统设备的长时间磨损老化、原材料的缓慢变化和相应催化剂存在的活性降低、各种传感器出现的性能漂移等会引起过程变量的均值、方差及相关结构在正常情况下随时间漂移。相比于过程中出现的故障，这种缓慢的偏移属于过程正常运行情况且不容易被发觉，但当时间长了之后，由于累积效应，最终引发系统的故障报警，威胁系统的安全性。为使得建模结果能反映过程动态特性，人们提出了自适应主元分析（adaptive principal component analysis，APCA），通过自适应更新计算过程数据矩阵的均值、相应主元模型中主元个数以及主元模型中的 T^2 和 SPE 统计量的控制限，从而对系统过程运行的状态进行实时监控。它主要包括递归主元分析和滑动窗口主元分析。

为使得建模结果匹配系统的非线性特征，人们提出了核主元分析法（KPCA）[4]。标准 KPCA 方法是将核函数引入 PCA 中。其基本思想是选取合理的核函数将输入向量非线性映射到一个高维特征空间，使输入向量线性可分，再采用 PCA 进行异常工况识别。其中非线性变换通过内积完成，内积函数（即核函数）隐含了输入空间到特征空间的映射关系。其存在的问题是形成的特征空间与输入空间之间没有显式的关系表示，因而对异常特征定位较难。

然而 PCA 还存在着尺度单一的缺陷，即 PCA 只能检测故障发生在某一固定尺度或时频范围上的数据。在工业系统实际运行过程中所获取的监测数据中，其故障可能发生在不同的频段之上，并且随着时间或频率发生变化，该过程数据的功率谱或能量谱也在不同程度地发生变化，因此对于这种情况的故障诊断必须从不同的尺度来进行分析，才能对其做出一个较为全面、较为准确的诊断。多尺度主元分析（multi-scale principal component analysis，MSPCA）正是在这个基础之上提出来的。通过将主元分析除去过程变量线性相关的能力与小波变换近似分解过程变量自相关的能力及小波变换提取过程变量局部特征的优势有机结合，进而能够同时提取各个过程变量之间、数据样本与样本之间以及样本与变量的相互关系，以提升对待测数据中幅值很小但却含有重要故障信息的特征细节的反映灵敏度。

4.2.2 基于特征样本提取的 KPCA 异常工况识别

标准 KPCA 异常工况识别方法是将核函数引入 PCA 异常工况识别中。其基本思想是选取合理的核函数将输入向量非线性映射到一个高维特征空间，使输入向量具有更好的可分性，再采用 PCA 进行异常工况识别。但是标准 KPCA 异常工况识别方法需要计算和存储核矩阵，对核矩阵进行特征值分解，其计算复杂度是 $O(M^3)$，而且对样本进行特征提取时，需要计算样本与所有训练样本间的核函数。当采样数大时，计算量大、耗时、效率低。

解决 KPCA 计算问题的方法目前分为两类：一类是将核矩阵某些数据用零替换，形成稀疏矩阵；另一类是削减训练样本数量。基于特征样本的 KPCA（SKPCA），其基本思想是削减训练样本数量，但是在减少样本数量的同时，通过提取特征样本，确保样本分布不变。

（1）特征样本提取原理

原始数据 x_i 在映射空间 F 的像为 $\boldsymbol{\phi}(x_i)$，设 $\boldsymbol{\phi}_i=\boldsymbol{\phi}(x_i)$，$k_{ij}=\boldsymbol{\phi}_i^{\mathrm{T}}\boldsymbol{\phi}_j$，从 N 个样本中选取的特征样本为 $\boldsymbol{X}_s=\{x_{s1},\cdots,x_{sL}\}$，那么其他样本在空间 F 中的映射可用特征样本的映射近似表示，即 $\hat{\boldsymbol{\phi}}_i=\boldsymbol{\varphi}_s\boldsymbol{a}_i$，其中，$\boldsymbol{\varphi}_s=(\boldsymbol{\phi}_{s1},\cdots,\boldsymbol{\phi}_{sL})$，$\boldsymbol{a}_i=(a_{i1},\cdots,a_{iL})^{\mathrm{T}}$，$\boldsymbol{a}_i$ 是使 $\hat{\boldsymbol{\phi}}_i$ 和 $\boldsymbol{\phi}_i$ 差异最小的系数向量，$\hat{\boldsymbol{\phi}}_i$ 和 $\boldsymbol{\phi}_i$ 的差异可表示为 $\delta_i=\|\boldsymbol{\phi}_i-\hat{\boldsymbol{\phi}}_i\|^2/\|\boldsymbol{\phi}_i\|^2$。由于

$$\min_{a_i}\delta_i=1-\frac{\boldsymbol{K}_{si}^{\mathrm{T}}\boldsymbol{K}_{ss}^{-1}\boldsymbol{K}_{si}}{\boldsymbol{K}_{ii}} \tag{4-7}$$

式中，$\boldsymbol{K}_{ss}=(k_{s_p s_q})$，$1\leqslant s_p\leqslant L$，$1\leqslant s_q\leqslant L$，$k_{s_p s_q}=\boldsymbol{\phi}^{\mathrm{T}}(x_{s_p})\boldsymbol{\phi}(x_{s_q})$，$x_{s_p}$ 和 x_{s_q} 是特征样本，$\boldsymbol{K}_{si}=(k_{s_p}i)$，$1\leqslant p\leqslant L$，$\boldsymbol{K}_{ii}=k(x_i,x_i)$，$1\leqslant p\leqslant L$。

从样本集中提取特征样本集 S 时，S 应满足代表性指标，为此最小化所有样本的差异 δ_i 的和，即

$$\min_S\left[\sum_{x_i\in X}\left[1-\frac{\boldsymbol{K}_{si}^{\mathrm{T}}\boldsymbol{K}_{ss}^{-1}\boldsymbol{K}_{si}}{\boldsymbol{K}_{ii}}\right]\right],\max_S\left[\sum_{x_i\in X}\frac{\boldsymbol{K}_{si}^{\mathrm{T}}\boldsymbol{K}_{ss}^{-1}\boldsymbol{K}_{\mathrm{si}}}{\boldsymbol{K}_{ii}}\right] \tag{4-8}$$

定义 $J_s=\dfrac{1}{N}\sum\limits_{x_i\in X}J_{si}$，其中 $J_{si}=\dfrac{\boldsymbol{K}_{si}^{\mathrm{T}}\boldsymbol{K}_{ss}^{-1}\boldsymbol{K}_{si}}{\boldsymbol{K}_{ii}}=\dfrac{\|\hat{\boldsymbol{\phi}}_i\|^2}{\|\boldsymbol{\phi}_i\|^2}$，则式(4-8) 等于 $\max\limits_S(J_s)$。从 J_s 和 J_{si} 的定义可以看出，它们的取值范围为(0,1]。

(2) 特征样本提取算法

特征样本提取算法是一个循环过程：首先提取样本集的中间样本，这时特征样本集 S 中只有一个样本($L=1$)，计算 S 的代表性，即计算 J_s 和 J_{si}，将最小 J_{si} 对应的样本添加到特征样本集 S 中；然后计算新的特征样本集 S 的代表性。这个过程不断循环，直到 J_s 满足要求。特征样本提取算法的执行步骤如下：

① 给定停止条件，即最大代表性指标 max$Fitness$；

② 提取样本集的中间样本 x_m，$\boldsymbol{S}=\{x_m\}$，$L=1$；

③ 计算 J_s 和 J_{si}，$1<j<N$；

④ 提取样本 $x_{\hat{j}}$，$\hat{j}=\min\limits_j J_{sj}$；

⑤ $L=L+1$，$\boldsymbol{S}=\boldsymbol{S}\cup\{x_{\hat{j}}\}$；

⑥ 如果满足 $L<N$ 和 $J_s<$max$Fitness$ 回到步骤③，否则回到步骤⑦；

⑦ S 为提取的特征样本。

在原 KPCA 算法中，第 1 个特征样本通过计算最大 J_s 来确定，采用中间样本作为第 1 个特征样本同样达到了原算法的效果，并且简化了计算。

(3) SKPCA 算法仿真

以某发动机系统中的一部分参数为例：共选取了十个参数，T 为燃烧室的温度，P 为燃烧室的压力，P_{ot} 为发动机喷嘴压力，F_1 为燃料 1 的流量，F_2 为燃料 2 的流量，$P_{1\mathrm{r}}$ 为燃料 1 的储藏室压力，$P_{2\mathrm{r}}$ 为燃料 2 的储藏室压力，u_1 为控制阀 1 的开度，u_2 为控制阀 2 的开度，P_f 为控制阀气源压力，以某次试验数据组成数据样本集。样本集由 50 个样本组成并分别进行 KPCA 和 SKPCA 分析，并进行对比分析。

将预处理后的数据排成 $N\times10$ 的矩阵（N 为样本数据长度)。按照上节给出的算法步骤进行特征提取并进行核主元分析，可以求得关系矩阵的特征值如表 4-1 所示。由表可知，取前 4 个主元，其累积贡献率为 97.63%（大于 95%)，所以认为前四个主元已经能够反映全部 10 个变量的绝大部分信息了。

表 4-1 SKPCA 模型的贡献率

主元	矩阵特征值	方差贡献率/%	累积贡献率/%
1	0.4208	0.7864	78.64
2	0.0461	0.0861	87.25
3	0.0362	0.0676	93.01
4	0.0194	0.0362	97.63
5	0.0115	0.0215	99.78
6	0.0009	0.0017	99.95
7	0.0002	0.0003	99.98
8	0.0001	0.0002	100

如图 4-1～图 4-4 所示，将 SKPCA 应用于某运载火箭动力系统的某次试验过程，并与基于全体样本的 KPCA 比较，结果显示，SKPCA 采用特征样本提取方法，样本的提取并非简单随机地减少样本数量，而是通过提取特征样本，样本分布结构基本不变，KPCA 模型的仿真时间为 0.416s，而 SKPCA 模型的仿真时间为 0.094s。明显解决了 KPCA 的计算问题，提高了算法的执行效率，同时保证 SKPCA 模型与全体样本建立的主元模型基本相同。

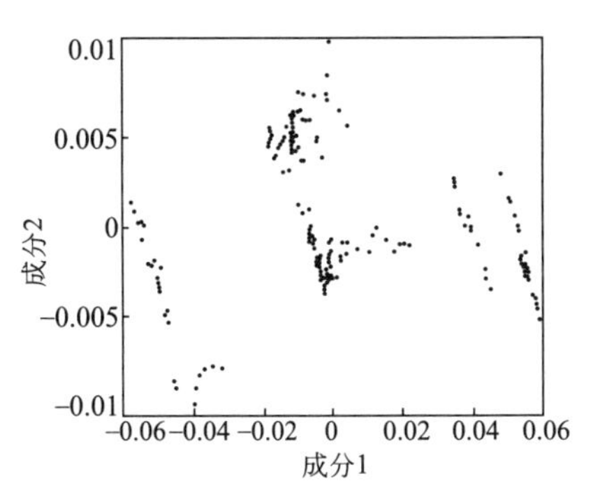

图 4-1　KPCA 方法的前两个主分量分布

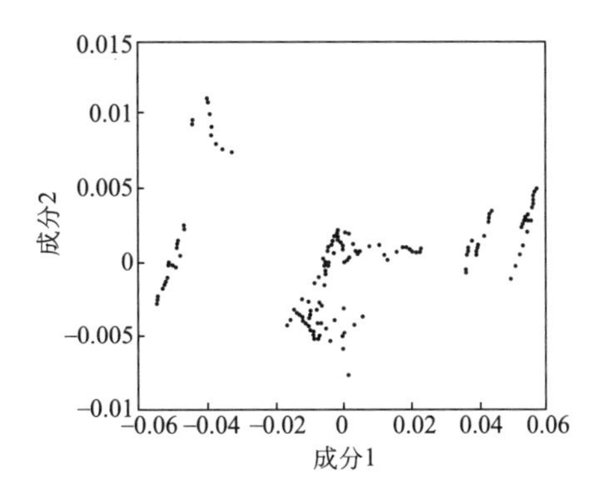

图 4-2　SKPCA 方法的前两个主分量分布

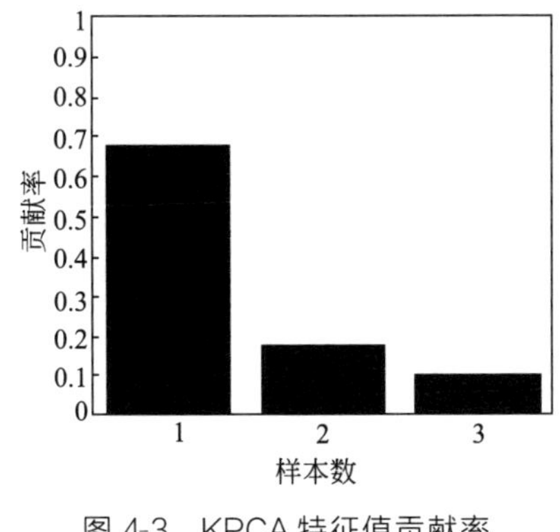

图 4-3　KPCA 特征值贡献率

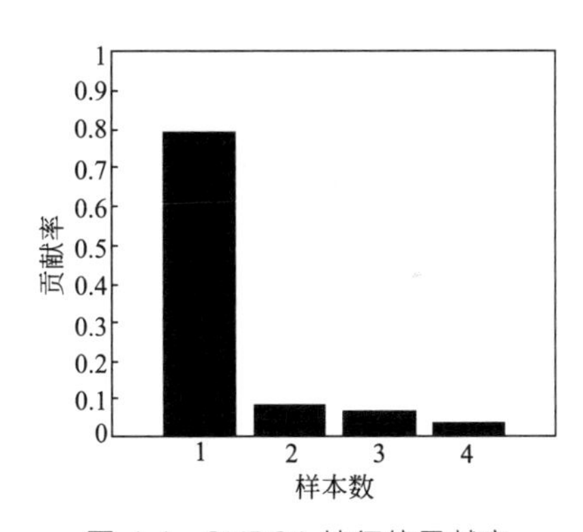

图 4-4　SKPCA 特征值贡献率

4.2.3 基于 MSKPCA 的异常工况识别

在实际的过程监控中，KPCA 方法还有不足之处，一方面，过程数据经常掺杂噪声和干扰，例如白噪声和电磁干扰，直接采用这样的数据进行 KPCA 对过程监控时，将影响信息处理分析结果，降低结果的置信度。另一方面，KPCA 方法需要计算核矩阵，它的大小是采样数的平方，如果采样数较大时，计算量大并且耗时，影响效率。但是这点已经在 4.2.2 节采用 SKPCA 的方法进行了改善。针对第一点，采用多尺度核主元分析方法，通过对原始数据经正交小波变换后，对每一个尺度上的小波系数均进行小波阈值消噪，将消噪后的小波系数矩阵进行核主元分析及小波重构，利用综合尺度的核主元分析模型进行运行工况在线监测。这样既减少了误差，又顾及数据的多尺度特性。

考虑到运行系统中过程变量数量特点，如果先对采样数据进行消噪处理，再进行多尺度分析，在实际应用中，效果并不理想。主要原因是当采用小波来消噪时，对数据进行了一次小波分解和重构之后，再对消噪后的信号进行多尺度核主元分析（MSKPCA），又进行了一次小波分解与重构，这样会造成步骤上的重叠，也会增加不必要的时间开销。因此，本节将小波消噪和多尺度核主元分析方法结合起来，并利用统计检测方法对异常运行工况进行识别。

（1）MSKPCA 的数学分析

MSKPCA 综合应用小波变换分析数据的多尺度特性，以及 KPCA 挖掘数据之间的非线性、动态特性和相关性，从而提高异常工况识别的准确性。其具体分析步骤如下。

首先假设数据矩阵为 $\boldsymbol{X}_{n\times m}$（$n$ 为采样点数，m 为变量个数），$\boldsymbol{WX}$ 为 $\boldsymbol{X}$ 经小波变换后的小波系数矩阵，其中，$\boldsymbol{W}_{n\times n}$ 是由滤波器系数所组成的正交小波算子，如式(4-9) 所示。

$$\boldsymbol{W}=\begin{bmatrix} h_{L,1} & h_{L,2} & \cdots & \cdots & \cdots & \cdots & \cdots & h_{L,N} \\ g_{L,1} & g_{L,2} & \cdots & \cdots & \cdots & \cdots & \cdots & g_{L,N} \\ g_{L-1,1} & g_{L-1,2} & \cdots & g_{L-1,\frac{N}{2}} & 0 & \cdots & \cdots & 0 \\ 0 & \cdots & \cdots & 0 & g_{L-1,\frac{N}{2}+1} & \cdots & \cdots & g_{L-1,N} \\ \vdots & \vdots & \vdots & \vdots & \vdots & \vdots & \vdots & \vdots \\ g_{1,1} & g_{1,2} & 0 & \cdots & \cdots & \cdots & \cdots & 0 \\ 0 & 0 & \cdots & \cdots & \cdots & 0 & g_{1,N-1} & g_{1,N} \end{bmatrix}=\begin{bmatrix} H_L \\ G_L \\ G_{L-1} \\ \vdots \\ G_m \\ \vdots \\ G_1 \end{bmatrix} \tag{4-9}$$

式中，G_m 为 $2\log_2^{n-1}\times n$ 维矩阵，由小波滤波器系数组成，$m=1,2,\cdots,L$，L 为最大分解层次；H_L 由最大层尺度滤波器系数组成。矩阵 $\boldsymbol{X}$ 和 $\boldsymbol{WX}$ 之间的 KPCA 的关系可由以下引理来描述。

引理 4.1 数据矩阵 $\boldsymbol{X}$ 和 $\boldsymbol{WX}$ 的负荷向量相等，$\boldsymbol{WX}$ 的得分向量是 $\boldsymbol{X}$ 的得分向量的小波变换。

证明： 由于数据矩阵 $\boldsymbol{X}$ 每一列的小波变换都选择相同的正交小波算子 $\boldsymbol{W}$，因而有下式成立。

$$(\boldsymbol{WX})^{\mathrm{T}}(\boldsymbol{WX})=\boldsymbol{X}^{\mathrm{T}}\boldsymbol{W}^{\mathrm{T}}\boldsymbol{WX}=\boldsymbol{X}^{\mathrm{T}}\boldsymbol{X} \tag{4-10}$$

此式证明小波系数协方差矩阵与原始数据协方差矩阵保持一致，根据负荷向量的概念，式(4-10) 可进一步证明 $\boldsymbol{X}$ 和 $\boldsymbol{WX}$ 的负荷向量相同。

既然 $\boldsymbol{X}$ 的主元分析可由下式描述，$\boldsymbol{X}=\boldsymbol{TP}^{\mathrm{T}}$，则 $\boldsymbol{WX}=(\boldsymbol{WT})\boldsymbol{P}^{\mathrm{T}}$，因而 $\boldsymbol{WX}$ 的得分向量是 $\boldsymbol{X}$ 的得分向量的小波变换证毕。

MSKPCA 算法从多尺度的角度出发，不仅包括对各层小波系数分别进行 KPCA，而且为了减少误报，算法的最后一步将超出控制限的小波系数进行小波重构，然后再一次对重构后的数据进行主元分析。

与原始数据矩阵协方差保持一致的小波变换系数的协方差矩阵可写成各尺度协方差矩阵的累加和：

$$(\boldsymbol{WX})^{\mathrm{T}}(\boldsymbol{WX})=(\boldsymbol{H}_L\boldsymbol{X})^{\mathrm{T}}(\boldsymbol{H}_L\boldsymbol{X})+(\boldsymbol{G}_L\boldsymbol{X})^{\mathrm{T}}(\boldsymbol{G}_L\boldsymbol{X})+\cdots+(\boldsymbol{G}_m\boldsymbol{X})^{\mathrm{T}}(\boldsymbol{G}_m\boldsymbol{X})+\cdots+(\boldsymbol{G}_1\boldsymbol{X})^{\mathrm{T}}(\boldsymbol{G}_1\boldsymbol{X}) \tag{4-11}$$

当过程中首次出现异常情况时，首先被细尺度上的小波系数监测到；异常情况持续发生时，较粗尺度上的小波系数又可监测到；最终尺度系数（最粗尺度上的低频系数）也会监测到这种变化。然而，当工况由异常恢复到正常时，尽管细尺度上的小波系数很快监测到变化，但由于尺度系数对数据变化的不敏感性，其仍保持在控制限外，所以只通过分析各层小波系数来判断系统状态，会造成误报或延误的后果。

因而需要将所有的尺度综合分析，其中进行主元建模所用的协方差矩阵，可通过将所在尺度发生异常情况的协方差矩阵组合计算。

$$(\boldsymbol{H}_{m-1}\boldsymbol{X})^{\mathrm{T}}(\boldsymbol{H}_{m-1}\boldsymbol{X})=(\boldsymbol{H}_m\boldsymbol{X})^{\mathrm{T}}(\boldsymbol{H}_m\boldsymbol{X})+\gamma(\boldsymbol{G}_m\boldsymbol{X})^{\mathrm{T}}(\boldsymbol{G}_m\boldsymbol{X}) \tag{4-12}$$

式中，$\gamma=\begin{cases}1\text{，KPCA 结果表明在尺度上发生异常情况时}\\0\text{，否则}\end{cases}$。

利用这些矩阵建立对应的主元分析模型进行异常识别。一方面信号经小波分解后得到的小波系数近似相互独立，即小波系数序列基本上不存在严重的自相关性，所以对小波系数建模的同时可以较好地克服传统 KPCA 建模中的序列相关性问题。另一方面小波变换仍是正交变换，因此各个尺度上的 KPCA 模型并不会改变变量之间的相互关系。

（2）MSKPCA 算法分析

采用的多尺度核主元分析是一种能够同时利用多个尺度上的信息的多尺度监测方法，MSKPCA 的分析步骤如图 4-5 所示，其基本思想是：对于来自过程数据库的测量数据阵 $\boldsymbol{X}\in\boldsymbol{R}^{N\times m}$，首先对矩阵进行小波变换，将各个变量的数据在不同尺度上进行分解，得到数据阵的近似部分 $\boldsymbol{A}_J$ 和细节部分 $D_1,D_2,\cdots,D_J$（假设最大分解尺度为 J），然后对各个尺度上的小波系数重构后得到 $J+1$ 维重

构矩阵 $\boldsymbol{X}^{[0]},\boldsymbol{X}^{[1]},\cdots,\boldsymbol{X}^{[J]}$，可知 $\boldsymbol{X}=\boldsymbol{X}^{[0]}+\boldsymbol{X}^{[1]}+\cdots+\boldsymbol{X}^{[J]}$。在 MSKPCA 中，增广矩阵为 $\tilde{\boldsymbol{x}}=[(\boldsymbol{x}^{[0]})^{\mathrm{T}}(\boldsymbol{x}^{[1]})^{\mathrm{T}}\cdots(\boldsymbol{x}^{[J]})^{\mathrm{T}}]^{\mathrm{T}}$，则在非线性特征空间的点积核函数可表示为

$$\begin{aligned}k(\tilde{x}_s,\tilde{x}_t)&=\exp(-\|\tilde{x}_s-\tilde{x}_t\|^2/c)=\prod_{j=0}^{J}\exp(-\|\tilde{x}_s^{[j]}-\tilde{x}_t^{[j]}\|^2/c)\\&=\prod_{j=0}^{J}k(\tilde{x}_s^{[j]},\tilde{x}_t^{[j]})\end{aligned}\tag{4-13}$$

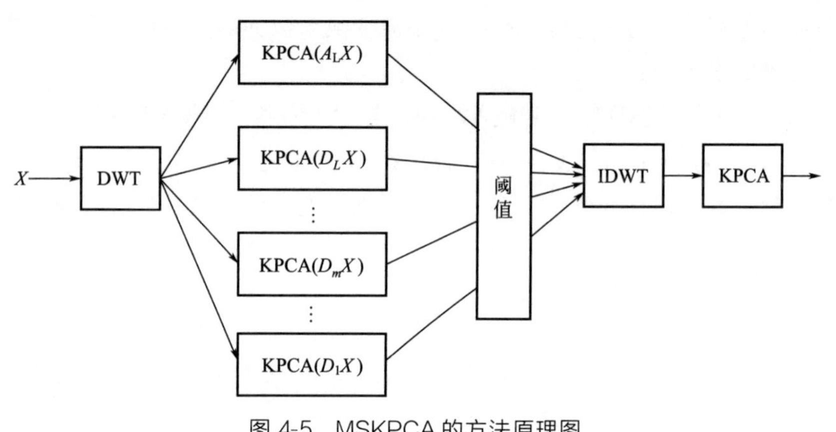

图 4-5　MSKPCA 的方法原理图

式(4-13) 中的第三个等式满足高斯核函数条件，$k(\tilde{\boldsymbol{x}}_s^{[j]},\ \tilde{\boldsymbol{x}}_t^{[j]})$ 表示在尺度 J 上的局部核函数。在 MSKPCA 模型中为了应用的灵活性，允许所有的局部核函数不一致，为了避免计算的复杂性，影响算法效率，一般将所有的局部核函数均一致。

MSKPCA 算法利用小波变换分析过程数据的多尺度特性，对不同尺度下的数据使用基于核函数的非线性变换，将数据转换到线性空间中作 PCA 分析。MSKPCA 模型的建立过程如下：

① 选取 2^N（N 为正整数）个正常数据样本，利用小波阈值去噪方法进行数据预处理后，对样本的每一列进行小波多尺度分解，得到每列数据各个细尺度和粗尺度的小波系数，并在各个尺度上建立小波系数矩阵；

② 对每个尺度都分别进行核主元分析，计算协方差矩阵、主元分值，然后选取合适的主元个数并计算平方预测误差 SPE 统计量及其控制限，以 SPE 控制限为阈值，选取大于等于阈值的小波系数；

③ 对具有显著事件的尺度进行组合，将这些尺度上所选分值和阈值分值重构，对重构后的矩阵进行核主元分析，计算 T^2 和 SPE 统计量及其控制限，确

定主元个数，建立综合主元模型，并利用综合主元模型实现异常工况识别。

针对传统 MSKPCA 的缺点和不足，提出了一种改进的 MSKPCA 方法，该方法首先对采样数据的每一列进行正交小波分解后，计算每一尺度系数上的噪声标准差 δ 和阈值 T，利用小波阈值去噪方法去除每一尺度系数矩阵中的噪声和异常点，使得每一列的噪声水平普遍较低，从而达到消噪的目的，然后对低频系数和消噪后的高频系数进行核主元分析，对超出控制限的小波系数进行小波重构，最后，再一次对重构后的数据进行核主元分析，以达到将小波消噪方法与多尺度核主元分析方法合二为一的目的，这样不但避免了水平不等的噪声数据对各尺度建模的影响，同时也优化了算法结构，提高了执行效率，能更有效地实现对过程的异常工况识别。

改进 MSKPCA 方法的原理框图如图 4-6 所示，其中 WTDN 代表小波阈值消噪。

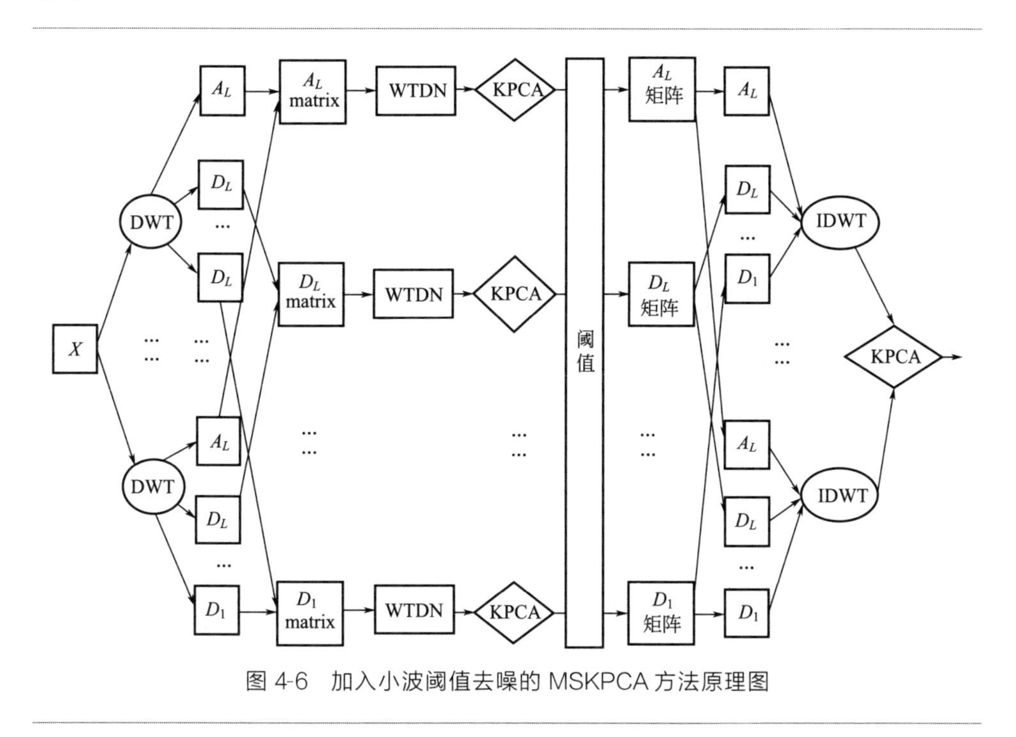

图 4-6 加入小波阈值去噪的 MSKPCA 方法原理图

(3) 基于改进 MSKPCA 的异常工况识别算法

改进 MSKPCA 算法利用小波阈值去噪消除了过程数据中的噪声，并且将小波阈值消噪与多尺度核主元分析过程合并，简化了算法的结构，同时提高了异常工况识别的效率。其具体算法如下。

① 根据 4.2.2 节中介绍的特征样本提取算法对数据样本进行筛选，在保证

SKPCA 模型与用全体样本建立的主元模型基本相同的前提下，组成新的样本集，以提高算法效率。

② 选取 2^N（N 为正整数）个正常数据样本（便于小波分解），每一列对应一个变量，组成原始数据矩阵 $\boldsymbol{X}_{n\times m}$（$n$ 为样本数，m 为变量数），对矩阵 $\boldsymbol{X}_{n\times m}$ 的每一列进行中心化、标准化处理，使各变量的基点相同。

③ 对标准化后的原始数据矩阵 $\boldsymbol{X}_{n\times m}$ 的每一列数据进行正交小波变换，得到各个粗尺度和细尺度的小波系数。并对每一尺度系数的每一列数据，分别计算噪声标准差 δ 和阈值 T，进行小波消噪阈值处理。

④ 将每一列向量在相同尺度上得到的系数组合成系数矩阵，每个矩阵代表不同尺度的变化趋势。对各层尺度的小波系数矩阵分别进行核主元分析，计算协方差矩阵、主元得分值，然后选取合适的主元个数，并计算 T^2 统计量和平方预测误差 SPE 统计量，以及各自的控制限，得到各尺度下的主元模型。

⑤ 根据 T^2 和 SPE 统计指标是否超限来判断每个尺度是否含有重要信息，在含有重要信息的尺度上，以 SPE 统计量的控制限为阈值，选取每一列数据中超过阈值的小波系数对该尺度分量进行重构，得到重构后的信号序列，组成与原矩阵 $\boldsymbol{X}_{n\times m}$ 同样大小的重构矩阵 $\boldsymbol{X}'_{n\times m}$（即综合尺度）。

⑥ 对矩阵 $\boldsymbol{X}'_{n\times m}$ 进行核主元分析，用累积方差百分比的方法确定主元个数，计算 T^2 和 SPE 统计量的控制限，得到综合尺度 KPCA 模型，利用综合尺度 KPCA 模型，识别过程异常。

(4) 仿真分析

为验证改进 MSKPCA 算法的有效性，基于以下方程选取 256 个正常样本数据进行分析。

$$
\begin{cases}
\tilde{x}_1(t)=1.5*N(0,1)\\
\tilde{x}_2(t)=2.5*N(0,1)\\
\tilde{x}_3(t)=\tilde{x}_1(t)+2\tilde{x}_2(t)\\
\tilde{x}_4(t)=3\tilde{x}_1(t)-\tilde{x}_2(t)
\end{cases}
$$

由以上四个方程组成矩阵 $\widetilde{\boldsymbol{X}}(k)$：$\widetilde{\boldsymbol{X}}(k)=\tilde{x}_1(k)\tilde{x}_2(k)\tilde{x}_3(k)\tilde{x}_4(k)$。

按照改进 MSKPCA 模型建立的方法对数据去噪并建立综合 KPCA 模型，用累积方差百分比方法选取主元个数。图 4-7 给出了不同主元个数的主元模型对数据变化的累积解释程度。

从图 4-7 中可以看出，前三个主元可以解释 99%的数据变化，所以保留前三个主元作为综合主元模型的主元。计算出 SPE 统计量 95%可信度的控制限为 0.3832，T^2 统计量 95%可信度的控制限为 6.8542。其中，小波消噪阈值 $\lambda=$

3.5482，是根据 sqtwolog 阈值规则得出的，这样就得到了改进多尺度核主元模型，同时也分别建立传统 KPCA 和传统 MSKPCA 的主元模型，以便进行方法对比。

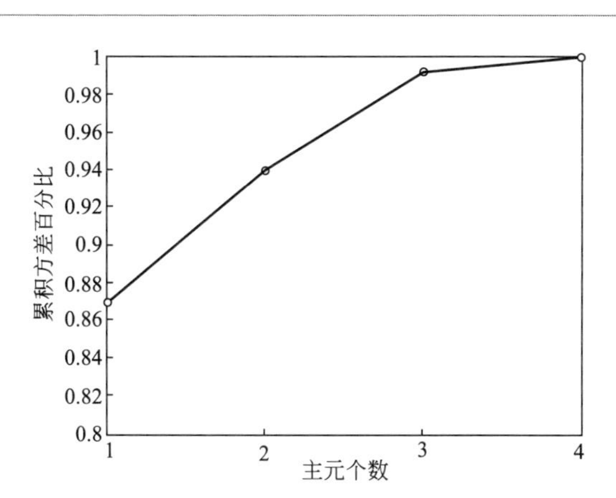

图 4-7 不同主元个数的主元模型对数据变化的累积解释程度

模型建立后，在各变量的第 176～225 个样本点引入幅值为 0.5 的均值偏移异常。并在第一个变量的第 20、50、120 个样本点引入异常点。分别利用 KPCA、MSKPCA 和改进 MSKPCA 方法对数据进行异常工况识别，下面给出了各种方法的 T^2 和 SPE 监控图和各个方法的性能对照表。

从图 4-8(a)、(b) 中可以看出，KPCA 方法识别到了部分异常，但存在一些误报和漏报，T^2 监控图中未识别到 185～200 之间的异常，并把引入的异常点及第 100、145 个采样点误报成异常；SPE 监控图漏报较少，但也错把异常点误报。由图 4-8(c)、(d) 可以看出，MSKPCA 出现的漏报较少，只有 T^2 监控图中 190～196 之间的样本点未被识别到异常，但两种监控图都错把第 20、50、120 样本点的异常数据当成异常。从图 4-8(e)、(f) 中可知，改进 MSKPCA 不但准确识别到异常，并且很好地消除了异常点，仅存在有少量的漏报。还可以看出在第 176 个样本点就识别到了异常，其他两种方法都有一点延迟。

表 4-2 不同主元分析方法的性能对比（SPE 统计量）

算法 \ 性能指标	误报率	漏报率
KPCA	13.8%	26.7%
MSKPCA	7.13%	12.9%
改进 MSKPCA	0	2.03%

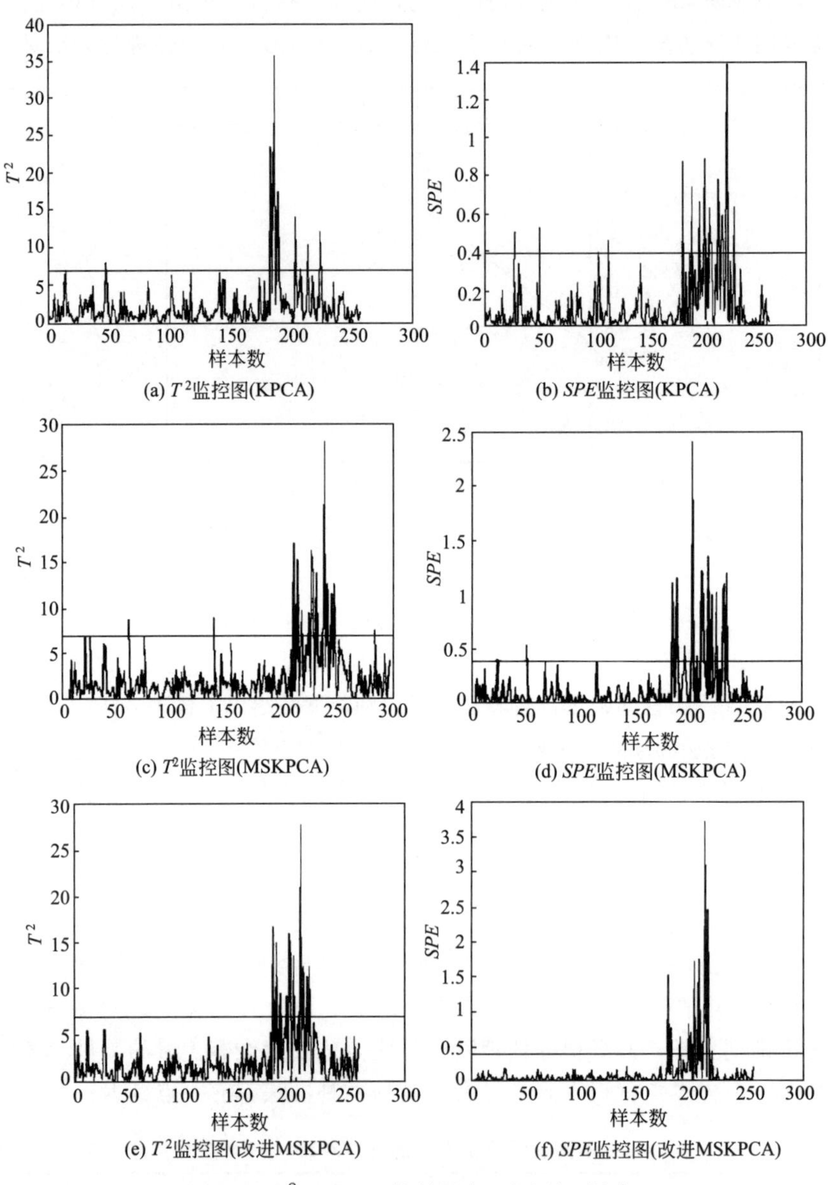

图 4-8　T^2 和 SPE 控制图（3 种方法对比）

表 4-2 给出了基于 SPE 统计量的不同方法的误报率和漏报率。在改进 MSKPCA 方法中，误报率为 0，说明在应用小波阈值去噪后，明显去除了噪声和异常点，漏报率为 2.03%，与传统的 KPCA 和 MSKPCA 方法相比，漏报率大大降低。

由表 4-3 可以看出，改进 MSKPCA 方法比传统的 MSKPCA 方法要快大概 1～2s，平均可以节约 6%～7%的时间。

表 4-3 不同分析方法的所耗时间

方法	KPCA	MSKPCA	改进 MSKPCA
时间(T^2)/s	10.23	21.36	19.78
时间(SPE)/s	10.47	21.58	20.09

综上所述，通过实验对比分析，改进 MSKPCA 方法在算法时间和识别质量上具有明显的优势。

改进的 MSKPCA 方法除了采用特征提取的方法减少数据样本，提高 KPCA 算法执行效率外，还将小波消噪和多尺度核主元分析结合起来，不但去除了原始数据中的噪声，还在不同尺度上对数据进行了分析识别，减少了误报率和漏报率，又节省了时间，提高了异常诊断的准确率。性能测试表明，改进的 MSKPCA 方法能更早更准确地识别到异常工况信息。

4.2.4 基于滑动时间窗的 MSKPCA 在线异常工况识别

对测量数据进行离线分析时，从中选取具有代表性的数据，建立系统输入与输出之间的映射关系，一般模型建立后就不再变化。但将这种模型应用在时变的系统时，由于系统在工作时只与工作点附近的数据有较大的相关性，与远离工作点区域的数据相关性不大，系统工作一段时间后，工作域会发生迁移，用固定的数据建立的模型，随着时间和条件的变化，将不能准确地描述系统的实际情况。

因此，应用滑动时间窗的方法，通过不断加入新的数据，自动更新监控模型，可以确保模型的准确性，提高异常识别的准确率。

在理想的情况下，系统正常运行工况的工作状态参数应该是平稳的，即其均值和方差是不变的（视为时不变系统）。但随着使用时间的增长，由于磨损和老化、原材料的变化和传感器的偏移等，系统的工作状态参数是缓慢时变的，其均值和方差在正常的运行情况下会随时间漂移。同发生异常相比，这种漂移是缓慢的，并属于系统正常运行状态，但是会随时间累积逐步影响模型的精度。

因此，用一个时不变的固定 MSKPCA 模型来监控时变系统的运行工况，可能会由于时间累积引起误报警，会引起异常工况识别的偏差。故而引进将滑动时间窗与 MSKPCA 相结合的方法，通过不断加入实时采集的数据，自动更新监控模型，使 KPCA 监控模型能适应这种时变系统的正常参数漂移，可提高异常工况识别的快速性及准确率。

(1) 滑动时间窗的基本思想

通过不断加入最近采集系统运行的实际样本数据，同时，舍弃相应数量旧的样本数据，重新形成新的正常样本集（新样本集的样本个数始终不变）；利用新的样本集重新建模、确定主元数、计算统计量及其控制限，并以更新后的 KPCA 模型进行识别，最终达到进一步提高异常工况识别效果的目的。

令滑动窗口长度为 w，移动步长为 h，则滑动窗口为

$$\boldsymbol{X}_{w+h}=[x_{h+1},\cdots,x_m,\cdots,x_{w+h}] \tag{4-14}$$

滑动窗口长度不能太小，否则不能从统计上组成协方差矩阵，从而大大影响统计量的有效性及监控识别结果的准确性。但若窗口长度太大，核矩阵 K 维数也会很大，计算量也随之大大增加。因此窗口长度要合理选择。而移动步长的选择也要根据具体的研究对象情况而定。如果系统（过程）的参数漂移较快，则相应的移动步长可取较小值，特殊情况可取步长为 1，即只要采集到一个实际数据，就对 KPCA 模型进行更新。但同时这样也会带来由于更新频率过快，导致计算量增加的问题，不利于在线监控。对于参数漂移较慢的系统（过程），不必每次都进行 KPCA 模型更新，步长可适当取得大些。

(2) 基于滑动时间窗的 MSKPCA 在线异常工况识别算法

基于滑动时间窗的 MSKPCA 在线异常工况识别算法流程如下。

① 选取正常状态样本数据，用于初始化滑动数据窗口。选定滑动窗口长度保持为 $w=2^n$（n 为正整数），便于进行小波变换。移动步长设为 h，置累积数 $i=0$。

② 计算窗口数据的均值和方差，并采用该均值和方差对滑动窗的数据进行标准化处理，使各变量的基点相同。

③ 对标准化后的数据矩阵的每一列进行正交小波变换，并对各层小波系数进行小波消噪阈值处理后分别进行核主元分析，计算小波系数的协方差矩阵、主元得分值，根据累积方差百分比的方法选取合适的主元个数，计算 T^2 统计量和平方预测误差 SPE 统计量，以及各自的控制限，得到各尺度下的主元模型。

④ 对检测到显著事件的尺度进行组合，将这些尺度上的小波系数进行重构，计算 T^2 和 SPE 统计量的控制限，得到综合尺度 KPCA 模型。

⑤ 采集一个新的数据 x_{new}，用在步骤②中确定的均值和方差对新采集的数据进行标准化处理，然后重复步骤③，并与步骤③中各尺度模型的控制限比较，如果超过控制限说明该尺度可能存在异常情况，协助最终尺度进行异常工况识别，再按照步骤④的方法得到综合尺度的数据，进行核主元分析，计算 T^2 和 SPE 统计量。用步骤④中的模型判断统计量是否超限，如果 T^2 和 SPE 没有超标，则认为新采集的样本 x_{new} 为正常状态的样本，并执行累加操作 $i=i+1$；否

则，认为 x_{new} 属于异常样本，不执行累加操作。

⑥ 如果连续 h 次新采集的数据均为正常状态的样本数据（此时 $i=h$），则更新数据窗口，窗口向前移动 h 个步长，把 h 次新采集的样本实测数据加入正常样本集中。同时，为保持窗口长度不变，需从原窗口的 w 个正常样本中去掉 h 个旧样本，至此，正常样本集得到更新，然后置 $i=0$，重复步骤②～④；如果累积数 $i<h$，则窗口不移动，正常样本集不改变，模型不更新，重复步骤⑤，用原模型继续识别。

⑦ 对步骤⑤的异常数据样本，绘制各个变量对 SPE 统计量的贡献图，以及各个变量对选取主元的贡献图，确定引起异常的变量。

(3) 实例分析

本节以实际测试的振动信号为诊断对象，通过对其进行数据实验来验证多尺度异常工况识别的有效性。在获取 8×2000 的数据样本后（如图 4-9 所示，其中异常发生在 619～632 及 938～984 两个样本区间，异常发生的位置为 1 号和 2 号传感器所在位置），分别采用传统 PCA、传统 KPCA、SKPCA、基于递归多尺度核主元分析（MSKPCA）及基于滑动窗口的多尺度主元分析（MW-MSKPCA）进行数据实验，并对实验结果进行深入的分析。

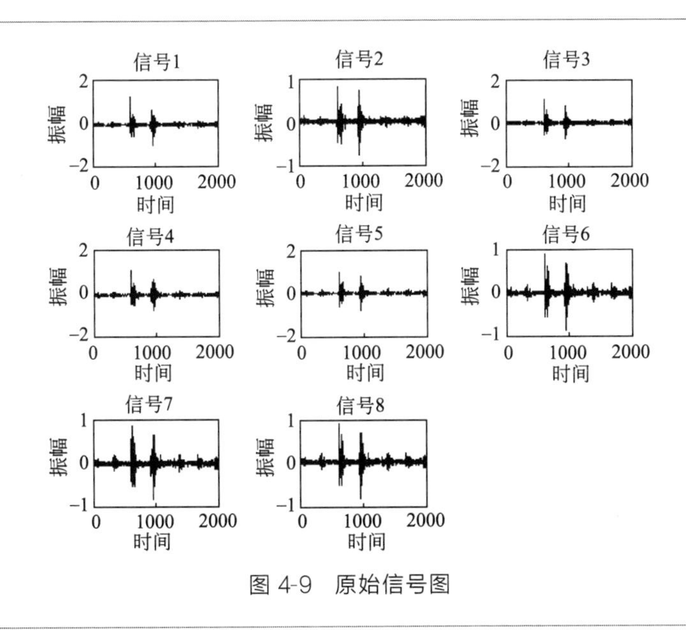

图 4-9 原始信号图

关于以上 5 种算法的具体步骤在前面有详细论述，这里只介绍如何用 MSKPCA 和 MW-MSKPCA 进行异常诊断，其他算法中的监测性能指标参数都与 MSKPCA 算法中所采用的性能指标参数相同。

采用 MSKPCA 所进行的数据实验，首先选取该设备大小为 8×2000 的正常数据作为训练样本，在长度为 $N=8$ 的数据窗口内采用边缘校正滤波器进行小波分解（分解的尺度为 $L=\log_2 2000-5=5.966\approx 6$），在得到各层小波分解系数之后，利用公式 $T=\sigma\sqrt{2\ln n}$，即 $T=(0.002753/0.6745)\times\sqrt{2\ln 2000}=0.01591$ 对这些小波系数进行阈值消噪。对消噪后的小波系数在每一个尺度进行自适应主元分析，鲁棒主成分分析（RPCA）的初始数据块的设定为 8×256，计算出相应的小波系数协方差矩阵、主元的分向量和载荷向量，按主元选取规则选取合适的主元个数，根据 HotellingT^2 统计量和平方预测误差 SPE 的定义计算出统计控制限的数值解为 95%。在得到参考主元模型后，将该设备 8×2000 的异常数据作为测试样本输入到主元模型中，当系统发生异常时，就会在各个尺度上识别到相应显著事件的发生，将各个尺度上大于统计控制限的小波系数给予保留，然后对保留的小波系数进行小波重构，得到重构的数据矩阵。计算出重构后数据矩阵小波系数协方差矩阵、主元的分向量和载荷向量，并根据 HotellingT^2 统计量和平方预测误差 SPE 的定义计算出重构数据矩阵的 T^2 和 Q 统计量，当重构数据矩阵的 T^2 和 Q 统计量超过了参考主元模型所设定的统计控制限时，就会发出异常警报，从而实现异常工况识别。

图 4-10、图 4-11 为用传统 PCA、传统 KPCA、SKPCA、MSKPCA、基于滑动窗口多尺度主元分析（MW-MSKPCA）对 8 个振动信号诊断后得到的 SPE 图及 T^2 图。

在图 4-10 中，从图 4-10(a)～(e) 依次为采用传统 PCA、传统 KPCA、SKPCA、MSKPCA 和 MW-MSKPCA 算法所得到的 SPE 统计控制图。

从图 4-10(a) 来看，因为没有涉及滤波问题，所以没有出现边缘效应，但是都不同程度地出现了漏报和误报。其中图 4-10(a) 中漏报了 624～628 和 954～970 两个样本区间的异常，而从图 4-10(b)～(d) 的异常诊断结果中可以看出，SKPCA 方法虽然可以判断出异常的发生，但在第 986 个样本点附近发生了漏报。SKPCA 算法在统计过程的中途部分具有很好的效果，能够准确地诊断出异常发生的位置，但在第 1900 个样本点附近产生了误报，这也正好说明了边缘效应的影响。与传统 KPCA 和 SKPCA 相比，MSKPCA 算法和 MW-MSKPCA 算法对整个过程诊断的准确率要高，没有出现误报。另外从整个过程的噪声水平来看，SKPCA 和 MSKPCA 算法以及 MW-MSKPCA 算法较之常规的 KPCA 算法，都能很好地消除噪声，但改进的 MSPCA 算法对于处于边缘位置的样本点的去噪效果欠佳，相比之下，MSKPCA 算法和 MW-MSKPCA 算法能更清晰地监测到整个过程的异常信号。

从图 4-10(a)～(e) 整体来看，可以得到一个定性的结论：采用阈值去噪的主元分析算法要优于未考虑噪声影响的主元分析算法，而在阈值去噪的主元分析算法中，采用了边缘滤波器的算法要优于直接对信号进行阈值去噪的主元分析算法。

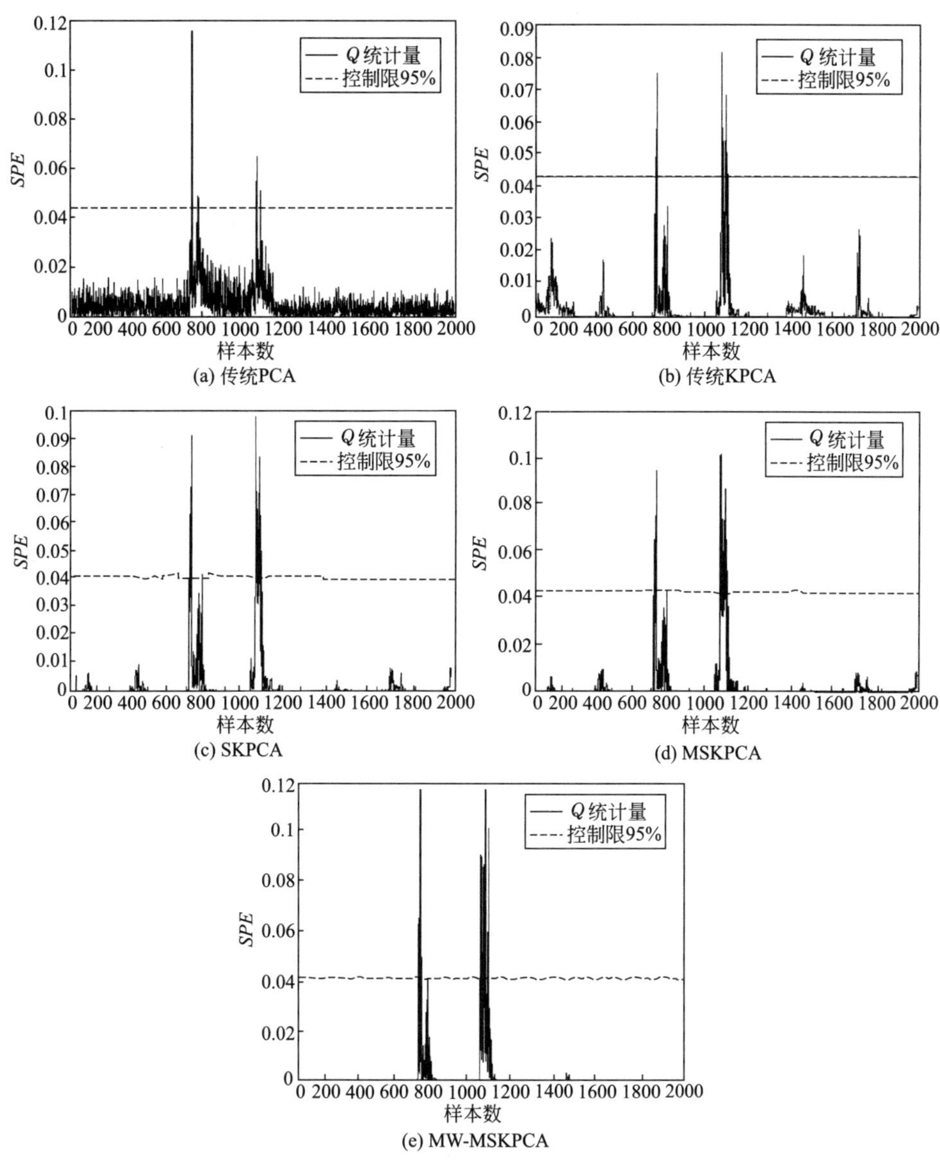

图 4-10 实验数据的 SPE 统计控制图

在完成 SPE 统计图后，下面从 T^2 统计图角度分析了上述 5 种方法对异常的诊断效果，诊断结果如图 4-11 所示，其中从图 4-11(a)～(e) 依次为采用传统

PCA、传统 KPCA、SKPCA、MSKPCA、MW-MSKPCA 算法所得到的 T^2 统计监控图。

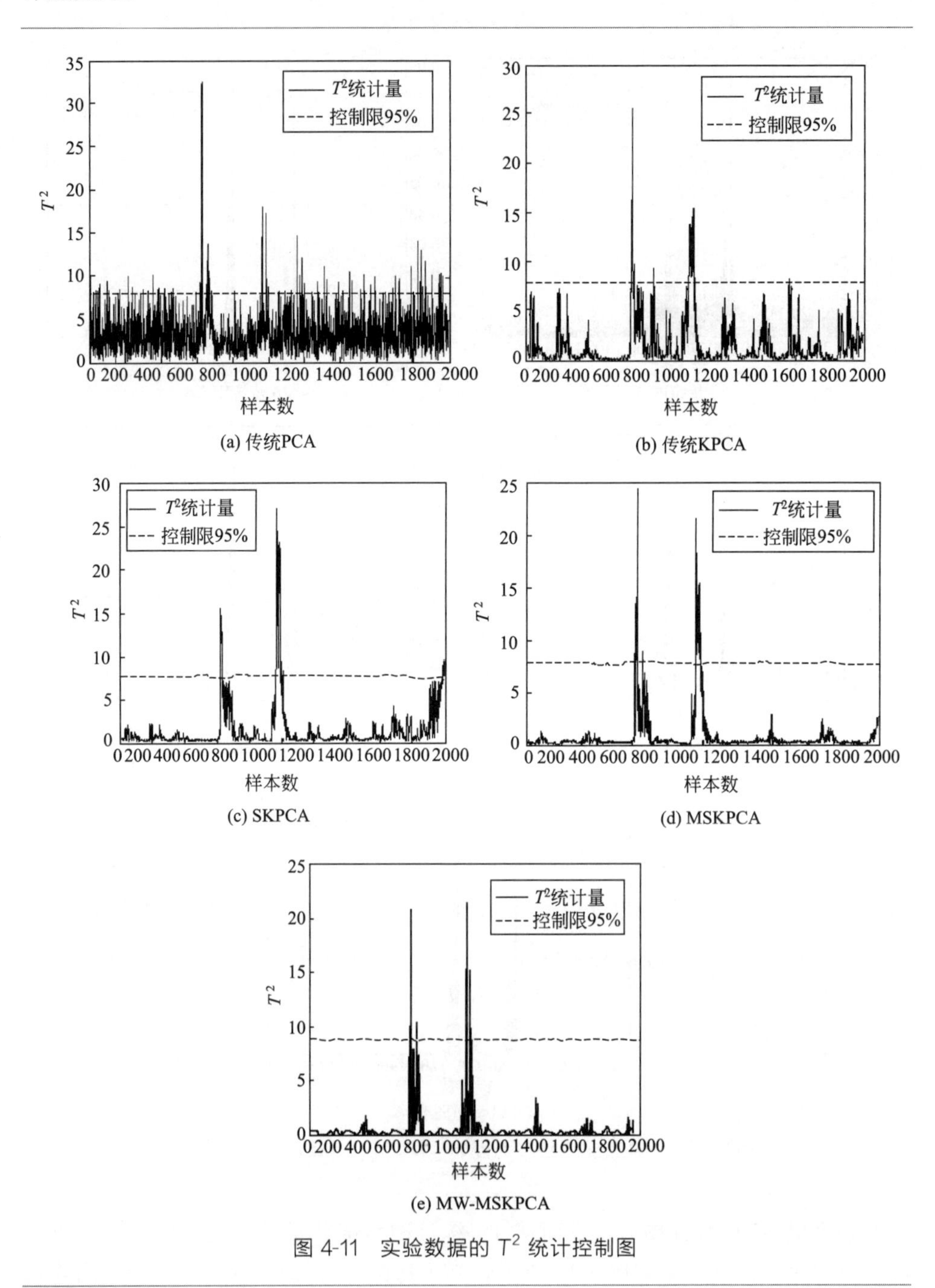

(a) 传统PCA

(b) 传统KPCA

(c) SKPCA

(d) MSKPCA

(e) MW-MSKPCA

图 4-11 实验数据的 T^2 统计控制图

较之图 4-10，图 4-11 的整体效果要更为“杂乱”，这是由两种统计量的自身特点所决定的：SPE 统计量反映的是测量值与主元模型预测值之间的误差平方和，而 T^2 统计量反映的是主元模型内部的主元向量模的变化，对于过程中常见的变量均值、幅值波动、传感器失效等异常情况，T^2 和 SPE 统计量的均值都会发生变化。实际过程监测时，要综合分析 T^2 和 SPE 统计量的变化，不能简单地将异常工况（包括过程工况的变化、过程异常和传感器异常等）与某一统计量单独联系起来。

从图 4-11(a) 来看，因为都没有考虑噪声的影响，传统 PCA 算法明显出现了很多噪声干扰，使得诊断结果不同程度地产生了误报。由于 T^2 统计量反映主元模型内部的主元向量模的变化，而在 PCA 算法中，都没有去除噪声，使得噪声影响累积到主元空间中，而 SPE 统计量是测量值与主元模型预测值之间的误差平方和，能在一定程度上抵消噪声的影响，这正好说明了 SPE 统计监控图要比 T^2 监控图清晰明朗的原因。

而从图 4-11(b)～(e) 的异常诊断结果中可以看出，传统 KPCA 算法在进行异常工况识别时，含有大量的噪声，并且在第 630 和第 1580 个样本点附近出现了明显的误报。图 4-11(c) 显示的 SKPCA 算法能更清晰地监测整个过程的异常信号，但是同样在第 1900 个样本点附近出现了误报。较之前两种情况，图 4-11 (d) 在第 689 个样本点出现了误报，而图 4-11(e) 的误报要稍微多一点，在第 692～694 的样本区间出现了误报，并且在第 961～964 样本区间出现了漏报。

在通过多元统计监控图完成对该设备异常发生的时间诊断之后，从数据的三维贡献图出发对该设备异常发生的位置进行了诊断分析，诊断结果如图 4-12 所示，其中图 4-12(a)～(e) 依次为采用传统 PCA、传统 KPCA、SKPCA、MSKPCA、MW-MSKPCA 算法所得到的三维贡献图。从图 4-12(a)～(c) 中可以看出安装在该设备上的 8 个传感器所采集到的数据呈现出相互纠缠的状态，很难确定异常发生的准确部位，而图 4-12(d)、(e) 可以清晰地看出异常发生在第 1 个和第 2 个传感器所在位置，其中图 4-12(e) 中第 2 个传感器的贡献要比图 4-12(d) 中的贡献程度大，这更能说明异常发生在第 2 个传感器所在位置。因此可以得到这样的结论：在对异常定位方面，采用 MSKPCA 与 MW-MSKPCA 效果类似，二者明显优于其他三种算法。

为了定量描述 5 种算法的异常诊断准确性，定义了异常诊断的准确率 A，即：

$$A=\sqrt{\frac{\sigma_{T^2}^2+\sigma_{SPE}^2}{2}} \tag{4-15}$$

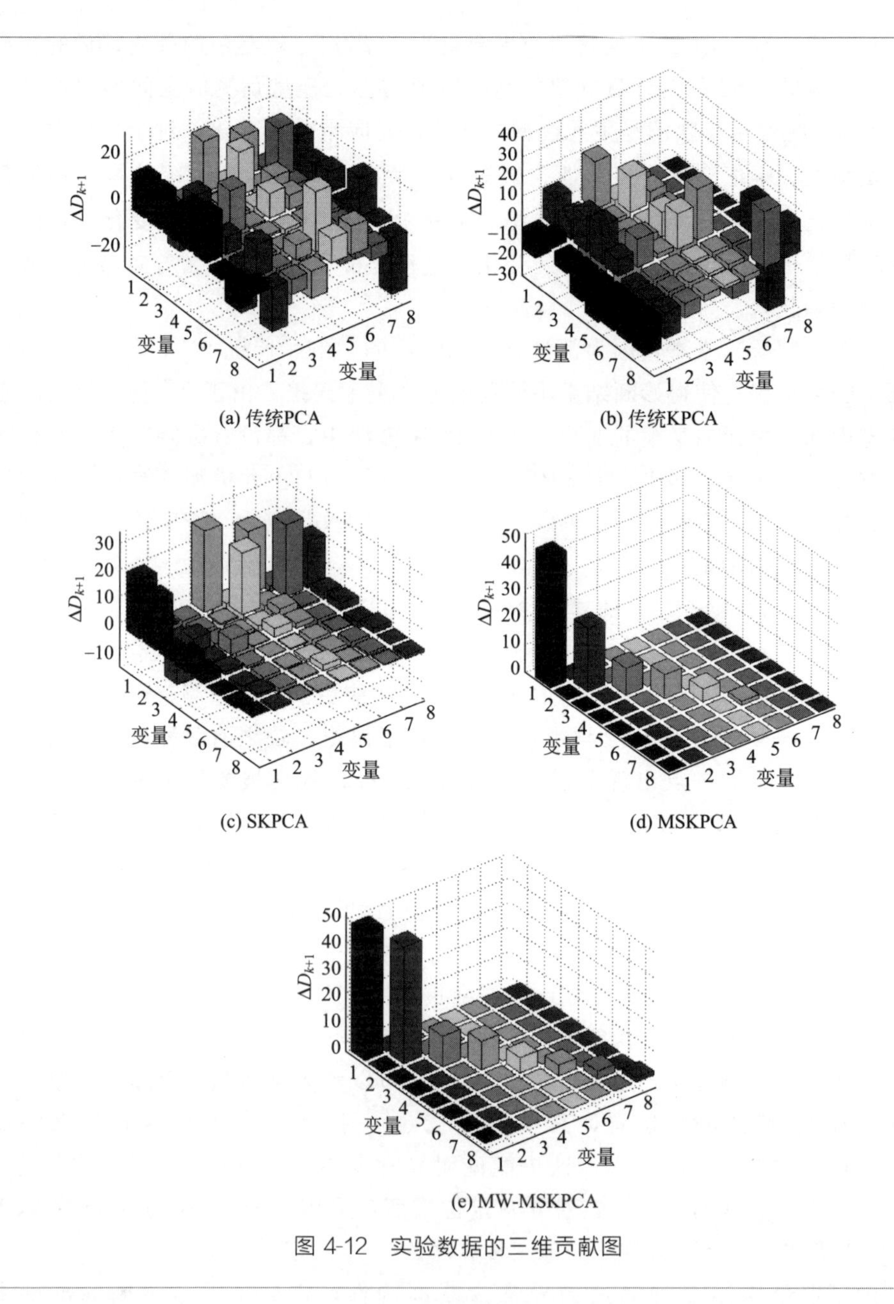

(a) 传统PCA

(b) 传统KPCA

(c) SKPCA

(d) MSKPCA

(e) MW-MSKPCA

图 4-12 实验数据的三维贡献图

式中，σ_{T^2} 和 σ_{SPE} 分别为用 T^2 与 SPE 统计监控图进行异常诊断的准确率，即：

$$\begin{cases}\sigma_{T^2}=1-(\eta_{\mathrm{f}.T^2}+\eta_{\mathrm{o}.T^2})\\ \sigma_{SPE}=1-(\eta_{\mathrm{f}.SPE}+\eta_{\mathrm{o}.SPE})\end{cases} \tag{4-16}$$

式中，
$$\begin{cases} \eta_{\mathrm{f}.T^2}=\dfrac{n_{T^2}}{N} \\ \eta_{\mathrm{f}.SPE}=\dfrac{m_{SPE}}{N} \end{cases} \tag{4-17}$$

式中，η_{f} 为异常误报率；η_{o} 为异常漏报率；n_{T^2} 为误报的样本点数；m_{SPE} 为漏报的样本点数；N 为发生异常的总样本点数。

根据式(4-15)～式(4-17) 可得到以上 5 种算法的准确率，计算结果如表 4-4 所示。

表 4-4　5 种算法准确率比较

方法种类	统计量	漏报率	误报率	准确率
传统 PCA	T^2	6.56%	40.98%	53.28%
	SPE	36.07%	9.84%	
传统 KPCA	T^2	3.28%	13.11%	85.43%
	SPE	6.56%	8.20%	
SKPCA	T^2	1.64%	11.48%	89.43%
	SPE	3.28%	5.92%	
MSKPCA	T^2	1.64%	5.92%	95.26%
	SPE	3.28%	1.64%	
MW-MSKPCA	T^2	5.92%	6.56%	93.57%
	SPE	1.64%	0	

从表 4-4 中可以看出，传统 PCA 算法的准确率最低，只达到 53.28%，而 MSKPCA 算法的准确率最高，能达到 95.26%，MW-MSKPCA 也达到了 93.57%的准确率。对比分析如下。

① PCA 是一种基于数据协方差结构的方法，主元模型一旦建立就不再改变，但实验数据却是时变的，因此 PCA 对一个动态非平稳过程特性的描述并不准确。

② PCA 对数据的理解属于单尺度，而不是从多尺度的角度来理解数据本身的特征，因此它不能充分提取动态数据中载有的信息。

③ PCA 本质来说是一种线性变换，在处理非线性问题时存在先天不足，因此在处理该设备这种动态非线性非平稳的数据中，准确率不高是正常的。

④ MSKPCA 的准确率要比传统 PCA、KPCA 模型的准确率高，但是忽略了噪声对识别结果的影响，所以其异常工况识别的准确率只有 89.43%，要低于 MSKPCA。

⑤ MSKPCA 与 MSKPCA 算法都考虑了数据的多尺度和时变特性以及噪声

对统计模型造成的偏差，但是 MSKPCA 算法只是直接对小波系数进行阈值去噪，在去噪过程中忽略边缘效应的影响，从图 4-10(d) 和图 4-11(d) 中可以看出，在 1900 的样本点附近都出现了明显的误报。

4.3 基于信号分析方法的运行系统异常工况识别

多数情况下，对监测信号的奇异性进行检测，可有效识别出系统运行状态中的异常特征。因此，各种信号分析方法也在运行系统异常工况识别中获得了广泛应用。本节将介绍几种信号奇异值检测方法及其在运行系统异常工况识别中的应用。

4.3.1 信号分析方法与运行异常工况识别

测试信号数据中的突变信号（突变点和不规则的突变部分）称作奇异信号，它经常包含检测对象的重要信息，是信号的重要特征之一。因为信号突变点常常蕴含系统运行过程的重要信息，所以恰当准确地检测出突变点对工况异常和安全控制有非常重要的意义。

由于信号中往往含有各种成分的噪声，给突变信号奇异点的检测和分析带来了困难。传统的基于傅里叶变换的方法不能在时域中对信号作局部化分析，难以检测和分析信号的突变。相对于傅里叶变换，小波变换则具有时频局部化特性，可以根据需要来调节时频窗的宽度，因此小波变换成为了突变信号的检测和分析的有力工具[5]。

小波变换法中，小波变换的系数选择、所选用小波和噪声干扰以及具体的一些参数确定上，会对检测结果造成一定影响，采用小波变换法时，需要进行多分辨率的逼近，因此算法计算量较大，耗时较多。与小波变换的频域分析相比，数学形态学着眼于波形形态，计算简单，仅有加减法和取极值运算，具有并行快速、易于硬件实现的优点。目前数学形态学在一维信号处理方面得到了大量的应用。基于数学形态学的开闭运算滤波器可有效滤除暂态监测信号中的噪声干扰。在完成滤波后，通过形态梯度可以检测出电流电压行波信号的突变时刻。

另外，在突变点的检测方法应用较多的还有 Mann-Kendall 算法、累积和控制图（CUSUM）算法、最小均方差（MSE）法等。其中 Mann-Kendall 算法、CUSUM 算法和 MSE 算法针对无趋势变化的序列检测效果很好，但对于有趋势变化的序列检测出的突变点相比于实际数据有较大出入。针对此类基于历史数据统计信息方法对存在趋势变化的序列检测不佳的问题，有研究人员提出了一种多尺度的直线拟合法，该方法对时间序列分段，然后对每段信号用最小二乘法进行拟合，之后比较相邻拟合后线段的斜率，并认为斜率变化最大的两相邻线段内存在突变点。在该两段线段的范围内缩小拟合尺度，继续使用上述方法进行查找，直至拟合尺度收敛为1，此时斜率变化最大的点即是原时间序列的突变点。

4.3.2 小波奇异值检测及运行异常工况识别

(1) 奇异性的描述

在数学上，信号 $f(x)$ 的奇异性是通过Lipschitz指数来描述的。

设 n 为非负整数，且 $n<\alpha\leqslant n+1$，如果存在两个常数 M 和 h_0 ($M>0$，$h_0>0$) 及 n 次多项式 $g_n(h)$ 使得 $h<h_0$，且

$$|f(x_0+h)-g_n(h)|\leqslant M|h|^{\alpha} \tag{4-18}$$

则称 $f(x)$ 在点 x_0 处为Lipschitz-α 类。如果对所有的 x_0，$x_0+h\in(a,b)$ 式(4-18) 均成立，则 $f(x)$ 在 (a,b) 上是一致的Lipschitz-α 类。

设 $f(x)$ 为连续信号，如果 $f(x)$ 在 x_0 处不是Lipschitz-1类，则称 $f(x)$ 在 x_0 处是奇异的。关于信号的奇异性有如下结论：函数 $f(x)$ 的Lipschitz指数越大，则 $f(x)$ 越光滑。函数在一点连续、可微或不连续但导数有界，Lipschitz指数均为1。如果函数 $f(x)$ 在 x_0 处的Lipschitz指数小于1，称函数 $f(x)$ 在该点是奇异的，因此，函数 $f(x)$ 在 x_0 处的Lipschitz指数刻画了函数在该点的奇异性。

信号的Lipschitz指数可以用其定义来计算，但过于复杂，考虑到小波变换可以确定信号奇异点的位置和定量描述信号局部奇异性的大小，可采用小波系数模极大值来计算信号的奇异点。

对于采用小波变换来确定 $f(x)$ 在点 x_0 的奇异性指数，有以下相关结论。

设小波基具有 n 阶消失矩，并且 n 阶可微，且具有紧支撑。这里 n 为正整数，$\alpha\leqslant n$，$f(x)\in L^2(R)$，如果在 x_0 的邻域内和所有的尺度上，存在一个常数A满足

$$|Wf(s,x)|\leqslant A(s^{\alpha}+|x-x_0|^{\alpha}) \tag{4-19}$$

则 $f(x)$ 在点 x_0 处的Lipschitz指数为 α。上式表明了小波变换与信号 $f(x)$ 在点 x_0 处的Lipschitz指数的关系。由上式可以看出，信号奇异点分部在模极值线上，其Lipschitz指数不等于1，突变信号表现出信号的奇异性。且Lipschitz指数 $\alpha>0$，因此可以利用小波变换来检测分类。

设 x_0 为信号 $f(x)$ 的局部奇异点，则该点处 $f(x)$ 的小波变换取得模极大

值。在离散二进小波变换中，式(4-19) 变为

$$|W_2^j f(s,x)| \leqslant K(2^j)^\alpha (1+|x-x_0|^\alpha) \tag{4-20}$$

式中，j 为二进尺度参数，x 取离散值。由式(4-20) 可得

$$\log_2|W_2^j f(x)| \leqslant \log_2 K + \alpha j + \log_2(1+|x-x_0|^\alpha) \tag{4-21}$$

如果信号在 x_0 处的奇异性指数大于零，那么由式(4-21) 可知，随尺度 j 的增加，小波变换模极大值的对数也增加。

(2) 信号奇异点位置的确定

设一光滑函数 $\theta(x)$，且满足条件 $\theta(x)=O\left(\frac{1}{1+x^2}\right)$ 和 $\int_R \theta(x)\mathrm{d}x \neq 0$，并且定义 $\theta_s(x)=\frac{1}{s\theta(x/s)}$。设

$$\psi(x)=\frac{\mathrm{d}\theta(x)}{\mathrm{d}x}, \psi^2(x)=\frac{\mathrm{d}^2\theta(x)}{\mathrm{d}x^2} \tag{4-22}$$

为两个小波变换函数。对于 $f(x)\in L^2(R)$其小波变换可为

$$W^1 f(s,x)=f*\psi_s^1(x)=s\ \frac{\mathrm{d}}{\mathrm{d}x}(f*\theta_s)(x) \tag{4-23}$$

$$W^2 f(s,x)=f*\psi_s^2(x)=s^2\ \frac{\mathrm{d}^2}{\mathrm{d}x^2}(f*\theta_s)(x) \tag{4-24}$$

式中，$(f*\theta_s)(x)$起着光滑 $f(x)$ 的作用。对每一尺度 s，其 $W^1 f(s,x)$、$W^2 f(s,x)$分别正比于$(f*\theta_s)(x)$的一阶导数和二阶导数。

$f(x)$ 上的奇异点通过小波变换在 $W^1 f(s,x)$上表现为极大值，而在 $W^2 f(s,x)$上则表现为过零点。因此，确定奇异点位置就可以转化为求 $W^1 f(s,x)$的极大值或求 $W^2 f(s,x)$的过零点。求解 $W^1 f(s,x)$的极大值更为方便。

$W^1 f(s,x)$的极大值随着 s 具有传递性，Mallat 曾经证明：如果小波在更小的尺度上不存在局部模极大值，那么在该邻域不可能有奇异点。这表明奇异点的存在与每一尺度的模极大值有关。一般情况下，尺度从大到小，其模极大值点会聚为奇异点，构成一条模极大值曲线。

(3) 数值实例

① 实例 1　某次测试过程得到的曲线如图 4-13(a) 所示。将脉冲信号进行了 5 层小波分解。其各层的细节信号如图 4-13(b) 所示。由图 4-13(b) 可以发现在细节信号的 d_1、d_2 上能比较准确地确定信号奇异点的位置，而在 d_3、d_4、d_5 上却不能。这说明利用小波变换在 d_1、d_2 上能较为准确地检测出脉冲信号奇异点的位置。

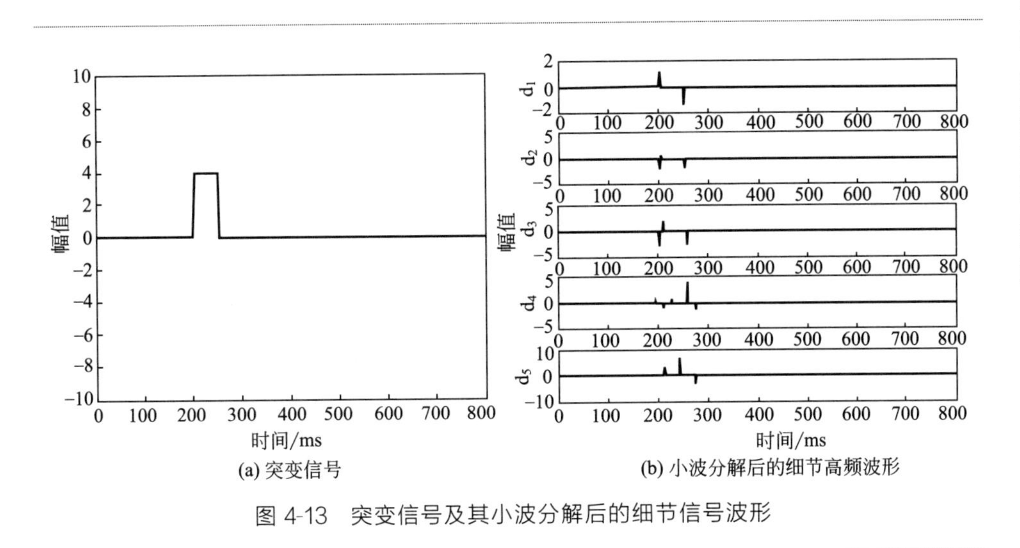

(a) 突变信号 (b) 小波分解后的细节高频波形

图 4-13 突变信号及其小波分解后的细节信号波形

② 实例 2 局部携带高频信息的信号如图 4-14(a) 所示。经小波 5 层分解后的各层高频信息如图 4-14(b) 所示。由图 4-14(b) 可以看出在小波分解的第 1 层（d_1）与第 2 层（d_2）信号奇异点能比较精确地被确定。而第 3 层（d_3）与第 4 层（d_4）以及第 5 层（d_5）却不能精确地反映出信号奇异点的位置。

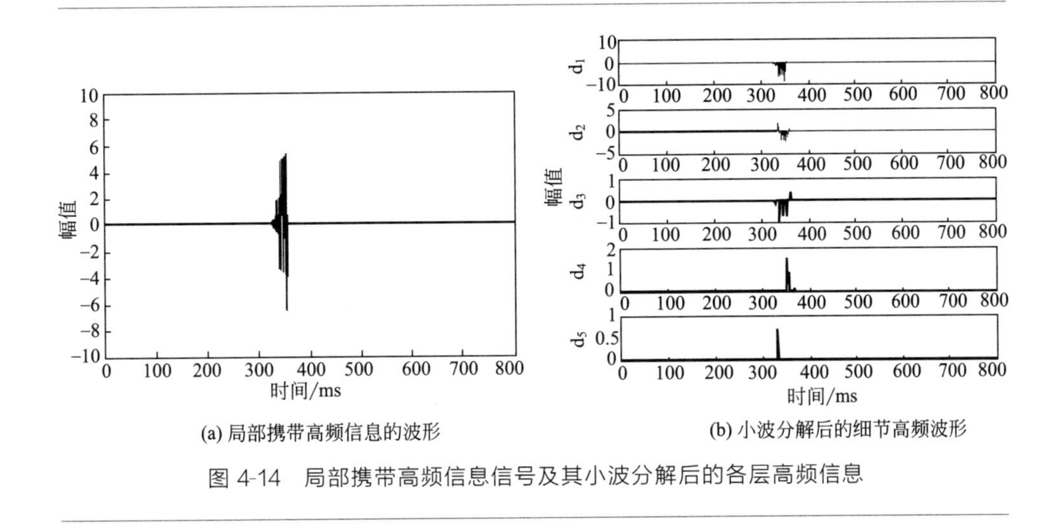

(a) 局部携带高频信息的波形 (b) 小波分解后的细节高频波形

图 4-14 局部携带高频信息信号及其小波分解后的各层高频信息

③ 实验分析实例 对某发动机振动测试信号的奇异点和变化率进行分析。测试信号 A6 如图 4-15(a) 所示，图 4-15(b)～(f) 为对 A6 信号的奇异点分析结果。图中“米”字形点为分析出的奇异点，在奇异点上的线段为奇异点的变化幅度。

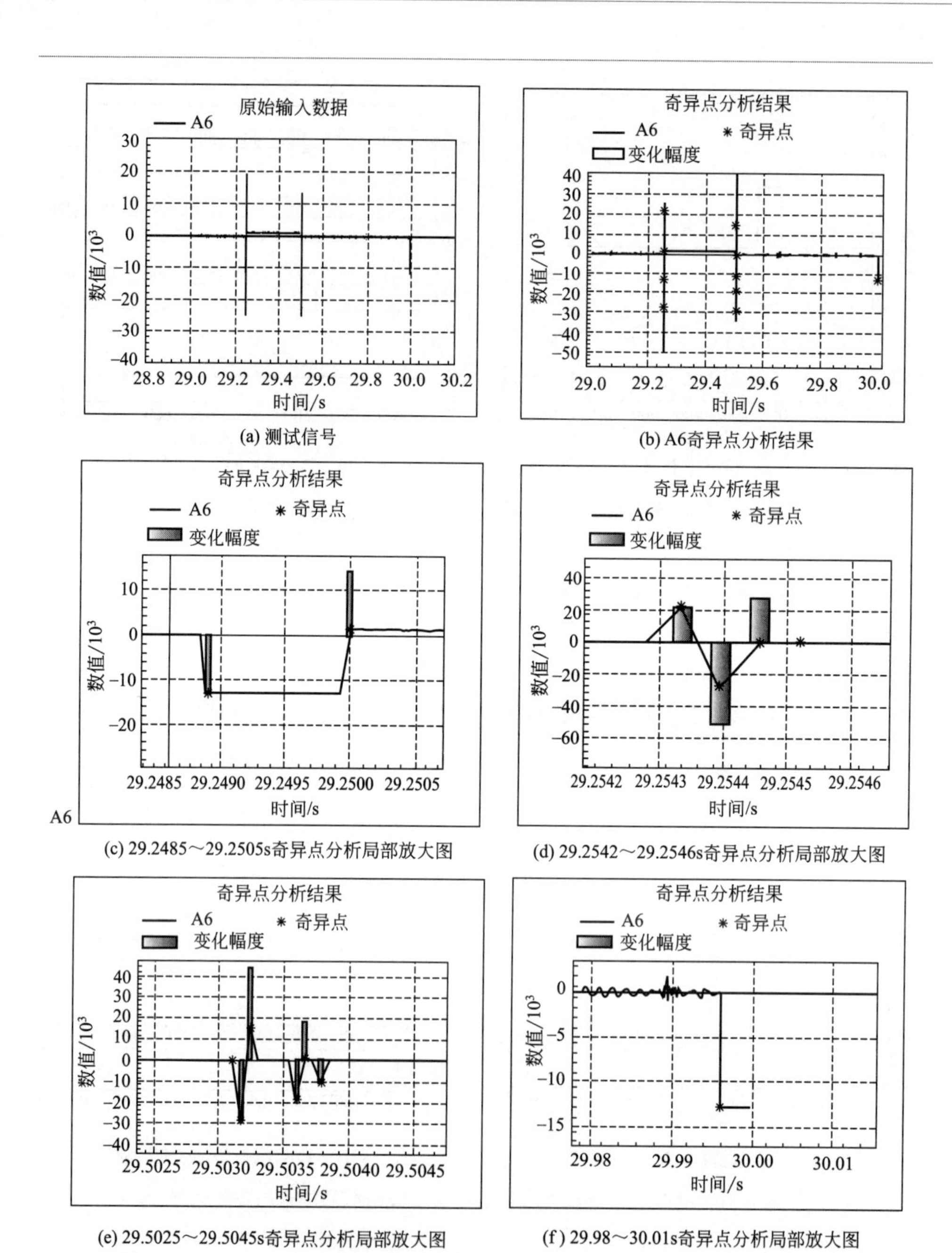

(a) 测试信号

(b) A6奇异点分析结果

(c) 29.2485～29.2505s奇异点分析局部放大图

(d) 29.2542～29.2546s奇异点分析局部放大图

(e) 29.5025～29.5045s奇异点分析局部放大图

(f) 29.98～30.01s奇异点分析局部放大图

图 4-15 测试信号 A6 及其奇异点分析结果

从以上对变量曲线 A6 的奇异点分析结果可知，在曲线的拐点处和信号有较大变化的地方，算法能将奇异点找出来，同时计算出变化的幅度。在图 4-15 中可以看到奇异点分布在时间范围 29.2～29.3、29.5 以及 30.0 区域。在这些时间区域正好是曲线变化较大的区域，因此理论上的算法设计与实际实验结果吻合。

4.4 基于模式分类的运行系统异常工况识别

随着现代工业生产设备的日益大型化、复杂化、网络化和自动化，测量点成倍增多，数据的高速传输使得数据的在线采集量明显增大。如何利用海量的在线监测数据，快速准确地判断设备工况和识别故障模式，成为了当前工业过程监测的热点问题。模式分类方法的不断发展，为在线监测和运行工况自动识别提供了可能。本节主要介绍基于聚类分析的运行系统异常工况识别方法及其应用案例。

4.4.1 模式分类与运行系统异常工况识别

在异常工况识别中，可针对数据的相似程度进行聚类，将聚类结果中属于同一类的参数取值按时间求平均，以该平均值曲线作为对系统工况进行分析的依据。更进一步，还可将历史测试数据与新测试数据进行聚类，能分析新测试数据的一致性，并对未来测试数据进行预测。

在工况识别应用中，目前比较流行的做法是对传统的 K-means 算法进行改进，现在已经有研究人员分别提出了遗传优化 K 均值算法、递推式最优选取 K 值算法，然后将其应用到各种复杂系统的工况识别中[6]。另外就是将 K 均值算法和各种前置算法组合，形成各种组合聚类方法，比如结合 PCA 与 K 均值聚类的组合聚类算法，结合自组织映射（self-organizing map，SOM）和与 K 均值聚类的组合聚类算法，结合神经网络与 K 均值聚类的组合聚类算法。

模糊 C 均值聚类由于引入了模糊的概念，克服了传统硬分类算法对样本点的归属非此即彼的缺点，在聚类时能将系统本质上的不确定性考虑在内，使得聚类方法在实际应用中的应用效果得到加强。在进行模糊 C 均值聚类时，需要指定聚类数目，也需要建立一个目标函数用于度量全局最优的标准，也即是样本分布达到预期目标的程度。在计算该目标函数时，为每一个数据赋予一个独有的隶属度函数，以表征该数据属于某个聚类中心的程度。聚类中心通过对隶属度的迭代更新得到。而且还需要根据隶属度函数对数据所归属的类别作一判定。目前主要的改进方式有：改进距离的计算方式、对隶属度的约束程度进行改进、与其他算法相结合。

谱聚类直接利用样本点间的相似度进行聚类分析，这与经典聚类算法不同。所以谱聚类在任意分布的簇类结构中都能得到全局最优，这使得它免于受到数据集中簇类形状的影响，同时也保证它不易陷入局部最优。因此，谱聚类算法也在工况识别中得到了活跃的探索性应用。传统的谱聚类算法一般步骤可以总结如下：首先，根据数据集中样本点的相似度创建数据集的加权图，并得到数据集的拉普拉斯矩阵；第二，计算拉普拉斯矩阵的特征向量，并在此基础上构建其特征向量空间；第三，使用 K 均值等一些传统的聚类算法对映射到特征空间中的数据点进行聚类。谱聚类算法的不足之处在于其对尺度参数敏感，并需要确定聚类数等。

SVM 等分类算法也在异常工况识别中得到了应用。结合具体的应用场景，首先提取能表征工况的特征参量，然后用样本数据训练 SVM 分类器，从而达到异常工况识别的目的。

4.4.2 基于潜在信息聚类的工况在线识别

参数估计法使估计得到的参数与系统的物理参数或模型参数建立一一对应关系。与其他方法结合使用，能够有效地提高系统异常工况识别、故障模式识别、诊断与分离性能，所以受到广大研究者和工程师的青睐。在已有的工作中，涌现出了大量的基于参数估计方法的应用及改进算法：基于参数估计的方法被用于技术过程系统的定向故障诊断与隔离，利用加权最小二乘法进行参数估计；结合参数估计和模糊推理，得到了相应的基于模型的故障检测和诊断方法，并在直流伺服电机得到应用；通过有界噪声的测量，对多个非时变参数进行参数估计，由此提出了基于有界噪声的测量参数集估计的故障检测和诊断；通过基于稀疏网格上直接搜索的参数估计技术对感应式电机的定子故障实现了诊断；基于参数集估计的故障检测和诊断方法被提出。这些方法都是通过参数估计，将估计的参数与原来模型的参数进行对比，用残差或是阈值对故障进行度量和检测。对于大型工程系统而言，由于物理机构复杂，相应的结构参数众多，如何快速跟踪参数的变化，实现基于参数的故障模式识别成为了研究热点。因此，传统的依赖单一参数估计的工况识别方法受到了挑战。

利用模式识别，结合参数估计的故障识别的研究成为了很自然的选择。聚类方法相对分类方法而言，能采用在线自学习的方式对新的参数分布建立新类，从而具有更好的在线工况识别能力。聚类方法的不断发展，为在线监测和自适应故障诊断提供了可能。Angelov 等人在 T-S 模糊模型的在线识别方法中首次提出了潜在信息（information potential）这个概念，随后 Milena Petkovic′等人提出了在线自适应聚类过程监测和故障检测，将潜在信息聚类应用于故障诊断，提高了故障模式在线识别的自适应能力[7]。但是此方法在结构参数估计中采用了经典 Kalman 滤波。经典 Kalman 滤波在参数突变情形下，参数估计时间会明显变长，甚至会出现参数发散不收敛，得到错误的判断和聚类，降低了故障模式识别的准确性、快速性和自适应能力。使用扩展 Kalman 滤波则可以改进以上不足[8]。

本节给出一种突变故障的潜在信息聚类识别方法，该方法根据突变故障情况下系统动态特性变化，重置 Kalman 滤波的方差以快速和准确地跟踪系统结构参数的突变，提高潜在信息聚类在线识别的鲁棒性和自适应能力，保障过程故障识别的正确性及有效性。

(1) 潜在信息

令 $\boldsymbol{z}_k \in \boldsymbol{R}^n$ 表示在离散时刻 $k \in \{0,1,2,\cdots\}$ 时，从过程数据中提取的特征向量。设 $\boldsymbol{Z}_k = (\boldsymbol{z}_0, \boldsymbol{z}_1, \cdots, \boldsymbol{z}_k) \in \boldsymbol{R}^n_{k+1} = \underbrace{\boldsymbol{R}^n \times \boldsymbol{R}^n \times \cdots \times \boldsymbol{R}^n}_{k+1\text{次}}$ 表示 k 时刻的所有过程特征有序集合。

定义 4.3 潜在信息

$$I_\lambda(\boldsymbol{z}_k, \boldsymbol{Z}_k) = \frac{1}{1 + S_\lambda(\boldsymbol{z}_k, \boldsymbol{Z}_k)} \tag{4-25}$$

$$S_\lambda(\boldsymbol{z}_k, \boldsymbol{Z}_k) = (1-\lambda)\sum_{i=0}^{k} \lambda^{k-i} \| \boldsymbol{z}_k - \boldsymbol{z}_i \|_{\boldsymbol{W}}^2, \boldsymbol{z}_i \in \boldsymbol{Z}_k \tag{4-26}$$

其中，遗忘因子 $\lambda \in (0,1)$，$\| q \|_W^2 = \boldsymbol{q}\boldsymbol{W}\boldsymbol{q}^{\mathrm{T}}$，$\boldsymbol{W}$ 为 n 维对称正定阵，加权平均平方距离 $S_\lambda(\boldsymbol{z}_k, \boldsymbol{Z}_k)$ 表示 k 时刻产生的特征向量 $\boldsymbol{z}_k$ 与当前的所有特征向量集合 $\boldsymbol{Z}_k$ 的差异程度。加权平均平方距离计算更有效地定义了特征向量缩放和旋转，从而增强了在特征空间中给定的各向非同性测量的多功能性。潜在信息 $\boldsymbol{I}_\lambda(\boldsymbol{z}_k, \boldsymbol{Z}_k)$ 是一个相关的相似性度量。

由式(4-25) 和式(4-26) 可知，不管特征向量 $\boldsymbol{z}_i$ 和 $\boldsymbol{z}_k$ 如何取值，平均平方距离 $S_\lambda(\boldsymbol{z}_k, \boldsymbol{Z}_k)$ 都是正数。潜在信息是以一个分数的形式给出的，从而得出潜在信息的取值范围为 $I_\lambda(\boldsymbol{z}_k, \boldsymbol{Z}_k) \in (0,1], \forall \boldsymbol{z}_i \in \boldsymbol{R}^n, \forall \boldsymbol{Z}_k \in \boldsymbol{R}^n_k$。

引理 4.2 设 $S_k = S_\lambda(\boldsymbol{z}_k, \boldsymbol{Z}_k)$ 表示在采样时间 k，相应的特征向量 $\boldsymbol{z}_k$ 与历史特征集合 $\boldsymbol{Z}_k$ 的加权平均平方距离，当 $k \geqslant 1$ 时，有如下递归公式：

$$\boldsymbol{F}_k = \lambda \boldsymbol{F}_{k-1} + \lambda L_{k-1}(\boldsymbol{z}_{k-1} - \boldsymbol{z}_{k-2}) \tag{4-27}$$

$$L_k = \lambda(L_{k-1} + 1) \tag{4-28}$$

$$S_k = \lambda S_{k-1} + 2\lambda(1-\lambda)(\boldsymbol{z}_k - \boldsymbol{z}_{k-1})^{\mathrm{T}} \boldsymbol{W} \boldsymbol{F}_k + \lambda(1-\lambda) \| \boldsymbol{z}_k - \boldsymbol{z}_{k-1} \|_{\boldsymbol{W}}^2 L_k \tag{4-29}$$

$$\boldsymbol{F}_k = \sum_{i=0}^{k-1} \lambda^{k-i} (\boldsymbol{z}_{k-1} - \boldsymbol{z}_i) = \sum_{i=0}^{k-2} \lambda^{k-i} (\boldsymbol{z}_{k-1} - \boldsymbol{z}_i) \tag{4-30}$$

$$L_k = \sum_{i=0}^{k-1} \lambda^{k-i} \tag{4-31}$$

其中，$\boldsymbol{F}_k \in \boldsymbol{R}^n, L_k \in \boldsymbol{R}$，初始值为 $S_0 = 0, F_0 = 0, L_0 = 0$。

备注 4.1 由式(4-31) 给出的变量 L_k 是随着时间变化的，显然 L_k 的变化过程与特征向量的值是独立的。由等比数列的性质得到：

$$L_k=\frac{1-\lambda^k}{1-\lambda} \tag{4-32}$$

由于整体的递归是依赖于离散时间变量 k 的，所有并没有直接使用式(4-32)来进行迭代。然而，可以看出随着 k 的增加，L_k 可以迅速收敛，即 L_k 的常数极限值为$\frac{1}{1-\lambda}$，从而通过将该极限值赋给 L_k 近似实现整体递归式(4-27)～式(4-29)。

引理 4.3 设 z 为一个固定的特征向量，$\boldsymbol{Z}_k$ 是随时间变化的历史特征集，当 $k\geqslant 1$ 时，存在

$$S_\lambda(\boldsymbol{z},\boldsymbol{Z}_k)=\lambda S_\lambda(\boldsymbol{z},\boldsymbol{Z}_k)+(1-\lambda)\left\|\boldsymbol{z}-\boldsymbol{z}_k\right\|_{\boldsymbol{W}}^2 \tag{4-33}$$

其中 $S_\lambda(\boldsymbol{z},\boldsymbol{Z}_k)=(1-\lambda)\parallel \boldsymbol{z}-\boldsymbol{z}_0\parallel$。

(2) 离散系统 Kalman 滤波[6]

要实现异常检测，重点在于选择合适的特征向量以完成（1）中所述的潜在信息递归计算，为了适应 Kalman 滤波，选取系统结构特征参数为状态，通过离散化构建状态空间方程。用滤波后得到的状态（特征向量）构造特征向量空间。

设线性系统的动态方程如下：

$$\begin{cases}\boldsymbol{X}(k+1)=\boldsymbol{\Phi}(k+1,k)\boldsymbol{X}(k)+\boldsymbol{\Gamma}(k+1,k)\boldsymbol{W}(k)\\ \boldsymbol{Y}(k)=\boldsymbol{H}(k)\boldsymbol{X}(k)+\boldsymbol{V}(k)\end{cases} \tag{4-34}$$

式中，$\boldsymbol{\Phi}(k+1,k)$ 是状态转移矩阵；$\boldsymbol{H}(k)$ 为量测矩阵；$\boldsymbol{W}(k)$ 和 $\boldsymbol{V}(k)$ 为零均值的白噪声序列，$\boldsymbol{W}(k)$ 与 $\boldsymbol{V}(k)$ 相互独立，在采样间隔内，$\boldsymbol{W}(k)$ 和 $\boldsymbol{V}(k)$ 为常值，其统计特性如下：

$$\begin{cases}E\{\boldsymbol{W}(k)\}=0,Cov\{\boldsymbol{W}(k),\boldsymbol{W}(j)\}=\boldsymbol{Q}_k\delta_{kj}\\ E\{\boldsymbol{V}(k)\}=0,Cov\{\boldsymbol{V}(k),\boldsymbol{V}(j)\}=\boldsymbol{R}_k\delta_{kj}\quad ,\delta_{kj}=\begin{cases}1,k\neq j\\0,k=j\end{cases}\\ Cov\{\boldsymbol{W}(k),\boldsymbol{V}(j)\}=0\end{cases} \tag{4-35}$$

式中，$\boldsymbol{Q}_k$ 和 $\boldsymbol{R}_k$ 分别为 $\boldsymbol{W}$ 和 $\boldsymbol{V}$ 的均方差矩阵。状态向量的初始值 $\boldsymbol{X}(0)$ 的统计特性给定为：

$$E\{\boldsymbol{X}(0)\}=\mu_0;Var\{\boldsymbol{X}(0)\}=E\{[\boldsymbol{X}(0)-\mu_0][\boldsymbol{X}(0)-\mu_0]^{\mathrm{T}}\}=P_0。$$

则该离散系统 Kalman 最优滤波的基本公式如下［分别是滤波估计方程（K 时刻的最优值）、状态的一步预测方程、滤波增益方程（权重）、均方误差的一步预测、均方误差更新矩阵］：

$$\hat{\boldsymbol{X}}(k|k)=\hat{\boldsymbol{X}}(k|k-1)+\boldsymbol{K}(k)[\boldsymbol{Z}(k)-\boldsymbol{H}(k)\hat{\boldsymbol{X}}(k|k-1)]$$

$$
\begin{gathered}
\hat{\boldsymbol{X}}(k|k-1)=\boldsymbol{\Phi}(k,k-1)\hat{\boldsymbol{X}}(k-1|k-1)\\
\boldsymbol{K}(k)=\boldsymbol{P}(k|k-1)\boldsymbol{H}^{\mathrm{T}}(k)\left[\boldsymbol{H}(k)\boldsymbol{P}(k|k-1)\boldsymbol{H}(k)+\boldsymbol{R}_k\right]^{-1}\\
\boldsymbol{P}(k|k-1)=\boldsymbol{\Phi}(k|k-1)\boldsymbol{P}(k-1|k-1)\boldsymbol{\Phi}^{\mathrm{T}}(k|k-1)+\boldsymbol{\Gamma}(k|k-1)\boldsymbol{Q}_{k-1}\boldsymbol{\Gamma}^{\mathrm{T}}(k|k-1)\\
\boldsymbol{P}(k|k)=\left[I-\boldsymbol{K}(k)\boldsymbol{H}(k)\right]\boldsymbol{P}(k|k-1)\left[\boldsymbol{I}-\boldsymbol{K}(k)\boldsymbol{H}(k)\right]^{\mathrm{T}}+\boldsymbol{K}(k)\boldsymbol{R}_k\boldsymbol{K}^{\mathrm{T}}(k)
\end{gathered}
\tag{4-36}
$$

(3) 基于 Kalman 滤波的时变参数估计

Kalman 滤波器除了用于动态系统的状态估计外，还可以用于动态系统参数的在线辨识，特别是时变参数的估计。设被识别系统可由下列差分方程描述：

$$
\begin{aligned}
&\boldsymbol{y}(k)+a_1\boldsymbol{y}(k-1)+a_2\boldsymbol{y}(k-2)+\cdots+a_n\boldsymbol{y}(k-n)=\\
&b_1\boldsymbol{u}(k-1)+b_2\boldsymbol{u}(k-2)+\cdots+b_m\boldsymbol{u}(k-m)+\boldsymbol{e}(k)
\end{aligned}
\tag{4-37}
$$

式中，$\boldsymbol{u}(k)$、$\boldsymbol{y}(k)$ 分别为系统的输入输出序列；$a_i(i=1,2,\cdots,n)$、$b_j(j=1,2,\cdots,m)$为系统未知参数；$\boldsymbol{e}(k)$ 为零均值高斯白噪声序列，且$E\{\boldsymbol{e}(k)\boldsymbol{e}^{\mathrm{T}}(k)\}=\boldsymbol{R}_k\delta_{kj}$。

采用 Kalman 滤波器估计系统参数时，首先应将系统的未知参数看作是未知状态，然后，将描述系统动态的差分方程式（4-37）转换成相应的状态空间方程，为此，令

$$
\begin{cases}
x_1(1)=a_1(k),x_2(k)=a_2(k)\\
\cdots\\
x_n(1)=a_n(k),x_{n+1}(k)=b_1(k)\\
\cdots\\
x_{n+m}(k)=b_m(k)
\end{cases}
\tag{4-38}
$$

$$
\begin{cases}
x_1(k+1)=a_1(k)+w_1(k)\\
x_2(k+1)=a_2(k)+w_2(k)\\
\cdots\\
x_n(k+1)=a_n(k)+w_n(k)\\
x_{n+1}(k+1)=b_1(k)+w_{n+1}(k)\\
\cdots\\
x_{n+m}(k+1)=b_m(k)+w_{n+m}(k)
\end{cases}
\tag{4-39}
$$

式中，$\{w_i(k)\}(i=1,2,\cdots,n+m)$表示参数中的噪声部分。假如它们都是零均值高斯白噪声序列，而且

$$
\begin{aligned}
\boldsymbol{X}^{\mathrm{T}}(k)&=\left[x_1(k),x_2(k),\cdots,x_n(k),x_{n+1}(k),\cdots,x_{n+m}(k)\right]\\
&=\left[a_1(k),a_2(k),\cdots,a_n(k),b_1(k),\cdots,b_m(k)\right]
\end{aligned}
\tag{4-40}
$$

其中 $w_i(k)$ 相互独立。由式(4-38) 可得 $n+m$ 维向量表示系统的待估参

数。由式(4-39)可以写出系统状态方程为

$$\boldsymbol{X}(k+1)=\boldsymbol{X}(k)+\boldsymbol{W}(k) \tag{4-41}$$

式中，$\boldsymbol{W}(k)$ 为由 $w_i(k)(i=1,2,\cdots,n+m)$ 组成的向量，且 $E\{\boldsymbol{W}(k)\boldsymbol{W}^{\mathrm{T}}(j)\}=\boldsymbol{Q}_k\delta_{kj}$。再令

$$\boldsymbol{H}(k)=[-y(k-1),-y(k-2),\cdots,-y(k-n),u(k-1),\cdots,u(k-m)] \tag{4-42}$$

则由系统动态方程式(4-37)，可以写出系统的观测方程为

$$\boldsymbol{y}(k)=\boldsymbol{H}(k)\boldsymbol{X}(k)+\boldsymbol{e}(k) \tag{4-43}$$

将式(4-41)和式(4-43)作为状态空间方程，即

$$\begin{cases}\boldsymbol{X}(k+1)=\boldsymbol{X}(k)+\boldsymbol{W}(k)\\ \boldsymbol{y}(k)=\boldsymbol{H}(k)\boldsymbol{X}(k)+\boldsymbol{e}(k)\end{cases} \tag{4-44}$$

直接利用 Kalman 滤波的基本方程（令 $\boldsymbol{\Phi}=\boldsymbol{I}$，$\boldsymbol{\Gamma}=\boldsymbol{I}$）可得其辨识算法公式如下：

$$\hat{\boldsymbol{X}}(k|k)=\hat{\boldsymbol{X}}(k-1|k-1)+\boldsymbol{K}(k)\boldsymbol{y}(k)-\boldsymbol{H}(k)\hat{\boldsymbol{X}}(k-1|k-1) \tag{4-45}$$

$$\boldsymbol{K}(k)=\boldsymbol{P}(k|k-1)\boldsymbol{H}^{\mathrm{T}}(k)[\boldsymbol{H}(k)\boldsymbol{P}(k|k-1)\boldsymbol{H}^{\mathrm{T}}(k)+\boldsymbol{R}_k]^{-1} \tag{4-46}$$

$$\boldsymbol{P}(k|k-1)=\boldsymbol{P}(k-1|k-1)+\boldsymbol{Q}_{k-1} \tag{4-47}$$

$$\begin{aligned}\boldsymbol{P}(k|k)&=\boldsymbol{I}-\boldsymbol{K}(k)\boldsymbol{H}(k)\boldsymbol{P}(k|k-1)\boldsymbol{I}-\boldsymbol{K}(k)\boldsymbol{H}^{\mathrm{T}}(k)+\boldsymbol{K}(k)\boldsymbol{R}_k\boldsymbol{K}^{\mathrm{T}}(k)\boldsymbol{P}(k|k)\\&=\boldsymbol{I}-\boldsymbol{K}(k)\boldsymbol{H}(k)\boldsymbol{P}(k|k-1)\end{aligned} \tag{4-48}$$

式中，递推初始值 $\hat{\boldsymbol{X}}(0|0)=\overline{\boldsymbol{X}}(0),\boldsymbol{P}(0|0)=\boldsymbol{P}(0)=Var\{\overline{\boldsymbol{X}}(0)\},\boldsymbol{Q}_k$ 为协方差矩阵，$\hat{\boldsymbol{X}}(k|k)$为 Kalman 滤波的参数辨识结果。

(4) 基于 Kalman 滤波的突变参数估计

式(4-45)～式(4-48)所描述的 Kalman 滤波能够对系统参数缓变情形进行有效的辨识和跟踪。而 Kalman 滤波在收敛后，方差 $\boldsymbol{P}(k|k)$将会限定为很小的值。当出现系统突变的情形，就导致 Kalman 滤波的发散而不稳定，且不能快速而有效地跟踪。

针对参数突变的情况，改进型的 Kalman 受到广泛的研究，例如，周东华提出的强跟踪 Kalman 滤波、产生式重置方差 $\boldsymbol{P}(k|k)$的 Kalman 滤波等方法。本章为便于潜在异常工况的在线识别，采用工程上便于实现的重置方差 $\boldsymbol{P}(k|k)$的 Kalman 滤波。

当系统的输出变化满足式(4-49)时，对式(4-39)中的参数 $\boldsymbol{P}$ 进行重置，即：

$$\boldsymbol{P}(k|k)=\begin{cases}[\boldsymbol{I}-\boldsymbol{K}(k)\boldsymbol{H}(k)]\boldsymbol{P}(k|k-1), & \|y(k)-y(k-1)\|\leqslant\varepsilon\\ \boldsymbol{P}(0|0), & \|y(k)-y(k-1)\|>\varepsilon\end{cases},\varepsilon>0 \tag{4-49}$$

式中，ε 为常数，为系统输出连续变化过程中相邻时刻偏差的最大阈值，由系统的具体运行状况决定。通过突变 Kalman 滤波进行参数估计，可适应实时变化的系统运行状况，提高参数估计的鲁棒性。

(5) 潜在信息聚类识别

在特征向量空间 Z_k 中，将系统各运行工况（包括正常工况和异常工况）对应的特征向量定义为焦点。显然，随着系统运行时间的推移，系统难免出现不同的工况，这样就会形成多个焦点。将焦点形成的集合表示为 $\boldsymbol{Z}^*$，而各焦点表示为 $\boldsymbol{z}_i^*, i\in\{1,2,3,\cdots,N\}$。在每一时刻在线运行的工况对应的焦点为活跃焦点，表示为 $\boldsymbol{z}^*$。在采样时刻 k，根据以上潜在信息计算方法可以得到特征向量 $\boldsymbol{z}_k$ 与历史特征集合 $\boldsymbol{Z}_k$ 的潜在信息值，以判断当前特征向量是否为焦点和活跃焦点。

式(4-50) 给出了在系统运行过程中，每一采样时刻，特征状态空间活跃焦点在线替换和新焦点产生条件。设此时焦点集合为 $\boldsymbol{Z}^*=\{\boldsymbol{z}_i^*, i=1,2,3,\cdots,N\}$。若式(4-50) 满足，就可以通过当前的特征点 $\boldsymbol{z}$ 来替换活跃焦点 $\boldsymbol{z}^*$，如果不满足则产生新焦点 $\boldsymbol{z}_{N+1}^*$。

$$I_\lambda(\boldsymbol{z},\boldsymbol{Z}_k)>\max_i I_\lambda(\boldsymbol{z}_{\mathrm{i}}^*,\boldsymbol{Z}_k)+I_{th} \tag{4-50}$$

其中 $I_{th}>0$ 是潜在信息阈值，可根据具体情况给出。由式(4-50) 可知，当系统产生两个十分相近的焦点时，就会使状态识别出现偏差，于是设计式(4-51) 以解决此问题。

$$\min_i \|\boldsymbol{z}_k-\boldsymbol{z}_i^*\|_{\boldsymbol{W}}<d_{\min} \tag{4-51}$$

其中 $d_{\min}$ 作为不同的焦点间可调距离的最小期望值，这就避免了两个焦点相近的情况。

若式(4-50) 和式(4-51) 同时满足，就可以用新的可用特征向量 $\boldsymbol{z}$ 取代活跃焦点 $\boldsymbol{z}_i^*$。反之，产生一个新的焦点 $\boldsymbol{z}_{N+1}^*$，说明系统出现了一个新的运行状态。综上所述，可以将系统的运行状态完整的表达出来。

(6) 算法应用

① 初始化滤波器参数 $\hat{\boldsymbol{X}}(0|0)=\overline{\boldsymbol{X}}(0), \boldsymbol{P}(0|0)=\boldsymbol{P}(0)=Var\{\overline{\boldsymbol{X}}(0)\}, Q, R, \varepsilon$；

② 初始化潜在信息聚类的参数 $S_0=0, F_0=0, L_0=0$；

③ 当 $k=0$，执行以下 a～c，否则执行④。

a. 执行式(4-45)～式(4-48)，得出参数，估计出相应的参数 $\hat{\boldsymbol{X}}(0|0)$，得出特征向量 $\boldsymbol{z}_0=\hat{\boldsymbol{X}}(0|0)$，存入相应的特征向量集 $\boldsymbol{Z}_k=\{\boldsymbol{z}_0,\boldsymbol{z}_1,\cdots,\boldsymbol{z}_k\}, \boldsymbol{z}_0^*=\boldsymbol{z}_0, \boldsymbol{z}^*=\boldsymbol{z}_0$；

b. 将 $\boldsymbol{z}_0^*$ 存入 $\boldsymbol{Z}^*=\{\boldsymbol{z}_0^*,\boldsymbol{z}_1^*,\cdots,\boldsymbol{z}_k^*\}$；

c. 设置一个状态记录 OS，$OS_0=0$；

④ 当 $k>0$ 执行以下 a～d，否则返回③。

a. $\boldsymbol{Y}(k)$ 满足式(4-46) 中 $\|\boldsymbol{y}(k)-\boldsymbol{y}(k-1)\|>\varepsilon$，返回②，否则继续执行；

b. 执行式(4-45)～式(4-48)，得出参数，估计出相应的参数 $\hat{\boldsymbol{X}}(k|k)$，得出相应的特征向量 $\boldsymbol{z}_k=\hat{\boldsymbol{X}}(k|k)$，存入相应的特征向量集 $\boldsymbol{Z}_k=\{\boldsymbol{z}_0,\boldsymbol{z}_1,\cdots,\boldsymbol{z}_k\}$，执行下一步；得到 k 时候的系统参数，得到相应的 k 时候的向量 $\boldsymbol{z}_k$；

c. 通过式(4-27)～式(4-29)，计算出 F_k、L_k、S_k，从而由式(4-25) 计算出 I_k；

用式(4-50)、式(4-51) 进行判别，若满足条件，用特征点代替原有的临近焦点 $\boldsymbol{z}_i^*=\boldsymbol{z}_k$，否则，产生一个新的焦点 $\boldsymbol{z}_{N+1}^*=\boldsymbol{z}_k$。当系统进入某一工况后，其系统参数可能会平稳、小幅度的上升或下降，当相邻时刻幅度小于某一阈值，我们认为工况没有发生变化。更新焦点的目的在于：如果系统参数单调变化，经过 m 个时刻后 $\boldsymbol{z}_1$ 和 $\boldsymbol{z}_m$ 变化幅度可能超过了阈值，但 $\boldsymbol{z}_{m-1}$ 和 $\boldsymbol{z}_m$ 之间的变化幅度却很小，仍然可以认定系统还处在同一工况中。因此认定某一时刻工况是否变化永远是用上一时刻作参考的。

d. $k=k+1$，返回③。

(7) 数值实例

① 仿真对象说明　本文取双容水箱为实验对象，液位高度作为输出。使用二阶线性系统，通过分析得到相应的传递函数为：

$$G(s)=\frac{k_0}{(T_1s+1)(T_2s+1)} \tag{4-52}$$

将其离散化得到：

$$\left|\frac{1}{T^2}+\frac{T_1+T_2}{T}+1\right|y(k)-\frac{T_1+T_2}{T}y(k-1)+\frac{1}{T^2}y(k-2)=k_0u(k) \tag{4-53}$$

令 $u(k)=k_1u(k-1)+k_2u(k-2)$，通过变形可以得到：

$$y(k)-\frac{T_1+T_2}{T+T_1+T_2}y(k-1)+\frac{1}{T(T+T_1+T_2)}y(k-2)=$$

$$\frac{Tk_0}{T+T_1+T_2}k_1u(k-1)+k_2u(k-2) \tag{4-54}$$

令　$a_1=-\dfrac{T_1+T_2}{T+T_1+T_2}$，$a_2=\dfrac{1}{T(T+T_1+T_2)}$，$b_1=\dfrac{Tk_0k_1}{T+T_1+T_2}$，$b_2=\dfrac{Tk_0k_2}{T+T_1+T_2}$，则系统的输出方程为：$y(k)+a_1y(k+1)+a_2y(k+2)=b_1u(k-1)+$

$b_2u(k-2)+\boldsymbol{e}(k)$，其中 $\boldsymbol{e}(k)$ 为高斯白噪声，且 $E\{\boldsymbol{e}(k)\boldsymbol{e}^{\mathrm{T}}(j)\}=\boldsymbol{R}_k\delta_{kj}$。

$$令\begin{cases}x_1(k)=a_1(k)\\x_2(k)=a_2(k)\\x_3(k)=b_1(k)\\x_4(k)=b_2(k)\end{cases}，加上噪声后表示为：\begin{cases}x_1(k+1)=a_1(k)+w_1(k)\\x_2(k+1)=a_2(k)+w_2(k)\\x_3(k+1)=b_1(k)+w_3(k)\\x_4(k+1)=b_2(k)+w_4(k)\end{cases}$$

式中，$\boldsymbol{W}(k)=[w_1(k),w_2(k),w_3(k),w_4(k)]^{\mathrm{T}}$ 是高斯白噪声。

令 $\boldsymbol{X}(k)=[x_1(k),x_2(k),x_3(k),x_4(k)]^{\mathrm{T}}$，则 $\boldsymbol{X}(k+1)=\boldsymbol{X}(k)+\boldsymbol{W}(k)$。

为构造 Kalman 滤波方程，令 $\boldsymbol{H}(k)=[-y(k-1),-y(k-2),u(k-1),u(k-2)]$，则系统的输出方程就可以写为 $\boldsymbol{y}(k)=\boldsymbol{H}(k)\boldsymbol{X}(k)+\boldsymbol{e}(k)$。相应的状态空间方程为：

$$\begin{cases}\boldsymbol{X}(k+1)=\boldsymbol{X}(k)+\boldsymbol{W}(k)\\\boldsymbol{y}(k)=\boldsymbol{H}(k)\boldsymbol{X}(k)+\boldsymbol{e}(k)\end{cases}\tag{4-55}$$

② 算法的实现　考虑经典双容水箱，其传递函数如式(4-52)，通过参数离散化，构造出状态空间方程为式(4-55)。利用卡尔曼（Kalman）滤波参数估计式(4-36)～式(4-39)，进行参数估计。监测到状态满足式(4-40)时重置卡尔曼滤波器的参数式(4-39)，提高参数估计的准确性，这是本文最大的贡献。进行参数估计时，本文中取 $\varepsilon=0.2$。

为了满足潜在聚类的要求，将参数 $a_1,a_2,\cdots,a_k,b_1,b_2,\cdots,b_k$，构造成状态空间向量 $\boldsymbol{z}_k=[a_{0,k},a_{1,k},\cdots,a_{n,k},b_{0,k},b_{1,k},\cdots,b_{m,k}]^{\mathrm{T}}$。本文采用的是二阶线性系统，则 $\boldsymbol{z}_k=[a_{1,k},a_{2,k},b_{1,k},b_{2,k}]^{\mathrm{T}}$。

在进行潜在信息聚类时，取 $\lambda=0.92,I_{\mathrm{th}}=0.2,d_{\min}=0.15$，通过计算得出各个点相应的潜在信息值，对系统的状态进行粗略的分类，得出大致的状态量。再利用条件式(4-50)和加强条件式(4-51)，得出活跃焦点。若是满足，就用当前点代替原活跃焦点，反之，产生一个新焦点。最后通过活跃焦点来辨识系统的精确运行状态，实现在线异常工况识别。

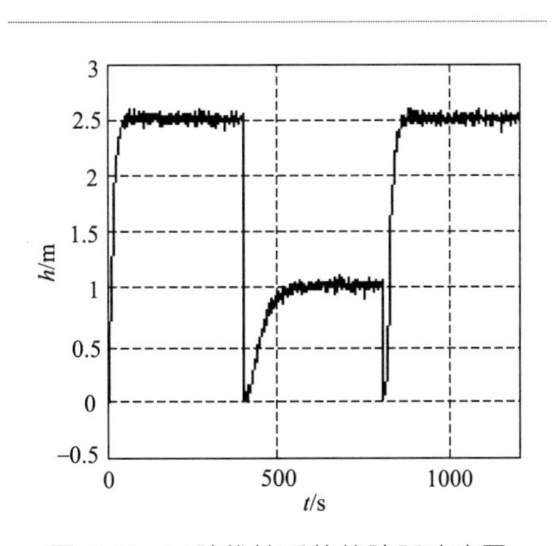

图 4-16　二阶线性系统的阶跃响应图

③ 仿真效果

a. 开环系统仿真。通过 Matlab 中的 Simulink 工具箱搭建模型，进行仿真得出相应的数据，加上相应的测量噪声得出的结果如图 4-16 所示，不难看出系统有两种运行状态，0～400s 和 800～

1200s是同一种运行状态，而400～800s这段是另外一种运行状态。

利用突变Kalman滤波器进行参数估计，即利用式(4-28)，通过Matlab编程求解得出相应的参数，整个参数集的变化过程如图4-17、图4-18所示。图4-18为基于重置方差Kalman滤波估计参数变化过程，图4-17为经典Kalman滤波参数估计的参数变化图。如图4-17所示，在突变的情况下，不能收敛到参数的真值上，这将导致潜在信息聚类识别状态错误。如图4-18所示，数据在400s和800s左右都会出现一些毛刺，因为状态改变的时候，Kalman滤波方差参数重置，使参数估计出现了一个短暂的调整过程。

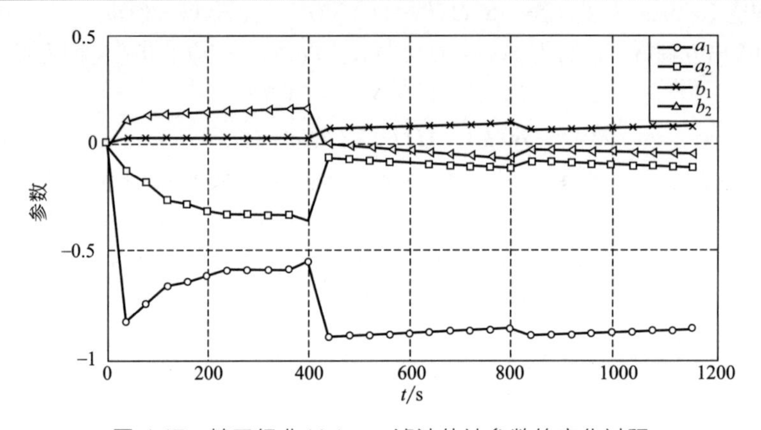

图4-17 基于经典Kalman滤波估计参数的变化过程

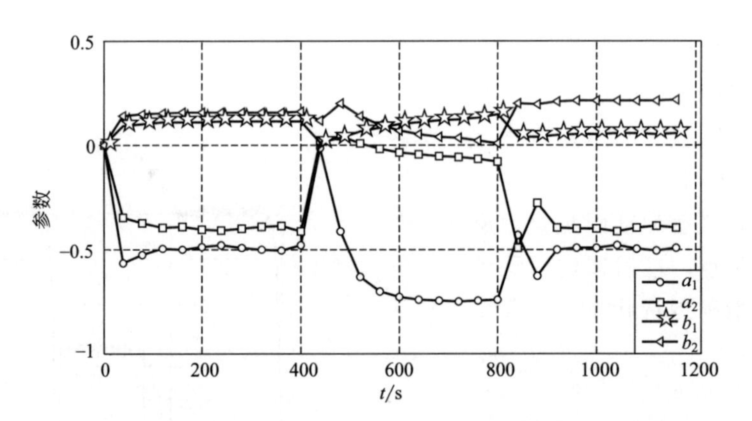

图4-18 基于重置方差Kalman滤波估计参数的变化过程

未改进的Kalman滤波估计出来的参数的潜在信息如图4-19所示，它只能准确地给出0～400s之间的潜在信息变化过程，在系统运行工况下运行状态突变时，不能准确地给出其变化过程。改进后，系统潜在信息的变化趋势如图4-20

所示，由此可以看出，在整个运行过程中，有3个可以达到最大潜在信息的时段，可以粗略地估计系统有三种不同的运行状态。

改进后，系统潜在信息的变化趋势如图4-20所示，由此可以看出，在整个运行过程中，有3个可以达到最大潜在信息的时段，可以粗略地估计系统有3种不同的运行状态。

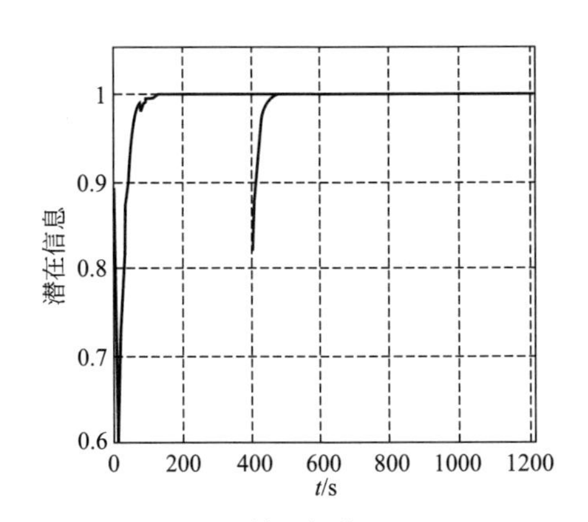

图4-19 基于经典Kalman滤波潜在信息的变化过程（未改进）

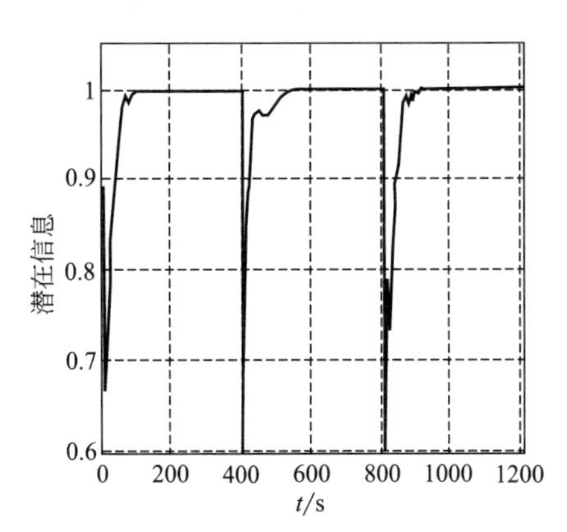

图4-20 基于重置方差Kalman滤波潜在信息的变化过程（改进后）

改进前，各个活动焦点潜在信息变化过程如图4-21所示。系统只产生了3个焦点，只有一个运行状态。改进后如图4-22所示，0～1200s内潜在信息最大的焦点依次是焦点3、焦点4、焦点5、焦点3。由此可知，系统有两类具有代表性的状态，即焦点3和焦点5代表的状态。

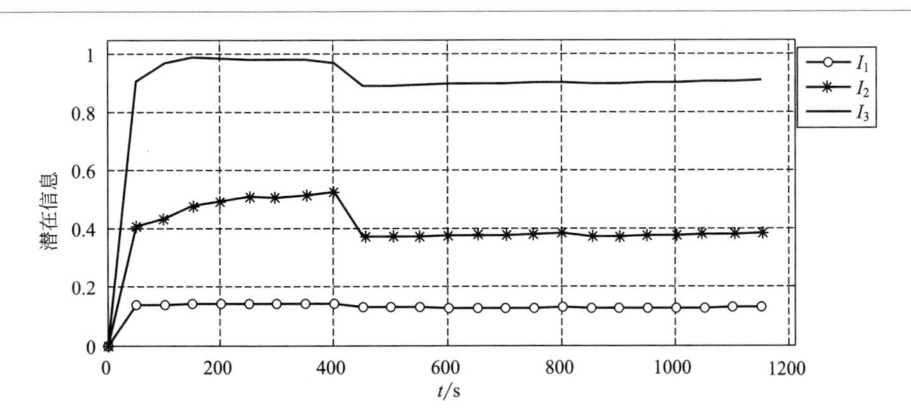

图4-21 基于经典Kalman滤波各个活跃焦点的潜在信息的变化过程（改进前）

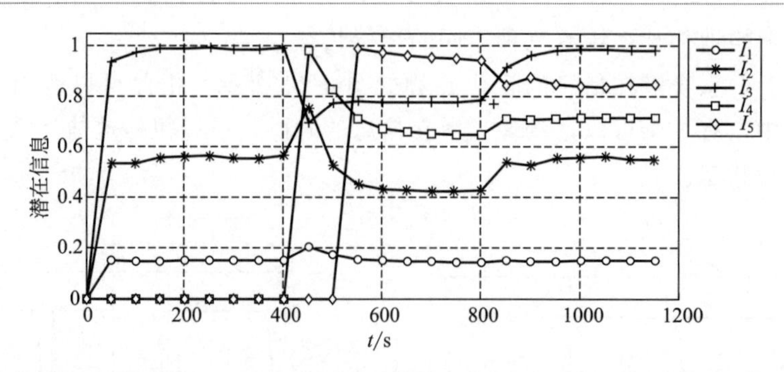

图 4-22 基于重置方差 Kalman 滤波各个活跃焦点的潜在信息的变化过程（改进后）

改进前，通过系统的活跃焦点对系统的状态进行分类，如图 4-23 所示。系统只有一种运行状态，不能识别出系统的突变。改进后，如图 4-24 所示。得出系统有 2 种状态，即活跃焦点为 3 和活跃焦点为 5 分别代表的两种运行状态。系统中也出现活跃焦点为焦点 4，但这只是一个很短的过程，而不是系统的主要运行状态。由于状态之间变化时，通过了一个过渡状态，即最活跃的焦点为 4 时对应的状态。同时，由于算法的延时和系统运行状态改变之间有过渡时间，系统状态的识别存在一定的延时，这反映出系统状态的改变会影响参数估计。

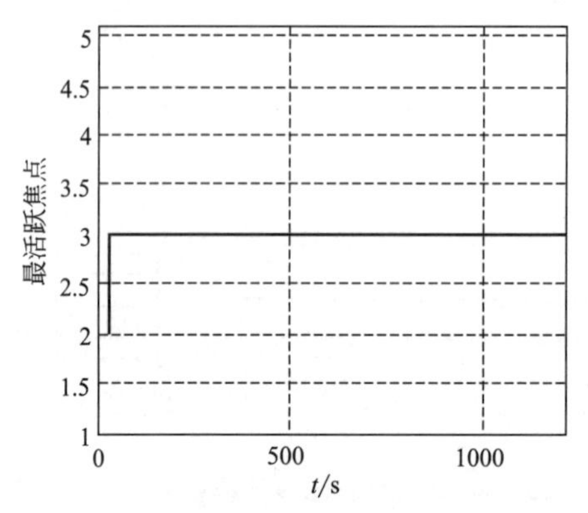

图 4-23 基于经典 Kalman 滤波状态分类结果图（改进前）

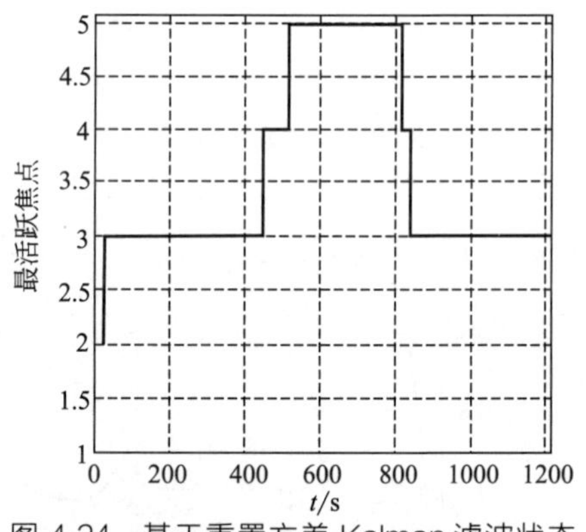

图 4-24 基于重置方差 Kalman 滤波状态分类结果图（改进后）

系统的识别过程如图 4-25 所示，可以清晰地看出系统的演变过程，特征点的产生以及焦点的产生和活跃焦点的产生都一目了然。

b. 闭环系统仿真。闭环自动控制系统的输入输出图如图 4-26 所示。可以看出，在有反馈作用的情况下，系统参数的变化会同时引起系统输入和输出变化。

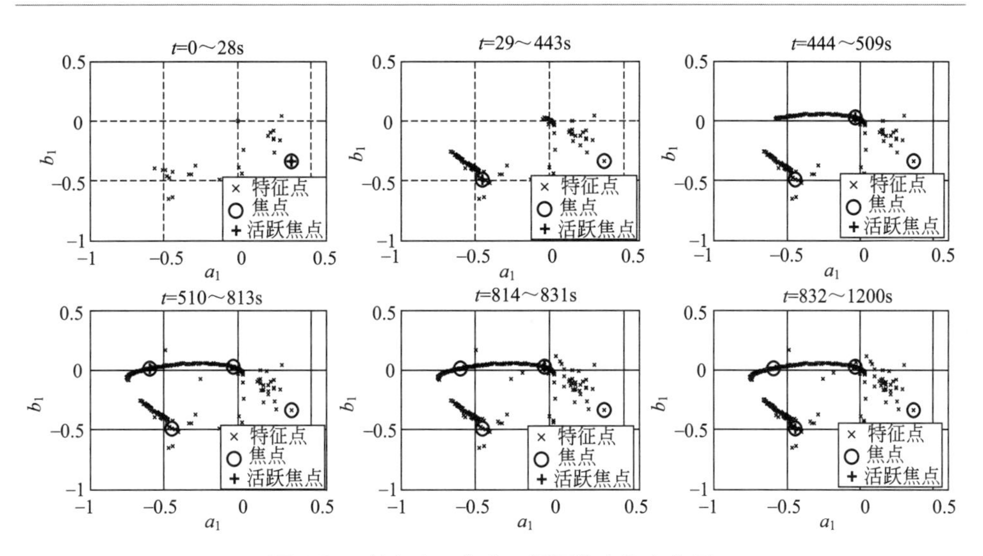

图 4-25　特征点、焦点、活跃焦点的变化图

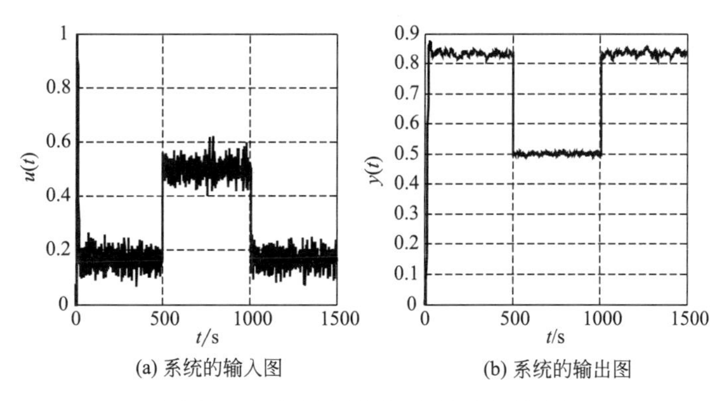

(a) 系统的输入图　　(b) 系统的输出图

图 4-26　闭环自动控制系统的输入输出图

与开环系统相同，用重置方差 Kalman 滤波进行参数估计，使系统的输出变化满足式(4-56)：

$$
\boldsymbol{P}(k|k)=\begin{cases}[\boldsymbol{I}-\boldsymbol{K}(k)\boldsymbol{H}(k)]\boldsymbol{P}(k|k-1), & \|y(k)-y(k-1)\|\leqslant\varepsilon \\ \mathrm{e}^{\|y(k)-y(k-1)\|}\boldsymbol{P}(0|0), & \|y(k)-y(k-1)\|>\varepsilon\end{cases},\varepsilon>0 \tag{4-56}
$$

式中，ε 是常数，为系统输出连续变化过程中相邻时刻偏差的最大阈值，由系统的具体运行状况决定。此时加入一个和输出相关的重置参数项，更能体现出参数的变化特性，同时输出参与调节系统参数，使得参数估计更加准确。参数估计结果如图 4-27 所示，其中考虑突变的情况和未考虑突变的情况下，参数的变化趋势是不同的。在 $t=1000$s 时，未考虑突变情况时的参数估计，不能准确地进行参数估计。同图 4-17 相比，可以看出参数的变化过程比开环系统更加平滑，这是由于考虑了输入 $u(t)$ 的原因。

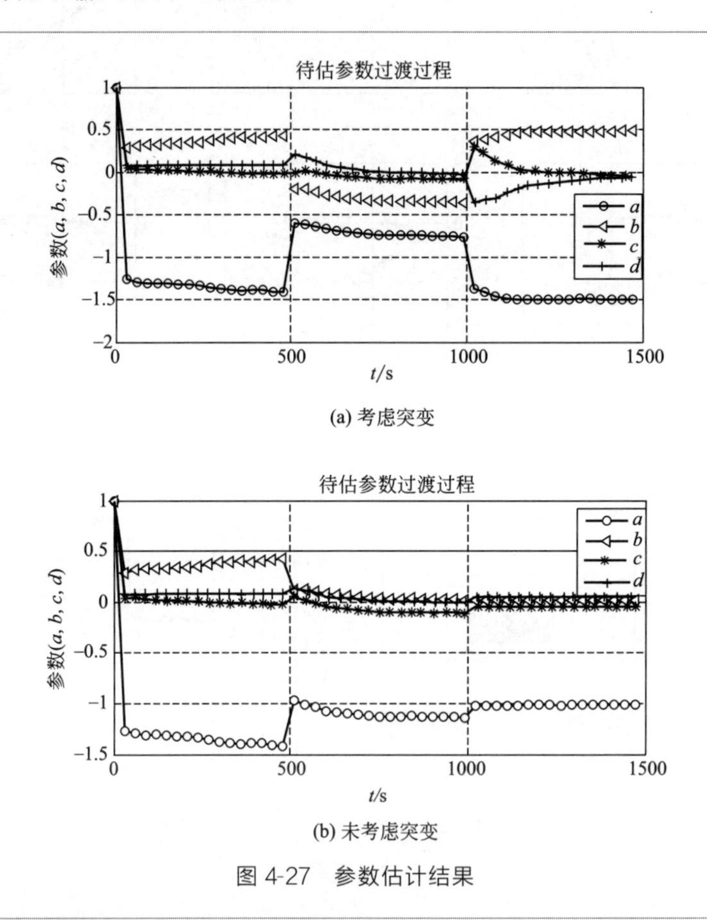

(a) 考虑突变

(b) 未考虑突变

图 4-27 参数估计结果

系统运行阶段潜在信息的变化过程如图 4-28 所示，可以看出考虑突变时潜在信息为 3 段式变化，可估计出系统有 3 个运行阶段。未考虑突变的情况下，只能识别出系统的两段运行状况。

系统焦点产生时间及其值如表 4-5、表 4-6 所示。由表 4-5 可以得出产生了 5 个焦点，其中在系统启动的时候，由于数据不稳定，产生了两个过渡焦点，在系统状态产生变化时，也产生相应的过渡焦点，但是此时由于系统稳定运行，只产生了一个过渡焦点。考虑突变和未考虑突变相比，系统得到的状态焦点是十分相近的，产生的时间也相近，充分证明了识别出焦点的正确性。

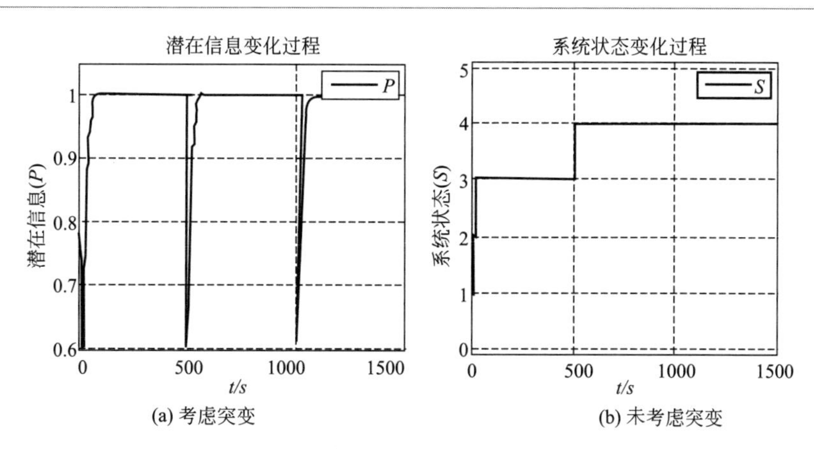

(a) 考虑突变　　(b) 未考虑突变

图 4-28　系统运行阶段潜在信息变化过程

表 4-5　焦点产生时间及其值（考虑突变）

参数 时间 t/s	a	b	c	d
1	1.0000	1.0000	1.0000	1.0000
2	0.3567	0.3616	0.0325	0.0623
13	−1.5069	0.4828	−0.0565	−0.0528
501	−0.6547	0.4332	−0.2225	0.0687
518	−0.7586	−0.3576	−0.0865	−0.0299

表 4-6　焦点产生时间及其值（未考虑突变）

时间 t/s	a	b	c	d
1	1.0000	1.0000	1.0000	1.0000
2	0.3567	0.3616	0.0325	0.0623
13	−1.3648	0.5406	0.0465	0.1652
502	−0.8818	0.0655	0.1007	0.1854

各个焦点的潜在信息变化过程如图 4-29 所示，考虑突变的情况下，可以看出在 0～500s 内，焦点 3 的潜在信息值最大，在 500～1000s 内，焦点 5 的潜在信息值最大，在 1000～1500s 内，焦点 3 的潜在信息值最大。其他的焦点都是过渡焦点。未考虑突变的情况下，在 0～500s 内存在两个过渡焦点 1、2 和一个活跃焦点 3，在 500～1500s 内，焦点 4 的潜在信息值最大，没有能够在 1000s 附近识别系统状态的变化。

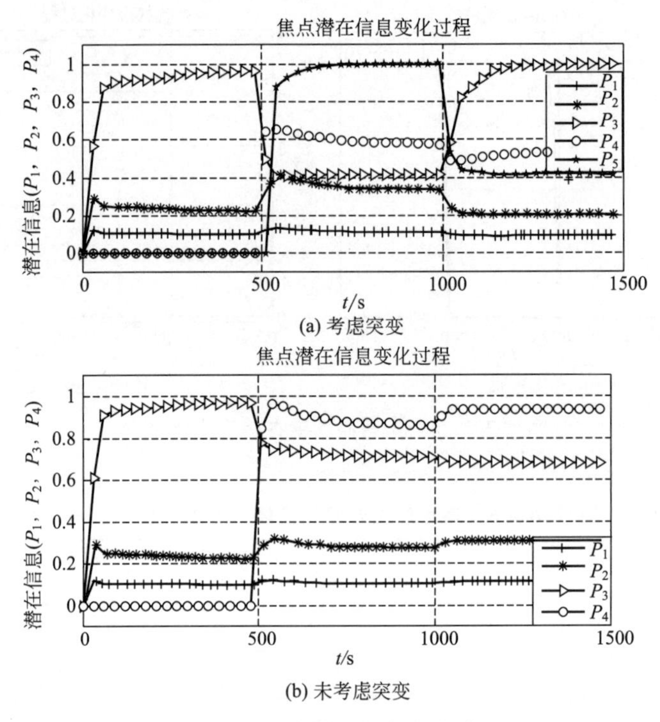

(a) 考虑突变

(b) 未考虑突变

图 4-29 焦点潜在信息变化过程

系统的状态变化过程如图 4-30 所示，得出系统出现了 2 个主要运行状态，即焦点 3 所对应的状态 3 和焦点 5 对应的状态 5，其中状态 1、2、4 为过渡状态。

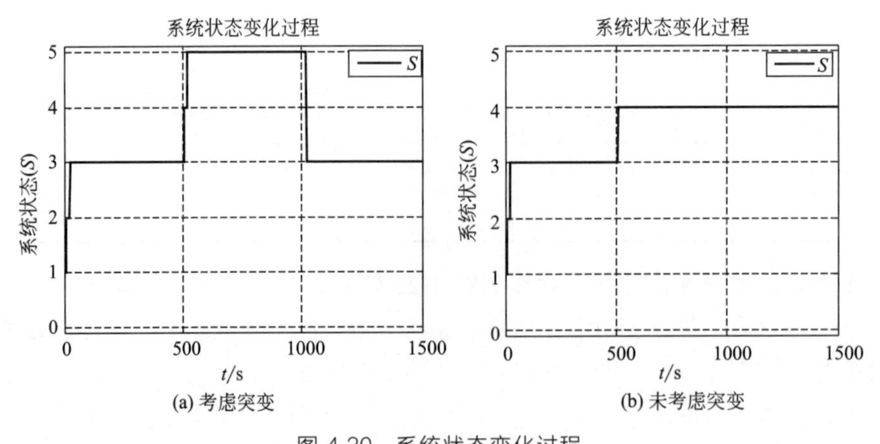

(a) 考虑突变

(b) 未考虑突变

图 4-30 系统状态变化过程

选择参数 a 和参数 b 得出系统的焦点产生过程如图 4-31 所示，由图中考虑突变的情况，可以看出整个状态的动态变化过程包括特征点的产生过程，焦点的产生过程和活跃焦点的产生过程。不难看出，在系统刚开始运行时，会出现一个设定的焦点，然后迅速被下一个焦点代替。每一个焦点刚产生的时候都是活跃焦点，随着时间的变化将不会再出现新的焦点，但是活跃焦点会改变，这说明系统的运行状态是固定的，整个过程中只是几个运行过程的相互切换。从没有考虑突变的情况可知系统最后停留在焦点 4 所代表的状态，没有能够准确地识别系统状态之间的切换。

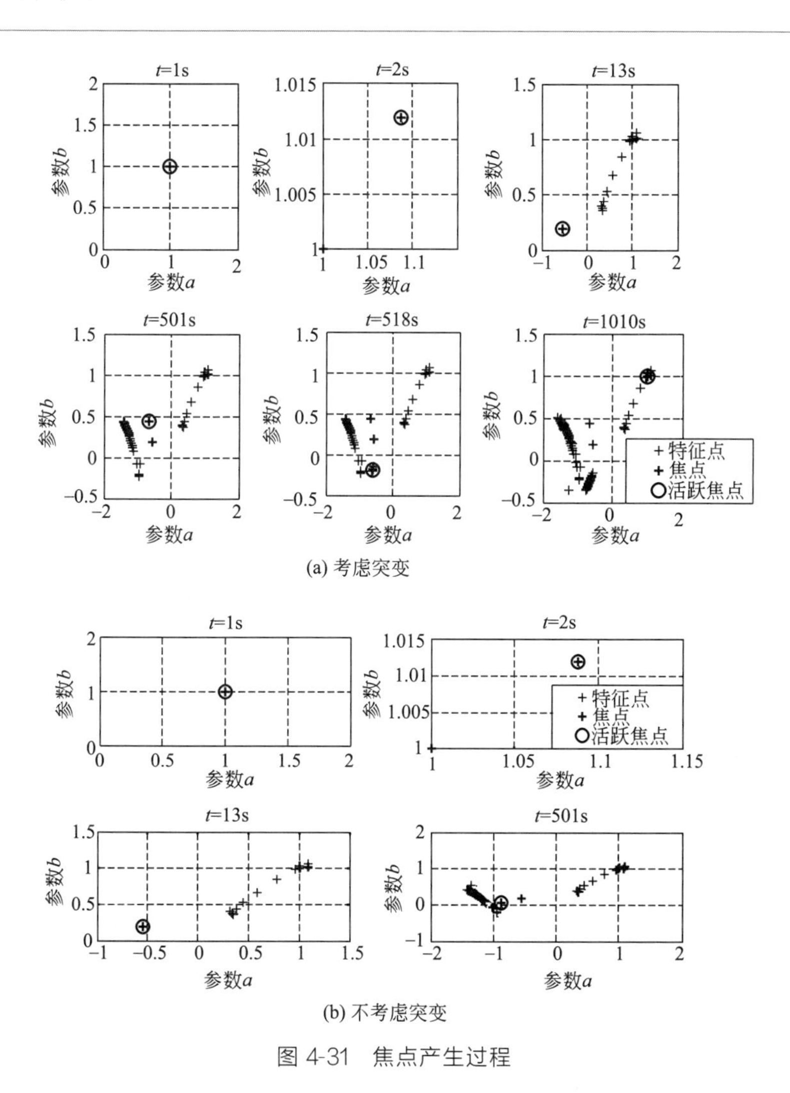

图 4-31 焦点产生过程

通过仿真实验结果（图 4-32、图 4-33）可知，本文选用的参数估计法，可以准确地估计开环系统和闭环系统的运行参数，同时通过潜在信息聚类方法可以实现开环系统状态和闭环系统识别。

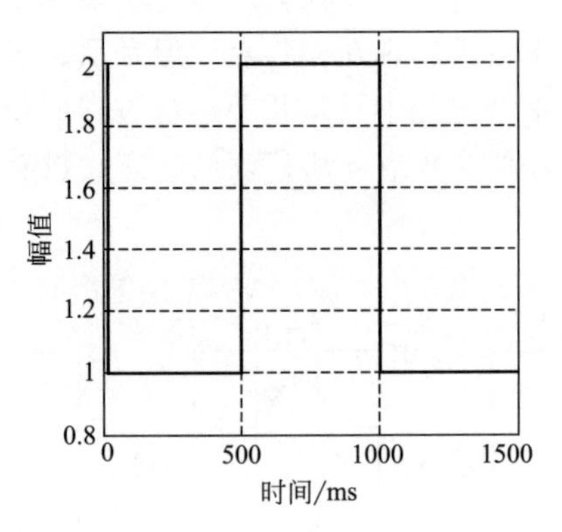

图 4-32 基于 KMeans 算法的状态分类结果图

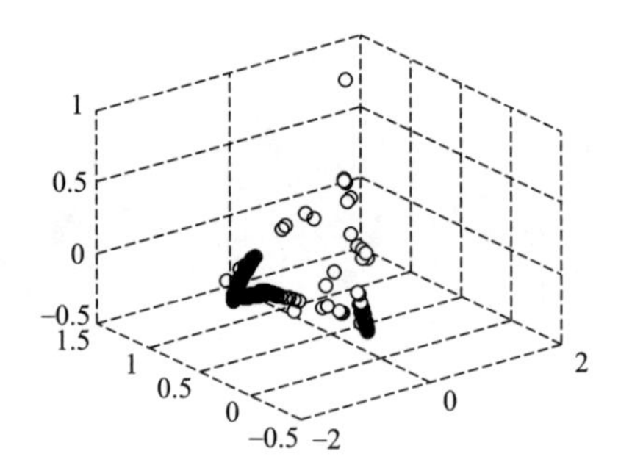

图 4-33 基于 KMeans 算法的聚类结果

参考文献

[1] Channadi B, Sharif Razavian R, Mcphee J. A modified homotopy optimization for parameter identification in dynamic systems with backlash discontinuity[J].Nonlinear Dynamics, 2018.

[2] Pilario K E S, Cao Y. Canonical variate dissimilarity analysis for process incipient fault detection[J]. IEEE Transactions on

Industrial Informatics, 2018, PP(99): 1.

[3] Li H, Wang F, Li H. Abnormal condition identification and safe control scheme for the electro-fused magnesia smelting process [J]. ISA Transactions, 2018, 76: 178-187.

[4] Karg M, Jenke R, Seiberl W, et al. A comparison of PCA, KPCA and LDA for feature extraction to recognize affect in gait kinematics[C]. Proceedings of International Conference& Workshops on Affective Computing & Intelligent Interaction, 2009.

[5] Argoul F, Arneodo A, Elezgaray J, et al. Wavelet transform of fractal aggregates[J]. Physics Letters A, 2017, 135 (6): 327-336.

[6] Qin J, Fu W, Gao H, et al. Distributed k-means algorithm and fuzzy c-means algorithm for sensor networks based on multiagent consensus theory [J]. IEEE Transactions on Cybernetics, 2017, 47 (3): 772-783.

[7] Petković M, Rapaić a M R, Jeličić Z D, et al. On-line adaptive clustering for process monitoring and fault detection[J]. Expert Systems with Applications, 2012 (39): 10226-10235.

[8] Moore T, Stouch D. A generalized extended kalman filter implementation for the robot operating system[C]. Proceedings of the 13th International Conference on Intelligent Autonomous Systems, 2016: 335-348.

[9] Abolhasani M, Rahmani M. Robust Kalman filtering for discrete-time systems with stochastic uncertain time-varying parameters [J]. Electronics Letters, 2017, 53(3): 146-148.

第5章

系统运行故障诊断

在系统实际运行中，设计、制造、材料、安装的微小缺陷，在特定条件激发下，就有可能形成故障；随着时间的推移，部件会出现性能退化，逐渐演变成故障；环境及负载的改变也可能让系统运行在设计时没有考虑到的工况下，引起系统运行故障。微小的故障经过传播也有可能演化成为事故，严重损害系统的运行安全性。因此，在对异常工况进行检测和识别的基础上，分析系统运行行为，尽早发现运行故障，有利于及时做出安全决策，减少系统运行维护成本，预防重大安全事故发生。本章主要结合机械传动系统、电气系统、驱动控制系统以及过程系统来介绍面向运行安全的设备/系统故障相关诊断方法。

5.1 概述

设备/系统运行故障是在系统运行过程中传感器、执行器、控制器、驱动及机电部件等以单故障或多故障复合的形式发生的故障。因而，这种系统运行故障可能是缓变或间歇故障，也可能是突变故障或其他形式的故障。通常对于动态系统中的机械部分，一般的运行故障主要由交变应力下的疲劳、碰磨、材料缺陷、应力集中等原因引起，既有缓变故障，也有突变故障，缓变故障随故障程度的增强也有可能转化为突变故障。机电一体化系统中电子部分的运行故障、间歇性故障、突变故障也不在少数。对于发酵、冶炼等过程系统，故障的发生不仅牵涉过程本身的扰动、参数变化，还与物料、仪器仪表等有关，既有缓变故障存在，也可能发生突变故障和复合多故障。综上，系统运行故障诊断涉及因素众多，表现形式多样，再加上分系统之间的耦合，导致故障更加复杂，尤其是故障在早期以微小形式出现。因此，系统运行故障的分析和诊断存在诸多挑战性的难题。

一般来说，动态系统由机械、电气及控制、过程等子系统组成。而各类子系统的故障模式、成因及其诊断方法也各有不同，其分析及诊断有各自侧重的方面，因此，本章将对各类子系统的故障模式及其诊断方法分别进行介绍。

机械系统的故障大多数是一种随着使用时间变化而逐渐恶化的现象，由此缩短了机械设备的使用寿命。由于机械系统在使用过程中不仅受到附加载荷的作用，还需要传递力，其机械结构内部将会产生疲劳、剥离、裂纹等缺陷。长时间的工作运转，将会使机械系统中的损伤积累并直接导致机械故障的发生。尤其是机械传动子系统，在工作过程中承担着能量转换及传递的重要作用，其故障模式多样，部件故障发生率高，故障后果严重，因此后文又将以机械传动子系统为对象，介绍机械系统的故障诊断。

电气及控制系统中主要涉及短路故障、断路故障、接地故障、谐波故障以及电气设备和电子元器件的故障。设备或者器件在设计或生产工艺方面没达到要求是电气系统产生故障的主要原因，此外在实际使用过程中因磨损、温度、湿度等外部原因所产生的干扰也会导致设备或器件的老化或损坏。由于电气系统直接涉及电能，因此一旦系统出现故障轻则导致系统停机，影响生产的正常进行，重则直接导致设备短路烧毁，如果没有及时处理，极有可能会造成火灾等严重事故，危及人员生命财产安全。

过程系统是指流程工业生产过程，其主要涵盖石油化工、电力与冶金等领域。由于生产过程的复杂性与生产设备的种类多样性，该类系统具有时序性、非线性、多变量耦合以及易燃、易爆、高能、高压、有毒等特点。而在实际的生产过程中，由于材料、能源的不同，其生产设备中往往含有不同种类的能量与危险源，一旦系统发生故障极易产生连锁反应，导致安全事故的发生。因此对过程系统进行故障诊断，及时发现与隔离故障，是预防重大事故并保证人员与财产安全的重要手段。

系统运行过程中，其工艺和状态参数能直接或间接反映故障的存在与否及其模式。同时，在线的监测系统能一直记录并监测系统状态参数的变化，也能反映系统运行故障的动态特性。因而，我们希望能够借助在线监测数据，结合先进的故障分析方法对运行故障进行检测、诊断及隔离。

目前的故障诊断方法主要分为基于模型的故障诊断、基于知识的故障诊断和数据驱动的故障诊断。基于模型的方法需要建立系统的数学模型与物理模型，通过寻找故障状态下参数与相应征兆之间的内在联系，从而对故障进行识别与定位；基于知识的故障诊断则需要获取大量的先验知识对系统功能进行描述，从而建立起定性模型实现推理，并依据模型预测系统行为，通过与实际系统进行比较检测故障是否发生；数据驱动的故障诊断方法则是利用信号分析与提取的故障特征，或是根据大量的历史数据直接推理实现故障诊断，因其适应性强、诊断结果易于理解，在系统运行过程故障诊断中获得了广泛应用，其中尤以信号处理类方法及神经网络类方法应用最多。

本章主要针对导致运行事故或安全问题的运行故障。分别以机械传动系统、电气系统、驱动控制系统、过程系统为对象，介绍了常见的故障特点和典型故障诊断方法，以小波理论、线性正则变换、自适应卡尔曼滤波、神经网络和深度置信网络等方法，给出了它们在机械传动系统、电气系统、驱动控制系统、过程系统故障诊断中的应用。

5.2 机械传动系统的故障诊断

5.2.1 机械传动系统的故障特点

机械传动系统是处于动力源和执行机构之间的中间装置，传动系统又分为以传递动力为主的动力传动系统以及以传递运动为主的运动传动系统。无论是单故障、多故障，还是独立故障或耦合故障，都是零部件失效造成的，失效原因分为材料原因、工艺原因、操作原因和综合原因等。

在机械传动系统实际运行中，常见的故障零件主要在齿轮、转子以及滚动轴承上，本节主要以齿轮、轴承为典型对象进行故障诊断。

（1）齿轮的主要故障模式

齿轮的失效一般可以分为轮齿失效和轮体失效。通常情况下出现的都是轮齿失效，也就是轮齿在运转过程中由于某种原因导致齿轮的尺寸、形状或材料性能发生变化而不能正常运行。常见的轮齿故障有以下几种模式。

① 磨损　相互接触并做相对运动的物体由于机械、物理和化学作用，造成物体表面材料的位移及分离，使表面形状、尺寸、组织及性能发生变化的过程称为磨损。因磨损导致尺寸减小和表面状态改变，最终丧失其功能的现象称为磨损失效。对于轮齿而言，润滑油不足或油质不清洁都会造成齿面磨粒磨损，使齿廓改变，侧隙加大而导致齿轮过度减薄甚至断齿。

② 胶合　高速重载传动中，因啮合区域温度的升高而引起润滑失效，导致齿面金属直接接触而相互粘连，当齿面相对滑动时，较软的齿面沿滑动方向被撕下而形成划痕状胶合。大面积的严重胶合会引起噪声和振动增大，因胶合原因导致的齿轮失效称为胶合失效。

③ 疲劳（点蚀、剥落）　受循环、交变压力的作用，齿面由于塑性变形而产生微小裂纹，随着裂纹的扩展而造成的表面金属脱落，称为点蚀。“点蚀”面积扩大连成片则会导致金属的成块剥落，此外，材质不均匀或者局部擦伤也可能在某一局部出现接触疲劳，产生剥落。

④ 断裂　在运行过程中，若突然过载或冲击过载，很容易在齿根处产生过载荷断裂。即使不存在冲击过载的受力工况，当轮齿重复受载后，由于应力集中，也易产生疲劳裂纹，并逐步扩展，致使轮齿在齿根处产生疲劳断裂。

（2）轴承的主要故障模式

轴承是旋转机械中应用最为广泛的机械零件，也是最易损坏的元器件之一。

轴承的工作状态严重影响系统的可靠性与安全性。常见的滚动轴承故障主要有以下几种模式。

① 磨损　由于尘埃、异物的侵入，滚道和滚动体相对运动会引起表面磨损，润滑不良也会加剧磨损。此外，还有一种微振磨损，是指滚动轴承在不旋转的情况下，由于振动滚动体和滚道接触面有微小的、反复的相对滑动而产生磨损。

② 塑性变形　轴承受到过大的冲击载荷或静载荷，因热变引起额外载荷或因异物侵入会在滚道表面形成划痕。

③ 疲劳（剥落）　在滚动轴承中，滚动体或套圈滚动表面由于接触载荷的反复作用，导致表面下形成细小裂纹，随着载荷的持续运转，裂纹逐步发展到表面，致使金属表层产生片状或点坑状剥落。

④ 腐蚀　轴承零件表面的腐蚀分三种类型：一是化学腐蚀，当水、酸等进入轴承或者使用含酸的润滑剂而形成的腐蚀；二是电腐蚀，由于轴承表面间有较大电流通过使表面产生点蚀；三是微振腐蚀，是由于轴承套圈在机座座孔中或轴颈上的微小相对运动而引起的腐蚀。

⑤ 断裂　造成轴承零件的破断或裂纹主要是由于运行时载荷过大、转速过高、润滑不良或装配不善而产生过大的热应力，也有的是磨削或热处理不当而导致的。

⑥ 胶合　当滚动体在保持架内被卡住或润滑不足、速度过高造成摩擦热过大，使保持架的材料黏附到滚子上而形成胶合，还有的是由于安装的初间隙过小，热膨胀引起滚动体与内外圈挤压，致使在轴承的滚动中产生胶合和剥落。

5.2.2 机械传动系统典型故障诊断方法

从监测信号中提取有效信息对于机械系统故障诊断来说是非常常用的诊断手段。机械传动系统工作时产生的振动及噪声信号中蕴含着大量的故障信息，对振动和噪声信号的时域、频域、时频分布信息进行深入分析，可以准确地对机械传动系统的故障进行诊断。

(1) 机械传动故障诊断方法分类

按照故障征兆来划分诊断方法，对于状态信号，一类是参数形式的，可以根据其征兆特点与提取方式的不同来形成不同的故障诊断方法，如：诊断齿轮装置故障的速度变化法、诊断轴承故障的温差法、诊断传动系统结构故障的机械阻抗法以及红外成像诊断法等。另一类是呈现波形形式的特征信号，根据信号波形的不同主要可以分为三种信号：第一种是指其变化具有规则性的信号，此类信号往往可通过函数分析法对故障征兆进行提取；第二种是能够在时域中直接识别的信号，可以通过关系树、特征树等方法来描述信号波形；第三种是指特征信号与征兆直接存在着统计关系的特点，可以通过参数模型法与非参数模型法对信号进行征兆提取。其中，参数模型法主要是通过建立信号的参数模型进行故障征兆提取，如时序模型法等。而非参数模型法则采用一般随机信号分析法，如时域法、频域法等。

(2) 非参数信号分析方法及特点

传统的频谱分析方法基于固定采样频率，应用傅里叶变换进行频谱分析，可以揭示一些机械传动系统中较为明显的故障。但是傅里叶变换只能分析平稳信号，当监测信号呈现非线性、非平稳特性时，基于傅里叶变换的分析方法就不再适用。此时，为了得到信号随时间变化的情况，需要采用频率和时间的联合函数来对信号进行描述。时频分析法主要是基于信号的局部变换，更能够反映出信号的特征信息。其中，时频分析法主要分为非线性与线性两种，线性变换主要是短时傅里叶变换、小波变换，非线性变换主要包含 Cohen 类时频分布与经验模态分解。

短时傅里叶变换主要是为了解决傅里叶变换的缺陷而提出的，对信号加入随时间移动的窗函数，再进行傅里叶变换，从而得到信号的局部频谱信息。然而由于窗函数是固定的，导致其具有固定的时域与频域分辨率，没有自适应性。由于窗函数的影响，短时傅里叶变换适用于缓变信号的处理分析，实际上还是一种平稳信号分析方法。

小波变换具有多分辨率分析的特点，在时域和频域都具有良好的局域化特性，并且在分析多分量信号时不会产生交叉项，因此在机械故障诊断中得到了广泛应用。小波包分析是小波变换的改进，也广泛应用于机械故障的特征提取。二代小波变换提出在时域构造小波，可以自定义小波的构造，并且具有快速实现算法的特点，与 Mallat 算法相比其计算量有一定的减少，因此在机械故障诊断中得到了广泛应用。目前，具有下采样或临界采样特性的离散小波变换（DWT）是使用最广泛的离散小波变换，然而，由于 DWT 缺乏平移不变性，限制了其在信号降噪、压缩、编码等领域的处理效果。此外，除 Harr 小波基外，所有紧支撑正交小波基都是非对称的。这些缺点都不利于其在故障特征提取与状态识别中的应用。通过增加小波框架的冗余度，小波框架可以具备一些人们所期望的性质[1]，例如：近似平移不变性、对称性、方向选择性、高逼近阶次、高消失矩、高平衡阶次、高时频采样密度等。因此，具有近似平移不变性的冗余离散小波变换逐渐成为小波分析领域的研究热点。典型的冗余小波变换包括非抽样离散小波变换、双树复小波变换、双密度离散小波变换、高密度离散小波变换等。目前，小波分析仍然是国际研究的焦点。各种新的方法和理论层出不穷，但仍有许多关键问题需要解决。

Cohen 类时频分布是一种有效分解非平稳信号的时频分析方法，通过求得时频二维分布来描述非平稳信号的幅频特性[2]。其定义为瞬时自相关函数的傅里叶变换，因此反映了能量密度在时频域上的分布。Cohen类时频分布主要包括谱图、Wigner分布等。Wigner分布具备如对称性、频移性、时移性、可逆性以及归一性等一系列优良的性质，能直接得到信号的频率、功率谱密度、能量的时域分布和群延时等信息，因此其在旋转机械设备故障诊断领域得到了广泛的应用。然而，其不足在于Wigner分布不能保证非负性，对多分量信号的分析会产生严重交叉干扰，从而模糊信号的基本时频特征。针对这些问题，人们提出了伪Wigner分布、修正平滑伪Wigner分布等一系列方法，并在对轴承与齿轮的故障诊断中发现，Wigner高阶谱具备较好的交叉项抑制能力与去噪能力，但是同时其分辨率下降影响了分解结果的准确性。

Hilbert-Huang变换是由美籍华人Norden E. Huang提出的一种新型的自适应时频分析方法[3]，其主要适用于非线性、非平稳信号的分析，包括经验模态分解与Hilbert谱分析两个过程。主要分解过程是通过经验模态分解将信号分解为一系列本征模函数，然后将所得到的本征模函数进行Hilbert变换，以此得到信号在时频的分布情况。Hilbert变换摆脱了传统时频分析方法中函数固定的缺点，以信号的自身尺度进行分解，同时具有优良的时频聚散性，很适合处理突变信号。然而，Hilbert变换同样存在缺陷，主要是：第一，经验模态分解算法的正交性仅仅满足局部正交，在整个时域并不能严格满足正交性；第二，Hilbert变换具有端点效应，其边界处理的结果会逐渐发散，从而导致污染整个时域影响结果分析；第三，Hilbert变换存在模态混叠问题，由于经验模态分解方法中其上下包络线需要求取信号极值进行拟合，而原始信号在各分量的频率接近或幅值相差较大的情况下，其幅值较小的部分将会无法产生极值，难以被分离，从而出现模态混叠现象。

5.2.3 应用案例

本节将介绍基于高密度二进小波变换与线性正则变换的机械传动系统故障诊断应用案例。

（1）高密度二进小波变换

当机械系统出现故障时，故障信息可能淹没在强大的噪声干扰中，因此，为了更好地提取故障特征，通常需要对获取的信号进行降噪。高密度二进小波变换拥有优良的信号降噪性能，所以非常适用于机械故障特征提取。下面将高密度二进小波变换与临界采样的离散小波变换、二进小波变换、双密度离散小波变换和高密度离散小波变换进行比较，来展现其优良的分析性能。需要注意的是，在利用高密度二进小波变换进行信号降噪时，对某一子带的小波系数的阈值处理应采用以下方法：先将选取的阈值与获得这些小波系数时所用滤波器的传递函数幅值的标准差相乘，再用新阈值对系数进行软阈值处理。

先取 WaveLab 软件包里的点数为 1024 的 Piece-Regular 信号进行实验。对信号进行标准化使其最大值为 1 后，添加标准差为 0.15 的白噪声，则信噪比为 7.4dB。高密度离散小波变换和高密度二进小波变换使用的是具有 3 阶消失矩的小波；临界采样的离散小波变换和二进小波变换使用的是具有 3 阶消失矩的 Daubechies 小波；双密度离散小波变换也是使用具有 3 阶消失矩的小波。此外，所有的变换都是进行 3 个尺度分解。取一系列阈值对染噪信号进行软阈值降噪（每一子带使用相同的阈值），然后计算降噪结果与原信号之间的均方根误差，所得结果（200 次实验的平均值）如图 5-1 所示。再取 Matlab 软件中的 Blocks 信号进行实验，其中，信号点数为 1024，添加的白噪声的标准差为 1，信噪比为 9.3dB。按前面的实验方法对信号进行降噪，所得结果（200 次实验的平均值）如图 5-2 所示。从图 5-1 和图 5-2 中可见，高密度二进小波变换的降噪性能优于其他小波变换。

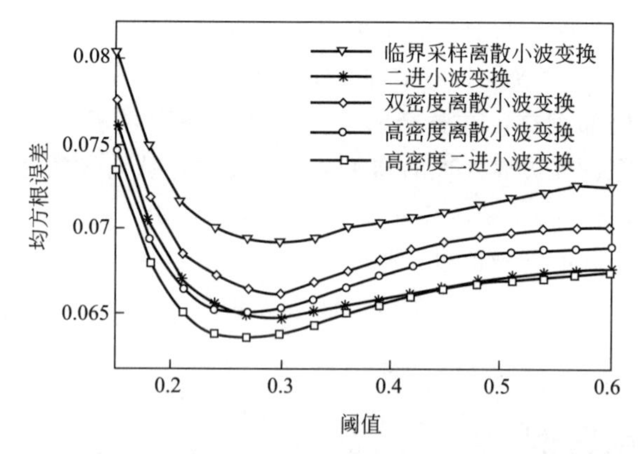

图 5-1 不同离散小波变换对“Piece-Regular”信号降噪结果的对比

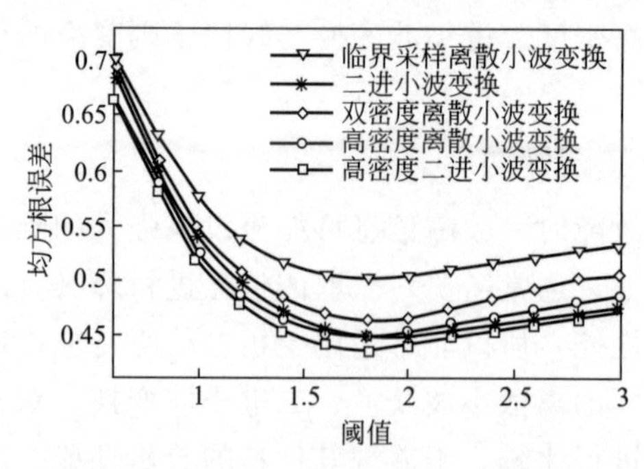

图 5-2 不同离散小波变换对“Blocks”信号降噪结果的对比

接下来本小节将给出一个在齿轮传动系统中的典型故障分析及应用。选取一滚动轴承内圈故障信号进行分析，它是从一 5t-85 型变速器上拾取的某 22NU15EC 型球滚动轴承的振动加速度信号，其时域波形如图 5-3 所示。信号的采样频率为 20kHz，轴承所在轴的转频为 25Hz，经计算内圈故障特征频率为 257.6Hz。由于受噪声的影响，从图 5-3 中不能明显地观察到由内圈故障引起的周期性冲击成分，因此利用本文提出的高密度二进小波变换对该信号进行降噪（4 尺度分解，无偏似然估计原则），得到的结果如图 5-4 所示。从图中可以明显地看到，冲击成分的周期 $T=0.0039$s，因此冲击频率为 253.4Hz。显然，冲击频率与内圈故障特征频率相近，这就说明了该轴承具有内圈故障，与实际相符。

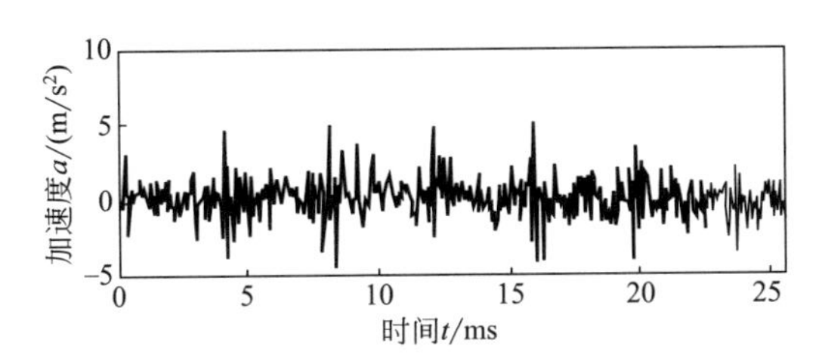

图 5-3 具有内圈故障的滚动轴承振动信号

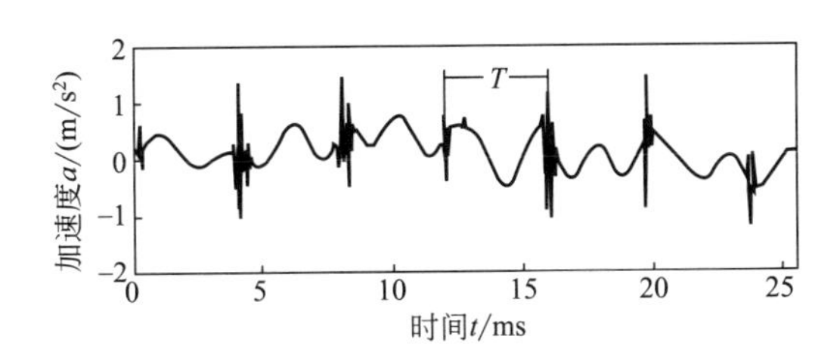

图 5-4 HDD-WT 对图 5-3 示信号降噪所得结果

（2）线性正则变换

① 线性正则变换域等效滤波器 线性正则变换（linear canonical transform，LCT）作为傅里叶变换（Fourier transform，FT）的扩展形式，傅里叶变换域非带限的信号可能为某个参数下的线性正则变换域的带限信号，所以有必要研究线性正则变换域信号的抽取与插值分析理论，为非平稳信号的抽取与插值分析提供新的思路。

根据离散线性正则变换域卷积定理，我们可以得到离散线性正则域的乘性滤波器模型如图 5-5 所示，在图 5-5 中时域乘性滤波器的输出为

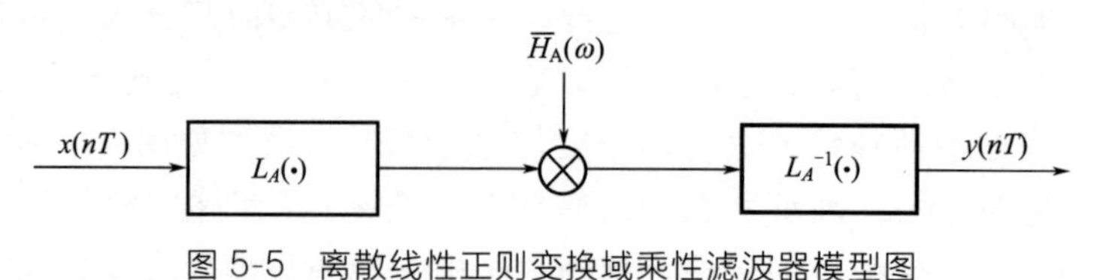

图 5-5 离散线性正则变换域乘性滤波器模型图

$$y(nT)=\sqrt{\frac{1}{\mathrm{j}2\pi b}}\mathrm{e}^{-\mathrm{j}\frac{a}{2b}(nT)^2}h(nT)\mathrm{e}^{\mathrm{j}\frac{a}{2b}(nT)^2} * x(nT)\mathrm{e}^{\mathrm{j}\frac{a}{2b}(nT)^2} \tag{5-1}$$

在离散线性正则变换域，滤波器的输出为

$$Y_A(\omega)=\mathrm{e}^{-\mathrm{j}\frac{d\omega^2}{2bT^2}}X_A(\omega)H_A(\omega) \tag{5-2}$$

式中，$Y_A(\omega)$、$X_A(\omega)$、$H_A(\omega)$ 分别为 $y(nT)$、$x(nT)$、$h(nT)$ 的离散线性正则变换。

从式(5-2) 中可以看出，$H_A(\omega)$ 直接作为线性正则域滤波器是不理想的，因为 $X_A(\omega)$、$H_A(\omega)$ 在时域不能直接表示为 $x(nT)$、$h(nT)$ 的卷积运算，还需要乘以一个 Chirp 算子，这给实际工程中的滤波带来了一定的不便。另外，在式(5-2) 两边同时乘以 $\mathrm{e}^{-\mathrm{j}d\omega^2/2bT^2}$，可以得到

$$Y_A(\omega)\mathrm{e}^{-\mathrm{j}\frac{d\omega^2}{2bT^2}}=X_A(\omega)\mathrm{e}^{-\mathrm{j}\frac{d\omega^2}{2bT^2}}H_A(\omega)\mathrm{e}^{-\mathrm{j}\frac{d\omega^2}{2bT^2}} \tag{5-3}$$

根据线性正则变换的定义，可以进一步把式(5-3) 写为

$$\overline{Y}_A(\omega)=\overline{X}_A(\omega)\overline{H}_A(\omega) \tag{5-4}$$

这里 $\overline{Y}_A(\omega)=Y_A(\omega)\mathrm{e}^{-\mathrm{j}\frac{d\omega^2}{2bT^2}}$，$\overline{X}_A(\omega)=X_A(\omega)\mathrm{e}^{-\mathrm{j}\frac{d\omega^2}{2bT^2}}$，$\overline{H}_A(\omega)=H_A(\omega)\mathrm{e}^{-\mathrm{j}\frac{d\omega^2}{2bT^2}}$，分别表示为 $y(nT)$、$x(nT)$、$h(nT)$ 的简化离散线性正则变换。结合式(5-4) 和离散线性正则变换的卷积定理知，$x(nT)$、$h(nT)$ 的线性正则变换域卷积能够直接对应简化线性正则变换域的滤波 $\overline{X}_A(\omega)$ $\overline{H}_A(\omega)$，并且根据简化线性正则变换和线性正则变换的关系知，简化线性正则变换域的滤波等效于线性正则变换域的滤波。因此，我们定义线性正则变换域等效滤波器如下。

定义 5.1 假设 $H_A(\omega)$ 是有限长序列 $h(nT)$ 的离散线性正则变换，则称

$$\overline{H}_A(\omega)=H_A(\omega)\mathrm{e}^{-\mathrm{j}\frac{d\omega^2}{2bT^2}} \tag{5-5}$$

为等效线性正则变换域滤波器。

由定义 5.1 可知，等效线性正则变换域滤波器没有对输入信号附加不需要的相位，在时域是易于实现的。由于分数阶傅里叶变换是线性正则变换的特殊形式，因此等效分数阶滤波器可以看成等效线性正则变换域滤波器的特例。此外本节后面的

线性正则变换域滤波无特别指出，均认为是等效线性正则变换域滤波器。

② 线性正则变换域抽取与插值的直接实现　作为傅里叶变换的更广义形式，类似于傅里叶变换域的抽取与插值分析，我们首先给出线性正则变换域抽取后的离散线性正则变换的特点，有如下的定理。

定理 5.1　假设一个离散采样信号 $x(n)$ 的采样周期为 T，要使离散采样信号 $x(n)$ 的采样频率变为原来的 $1/D$，可以将离散采样信号 $x(n)$ 通过图 5-6 所示的 D 倍抽取器，得到输出信号 $y(n)=x(Dn)$，实现采样频率变为原来的 $1/D$ 的功能，并且输出信号的离散线性正则变换与原信号的离散线性正则变换有如下等式成立。

$$Y_A(\omega)=\frac{1}{D}\sum_{k=0}^{D-1}X_A\left(\frac{\omega-2\pi k}{D}\right)\mathrm{e}^{-2\pi kbd\left(\frac{\omega-\pi k}{DT}\right)^2} \tag{5-6}$$

类似于傅里叶变换域的抽取信号，当 D 选择不同的数值时，抽取信号在线性正则变换域也可能产生混叠失真。为了避免混叠失真，一般都会在信号进行抽取之前加入线性正则变换域防混叠滤波器（如图 5-6 所示），就形成了一般线性正则变换域抽取器系统。

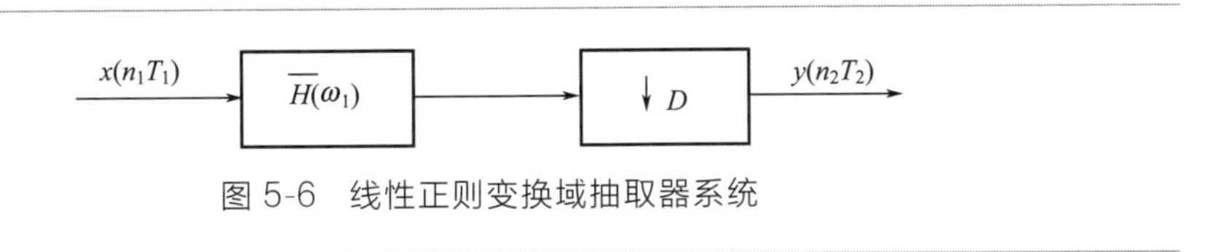

图 5-6　线性正则变换域抽取器系统

根据图 5-6 所示的线性正则变换域抽取系统要获得抽取信号，首先要做的就是对离散信号 $x(n_1T_1)$ 进行线性正则变换域滤波，即 $x(n_1T_1)$ 和 $h(n)$ 的线性正则变换域卷积，然后对线性正则变换域卷积之后的结果作抽取，其直接实现如图 5-7 所示。

从图 5-7 中可以看出，线性正则变换域抽取器系统的直接实现是费时的，这是因为对求出的线性正则变换域卷积之后的结果只有一部分是需要的，其余的点在抽取后都被舍弃了，做了大量不必要的运算。而且每计算一个 $y(n_1T_1)$ 都需要在一个 T_1 之内完成。而在实际工程中，为了减少抽样率转换中的操作，需要把乘法运算安排在低抽样率的一端，减少后续操作，提高效率就需要获取抽样率转换的恒等关系。

因此，我们可以首先把调制的 $\mathrm{e}^{-\mathrm{j}\frac{d\omega^2}{2bT^2}}$ 和抽取器进行交换，随后把抽取器放进图 5-7 中的每一条支路里面，然后与里面的常数进行交换，这样就能够得到线性正则变换域抽取器的等效实现结构，如图 5-8 所示。这种等效实现结构，虽然抽取器之后的乘积的运算时间比直接实现增加到了 DT_1，但由于把抽取器放到低抽样率的一段，大大地降低了乘法次数，因此等效变换后的线性正则变换域的抽取器的运算量减少为线性正则变换域抽取器的直接实现运算量的 $1/D$。

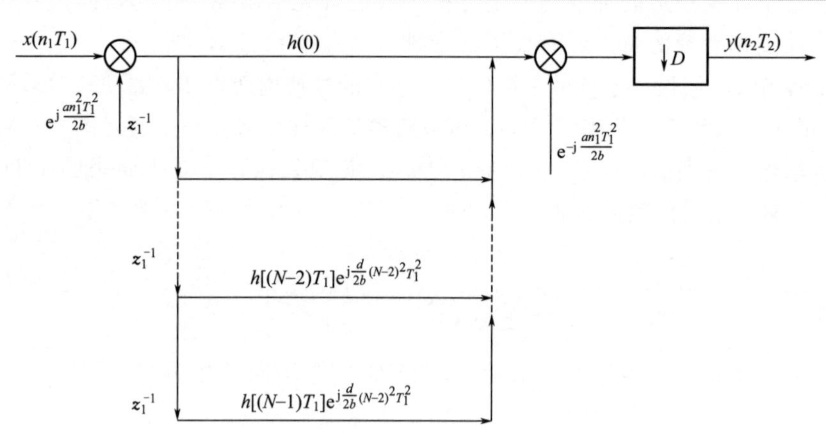

图 5-7　线性正则变换域抽取器系统的直接实现

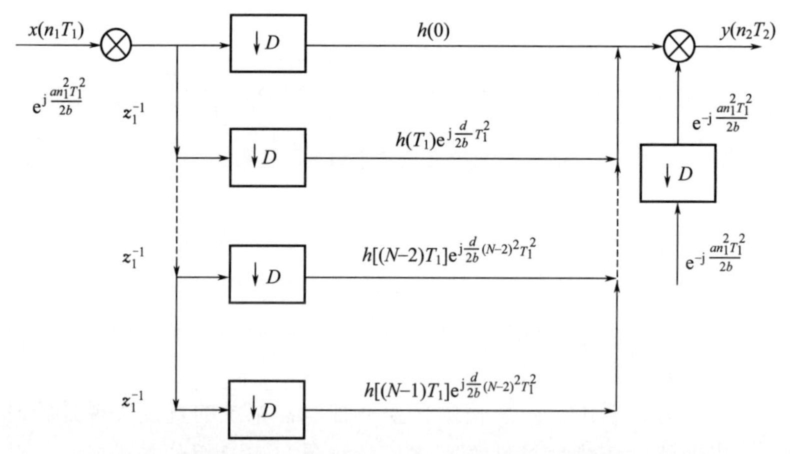

图 5-8　等效变换后线性正则变换域抽取器系统的直接实现

类似线性正则变换域抽取器系统的分析，线性正则变换域的插值器系统输出的与原信号的线性正则变换有以下的关系成立。

定理 5.2　假设一个离散采样信号 $x(n)$ 的采样周期为 T，要使离散采样信号 $x(n)$ 的采样频率变为原来的 $1/L$，可以将离散采样信号离散采样信号 $x(n)$ 通过图 5-9 所示的 L 倍抽取器，得到输出信号 $y(n)$，实现采样频率变为原来的 $1/L$ 的功能，并且输出信号的离散线性正则变换与原信号的离散线性正则变换有如下等式成立。

$$Y_A(\omega)=X_A(L\omega) \tag{5-7}$$

与傅里叶变换域插值器系统一样，补零之后的信号不仅没增加任何信息，而且输出信号的线性正则变换除了包含原信号的基带频谱还包括它的映像部分，因此为实现信号 L 倍抽样率的转换，必须在信号内插之后加入一个相应的低通线性正则变换域滤波器滤掉多余的镜像（如图 5-9 所示），就构成了线性正则变换域的插值器系统。

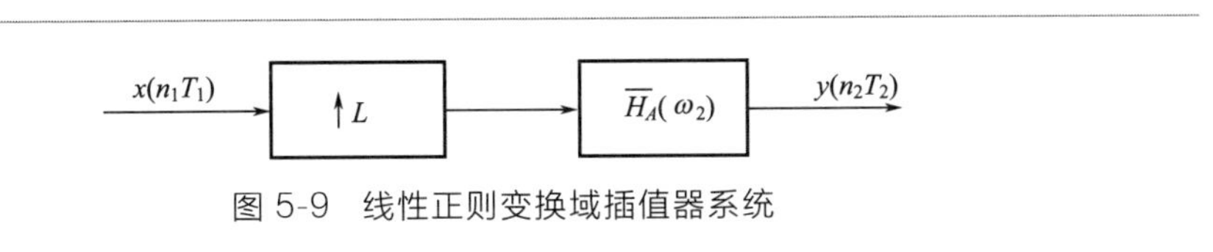

图 5-9 线性正则变换域插值器系统

根据图 5-9 所示的线性正则变换域插值器系统要获得抽取信号，首先要做的就是对离散信号 $x(n_1T_1)$ 插值补零，然后对插值后的结果进行线性正则变换域滤波，即插值后的信号和 $h(n)$ 的线性正则变换域卷积，然后获得期望的插值信号，其直接实现如图 5-10 所示。

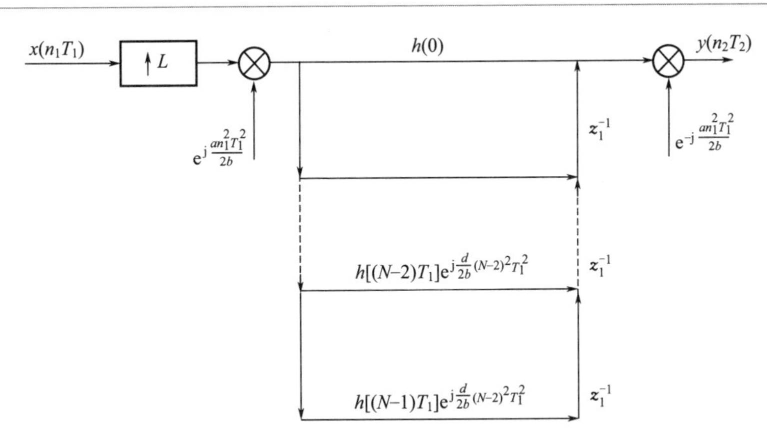

图 5-10 线性正则变换域插值器系统的直接实现

与线性正则变换域抽取器系统的直接实现类似，线性正则变换域插值器系统的直接实现也是低效的，采用与线性正则变换域抽取器类似的方式，我们可以获得等效的线性正则变换域插值器系统的直接实现，如图 5-11 所示，其运算量减少为原来的 $1/L$。此外，由于线性正则变换是傅里叶变换和分数阶傅里叶变换的广义形式，傅里叶变换和分数阶傅里叶变换域的抽取与插值的直接实现和等效直接实现可以看成是线性正则变换域抽取与插值的直接实现和等效直接实现的特例。

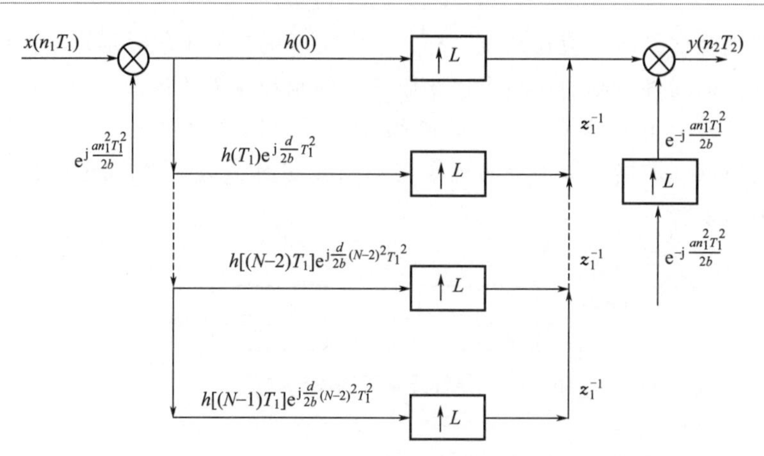

图 5-11 等效变换后线性正则变换域插值器系统的直接实现

齿轮的振动信号是从加速度过程中的输入小齿轮上的断齿获得的，其时域波形如图 5-12 所示。故障齿轮振动信号的快速傅里叶图谱如图 5-13 所示。与前文所述正常运行的齿轮信号相似，由于齿轮在加速过程中的振动信号是非平稳的，且信噪比低，因此无法从图 5-12 和图 5-13 中得到相应的信息。然后，将线性正则变换应用于该齿轮振动信号，可以得到图 5-14 中齿轮振动信号的最优线性正则变换频谱。从图 5-14 中可以清楚地看到三个峰值，分别位于（359,1800）、（387,3150）和（415,2201）。最高峰和两个相邻的峰之间的频率间隔都是 28Hz。由于齿轮振动信号的最大谱分量是由啮合频率产生的，因此在线性正则变换域中，啮合频率为 387Hz。此外，输入齿轮有 55 齿，因此可以得到输入轴在线性正则变换域中的旋转频率为 387Hz/55＝7.03Hz。结果表明，输入轴的转动频率约等于频率间隔的四分之一。通过以上分析，我们可以得知图 5-12 所示的振动信号已经被调制。在这种情况下，可以判定输入轴齿轮为故障齿轮。

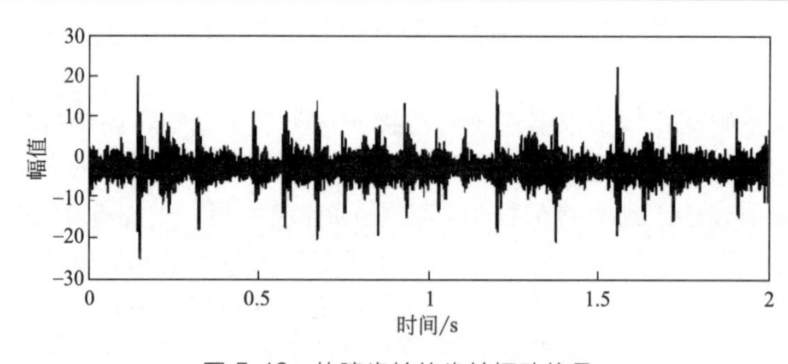

图 5-12 故障齿轮的齿轮振动信号

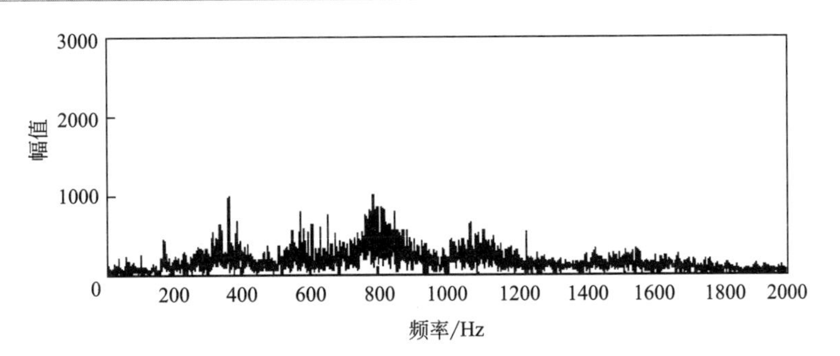

图 5-13　故障齿轮的齿轮振动快速傅里叶信号

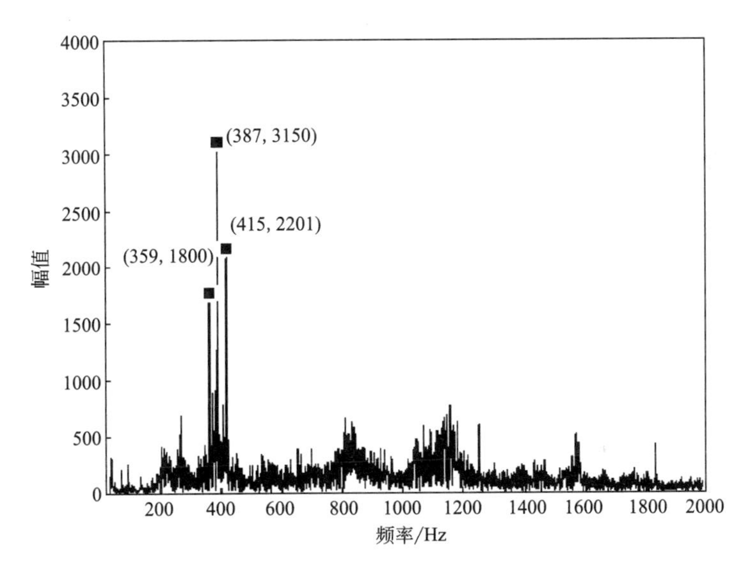

图 5-14　故障齿轮的齿轮振动线性正则变换信号

5.3 电气系统的故障诊断

第二次工业革命以来，电能被广泛应用于生产过程中，人类进入电气工业时代。电力电子设备在工业系统与大型工程设施系统中进行了大规模的应用，其正常运行决定了整个系统的运行可靠性与稳定性。本节主要分析了电气系统中的电力电子设备常见的故障特点，并对基于自适应卡尔曼滤波器的故障诊断方法在电气系统故障诊断的分析与应用进行了介绍。

5.3.1 电气系统的故障特点

工业过程中的重要电气设备主要包括变流器、变压器、断路器等。在实际运行过程中，电气系统故障产生原因非常复杂，这些故障通常具有潜伏性，如果不能及时发现与排除，将会导致部分或全部电气系统瘫痪。而一旦电力设备出现严重的故障，不仅会对设备和财产造成损害，还可能威胁电力设备附近人员的安全。因此，有必要定时检测电力设备，确定系统潜在的故障模式，从而诊断和隔离电力设备的故障，确保电力系统的运行安全性。

由于电气设备具有强耦合性，各功能单元彼此紧密联系，单一器件的失效极有可能引发多个功能器件相继损坏的故障发生，因此，如何利用状态监测数据及时发现微弱/潜在故障的征兆，对故障提供预警；故障发生后，如何快速识别和准确定位故障源，为故障的隔离和系统的恢复提供决策信息，成为了电气设备故障诊断的重点。

如何实现电气系统的可靠安全运行，对提高系统运行安全性具有重要的意义。电气系统的故障诊断，主要是针对线路故障和电气设备故障，其中电气设备包含的大量电力电子器件，如：二极管和绝缘栅双极性晶体管（IGBT）等核心元器件。电气系统结构多种多样，往往包含多个设备与器件。因此，其故障种类繁多，仅变频器整流侧的故障类型就有 8 种。而且按照故障的影响又还可以分为单故障、多故障以及微小故障/潜在故障，每种故障类型又对应不同的故障发生位置，这还不包括逆变侧故障和整流逆变侧混合故障等。实际中故障信息的种类总数是故障类型的总数与各故障位置总数的排列组合，其数目相当庞大。

对电气系统的故障分析本章主要针对变流器故障进行详细说明。变流器在系统的运行过程中，由于内部器件大量使用了功率晶体管，当输入变流器的电能发生功率波动，工作环境变化，均可导致功率晶体管的电、热应力不平衡，会对内部器件的运行状态产生影响[4]。导致运行状态变化的原因主要来自两方面：器件固有因素和外部突发因素。常见器件固有因素有器件质量缺陷、接触不良、型号参数不匹配等；外部突发因素有功率无法馈送入电网、负载突变、匝间或相间短路等。变流器的运行状态发生变化，并不一定意味着变流器装置的损坏。因此，一方面当故障征兆微小时，极易在故障分析时发生漏判。另一方面，这些漏判的微小故障，虽然只有微小的异常征兆，却可能会危及系统安全运行，需要进行及时有效的监控。如何区分变流器运行工况正常波动和变流器微小故障（包含初始故障，因两者共同表现出故障征兆幅值小、不显著的特性），是变流器故障诊断中面临的主要挑战之一。

微弱/潜在故障检测的难点是：设备故障轻微，故障信号特征微弱，常被正常状态的信号所淹没，一般的时域波形、频谱分析方法难以实现微弱特征信号的有效提取。故障诊断的难点是：表征设备状态的特征信号通常由多种信号成分与噪声混合而成，且同一故障源可表现出多种特征，同一特征又是由多种故障源而引起的，常规的诊断方法难以进行多种故障源的识别和定位。针对变流器故障信号相互影响及强电干扰下微弱故障信号难以检测的问题，通过对混合信号的分离和强噪声背景下微弱信号的提取及其时频特征表征，建立故障诊断方法。

5.3.2 电气系统典型故障诊断方法

异常情况和早期故障的检测，是提高电力电子设备的可靠性和可用性，降低能量产生损耗的重要手段。本节将以变流器为例，具体介绍电气系统故障诊断中常用的方法、发展路径以及存在的问题。

（1）电气系统故障征兆的选择

研究者在分析了变流器故障对系统特性产生的影响的基础上提出了多种诊断方法。从具体故障征兆的选择来看，近年来，针对变流器故障的研究，已经提出了归一化平均电流、平均电流 Park 向量、误差电压、开关函数模型等一系列方法[5]。其中基于电流的方法是使用最为广泛的，因为三相电流独立于系统参数或控制策略，并且不需要额外的传感器。电流 Park 向量作为变流器故障的诊断工具被提出。尽管该方法能够实别开路故障，实现故障模式的可视化，但是需要非常复杂的模式识别算法。因此，这种方法不适合集成到驱动控制器中。在 Park 向量方法的基础上，使用统计分析方法和基于模糊的技术来进行不同模式之间的边界定义。这些方法的主要缺点是负载依赖性和对瞬变的敏感性，从而导致对低负载水平的诊断有效性低及瞬态过程中的误报。此外，变流器 IGBT 开路故障时，电压信号同样携带有故障特征信息，因此基于电压信号开发的故障诊断方法也有不少研究成果。在诊断方法中所应用到的电压信号根据类型可分为极电压、相电压、线电压和中性点电压。基于相电压和中性点电压的诊断技术适用于系统/机器平衡的条件，且需要额外的中性点端子。基于线电压的诊断技术一般需要差分放大器。一般来说，基于电压的技术尽管实现了快速检测，但大多数情况下都需要额外的硬件设备，因此增加了系统成本和复杂性。针对基于上述电压信号的变流器故障诊断通常另需增加硬件设备的缺点，出现了选择参考电压作为诊断变量，并通过电压观测器提高诊断技术的鲁棒性的方法，而且该方法可以集成到永磁同步电机驱动的控制系统中，具有再生能力。

（2）电气系统故障诊断方法的分类

各种常用的故障诊断方法均在变流器的故障诊断中获得了广泛的应用。常见的变流器故障诊断方法一般可以分为：基于模型的方法、基于信号分析的方法和基于数据驱动的方法。基于模型的方法首先建立整个电气系统的数学模型，在设定的正常状态和故障状态下，比较分析数学模型的各种变量的差异。基于信号分析的方法通过对电气系统运行状态监测信号进行降噪、分解、时频分析等一系列的分析及处理，提取出电气系统故障的典型征兆，再与机理分析或者仿真得到的故障特征进行匹配，从而实现对电气系统故障的诊断。而基于人工智能的方法通过使用历史操作数据和专家知识来分析系统行为。相比较而言基于人工智能的方法省去了建立繁杂的模型的过程，只需要故障状态下各种变量的相关信息，特别是当系统模型未知、不确定或难以建立时，这种方法可以大幅减轻工作量。但是，历史故障数据往往是带有偏差的、不准确的，必须对此类数据进行预处理，提取特征样本，判断故障的类型和位置[5]。国内外的研究学者针对功率器件的故障检测、故障诊断及故障恢复等方面做了大量的研究，但由于变流系统是高度非线性及强耦合的，对其故障的准确诊断具有一定的挑战性。

基于模型的方法在测量值的基础上利用电流观测器、滑模观测器（SMO）、卡尔曼滤波器和自适应观测器产生残差，而基于模式识别的方法通过分析设备的变量或构建数据模型以识别故障。随着电气系统可靠性、可用性以及容错性的要求越来越高，变流器的故障诊断也成为了一个非常重要的问题。

国内对于变流器故障诊断的研究热点集中在基于人工智能的方法上。通过提取变流器故障时的特征向量，选取合适的分类方法，以便实现故障诊断。目前大多研究都结合小波变换及神经网络方法或是其改进方法对变流器故障进行诊断，如：针对永磁直驱风机变流器故障诊断，利用小波神经网络提取故障特征向量，然后采用 BP 神经网络进行故障识别。此外，也有不少其他基于模式的诊断方法用于变流器的故障检测识别，如自组织特征映射 SOM 神经网络、深度置信网络、支持向量机、免疫算法等。

而在实际的状态检测和故障诊断技术中，被测信号往往夹杂着噪声信号，引入一种能够有效对噪声进行过滤的方法是十分必要的。卡尔曼滤波器具有良好的过滤噪声性能，并且可以预报将要发生的故障，以便及时检查、维修，从而防止系统故障。因此，卡尔曼滤波在故障诊断中的应用日益凸显。

卡尔曼滤波是一种时域方法，对于含有高斯白噪声的线性系统，系统参数的最小均方估计可以被递归。针对卡尔曼滤波仅适用于线性系统的限制，发展了多种处理非线性系统的方法，如扩展卡尔曼滤波、无迹卡尔曼滤波、容积式卡尔曼滤波和强跟踪滤波等。卡尔曼滤波实现故障诊断主要是根据系统发生故障后，其状态、参数会发生相应的变化。跟踪估计该状态、参数，或直接或间接判断系统是否故障。直接判断即采用携带有故障信息的估计值与实际值之间的残差或者估计值与阈值的差值等作为判断标准。间接判断是在估计状态或参数的基础上，再采用分类算法。由于卡尔曼滤波新息序列平均值受到系统的传感器或执行器故障的影响，因此能够作为故障诊断的指标识别传感器故障和执行器故障。

5.3.3 应用案例

由于实际运行过程中的负荷变化以及系统配置和系统状态的影响，电气系统中的电流、电压信号是变化的，而且还会受到噪声（有色噪声和白噪声）与谐波的影响。从永磁同步发电机定子采集到的电流数据往往也夹杂着噪声，主要是因为观测数据误差值的不确定以及风电变流器运行环境的内部干扰等。噪声的存在势必会对算法精度或稳定性产生一定程度的影响。要想获得准确的信号估计值，必须考虑信号中噪声的处理问题。

卡尔曼滤波器作为一种优良降噪的滤波器被广泛应用。从统计学上看，卡尔曼滤波器是最优的估计器，对于受噪声干扰的系统瞬时状态，可以通过与状态相关的噪声观测估计。卡尔曼滤波的最佳性能以系统动态模型和噪声特性已知为前提。其最优估计值是在测量值和状态预测值的综合作用下获得的。在概率论和最小方差估计基础上，由已知初始值逐步递推状态预测值，并经测量值与估计值的新息量加以修正，剔除随机扰动误差的影响，最后获得更为接近真实情况的有用信息。本小节介绍自适应卡尔曼滤波器实现对永磁同步电机定子电流的估计，在估计电流值的基础上计算检测参数和定位参数，以便对变流器的 IGBT 开路故障进行诊断，并验证其性能。

（1）卡尔曼滤波算法

离散系统卡尔曼滤波器的状态方程和观测方程为：

$$\begin{cases} \boldsymbol{x}_{k+1}=\boldsymbol{F}_{k+1|k}\boldsymbol{x}_k+\boldsymbol{\Gamma}_k w_k \\ \boldsymbol{y}_{k+1}=\boldsymbol{H}_{k+1}\boldsymbol{x}_{k+1}+v_{k+1} \end{cases} \tag{5-8}$$

式中，k 为离散时间变量；$\boldsymbol{x}_k$、$\boldsymbol{y}_k$ 为 k 时刻的状态向量和观测向量；$\boldsymbol{F}_{k+1|k}$ 是 k 时刻到 $k+1$ 时刻的状态转移矩阵；$\boldsymbol{H}$ 为测量方程系数矩阵；$\boldsymbol{\Gamma}_k$ 为摄动噪声转移矩阵；w_k、v_{k+1} 假定为高斯白噪声的过程噪声和测量噪声。

过程噪声和测量噪声满足以下的统计特性：

$$\begin{aligned} &E(w_k)=0;Cov(w_k,w_j)=\boldsymbol{Q}_k\delta_{kj} \\ &E(v_k)=0;Cov(v_k,v_j)=\boldsymbol{R}_k\delta_{kj} \\ &Cov(w_k,v_k)=0 \end{aligned} \tag{5-9}$$

式中，$\boldsymbol{Q}_k$、$\boldsymbol{R}_k$ 分别为过程噪声和测量噪声的协方差矩阵；δ_{kj} 为克罗内克（Kronecker）函数，当 $k=j$ 时，$\delta_{kj}=1$；否则 $\delta_{kj}=0$。

卡尔曼滤波算法的迭代过程包括时间更新和量测更新两个过程，时间更新利用初始值，根据前一时刻 k 推导当前时刻 $k+1$ 的预测值，而量测更新则是利用

了实际测量值对预测值进行校正。设定状态矩阵及误差协方差矩阵初始值分别为：$E(\boldsymbol{x}_{k|k=1})=\hat{\boldsymbol{x}}_k$，$E[(\boldsymbol{x}_{k|k=1}-\hat{\boldsymbol{x}}_k)(\boldsymbol{x}_{k|k=1}-\hat{\boldsymbol{x}}_k)^{\mathrm{T}}]=\hat{\boldsymbol{P}}_k$。算法的具体过程如下。

时间更新：

① 状态预测值：

$$\hat{\boldsymbol{x}}_{k+1|k}=\boldsymbol{F}_k\hat{\boldsymbol{x}}_k \tag{5-10}$$

② 一步预测协方差矩阵，即对状态的不确定性的更新：

$$\hat{\boldsymbol{P}}_{k+1|k}=\boldsymbol{F}_k\hat{\boldsymbol{P}}_k\boldsymbol{F}_k^{\mathrm{T}}+\boldsymbol{\Gamma}_k\boldsymbol{Q}_k\boldsymbol{\Gamma}_k^{\mathrm{T}} \tag{5-11}$$

如果系统是稳定的，则$\boldsymbol{F}_k\hat{\boldsymbol{P}}_k\boldsymbol{F}_k^{\mathrm{T}}$会收敛，也就是说估计的不确定性会减小。

量测更新：

① 卡尔曼增益矩阵：

$$\boldsymbol{K}_{k+1}=\hat{\boldsymbol{P}}_{k+1|k}\boldsymbol{H}_{k+1}[\boldsymbol{H}_{k+1}\hat{\boldsymbol{P}}_{k+1|k}\boldsymbol{H}_{k+1}^{\mathrm{T}}+\boldsymbol{R}_{k+1}]^{-1} \tag{5-12}$$

一步预测协方差矩阵对增益矩阵起正作用，即：系统稳定时，$\hat{\boldsymbol{P}}_{k+1|k}$减小，进而使得$\boldsymbol{K}_{k+1}$减小，导致状态更新幅度较小，反之亦然。

② 利用测量数据进行状态更新：

$$\hat{\boldsymbol{x}}_{k+1}=\hat{\boldsymbol{x}}_{k+1|k}+\boldsymbol{K}_{k+1}(\boldsymbol{y}_{k+1}-\boldsymbol{H}_{k+1}\hat{\boldsymbol{x}}_{k+1|k}) \tag{5-13}$$

③ 协方差矩阵更新：

$$\hat{\boldsymbol{P}}_{k+1}=\hat{\boldsymbol{P}}_{k+1|k}-\boldsymbol{K}_{k+1}\boldsymbol{H}_{k+1}\hat{\boldsymbol{P}}_{k+1|k} \tag{5-14}$$

需要说明的是，在实际应用中，状态矩阵和误差协方差矩阵的初始值可能难以确定，但是因为卡尔曼滤波是一致渐进稳定的，如果系统的系数矩阵保持不变，则卡尔曼滤波算法的量测更新过程不会受到影响。

(2) 噪声协方差矩阵的常见修正方法

自适应卡尔曼滤波算法主要包括两种策略：一种策略是大多数自适应卡尔曼滤波算法都集中于如何改善过程噪声协方差矩阵 $\boldsymbol{Q}$ 或测量噪声协方差矩阵 $\boldsymbol{R}$，或 $\boldsymbol{Q}$ 和 $\boldsymbol{R}$ 两者同时改善。另一种策略旨在寻找时间更新和量测更新之间的平衡点。在卡尔曼滤波算法中，$\boldsymbol{Q}$ 和 $\boldsymbol{R}$ 决定滤波器的理论收敛性和稳定性。为了抑制由 $\boldsymbol{Q}$、$\boldsymbol{R}$ 的不确定而引起的滤波发散问题，在自适应卡尔曼滤波算法迭代过程中，不仅需要基于测量值修正状态预测值，而且也需要实时估计并修正未知的或不确切的噪声协方差矩阵。

由于次优 Sage-Husa 噪声估计器具有了实时估测未知时变噪声的能力，对实时检测变流器故障具有实际意义。因此本节将次优 Sage-Husa 噪声估计器引入卡尔曼滤波算法中。

Sage-Husa 自适应卡尔曼滤波算法：基于极大后验估计的原则，根据测量值实现滤波过程的同时，实时更新调整过程噪声协方差矩阵以及测量噪声协方差矩阵，从而获得系统的最优估计值。该方法主要应用于线性离散时变系统，其修正方法如下：

$$\begin{cases}\boldsymbol{R}_k=\dfrac{1}{N}\displaystyle\sum_{i=k-N+1}^{k}\left(\boldsymbol{\gamma}_{i|i-1}-\dfrac{1}{N}\displaystyle\sum_{i=k-N+1}^{k}\boldsymbol{\gamma}_{i|i-1}\right)\left(\boldsymbol{\gamma}_{i|i-1}-\dfrac{1}{N}\displaystyle\sum_{i=k-N+1}^{k}\boldsymbol{\gamma}_{i|i-1}\right)^{\mathrm{T}}\\ \boldsymbol{Q}_k=\dfrac{1}{N}\displaystyle\sum_{i=k-N+1}^{k}\left(\boldsymbol{\gamma}_{i|i}-\dfrac{1}{N}\displaystyle\sum_{i=k-N+1}^{k}\boldsymbol{\gamma}_{i|i}\right)\left(\boldsymbol{\gamma}_{i|i}-\dfrac{1}{N}\displaystyle\sum_{i=k-N+1}^{k}\boldsymbol{\gamma}_{i|i}\right)^{\mathrm{T}}\end{cases} \tag{5-15}$$

式中，$\boldsymbol{\gamma}_{i|i-1}=\boldsymbol{y}_i-\boldsymbol{H}_i\boldsymbol{F}_i\hat{\boldsymbol{x}}_{i-1}$，$\boldsymbol{\gamma}_{i|i}=\hat{\boldsymbol{x}}_i-\boldsymbol{F}_i\hat{\boldsymbol{x}}_{i-1}$。

由于上述 Sage-Husa 自适应滤波方法的精度对噪声模型参数值的敏感度较大，不适用于含有噪声且其协方差值较大的系统。因此，通过引入遗忘因子改进原滤波算法的性能，提高算法实时估测未知时变噪声的能力。噪声协方差矩阵 $\boldsymbol{Q}_k$ 和$\boldsymbol{R}_k$ 的估计由如下方法获取：

$$\begin{cases}\boldsymbol{R}_{k+1}=(1-d_k)\boldsymbol{R}_k+d_k[diag(\boldsymbol{\gamma}_k\boldsymbol{\gamma}_k^{\mathrm{T}})+\boldsymbol{H}_k\boldsymbol{P}_k\boldsymbol{H}_k^{\mathrm{T}}]\\ \boldsymbol{Q}_{k+1}=(1-d_k)\boldsymbol{Q}_k+d_k[diag(\boldsymbol{K}_k\boldsymbol{\gamma}_k\boldsymbol{\gamma}_k^{\mathrm{T}}\boldsymbol{K}_k^{\mathrm{T}})-(\boldsymbol{P}_k-\boldsymbol{P}_{k|k-1}+\boldsymbol{Q}_k)]\end{cases} \tag{5-16}$$

式中，$diag(\cdot)$是获取对角矩阵的函数，$\boldsymbol{\gamma}_k=\boldsymbol{y}_k-\hat{\boldsymbol{y}}_k$ 是测量值与估计值的残差。d_k 由式(5-17) 计算而得：

$$d_k=(1-b)/(1-b^{k+1}) \tag{5-17}$$

式中，$b(b\in[0.95,0.995])$为遗忘因子。针对式(5-15) 采用算术平均作为每一迭代过程中 $\boldsymbol{Q}_k$ 和 $\boldsymbol{R}_k$ 的加权系数，难以体现新近测量数据的作用。对于时变噪声而言，理应更强调新近测量值的作用。因此，式(5-16) 采用指数加权方法，通过遗忘因子 b 限制滤波器的记忆长度，增强新近测量值对当前估计值的权重，并逐渐遗忘陈旧数据。噪声统计变化较快时，b 应取值偏大；反之，b 应取值偏小。在本小节中，设定 b 为 0.96。

此外，卡尔曼滤波算法在迭代过程中，当系统达到稳态时，一步预测协方差矩阵将收敛，使得协方差矩阵以及增益矩阵限定在一个极小的数值上。但是，由于复杂的系统内部结构，恶劣的环境条件以及不确定性因素的干扰，使得电流、电压等参数发生突变。参数的突变伴随着新息残差的增大，然而卡尔曼滤波算法因其自身的限制，其增益矩阵仍然保持为极小值，导致卡尔曼滤波算法滞后，出现估计值跟踪不上测量值的现象，影响卡尔曼滤波的性能。因此，为了防止这种情况对滤波算法产生严重不良后果，本小节在利用滞环比较上下限阈值判定突变的基础上，实时调整误差协方差矩阵。即：当估计值与测量值的误差超过阈值时，重置误差协方差矩阵；否则，误差协方差矩阵维持在当前更新值，并用于下一次的迭代计算。

误差协方差重置卡尔曼滤波算法是在卡尔曼滤波算法的思想上进一步优化获得的一种改进算法，其大部分的迭代滤波公式与卡尔曼滤波算法是没有差别的，主要是估计值与测量值的误差过大（突变），算法的误差协方差矩阵能够被重置，以实现新的一次跟踪收敛。具体的判断准则如下所示：

$$\hat{\boldsymbol{P}}_{k+1}=\begin{cases}\hat{\boldsymbol{P}}_0, |\boldsymbol{y}_k-\hat{\boldsymbol{y}}_k|\geqslant C\\ \hat{\boldsymbol{P}}_{k+1}, |\boldsymbol{y}_k-\hat{\boldsymbol{y}}_k|<C\end{cases} \tag{5-18}$$

式中，C 为根据经验设定的阈值。

(3) 基于自适应卡尔曼滤波的故障诊断算法

利用自适应卡尔曼滤波算法 IGBT 故障进行预报，其实质是通过自适应卡尔曼滤波算法对定子三相电流进行跟踪估计。

设定状态向量$\boldsymbol{x}_k=[\boldsymbol{i}_{sd}(k), \boldsymbol{i}_{sq}(k)]^{\mathrm{T}}$，观测向量 $\boldsymbol{y}_k=\boldsymbol{x}_k$，建立离散系统的状态空间方程为：

$$\begin{cases}\boldsymbol{x}_k=\begin{bmatrix}1-\dfrac{R_s t_s}{L_s} & \omega_s t_s\\ -\omega_s t_s & 1-\dfrac{R_s t_s}{L_s}\end{bmatrix}\boldsymbol{x}_{k-1}+\begin{bmatrix}\dfrac{t_s}{L_s} & 0\\ 0 & \dfrac{t_s}{L_s}\end{bmatrix}\begin{bmatrix}V_{sd}(k)\\ V_{sq}(k)\end{bmatrix}+\begin{bmatrix}0\\ -\dfrac{\psi_s\omega_s(k)t_s}{L_s}\end{bmatrix}\\ \boldsymbol{y}_k=\boldsymbol{x}_k\end{cases} \tag{5-19}$$

下面给出基于滤波器算法的故障诊断算法，其流程图如图 5-15 所示。

步骤 1：令 $k=1$，设置状态估计初始值和误差协方差矩阵的初始值分别为 $\hat{\boldsymbol{x}}_k$、$\hat{\boldsymbol{P}}_k$，过程噪声协方差矩阵和测量噪声协方差矩阵为$\boldsymbol{Q}_k$、$\boldsymbol{R}_k$，并设定遗忘因子 b 和误差协方差矩阵重置阈值 C，同时根据离散系统的状态方程和测量方程，计算得出状态转移矩阵 $\boldsymbol{F}_k$ 和测量方程系数矩阵 $\boldsymbol{H}_k$。需要说明的是，在实际情况中，随着时间的推移，初始状态及其协方差对卡尔曼滤波算法的影响逐渐减小，但是噪声协方差矩阵 $\boldsymbol{Q}_k$、$\boldsymbol{R}_k$ 会阻碍这种影响的衰减性，因此，噪声协方差矩阵初始值的选取应尽可能接近实际系统，一般通过实验值确定。

步骤 2：根据式(5-10)～式(5-11) 进行时间更新，获得状态预测值$\hat{\boldsymbol{x}}_{k+1|k}$ 以及一步预测误差协方差阵 $\hat{\boldsymbol{P}}_{k+1|k}$。

步骤 3：通过式(5-12) 计算增益矩阵 $\boldsymbol{K}_{k+1}$，并更新状态估计值$\hat{\boldsymbol{x}}_{k+1}$ 和误差协方差矩阵$\hat{\boldsymbol{P}}_{k+1}$，便于下一时刻继续迭代。

步骤 4：利用噪声估计器，在前一时刻 k 的基础上更新 $k+1$ 时刻的过程噪声协方差矩阵和测量噪声协方差矩阵$\boldsymbol{Q}_k$、$\boldsymbol{R}_k$。

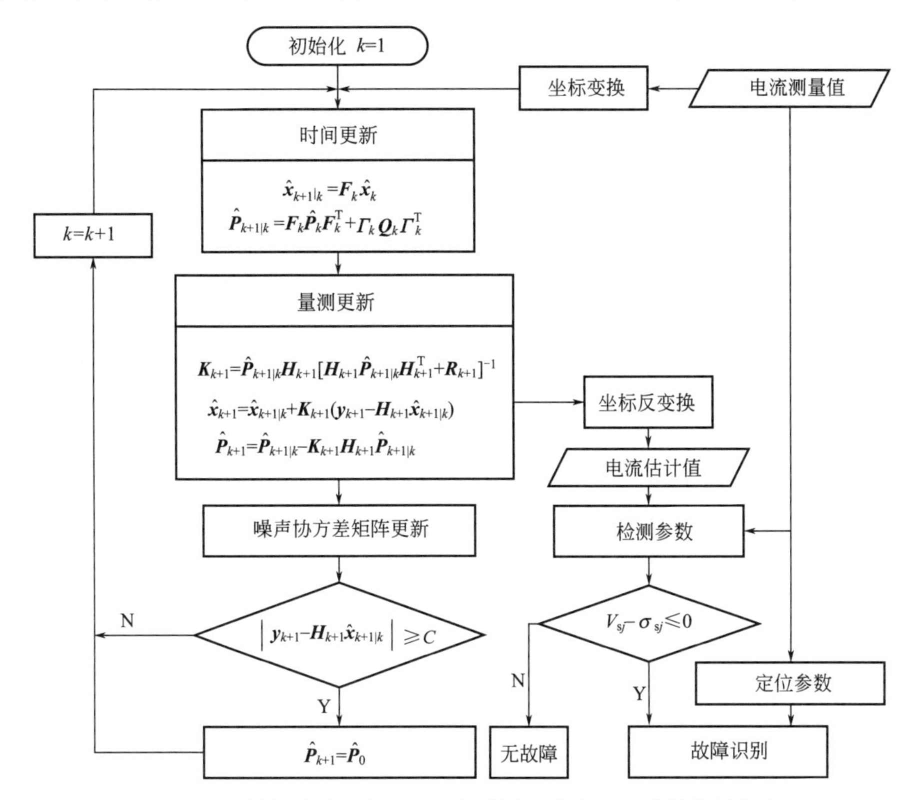

图 5-15 基于自适应卡尔曼滤波算法的变流器故障诊断流程图

步骤 5：比较 $k+1$ 时刻的估计值 $\hat{\boldsymbol{y}}_{k+1}$ 与测量值 $\boldsymbol{y}_{k+1}$，若两者的误差超过阈值 C，则误差协方差矩阵 $\hat{\boldsymbol{P}}_{k+1}$ 重置为初始时刻的误差协方差矩阵 $\hat{\boldsymbol{P}}_{k}$，若两者的误差并没有超过阈值 C，则当前时刻的误差协方差矩阵 $\hat{\boldsymbol{P}}_{k+1}$ 保持不变，继续用于后续迭代计算。

步骤 6：利用两相旋转坐标系-三相静止坐标系之间的坐标变换公式，将 $k+1$ 时刻的状态向量 $\boldsymbol{i}_{sd}$、$\boldsymbol{i}_{sq}$ 转变为定子的相电流 i_{sa}、i_{sb}、i_{sc}。

步骤 7：给定电流频率 f，基于各相电流 i_{sa}、i_{sb}、i_{sc} 的绝对值，分别计算固定采样时刻 $[k-1/f, k]$ 范围内均方根值与平均值的比值，也即获得估计的检测参数 $\hat{\sigma}_{sa}$、$\hat{\sigma}_{sb}$、$\hat{\sigma}_{sc}$。

步骤 8：令 $k=k+1$，若 k 达到设定结束时刻，则终止算法；否则，转向步骤 2，继续迭代循环。

步骤 9：在检测参数估计值 $\hat{\sigma}_{sa}$、$\hat{\sigma}_{sb}$、$\hat{\sigma}_{sc}$ 的基础上叠加 ε_{sa}、ε_{sb}、ε_{sc}，获得自适应阈值 V_{sa}、V_{sb}、V_{sc}，并比较检测参数的测量值 σ_{sa}、σ_{sb}、σ_{sc} 与自适应阈

值的大小关系，判定是否存在发生故障。

步骤 10：根据永磁同步电机定子的相电流测量值在$[k-1/f,k]$范围内的平均值，计算得到定位参数ζ_{sa}、ζ_{sb}、ζ_{sc}。通过比较定位参数与阈值的大小关系，判断故障位置。

(4) 仿真实验分析

该实验所需要的电流测量值是从仿真模型中获得的。通过 Matlab/Simulink 搭建一个 1.5MW 的永磁直驱风电转换系统，其变流器内部结构如图 5-16 所示。模拟各类故障，获得对应的电流测量值。本节研究重点在于变流器，故系统模型主要包括永磁同步电机、变流器、电网等模块，风机模型被省去。仿真系统的部分参数如表 5-1 所示。

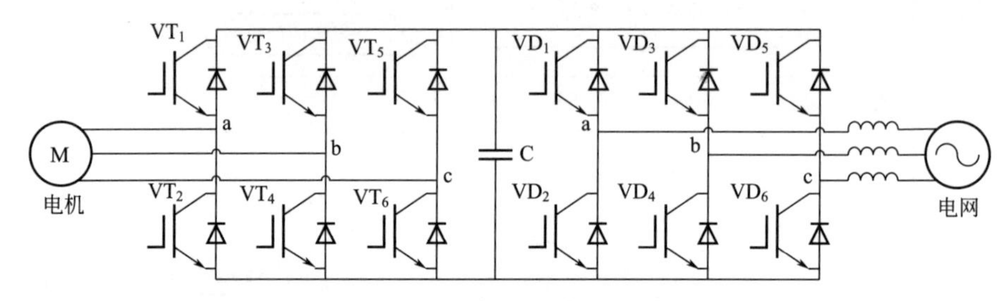

图 5-16 变流器内部结构图

表 5-1 永磁直驱风电转换系统部分参数

器件	参数	数值
永磁同步电机	额定功率 P	1.5MW
	定子电阻 R_s	0.005Ω
	d 轴电感 L_d	2mH
	q 轴电感 L_q	2mH
	极对数 p	8
永磁同步电机	磁链 ψ_s	2Wb
	转速 ω_s	193r/min
变流器	载波频率 f	10kHz
	直流母线电容 C	5×10^{-3}F
	直流母线电压 u_{dc}	800V
	网侧电感 L_g	6mH
	电网频率 f_g	50Hz

在实验仿真中，假定网侧变流器和机侧变流器两者互不影响，且永磁同步电

机正常无故障工作，即保证电机定子电流的畸变是由机侧变流器故障引起的。结合变流器的内部结构（图 5-16），对变流器的 IGBT 开路故障进行分类。然而，实际情况中三个及以上 IGBT 同时故障的概率很低，因此在这里只分析单个和两个 IGBT 开路故障，其具体分类如下所示。

第 1 类故障：单个 IGBT 功率管开路故障。

第 2 类故障：同一桥臂上下两个 IGBT 功率管开路故障。

第 3 类故障：同一半桥中的两个 IGBT 功率管开路故障。

第 4 类故障：不同桥臂上下各一个 IGBT 功率管开路故障。

针对卡尔曼滤波器及自适应卡尔曼滤波器诊断变流器的开路故障中的应用，分别基于第 1 类故障（VT_3）、第 2 类故障（VT_3、VT_4）和第 3 类故障（VT_3、VT_5）验证算法的有效性，分析本小节提出的诊断算法的可行性，以及对负载突变、风速突变等干扰的鲁棒性能。

根据表 5-1，计算得到系统矩阵 $\boldsymbol{A}=\begin{bmatrix}-2.5 & -193\times 8\\193\times 8 & -2.5\end{bmatrix}$，输入矩阵 $\boldsymbol{B}=\begin{bmatrix}500 & 0\\0 & 500\end{bmatrix}$，输出矩阵 $\boldsymbol{C}=\begin{bmatrix}1 & 0\\0 & 1\end{bmatrix}$，$\boldsymbol{D}=\begin{bmatrix}0\\-193\times 8\times 10^3\end{bmatrix}$。通过极点配置确定观测器增益，从而获得反馈增益矩阵。并通过阈值分析，确定阈值 $\upsilon=1$，常值 $\varepsilon_s=0.05$。对于卡尔曼滤波和自适应卡尔曼滤波的参数设置如下：状态转移矩阵 $\boldsymbol{F}=\begin{bmatrix}-2.5 & -193\times 8\\193\times 8 & -2.5\end{bmatrix}$，测量方程系数矩阵 $\boldsymbol{H}=\begin{bmatrix}1 & 0\\0 & 1\end{bmatrix}$。状态矩阵以及误差协方差矩阵初始值分别为：$\hat{\boldsymbol{x}}_k=[0.667, 56.524]^T$，$\hat{\boldsymbol{P}}_k=2000*\begin{bmatrix}1 & 0\\0 & 1\end{bmatrix}$。误差协方差矩阵重置阈值 $C=0.005$。噪声未知但统计特性满足白噪声分布。

由于阈值对诊断方法的鲁棒性，以及故障检测时间有着很大的影响，故而选择正确的阈值是非常重要的。其他技术类似的方式中，阈值选择是基于经验建立在算法的鲁棒性和检测速度之间的折中选择。较大的阈值增加了诊断方法的鲁棒性，同时也增加了检测时间。相反，一个小的阈值降低了检测时间，但也降低了算法的鲁棒性。因此，对于 ε_s 的选择，与 σ_{sj} 和 $\hat{\sigma}_{sj}$ 在正常和故障情况下的特征是有关联的。考虑到测量电流的动态性，分析风速、负载瞬变对检测参数的影响。

图 5-17 为风速瞬变下的各相检测参数变化情况，在 $t=0.85$s 时，风速由额定值减小至其额定值的 80%。而图 5-18 为负载瞬变下的各相检测参数变化情况，在 $t=0.85$s 时，负载由额定值增大为其额定值的 2 倍左右，然后在 $t=1$s

时，负载又减小至约额定值的28%。由图可知，在风速、负载瞬变期间，与正常状态下的电流归一化值1.11相比，σ_{sj}值呈现低变化，最大振幅变化总是低于0.05。然而，在机侧变流器发生单个或多个IGBT开路故障时，无故障相对应的检测参数σ_{sj}发生较小的波动，并稳定在1.11附近。但是与有故障相对应的σ_{sj}最小变化却大于0.05（见图5-19）。这意味着这个最小变化值可以用于ε_s，以便获得自适应阈值，确保良好的诊断并避免误报。通过由测量电流计算得到的检测参数以及自适应阈值之间的残差r_{sj}的取值检测到故障后，阈值υ用于识别故障IGBT的位置。阈值υ是通过分析在不同的IGBT开路故障下电流的平均值来确定的。分析图5-19中各故障状态下的定位参数ζ，机侧变流器正常状态下工作时，定位参数近似为0，而故障的发生会使得故障相对应的定位参数明显变化，同时影响无故障相的定位参数。对于正常工作条件下和同一条桥臂的上下IGBT都开路的情况，故障相的电流平均值在$-\upsilon \sim \upsilon$之间。另外，单个上桥臂或下桥臂IGBT的开路故障导致故障相的电流平均值超出的值分别为$-\upsilon$或υ。因此，将阈值υ的值定为1，可以保证良好的定位性能。

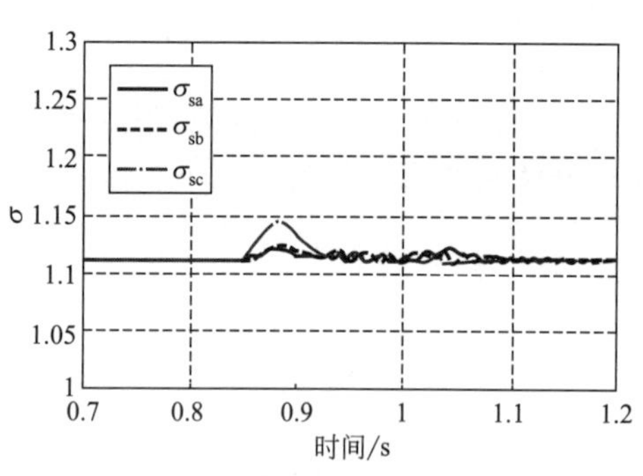

图5-17　风速瞬变下的各相检测参数变化情况

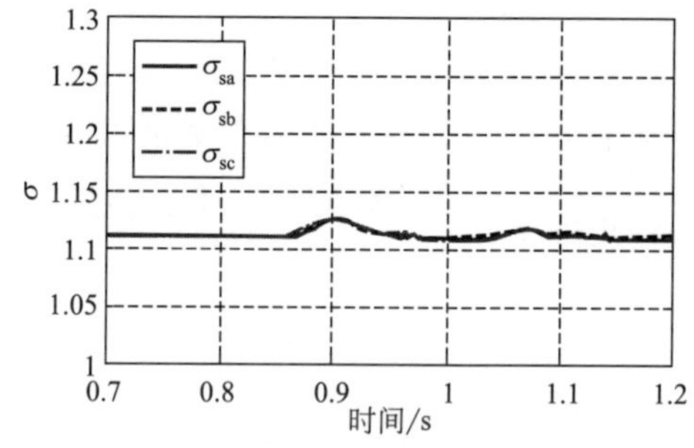

图5-18　负载瞬变下的各相检测参数变化情况

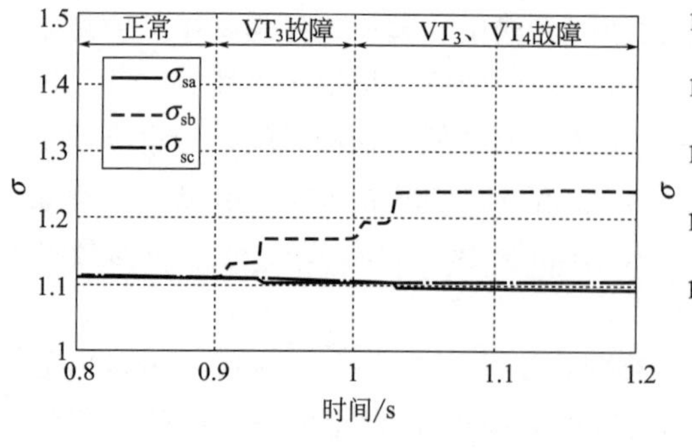

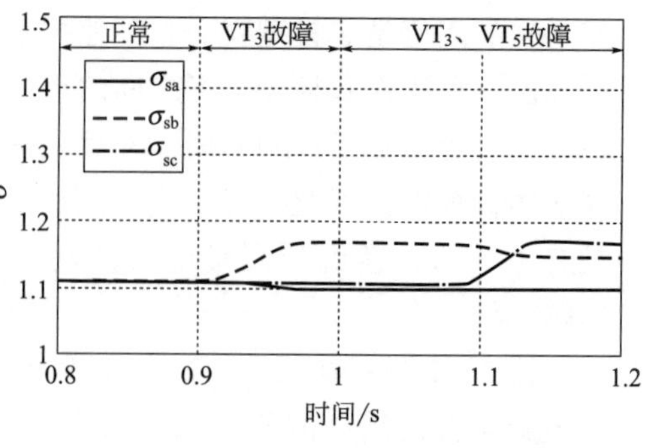

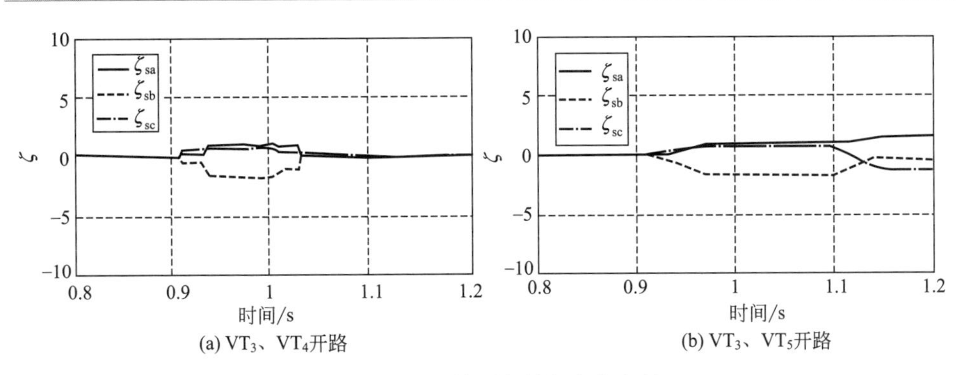

图 5-19 各相检测参数与定位参数

为了明确故障发生时刻，定义参数 SF 如式(5-20) 所示。当 $SF_{sj}=1$ 时，说明此时 j 相有 IGBT 故障。

$$\begin{cases} SF_{sj}=0 & r_{sj}>0 \\ SF_{sj}=1 & r_{sj}<0 \end{cases} \tag{5-20}$$

图 5-20 和图 5-21 分别显示了使用卡尔曼滤波和自适应卡尔曼滤波对 VT_3、VT_4 和 VT_3、VT_5 故障的各相检测参数。从图 5-20 中看出，当 IGBT VT_3 和 VT_4 都发生故障时，由于两个故障管位于同一桥臂，因此只有检测参数 σ_{sb} 越过其自适应阈值，使得参数 SF_{sb} 发生变化。就检测时间而言，卡尔曼滤波算法在 $t=0.9226$s 得以检测到故障，而自适应卡尔曼滤波在 $t=0.912$s，比卡尔曼滤波算法提前 10.6ms。对于故障的识别主要是依靠各相电流平均值。

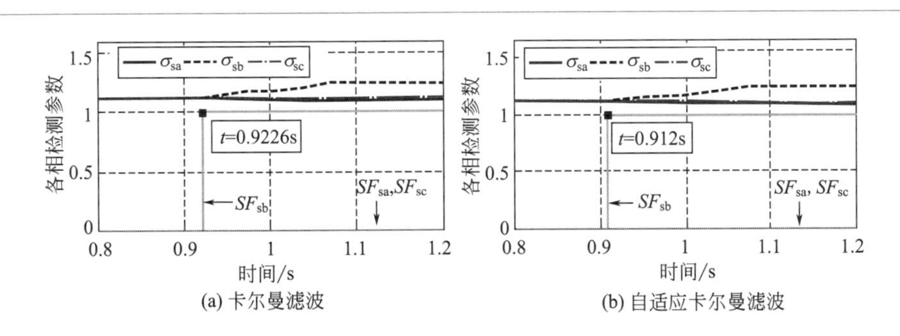

图 5-20 VT_3、VT_4 故障时各相检测参数

对于 IGBT VT_3 和 VT_5 的故障诊断结果，其检测参数分别在故障后超越其自适应阈值，使得变量 SF_{sb} 和 SF_{sc} 发生变化，表明故障的存在。卡尔曼滤波和自适应卡尔曼滤波算法都准确地检测到了故障，并没有出现误报的现象。卡尔

曼滤波算法分别在 $t=0.945\mathrm{s}$ 以及 $t=1.125\mathrm{s}$ 检测到 b、a 相包含有故障，而自适应卡尔曼滤波算法在 $t=0.915\mathrm{s}$ 以及 $t=1.107\mathrm{s}$ 也检测到故障。比较可得，自适应卡尔曼滤波在能够准确检测故障的同时，在检测时间上也具有一定的优势。

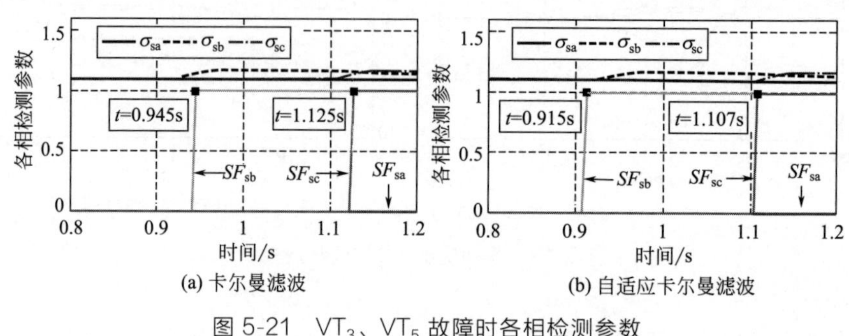

图 5-21 VT_3、VT_5 故障时各相检测参数

风向、风速的突然变化会导致变流器电流发生变化。为了确保故障诊断方法的准确性和可靠性，并避免因干扰引起的故障误报，故障检测方法需要有对干扰的鲁棒性，如风速变化、电网电压下降等。这里继续在与上文相同的故障、相同的操作条件下，分析在风速、负载变化时的响应特性，验证其稳健性。

图 5-22 为负载突变且 VT_3 和 VT_2 故障时的检测参数变化情况。由图 5-22(a) 可知，由于 σ_{sb} 超越自适应阈值 V_{sb}，变量 SF_{sb} 在 $t=0.933\mathrm{s}$ 从 0 突变至 1，又因为定位参数 ζ_{sb} 减小至 $-\upsilon$ 以下，约 33ms VT_3 故障被成功识别。在 $t=1\mathrm{s}$ 时，VT_2 导通的控制信号被移除，通过 SF_{sa} 的变化以及 ζ_{sa} 增大至 υ 以上，在 $t=1.026\mathrm{s}$（约 26ms）鉴定出 VT_2 故障。比较而言，自适应卡尔曼滤波的检测参数结果在检测时间上显现了优势，分别在故障发生后的 12ms、11ms 得以检测到两个故障的存在。从上述分析可知，无论是卡尔曼滤波还是自适应卡尔曼滤波算法，负载突变没有引起故障误报。

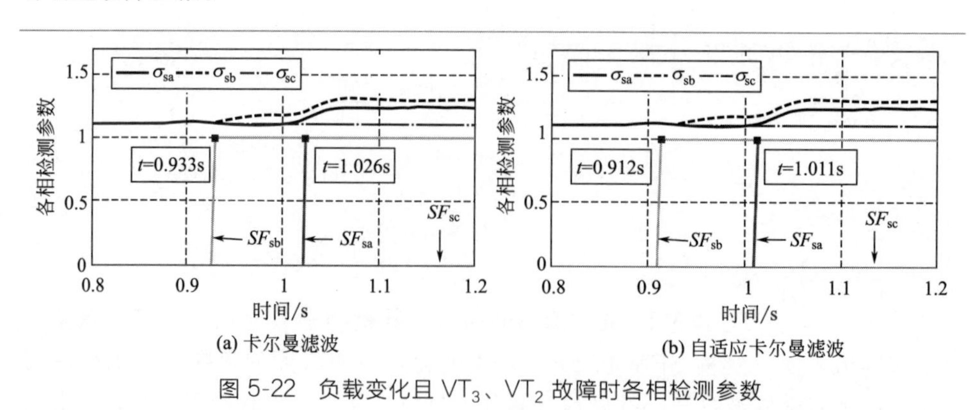

图 5-22 负载变化且 VT_3、VT_2 故障时各相检测参数

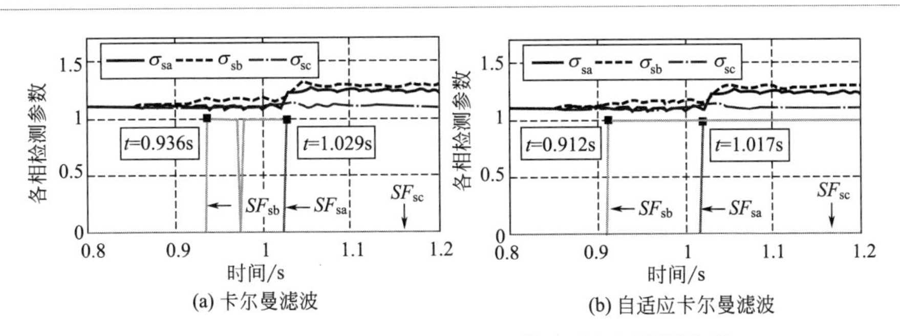

(a) 卡尔曼滤波 (b) 自适应卡尔曼滤波

图 5-23 风速变化且 VT_3、VT_2 故障时各相检测参数

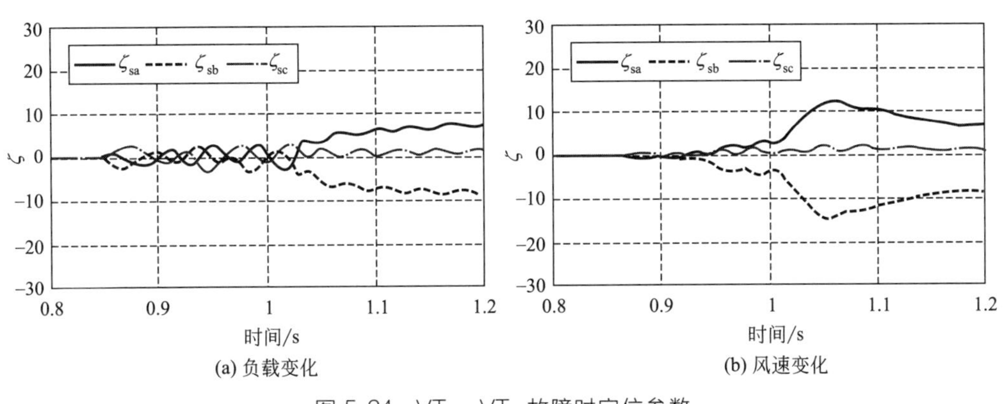

(a) 负载变化 (b) 风速变化

图 5-24 VT_3、VT_2 故障时定位参数

图 5-23 为风速突变时 VT_3、VT_2 故障的检测参数图。从图中可以明显地发现卡尔曼滤波算法在风速变化情况下出现了故障误报。因为在第一次故障后，σ_{sb} 超越自适应阈值 V_{sb}，SF_{sb} 在 $t=0.936s$ 从 0 突变至 1。但是 0.972s 后 SF_{sb} 降为 0，之后又再次变为 1。如此异常变化导致难以得出故障的检测结果。对于 VT_2 故障，在 $t=1.029s$（约 29ms）被检测出来，并根据定位参数（图 5-24）得以确定。而自适应卡尔曼滤波算法分别在 $t=0.912s$ 及 $t=1.017s$ 准确检测出故障。

实验结果表明，卡尔曼滤波器在检测各类故障时所需的时间约为 10%的电流采样周期，而自适应卡尔曼滤波算法大约需要 5%的电流采样周期。而且卡尔曼在变流器故障诊断的应用中容易受到其他因素如风速突变的干扰，导致故障误报。

5.4 驱动控制系统的故障诊断

在工业生产过程中，由电子设备组成的驱动控制部分是系统运行正常工作的基础，一旦驱动控制发生故障，轻则使系统运行停止，重则导致系统出现如飞车等重大安全事故。及时预测和发现故障来保障系统安全稳定运行是安全生产、避免经济损失的重要途径。本节主要对驱动控制系统的常见故障特点进行分析说明，并介绍基于改进 RBF 神经网络的方法在故障诊断中的应用。

5.4.1 驱动控制系统的故障特点

现代电路系统的规模较大，复杂程度也越来越高，而对电路系统的安全性与故障诊断方面的要求也越来越高。随着电子设备在工业生产中的广泛运用，其运行环境出现多样化特点，考虑工业生产情况中第 2 类危险源因素，如超高温、超低温、高湿度、核辐射、高电磁场等物质与环境条件的诱发因素超过阈值，人们对驱动控制系统的安全性指标要求越来越高，其中可靠性的重要指标之一就是在电路发生故障时，能够及时、准确地诊断电路故障。对设备进行故障模式影响及危害性分析，综合考虑每种故障模式的严重程度和发生概率，提出控制故障的有效措施，从而消除危险源的危害性，避免引发安全事故造成损失，是保证驱动控制系统可靠安全运行的重要手段。

驱动控制系统通常由两部分组成：数字电路和模拟电路。数字电路的故障诊断的主要方法是：通过对待测电路的描述，确定所需要检测的故障与检测电路的初始状态；产生定位测试集；模拟电路故障，通过模拟判断所产生的测试集是否能够满足故障诊断的要求；建立故障测试的程序，通过向待诊断电路按照顺序输入测试序列，观测相应的输出响应并对相应字典进行检索，即可完成故障诊断。数字电路故障诊断面临的主要难点是大规模的组合逻辑电路与时序逻辑电路的故障诊断。其中，测试时序电路比测试组合电路更加困难。主要原因是时序电路中有反馈的存在，对故障诊断与电路的仿真模拟带来困难；电路中存在储存单元，导致电路状态的初态需要进行复位或总清才能确定，而在故障的影响下寻找系统的复位序列十分困难；时序元件，特别是异步时序元件对竞态现象十分敏感，因此所生成的测试序列不仅仅需要满足逻辑功能，还需要考虑竞态过程对测试的影响。而针对数字电路测试与诊断的难点，主流的解决方案是可测性设计。该方案已经产生比较成功的方法，如边界扫描技术等使可测性设计具备了实用价值。目前，针对数字电路的故障诊断技术已经比较成熟，并且全自动的诊断工具已经成功地被开发并投放市场。

理论分析和实际应用表明，在工业过程中，系统的驱动控制电路的模拟电路比数字电路更易出现故障，虽然驱动控制电路中数字电路的占比超过 80%，但 80%以上的故障却来自模拟电路。由此可见，模拟电路的稳定性与安全性对整个驱动控制系统的可靠性起着至关重要的作用。与数字电路的检测与诊断相比，有关模拟电路的故障诊断技术却发展较慢。由于模拟电路中存在的非线性特性，故障模式缺少，以及可测节点有限等困难，导致模拟电路故障诊断困难，许多的研究仍处于理论阶段，离实用阶段还有一定距离。更为重要的是，模拟电路目前无法完全被数字电路取代，如信号调理电路、电源等，模拟电路仍然是所有电路系统必不可少的组成部分，其在系统与外界之间的输入与输出中起着关键的作用。如工业过程中常见的控制系统，无论控制器是否数字化，控制系统都需要利用传感器获取外界信息从而得到输入信号。其中，信号调理电路与驱动电路则起着至关重要的作用，它们对模拟信号所进行的放大、滤波、转换是控制系统更是许多复杂系统不可或缺的基本功能。在控制器对输入信号进行运算后，通过驱动电路对控制器的输出信号进行放大再作用于执行机构。因此，模拟电路在确保工业系统可靠安全的运行中起着至关重要的作用，对驱动控制系统中的模拟电路故障诊断的研究也一直是电子工业领域的焦点。

模拟电路故障诊断存在以下难点：

① 在模拟电路中，其输入与输出量都是连续的，电路网络中各个元器件的参数基本也为连续量，从而导致其电路模型难以建立，缺少故障模型。

② 模拟电路中的元件参数存在容差问题。受实际生产工艺的限制，模拟电路中的元器件的实际值难以精确定量，如电阻电容的实际值是在一定的范围内，而不是其标称值。电路中多个元器件的容差叠加，可能使实际电路工作偏离正常工作点。

③ 模拟电路中存在大量的非线性的元器件，并且许多电路存在反馈网络导致电路呈现非线性，大大加剧了电路的测试与计算量。

④ 实际电路中的可测节点数有限。由于目前集成电路设计的出现使大部分的电路与元器件采用封装的方式，导致对电路信号的可测点不足。

⑤ 外界工作环境的影响。电路与元器件在实际工作中对外界的噪声、温度、电磁场等环境因素极其敏感，长时间的外界环境影响，将会导致电路的工作状态变化。

此外，在电路实际运行过程中外界噪声的干扰、软故障产生位置的不确定性都会影响电路故障诊断的准确性。模拟电路的故障一般分为软故障与硬故障两类。软故障主要是指电路元器件在各种工作环境，如温度、湿度等条件的影响下，其性质发生了一定变化。性质变化在一定范围之内将不影响电路的正常工作与运行，如果变化超出了范围，将会严重影响电路设计功能。这种变化在短时间内对电路工作没有影响，但会逐渐降低电路的性能。硬故障则是指电路由于元器件的故障所导致的电路瘫痪情况。这种故障一般是由于电路元器件老化或使用超过定额负荷所引起的器件性质发生极大、不可逆的改变，从而导致电路拓扑结构出现变化，形成短路或开路现象，有时甚至会波及整个系统造成系统整体崩溃，引发安全事故造成生命财产损失。

电路故障诊断技术能够在促进整个电子工业的发展的过程中起到极其关键的作用。开展对驱动控制系统的故障诊断技术研究，在增强控制系统的鲁棒性、减小维护难度、降低电力电子设备成本、增加电力电子设备寿命、保证电子系统的安全可靠运行等方面都有不可估量的现实意义，将会产生巨大的经济效益和社会效益。

5.4.2 驱动控制系统典型故障诊断方法

经过几十年的研究，电路故障诊断技术已经有了巨大的进步。在数字电路上，故障诊断方法已经逐渐完善，出现了能够达到实用阶段的检测与诊断的技术，尤其是可测性设计与边界扫描技术更是在实际中得到了广泛的应用。而模拟电路的故障诊断的研究也在发展进步，出现了一大批诊断方法，在这些方法中以神经网络与小波分析方法居多。但是在实用性与方法工程技术化方面需要进行进一步的研究。

(1) 数字电路的故障诊断方法

传统的数字电路的故障诊断方法根据诊断电路类型的不同主要可以分为两类：组合电路的故障诊断和时序逻辑电路的故障诊断。第一类组合电路的故障诊断中，D算法、PODEM算法、FAN算法已经达到实用等级。然而，随着电路结构的不断发展，大规模集成电路与集成芯片的出现导致算法对计算机的速度与储存要求过高，使得相当一部分算法失去了使用价值。为解决这一问题，Archambeau等提出了伪穷举法，解决了大型组合电路的诊断难题。第二类时序逻辑电路的诊断中，常用的方法有九值算法、BDD测试生成算法、故障模拟算法等。这些方法使对时序电路的测试与诊断理论趋于完善，除此之外，对神经网络与专家系统的研究也为此注入了新的活力。然而，随着电路规模越来越大，单纯的算法研究不能满足实际测试的需要。因此，出现了可测试设计的方法，其中边界扫描方法与IEEE 1149.1～IEEE 1149.3的标准的制定为可测试性设计打好了坚实的理论基础，使其具备了实际应用的可能性。

(2) 模拟电路故障诊断方法

模拟电路的故障诊断逐渐形成了比较系统的理论，成为电路理论的第三大分支。它的主要任务是：在已知网络的拓扑结构、输入信号以及电路在故障下的输出响应时，求解故障元件产生的物理位置和参数。模拟电路故障诊断的主要方法有：测前仿真法、测后仿真法、交叉仿真法和基于人工智能与神经网络的方法等[6]。R. S. Berkowitz首先提出了关于模拟电路故障诊断问题可解性的概念及无源、线性、集总参数网络元件值可解性所必须满足的条件，正式拉开了针对模拟电路故障诊断问题研究的序幕。Navid 和 Willson 证明了线性电阻电路元件值可解的充分条件，奠定了模拟电路故障诊断的理论基础。之后研究者们的关注点从求解全部元件值转移到诊断具体元件，以确定故障区域或故障元件产生的位置，比较典型的方法有失效元件定界法和 K 节点故障诊断法。针对大规模集成电路，Salama 等人率先提出了基于网络分解的子网络级诊断方法。

伴随着人工智能处理技术的不断发展，如何将人工智能方法与模拟电路故障诊断相结合，成为当时的热门研究方向，神经网络等人工智能理论逐渐被应用于模拟电路故障诊断中。Spina 和 Upadhyaya 采用 BP 神经网络，由线性被测电路的白噪声响应样本组成神经网络的输入，但是这些样本没有经过预处理而直接输入到神经网络中，结果导致神经网络的输入节点多且结构复杂。

无论是传统的故障诊断方法还是人工智能的故障诊断方法，各自都具有一定的优缺点，仅仅靠这些单一的方法，不能完全解决现今较为复杂的模拟电路故障诊断问题。因此，众多学者开始将小波分析、主元分析、熵等数据预处理技术应用于模拟电路的故障诊断，为形成实用的诊断方法开辟了新的途径，丰富了模拟电路故障诊断理论。Mehran Aminian 和 Farzan Aminian 等人提出了对被测电路的响应信号先采用小波分析、PCA、归一化等数据预处理的方法，从而减少神经网络的输入以及简化结构，提高了神经网络的性能。此后，基于小波理论的预处理技术被广泛地应用于模拟电路的故障诊断。袁莉芬、何怡刚等人则采用峰度和熵对响应信号进行预处理，该方法可以简化神经网络的结构，减少训练时间以及提高神经网络的性能。Arvind Sai Sarathi Vasan、Bing Long 和 Michael Pecht 在模拟电路故障诊断的基础上，进行了模拟电路预测方面的研究，即预测电路剩余可用的性能，为模拟电路故障诊断提供了一个新的方向。

目前，模拟电路故障诊断主要方法如下。

① 特征提取方法。故障特征决定了故障分类的好坏，在故障诊断中有着极其重要的位置。而在特征提取方法中，小波分析理论占据了极其重要的位置，如能量特征提取以及峰度、熵特征提取等方法都是对电路输出响应信号先进行小波处理后，再提取特征。

② 神经网络应用于模拟电路故障诊断，包括 BP 神经网络、RBF 神经网络、概率神经网络、小波神经网络等，以及把优化理论（遗传算法、粒子群算法等）用于神经网络的方法。神经网络是一种基于定量的人工智能方法，用于故障诊断主要是通过大量已知的故障数据样本进行训练，通过学习建立故障特征和故障模式之间的映射关系，再将待诊断故障送入已训练好的网络中进行判别。在过去几十年的研究中，人工神经网络在模拟电路故障诊断中的应用非常广泛，这是因为应用神经网络进行故障诊断时不需要确切的数学模型，并且针对非线性电路也有着良好的诊断能力。然而，人工神经网络其本身技术仍然不够完善，在设计的时

候往往需要大量的故障样本进行网络训练，并且其学习速度较慢，训练时间长，影响了实际工程实用性。随着神经网络应用的不断深入和发展，对神经网络方法的改进也在不断进行。针对BP神经网络在诊断故障时存在收敛速度慢、易陷入局部最小等缺点，M. Catelani和A. Fort等人把RBF神经网络应用于故障诊断中，有效克服了基于BP网络算法存在的不足。Farzan Aminian和Mehran Aminian则把贝叶斯神经网络应用于故障诊断中。为提高诊断的智能性及识别的能力，人们将小波基作为神经网络的传递函数，利用遗传算法优化神经网络的结构和权值。为了提高RBF神经网络进行模拟电路故障诊断的速度与准确性，专家提出了一种基于粒子群优化（Particle swarm optimization，PSO）算法优化RBF的故障诊断方法。以上方法都取得了良好的识别能力。

③ 支持向量机方法应用于模拟电路故障诊断。支持向量机（support vector machine，SVM）可以看作一个特殊的神经网络，其克服了神经网络的不足，通过核函数映射样本到高维空间，从而将在故障空间里重叠的故障类变成线性可分的。支持向量机在解决小样本、非线性问题方面具有特有的优势，并且在高维模式识别问题中具有结构简单、全局最优、泛化能力强等特点。所以随着模拟电路诊断技术研究的不断深入和发展，有不少学者在模拟故障电路故障诊断中采用SVM及其一系列改进的方法[6] 作为故障诊断的方法并取得了较好的识别效果。

5.4.3 应用案例

伴随着人工智能处理技术的不断发展，20世纪90年代以来，神经网络、遗传算法等人工智能理论逐渐被应用于模拟电路故障诊断中。由于单一方法不能完全解决现今较为复杂的模拟电路故障诊断问题，因此众多学者将小波分析、主元分析、熵等数据预处理技术应用于模拟电路的故障诊断，为形成实用的诊断方法开辟了新的途径。

故障特征提取是进行模拟电路故障诊断时重要的第一步。由于小波变换具有良好的时频局部化和多分辨分析的性质，被广泛运用于故障特征提取，而小波包方法在误差、收敛速度方面都优于小波方法，所以本小节利用小波包来实现故障特征的提取。

RBF神经网络是一种高效的前馈式神经网络，具有结构简单、训练速度快等特点，且具有其他前向网络不具备的优良的逼近性能和全局最优特性，基于此，RBF神经网络被引入模拟电路故障诊断中。然而其故障诊断的性能易受RBF网络的结构和参数的影响。本小节主要利用遗传优化算法优化神经网络，同时采用K均值聚类学习算法设置遗传算法寻优起始点，有效地减少了算法的迭代次数，并通过仿真实验验证了该算法的正确性和有效性。

(1) 故障特征信息提取

以一个三层的小波包分解进行说明，其分解树如图 5-25 所示。图中，S 表示测试电路的激励响应信号，A 表示低频信号，D 表示高频信号，末尾的序号数表示小波分解的尺度数。那么小波包分解的关系为：

$$S=AAA3+DAA3+ADA3+DDA3+AAD3+DAD3+ADD3+DDD3 \tag{5-21}$$

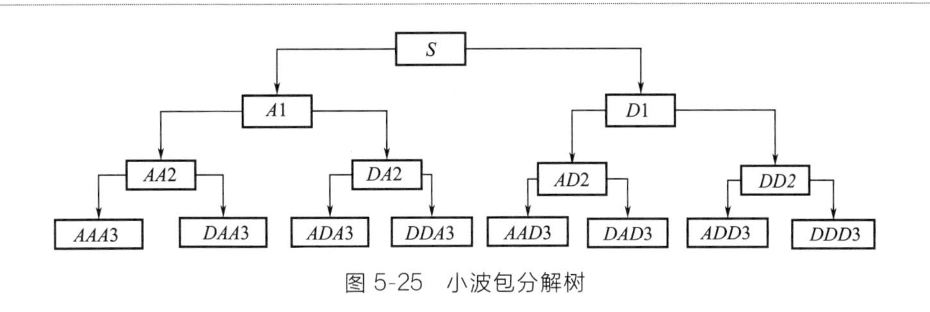

图 5-25 小波包分解树

将激励响应信号通过两组滤波器进行滤波，得到信号的低频信号和高频信号；再通过对低频信号和高频信号的进一步分解，可以得到下一尺度函数上的低频信号和高频信号，依此类推，可以得到经过 N 层小波包分解后的低频信号和高频信号，分解后的小波系数即为候选特征向量。

利用小波包分解进行特征提取的具体步骤如下。

① 对电路输出信号进行采样，假设分解尺度为 N 层，小波包分解结构为一棵深度为 N 的满二叉树，该二叉树第 N 层的结点个数为 2^N 个。

② 对小波包分解系数进行重构，以提取各频带范围的信号。以 $\boldsymbol{S}_{N0}$ 表示 $\boldsymbol{X}_{N0}$ 的重构信号，其他依此类推。那么信号 $\boldsymbol{X}$ 可以表示为：

$$\boldsymbol{X}=\boldsymbol{S}_{N0}+\boldsymbol{S}_{N1}+\boldsymbol{S}_{N2}+\cdots+\boldsymbol{S}_{N2^{N-1}} \tag{5-22}$$

③ 求各频带信号的总能量。设 $\boldsymbol{S}_{No}(o=0,1,2,\cdots,2^{N-1})$ 对应的能量为 $\boldsymbol{E}_{No}(o=0,1,2,\cdots,2^{N-1})$，则有：

$$\boldsymbol{E}_{No}=\int|\boldsymbol{S}_{No}(t)|^2\mathrm{d}t=\sum_{z=1}^{Z}|x_{oz}|^2 \tag{5-23}$$

式中，$x_{oz}(o=0,1,2,\cdots,N;z=1,2,\cdots,Z)$ 为重构信号 $\boldsymbol{S}_{No}$ 的系数。

若采用改进的能量小波包分解对信号进行特征提取，则能量函数为：

$$\boldsymbol{E}_{p,q}=\|C^{p,q}(x)\|_2^2N^{-1}\sum_{l}^{N}\exp\frac{-[C_l^{p,q}(x)]^2}{2} \tag{5-24}$$

式中，$C_l^{p,q}(x)$ 为相应节点的系数。

④ 根据能量函数，构造故障特征向量 $\boldsymbol{T}$：

$$\boldsymbol{T}=(\boldsymbol{E}_{N0},\boldsymbol{E}_{N1},\boldsymbol{E}_{N2},\cdots,\boldsymbol{E}_{N2^{N-1}}) \tag{5-25}$$

(2) 遗传算法优化 RBF 网络

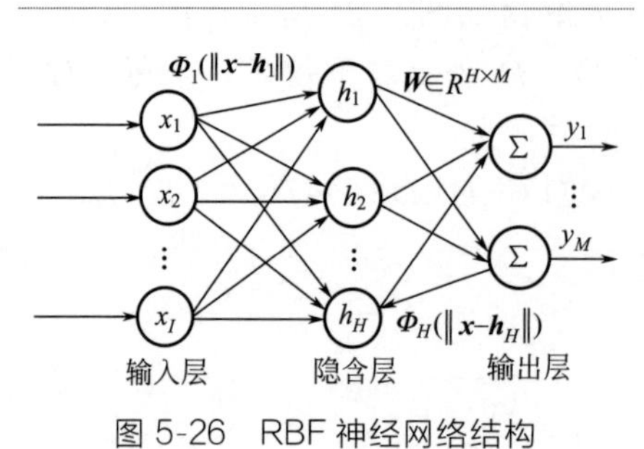

图 5-26 RBF 神经网络结构

将故障特征作为神经网络的输入 $x_1, x_2, \cdots, x_I$，则目标输出为对应的故障类别 $y_1, y_2, \cdots, y_M$。如图 5-26 所示的 I 个输入、H 个隐节点、M 个输出结构的 RBF 神经网络。图中，$\boldsymbol{x}=(x_1, x_2, \cdots, x_I)^{\mathrm{T}} \in R^I$ 为神经网络输入向量，$\boldsymbol{W} \in R^{H\times M}$ 为输出权值矩阵，第 h 个隐节点的激活函数为 $\Phi_h(\cdot)$，输出层的 $\sum$ 表示神经元的激活函数为线性函数。

则 RBF 神经网络的第 m 个输出为：

$$y_m=\sum_{h=1}^{H} \boldsymbol{w}_m \Phi_h(\|\boldsymbol{x}-\boldsymbol{h}_h\|)+b_m \tag{5-26}$$

式中，径向基函数 $\Phi_h(\cdot)$ 为 RBF 神经网络的激活函数；$\boldsymbol{h}_h$ 是网络中第 h 个隐节点的数据中心；$\boldsymbol{w}_m=[w_{1,m}, w_{2,m}, \cdots, w_{H,m}]$，$m=1$，…，$M$ 为权值；b_m 为阈值。径向基函数 $\Phi_h(\cdot)$ 可以取多种形式，如 Gaussian 函数：

$$\Phi_h(t)=\mathrm{e}^{-\frac{t^2}{\delta_h^2}} \tag{5-27}$$

式中，δ_h 为宽度。δ_h 越小，径向基函数的宽度就越小，那么其输出也就越小即越具有选择性。

当各隐节点的数据中心 $\boldsymbol{h}_h$ 和径向基函数 $\Phi_h(\cdot)$ 的宽度 δ_h 确定了，输出权向量 $\boldsymbol{W}=(w_1, w_2, \cdots, w_M)$ 就可以用有监督学习方法（如梯度法）或最小均方误差方法得到，从而得到所要求的 RBF 网络。

RBF 神经网络的数据中心 $\boldsymbol{h}_h$ 和径向基函数 $\Phi_h(\cdot)$ 的宽度 δ_h 的选取直接影响故障诊断的性能，故本小节采用遗传算法获取 RBF 神经网络隐含层节点中心 $\boldsymbol{h}_h$ 和宽度 δ_h，通过对目标函数最小化求得网络的各个参数，以优化 RBF 神经网络参数的选择。具体步骤如下。

① 在范围内随机产生 RBF 网络的初始数据中心 $\boldsymbol{h}_h$ 和宽度 δ_h。

② 将数据中心 $\boldsymbol{h}_h$ 和宽度 δ_h 实数编码，并产生初始种群。本文采用的实数编码的方式，如图 5-27 所示，其中每个编码串的长度为 $IH+H$，其中 I 为输入节点数。

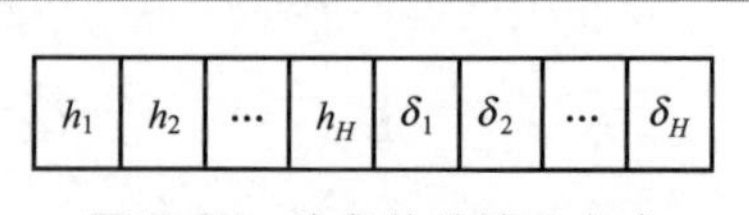

h_1	h_2	…	h_H	δ_1	δ_2	…	δ_H

图 5-27 染色体的编码方式

③ 计算适应度，利用最小均方误差计算

权值，计算均方误差和适应度；适应度函数取为均方误差的倒数，即对第 j 个染色体，其适应度是：

$$fitness(j)=\frac{1}{mse(e)}=\frac{1}{\frac{1}{PM}\sum_{p=1}^{P}\sum_{m=1}^{M}[\hat{y}(m,p)-y(m,p)]^2} \tag{5-28}$$

式中，P 为训练样本数；M 为输出层神经元个数；$\hat{y}$ 为训练过程中 RBF 的实际输出值；y 期望输出值。

④ 计算均方误差，判断其是否满足误差要求，满足则结束，否则继续。

⑤ 采用赌轮选择方法。根据适应度的大小，选择对应个体，若第 j 个染色体的适应度为 $fitness(j)$，则其被选中的概率为：

$$P(j)=\frac{fitness(j)}{\sum_{q=1}^{Q} fitness(Q)},q=1,2,\cdots,Q \tag{5-29}$$

式中，Q 为种群大小。

⑥ 采用自适应遗传算法，自适应选择交叉率和变异率。交叉率 P_{c} 和变异率 P_{m} 按如下公式进行自适应调整：

$$P_{\mathrm{c}}=\begin{cases}P_{\mathrm{cmax}}-\dfrac{(P_{\mathrm{cmax}}-P_{\mathrm{cmin}})(f'-f_{\mathrm{avg}})}{f_{\max}-f_{\mathrm{avg}}},f'\geqslant f_{\mathrm{avg}}\\ P_{\mathrm{cmax}},f'<f_{\mathrm{avg}}\end{cases} \tag{5-30}$$

$$P_{\mathrm{m}}=\begin{cases}P_{\mathrm{mmax}}-\dfrac{(P_{\mathrm{mmax}}-P_{\mathrm{mmin}})(f'-f_{\mathrm{avg}})}{f_{\max}-f_{\mathrm{avg}}},f'\geqslant f_{\mathrm{avg}}\\ P_{\mathrm{mmax}},f'<f_{\mathrm{avg}}\end{cases} \tag{5-31}$$

式中，P_{cmax} 和 P_{cmin} 分别为交叉率的上限和下限；P_{mmax} 和 P_{mmin} 分别为变异率的上限和下限；f'是要交叉的 2 个个体中较大的适应度值；f_{avg} 为种群的平均适应度；$f_{\max}$ 为种群中最大的适应度值。

⑦ 采用改进的精英主义选择方法，以保证种群的优质进化。只有当代的最优解的适应度小于上一代时，表明上一代的最优解被破坏即种群往“坏处”进化，才将目前种群的最优解原封不动地复制到下一代中；而当代的最优解的适应度大于等于上一代时即种群往“好处”进化，则不用复制。

(3) 改进遗传算法优化 RBF 网络

考虑到遗传算法性能易受初始点的影响，本小节利用 K-means 聚类学习算法设置遗传算法的寻优起始点，具体算法如图 5-28 所示。假设样本的输入为 $X_1,X_2,\cdots,X_i$，相应的目标输出为 $Y_1,Y_2,\cdots,Y_M$，RBF 神经网络中的第 h 个隐节点的激活函数为 $\Phi_h(\cdot)$。k 为迭代次数，令第 k 次迭代时的聚类中心为 $h_1(k),h_2(k),\cdots,h_H(k)$，相应的聚类域为 $v_1(k),v_2(k),\cdots,v_H(k)$。采用

K-means 聚类方法产生初始数据中心 $\boldsymbol{h}_h$ 和宽度 δ_h 的步骤如下。

① 初始化 H 个不同的聚类中心，并令 $k=1$。

② 计算样本输入 $\boldsymbol{X}_i$ 与聚类中心 $\boldsymbol{h}_h$ 的欧式距离：

$$\|\boldsymbol{X}_i-\boldsymbol{h}_h(k)\|, h=1,2,\cdots,H, i=1,2,\cdots,I \tag{5-32}$$

③ 对样本输入 $\boldsymbol{X}_i$ 按最小距离原则对其进行分类：

$$\iota(\boldsymbol{X}_i)=\min\|\boldsymbol{X}_i-\boldsymbol{h}_h(k)\|, i=1,2,\cdots,I \tag{5-33}$$

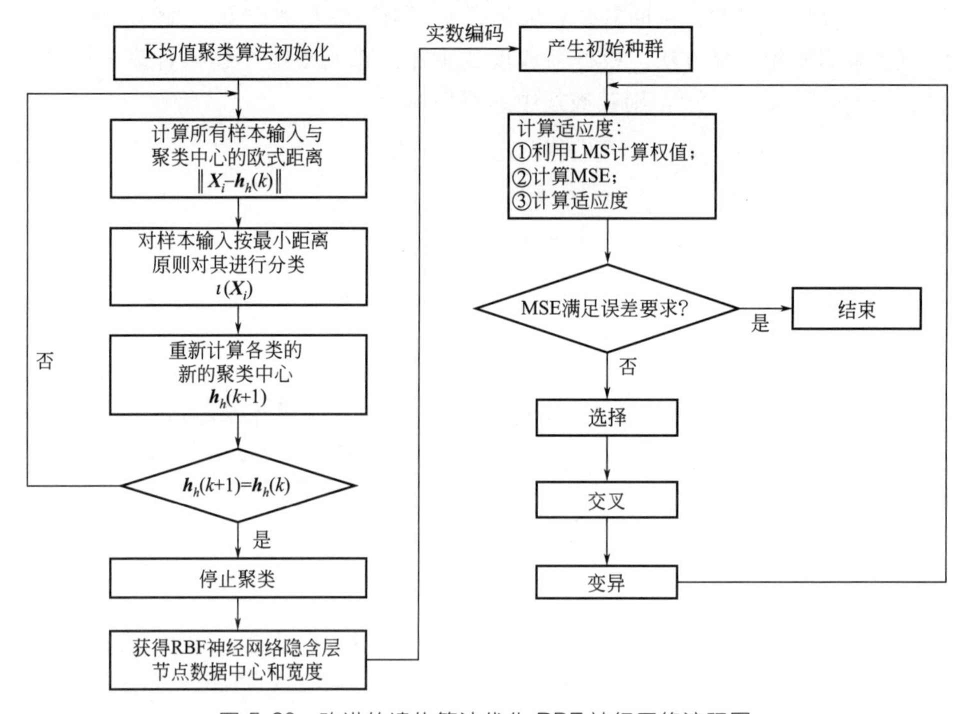

图 5-28 改进的遗传算法优化 RBF 神经网络流程图

当样本满足式(5-33) 的 X_i 被归为第 h 类，$X_i \in v_h(k)$。

④ 重新计算各个隐节点的聚类中心：

$$\boldsymbol{h}_h(k+1)=\frac{1}{N_h}\sum_{v\in v_h(k)}\boldsymbol{v}, h=1,2,\cdots,H \tag{5-34}$$

式中，N_h 为第 h 个聚类域 $v_h(k)$ 中包含的样本数。

⑤ 如果 $\boldsymbol{h}_i(k+1)\neq\boldsymbol{h}_i(k)$，转到步骤②，否则聚类结束，转到步骤⑥即聚类中心不再变动时，停止聚类。

⑥ 根据各聚类中心之间的距离，确定初始宽度 δ_h。

$$\delta_h=\kappa d_h \tag{5-35}$$

式中，d_h 为第 h 个数据中心与其他数据中心之间的最小距离，即 $d_h=\min\limits_{g\neq h}\|\boldsymbol{h}_g-\boldsymbol{h}_h(k)\|$，$\kappa$ 为重叠系数。

(4) 仿真试验分析

如图 5-29 所示，本节实现故障诊断的过程如下：给待测电路施加激励，在电路的测试节点测量激励响应信号，将测量的响应信号做小波包及改进能量的小波包变换消噪处理后提取候选故障特征信号；对所提取的候选特征向量进行归一化处理，得到故障特征向量；将故障特征向量作为样本输入到训练好的神经网络中进行分类，得到故障诊断的结果。

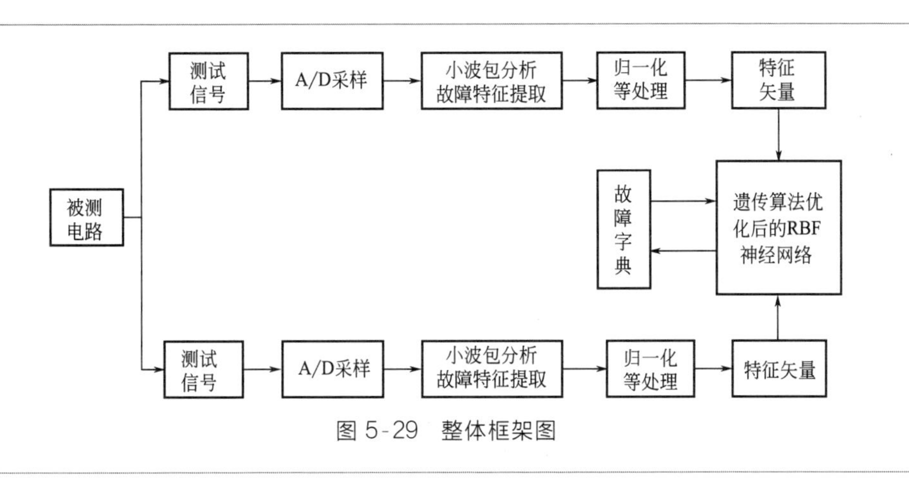

图 5-29 整体框架图

① 电路故障 本节故障诊断实例的电路为 Sallen-Key 带通滤波器（图 5-30），通常，电阻容差为 5%，电容的容差为 10%。由此，可获得 R2⇑、R3⇑、C1⇑、C2⇑、R2⇓、R3⇓、C1⇓、C2⇓8 种软故障以及无故障共 9 种状态，其中⇑表示超过元件正常值的 50%，⇓表示低于元件正常值的 50%，其故障分类如表 5-2 所示。

表 5-2 Sallen-Key 带通滤波器故障分类表

故障种类	故障代码	正常值	故障值
无故障	F0	—	—
R2⇑	F1	3kΩ	4.5kΩ
R3⇑	F2	2kΩ	3kΩ
C1⇑	F3	5nF	7.5nF
C2⇑	F4	5nF	7.5nF
R2⇓	F5	3kΩ	1.5kΩ
R3⇓	F6	2kΩ	1kΩ

续表

故障种类	故障代码	正常值	故障值
C1⇓	F7	5nF	2.5nF
C2⇓	F8	5nF	2.5nF

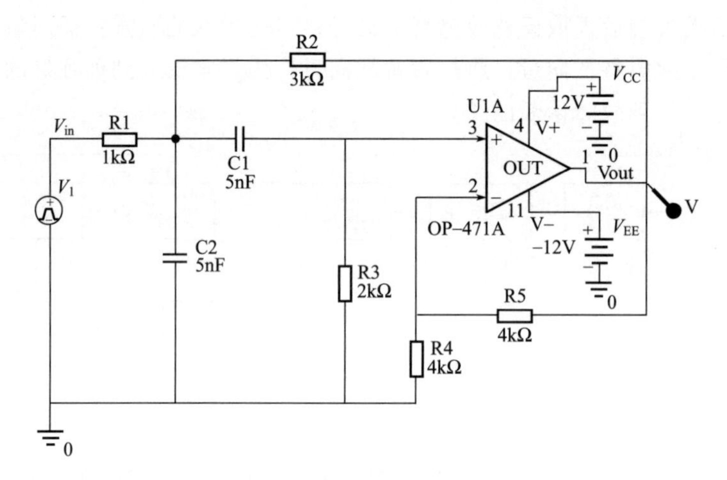

图 5-30 Sallen-Key 带通滤波器

② 故障特征提取　对 Sallen-Key 滤波器进行故障诊断时，通常施加的激励是幅值为 5V、持续时间为 10s 的周期性脉冲序列。对各个故障各进行 100 次蒙特卡罗分析，得到相应的输出响应。

在进行故障特征提取时，采用 Harr 小波函数：

$$\psi(t)=\begin{cases}1,0\leqslant t<\dfrac{1}{2}\\-1,\dfrac{1}{2}\leqslant t<1\end{cases}\tag{5-36}$$

对电路每一种状态的输出信号也用 Harr 小波进行 3 层小波包分解，按前面所述特征提取方法，提取每一种状态的故障特征，部分故障特征向量如表 5-3 所示（其中 $E_{3,i}$ 表示第 3 级小波包分解后得到的第 i 个分量的能量）。

表 5-3　小波包分析提取的故障特征向量

能量	无故障	R2⇑	R3⇑	C1⇑	C2⇑	R2⇓	R3⇓	C1⇓	C2⇓
$E_{3,0}$	1492.17	1323.48	1772.53	1652.44	1450.20	1641.73	2229.46	2573.83	1904.20
$E_{3,1}$	22.51	16.36	39.94	18.54	15.33	30.98	8.41	24.41	30.99
$E_{3,2}$	7.76	4.80	8.51	8.65	3.24	3.33	3.86	2.46	4.76

续表

能量	无故障	R2⇑	R3⇑	C1⇑	C2⇑	R2⇓	R3⇓	C1⇓	C2⇓
$E_{3,3}$	6.23	4.17	6.53	6.07	3.75	2.75	5.65	2.62	3.49
$E_{3,4}$	1.52	1.17	2.73	2.88	1.19	1.49	1.02	0.78	1.69
$E_{3,5}$	1.08	0.92	1.92	1.90	1.00	1.31	1.41	0.54	1.20
$E_{3,6}$	0.85	0.60	1.82	0.93	0.85	1.34	1.02	0.19	1.01
$E_{3,7}$	0.75	0.79	2.09	1.58	0.76	1.37	0.87	0.42	1.05

③ 故障诊断　为了比较诊断的结果，本小节分别采用BP神经网络、传统遗传算法优化的RBF神经网络和前文提出的改进的遗传算法优化的RBF神经网络来诊断电路的故障，对比三种方法在模拟电路故障诊断中的优缺点。

由于BP神经网络在故障诊断中具有高识别精度，所有通常作为其他神经网络故障诊断方法的参考标准。BP神经网络输出层神经元个数为故障种类的个数，所以输出层神经元个数为9个。输入层神经元个数为故障特征向量的维数，为8个。其中隐含层神经元个数H根据下式确定：$\sqrt{M+I}+1\leqslant H\leqslant\sqrt{M+I}+10$，$I$和$M$分别为输入、输出神经元数目。针对本例，隐含层数目取14。神经网络采用附加动量法的学习算法，动量因子为0.8，学习速率为1，设定目标误差为0.01。学习速率对于BP神经网络学习算法至关重要，直接影响BP神经网络学习的效率。经过仿真选取不同的学习速率实验，发现学习速率为0.1时，BP神经网络的收敛速度较快，而且不会导致系统不稳定。

传统的遗传算法优化RBF神经网络时，初始种群采用随机产生的方式。

采用本小节提出的方法对Sallen-Key滤波器进行仿真时，目标误差为0.005，最大迭代次数为500，RBF神经网络隐含层神经元个数为9。

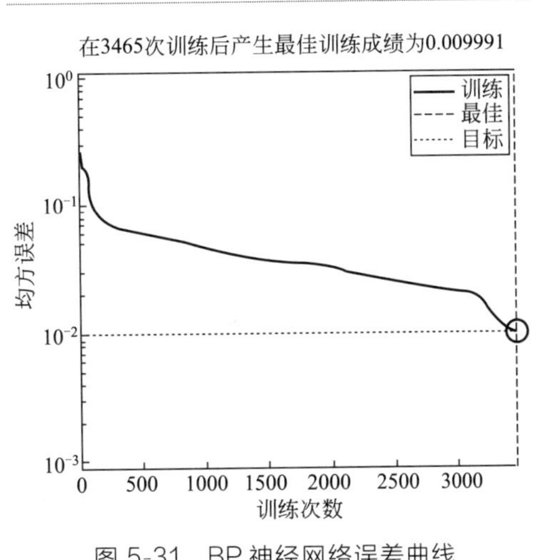

图5-31　BP神经网络误差曲线

对比图5-31～图5-33中三种方法的训练误差曲线以及表5-4和表5-5的诊断识别率，传统RBF网络的收敛速度远远高于BP神经网络，这是由于在RBF神经网络求取权值时，只需求出隐含层输出矩阵的伪逆矩阵，从而大大减少了神经网络训练时间。但是，在诊断识别率方面，传统RBF神经网络的诊断识别率却有待提高，而本节所介绍的改进的RBF网络，初始误差

减少到了 10^{-3} 数量级，在诊断识别率方面，在牺牲了一定的时间（训练时间比较见表 5-6）后，提高了诊断识别率。

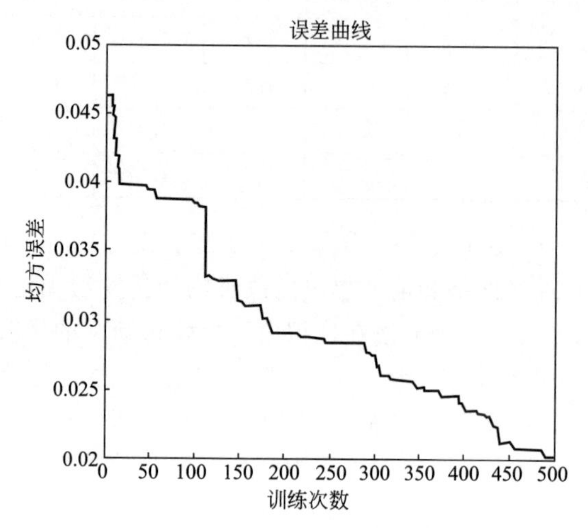

图 5-32　基于随机种群的 RBF 神经网络遗传算法优化误差曲线

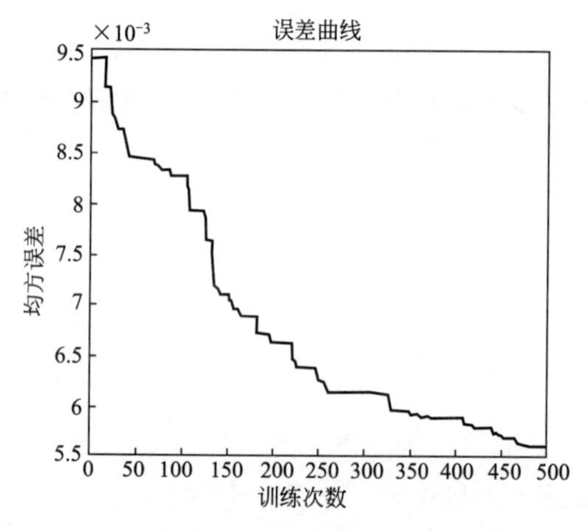

图 5-33　基于 K 均值聚类的 RBF 神经网络遗传算法优化误差曲线

表 5-4　故障测试样本诊断识别率比较

故障种类	测试数目	BP 网络	传统 RBF 网络	改进的 RBF 网络
无故障	30	96.667%	53.333%	96.667%
R2⇑	30	73.333%	96.667%	90.000%
R3⇑	30	100.000%	96.667%	100.000%

续表

故障种类	测试数目	BP 网络	传统 RBF 网络	改进的 RBF 网络
C1⇑	30	100.000%	86.667%	100.000%
C2⇑	30	80.000%	73.333%	90.000%
R2⇓	30	96.667%	83.333%	100.000%
R3⇓	30	96.667%	70.000%	93.333%
C1⇓	30	100.000%	100.000%	100.000%
C2⇓	30	96.667%	90.000%	96.667%

表 5-5 故障训练样本诊断识别率比较

故障种类	训练数目	BP 网络	传统 RBF 网络	改进的 RBF 网络
无故障	70	84.286%	62.857%	97.143%
R2⇑	70	84.286%	100.000%	94.286%
R3⇑	70	100.000%	98.571%	100.000%
C1⇑	70	100.000%	97.143%	100.000%
C2⇑	70	88.571%	81.429%	100.000%
R2⇓	70	100.000%	95.714%	100.000%
R3⇓	70	98.571%	65.714%	100.000%
C1⇓	70	100.000%	100.000%	100.000%
C2⇓	70	97.143%	94.286%	100.000%

表 5-6 训练时间比较

项目	BP 网络	传统 RBF 网络	改进的 RBF 网络
运行时间	144.4881	107.1571	110.5891

5.5 过程系统的故障诊断

5.5.1 过程系统的故障特点

过程系统主要包括化工、冶金、电力等领域的生产过程，环境和工艺都比较复杂，系统具有多变量、非线性、动态、变量耦合等特性。根据生产过程的进行方式可将过程系统划分为连续过程系统和间歇过程系统，连续生产过程研究较多，此处不赘述。间歇生产过程又称批量生产过程，其操作灵活且占用设备空间少，同时随着工业技术和市场的发展，对化工生产过程提出了如高纯度、多品种、多规格、功能化等需求，间歇过程被广泛应用于染料、生物制品、化妆品、医药等高附加值产品的生产中。连续过程中原料是连续地加入，产品是连续地输出，即物料流是连续的；但间歇过程一般先将原料以离散的批量方式加入，在随后的生产过程中按预先设定的工艺要求对相关生产参数进行控制最终产品成批地输出。与连续生产过程通常运行在稳定工作状态下不同，间歇生产过程生产的产品、工业操作条件频繁改变，因此无稳态工作点，并且可能存在多种状态的组合。间歇过程呈现强非线性、时变特性明显，其操作复杂度远远大于连续过程，产品质量更容易受到如原材料、设备状况、环境条件等不确定性因素的影响。为了提高工业生产过程与控制系统的可维护性和安全性，并同时提高产品的质量，迫切地需要建立过程监测系统，对生产过程进行故障监控并诊断故障。将过程监测技术应用到生产中，可以大大降低故障的发生率，减少不合格产品的出现，达到降低生产成本的目的。

过程系统中主要包含过程干扰、过程参数故障、传感器或测量仪表故障三种类型的故障。过程干扰故障是由过程受到的随机扰动引起的，相对于过程自身而言，它是一种外在故障，如因随机干扰导致环境温度的极端变化、反应器物料流量不稳定、过程进料的浓度偏离正常值等。过程参数故障是由系统元部件功能失效或系统参数发生变化引起的，如操作阀失灵、控制器失效、热交换器结垢以及催化剂中毒等。传感器或测量仪表故障是因传感器或者测量仪表功能失灵而导致测量数据超出可接受的范围，它会导致控制系统性能迅速降低。

针对复杂工业系统的故障诊断，由于其功能单元很多，各个单元及其组合部件都可能产生不同的故障，使得传统诊断技术难以实现实时、准确的故障识别，同时，复杂工业系统内部相互制约，使得工业系统故障又呈现出新的特性[7]。①层次性：复杂工业系统在构造上由多个子系统组成，结构可以划分为系统、子系统、部件、元件等各个层次，从而形成其功能的层次性，故障和征兆具有不同的层次性。②传播性：根据故障在系统内传播的路径（是否是同一层级内传播）划分为纵向传播、横向传播和多种传播方式并存这三类传播方式。③相关性：某一故障可能对应若干征兆，某一征兆可能对应多个故障。④不确定性：数据采集、传输、存储过程中的异常以及传感器自身漂移等使得系统的故障和征兆具有随机性、模糊性和某些信息的不确定性等特点。⑤大数据特性：随着信息化的发展，复杂工业系统具有时间与空间两个维度上不同尺度的海量数据，以及分散在各生产部门的多源不同类型的文本、图像、声音等数据。⑥复合性：现代工业系统的设备复杂化和规模大型化，系统故障由于多因素耦合和传递路径复杂会导致复合故障的发生。

过程系统具有的复杂性以及其故障具有的新特性对其故障诊断提出了以下挑战。

① 故障特征提取的有效性：工业过程系统结构复杂，变量众多同时相互耦合，变量间的强相关性，导致了监测数据的冗余，故障特征被淹没，故障特征提取的有效性直接影响了诊断结果的准确性，因此有效的故障特征提取技术是过程系统故障诊断的关键。

② 故障检测的实时性：由于过程系统包含大量高温高压设备，一旦故障发生若不能实时检测出，故障在系统内传播扩散轻则导致设备损坏，重则导致伤亡事故；同时过程系统中如化工、冶金等生产过程中运行参数的变化将直接影响产品质量和生产效率。实时的故障检测方法是保障过程系统安全可靠运行的有效手段。

③ 故障定位的准确性：检测出系统中存在故障后，必须精确定位故障根源，并切断事故传播路径。由于过程系统结构复杂及其强耦合特性，故障在系统内传播使得根源变量难以确定，因此精确的故障定位方法是采取控制措施的前提。

5.5.2 过程系统典型故障诊断方法

针对过程系统具有的动态非线性和多变量耦合特性，现有的过程系统故障诊断算法可以分为三类：基于解析模型的方法、基于专家知识的方法和基于数据驱动的方法。第一类方法是基于解析模型的方法，主要以观测器状态估计法、卡尔曼滤波法、参数估计法等为代表，需要明确系统的机理并建立其数学模型，适合于能建模、有足够传感器的系统。在过程系统机理模型不准确的情况下，会增加故障诊断的难度。第二类方法是基于专家知识的方法，主要以专家系统、递阶模型和因果关系模型等为代表，需要系统的结构特性、故障模式及其表现等先验知识。由于过程系统中存在故障的传播和扩散，难以仅根据系统表现进行故障诊断，同时大型过程系统监控参数规模大时也限制了基于知识的故障诊断方法的应用。第三类方法是基于数据驱动的方法，该类方法利用当前的采样数据和系统大量的历史数据进行分析、变换和处理，在不需要得到系统精确数学模型的情况下进行故障诊断，被广泛应用于过程系统故障诊断中。

由于现代测量的广泛应用和数据分析方法的快速发展，数据驱动的故障诊断技术得到了广泛的使用。多数工业过程系统都具有非线性、动态、多变量、间歇等特性，其机理复杂，难以建立精确的数学模型，同时由于大量的过程数据被采集并存储下来，基于多变量统计监测的方法能有效分析系统运行状态，在线监测与识别过程中存在的异常状况，从而有效指导生产，保证生产过程的安全并提高产品的生产率。

当前过程系统故障诊断方法主要有统计分析方法和以神经网络分析方法与深度学习为代表的人工智能方法，统计分析方法有偏最小二乘、主成分分析、正则相关分析、Fisher判别式分析等多变量统计过程监控方法，该类方法通常假设监测数据及过程满足以下四个条件来确定潜在变量，然后使用提取的特征构建监测模型以进行故障检测和诊断。第一，假设过程监测变量服从某特定分布如高斯正态分布；第二，过程处于稳定运行状态，变量间不存在序列相关性；第三，过程参数不随时间变化，为恒值参数；第四，过程变量间的关系是非线性。但是实际工业过程中存在大量的噪声和严重的非线性，且滞后大，其监测参数不再严格服从特定的统计分布特性，同时，该类方法提取的特征是输入变量的线性组合，未能有效表示监测变量的物理连接关系，但实际过程的监测参数相互耦合，关联性较强。由于过程系统中存在大量噪声导致监测参数不能严格服从某种既定的分布，间歇过程系统作为过程系统的主要组成，其系统一直在不同稳态间变化，因此变量间存在严格的序列相关性。由上述可知，该类方法实现的前提假设未考虑到实际过程具有的特性，因此限制了该类方法在实际过程中的应用。

当前针对高斯正态分布假设的改进主要有小波密度估计法、Histogram直方图方法、核函数估计法等，这些方法可从监测数据中提取数据的实际分布信息(如概率密度函数)，避免了对观测数据的分布做任何假设。但是该类方法主要适用于低维数据，维数增加的同时需要大量的训练数据才能实现较好的概率密度估计。独立主元分析的出现解决了高维密度估计问题，该方法利用监测数据的高阶统计信息，将混合分布的监测数据分解成相互独立的非高斯元，则实际过程系统监测数据的概率密度可等于各元概率密度的乘积。该方法来源于信号处理领域，近年来在过程系统状态监测与故障诊断中已有大量应用。

针对传统统计方法在处理过程动态特性方面的改进主要有动态主元分析法、多尺度分析（如小波分析）和多尺度PCA等。动态主元分析方法考虑了过程系统监测数据存在的时间相关性问题，属于动态特性建模方法，但本质上仍然是线性建模。多尺度的处理思想认为过程系统监测数据是多尺度的，可通过将监测数据在不同尺度上分解，实现不同频率信息的分离，而分解得到的系数近似服从不相关条件，因此可以代替原监测变量进行过程系统的性能分析。但多尺度分析应用于过程系统故障诊断中需要引入时间窗来确定监测变量在各个尺度上的系数，但窗口的大小及小波分解层数的设计仍然没有统一的方法。

过程系统具有的多工况特性和时变特性使得过程变量随时间发生变化且存在多个稳态，处理该类问题主要有归一化参数和递归处理两类方法。通过监测数据的归一化克服了均值与方法的变化，保证了变量间的定性关系，若变量间的关系也发生了变化，则可利用递归方法将新的监测数据以一定的权值包含到待处理的数据矩阵中，而权值一般是指数递减的，该方法保证了历史数据对当前数据矩阵的影响以指数形式递减。

针对过程系统具有的非线性特性，主要处理方法有基于核学习的算法和基于神经网络的算法。基于核学习的算法基本思想是将低维空间上的各变量间的非线性关系通过核函数映射至高维特征空间，在高维特征空间中特征变量的关系可用线性函数描述，由此实现了非线性到线性的转化。但是核函数的选取、高维空间中的统计量构造、核矩阵的模型在线更新、大量监测数据导致的计算复杂度等问题仍待解决。由于神经网络对非线性函数具有较强的逼近能力，通常和PCA、PLS等方法结合形成非线性PCA、非线性PLS等用于过程系统故障诊断。但是大量的训练样本和计算复杂度是其逼近能力的前提，同时其泛化能力难以保证在一定程度上也限制了其应用。

随着传感器、计算机以及网络通信技术的不断发展，在现代过程工业运行系统中，由于设备规模大、影响因素多，导致过程工业在运行中存在着大量的不确定性、非线性、非平稳性等，使得基于浅层学习模型的检测与诊断方法存在着检测能力差、识别精度低等问题，难以实现现代过程工业监测数据的实时质量监控与诊断。由此，本节建立了基于深度置信网络和多层感知机的故障检测模型，并引入了深度置信网络逐层提取监测数据特征，结合稀疏表示揭示变量间更深层次的联系，给出更具有解释性的诊断结果[8,9]。

5.5.3 应用案例

由于现代测量的广泛应用和数据分析方法的快速发展，独立分量分析、主成分分析等多变量统计过程监控方法通常假设监测数据服从某特定分布来确定潜在变量，然后使用提取的特征构建监测模型以进行故障检测和诊断。由于工业过程的监测数据包含大量的噪声导致其不再严格服从特定的统计分布特性，该方法的应用受到限制。同时，提取的特征是输入变量的线性组合，未能有效表示监测变量的物理连接关系。由此，本节引入了深度置信网络逐层提取监测数据特征，并结合稀疏表示揭示变量间更深层次的联系，给出更具有解释性的诊断结果[8,9]。

本节将以深度学习中经典算法深度置信网络（deep belief network，DBN）理论为基础，系统地研究基于过程工业监测数据分析与处理的故障检测与诊断方法。

（1）智能故障检测模型架构

过程工业系统中，通常所说的故障被定义为至少一个系统特征或者变量出现了不被允许的偏差，而故障诊断技术是对系统的运行状况进行监测，判断是否有故障发生，同时确定故障发生的时间、位置、大小和种类等情况，即完成故障检测、分离和预测，如图5-34所示。

故障检测的主要目的是通过建立观测器或者重构模型对系统结构进行表征，从而预测系统输出，通过预测输出和实际输出产生的残差，检测是否超过故障报警阈值，并由此判断是否发生故障。由图 5-34 可知，表征复杂工程系统的智能模型是实现故障检测的关键，为此，国内外众多专家学者提出了包括解析模型、专家知识以及数据驱动等方法构建此表征模型，本节也不例外，采用深度置信网络来描述复杂工业系统，如图 5-35 所示。

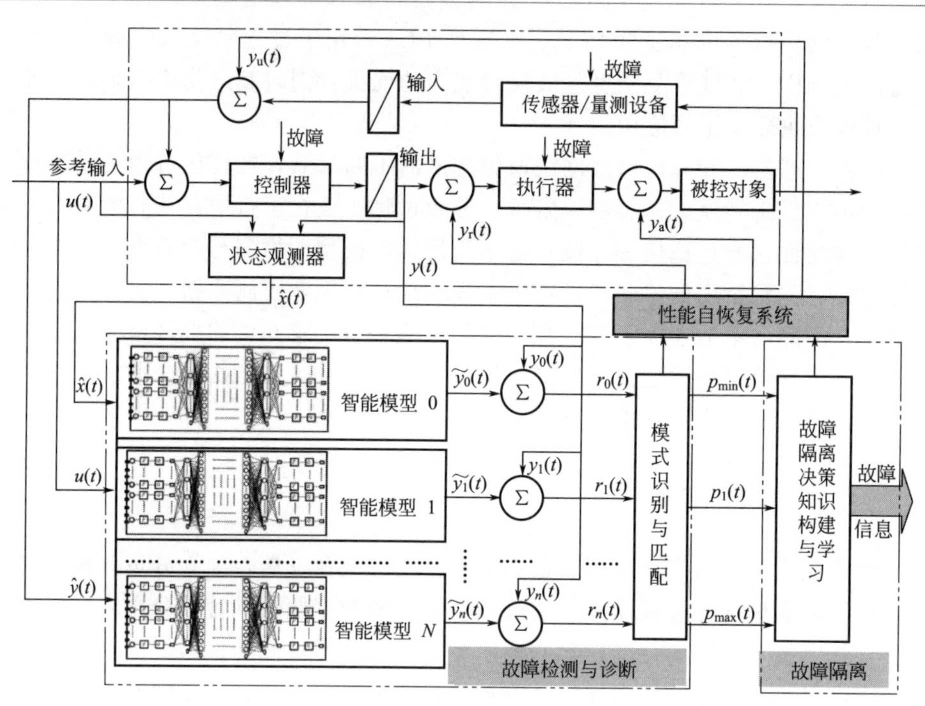

图 5-34　故障检测、诊断、隔离以及系统性能自恢复实现架构

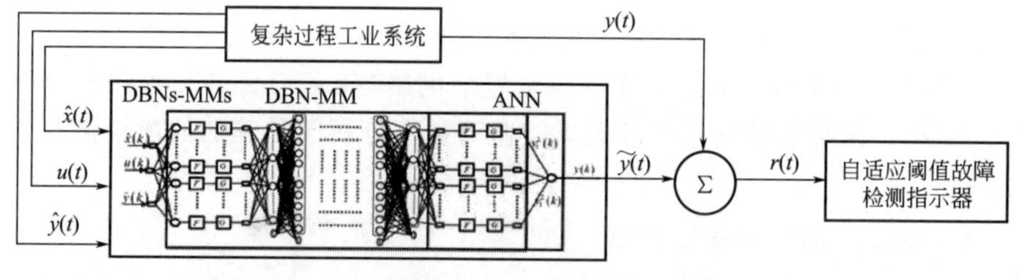

图 5-35　基于改进的深度置信网络的故障检测架构

本模型的思路是将限制玻尔兹曼机（restricted boltzmann machine，RBM）依据分布式系统的各子系统与子设备构建，将复杂过程工业系统描述为具有特点结构的深度学习网络，实现运行状态特征的底层挖掘。如此方式，深度学习网络便可整合成复杂过程工业系统表征模型，整个深度学习网络便可采用量测数据进

行驱动，通过比较网络输出与实际目标监测参数值便可获得残差，进而实现故障检测，甚至是故障诊断与识别。如图 5-35 所示，此模型共包含有三部分：动态多层感知机模型、深度置信网络和动态阈值故障检测指示器。

(2) 深度置信网络（DBN）的基本理论

深度置信网络是典型的深度神经网络，由许多受限玻尔兹曼机（RBM）堆叠而成，RBM 最初由 Smolensky 提出，该模型是基于能量的特殊马尔科夫随机场，其结构如图 5-36 所示，玻尔兹曼机将原始空间中的特征转换为新空间中的抽象表示，避免了人为干扰特征提取。DBN 的结构及训练过程如图 5-37 所示，DBN 过程首先使用无监督学习预先训练每一层的权重，然后从上到下微调权重以获得最优权值，其中输出层和之前的层之间的权重可以被视为输入数据的特征。由图 5-37 可见，深度置信网络可见层与隐藏层完全连接，但可见层或隐藏层之间没有连接。与浅层学习相比，深度神经网络可以有效地解决过度拟合和局部优化的问题；与堆叠式自动编码器相比，深度置信网络可以同时具有更低的重建误差和更多的信息。深度置信网络首先利用时间复杂度的梯度方向来调整参数，这降低了网络的计算成本，能有效解决工业过程监测变量之间的耦合和冗余问题，并广泛应用于模式识别、计算机视觉、音频分类和推荐系统等领域。

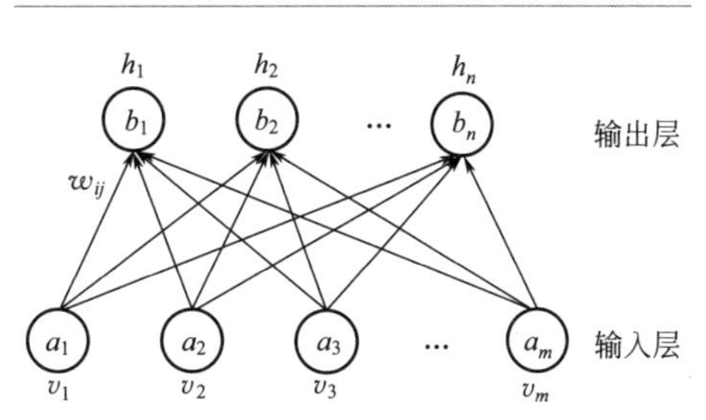

图 5-36 玻尔兹曼机（RBM）的结构

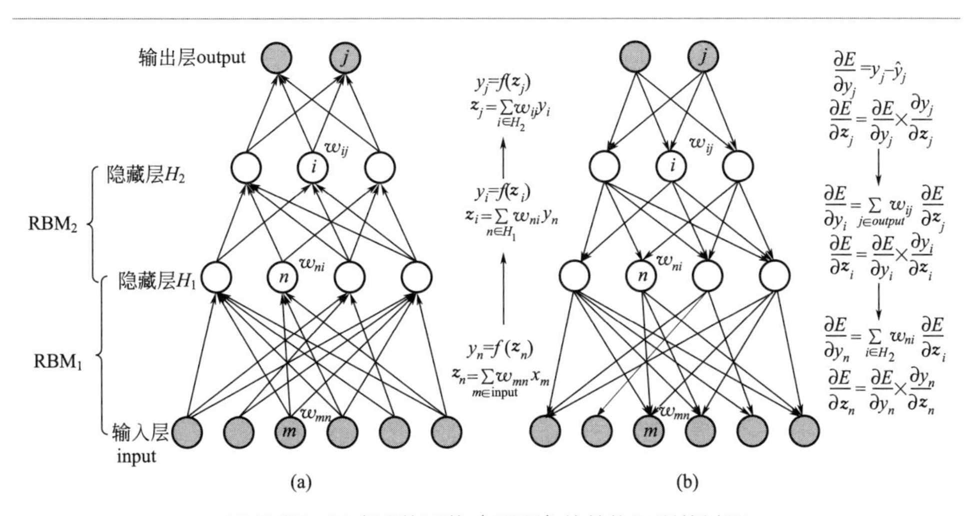

图 5-37 深度置信网络（DBN）的结构及训练过程

图 5-37(a) 中的等式表示具有六个输入节点、两个输出节点的深度置信网络的前向通道特征提取过程，首先计算每个节点的总输入 z，它是前一层输出的加权和，通过非线性函数 f 变换后获得该节点的输出 $f(z)$，计算完每层节点的输出后再逐层计算可以获得 DBN 的输出 $\hat{y}_j$。图 5-37(b) 显示了向后传播的权值微调过程，其中优化目标是最小化残差信号 $y_j-\hat{y}_j$，通过梯度下降法获得深度置信网络的最优权值。

在工业过程故障诊断中，将系统监测数据分为训练集和测试集，训练集作为神经网络的输入获得最优的网络权值，保持网络参数不变，将测试集输入训练好的神经网络中，其隐藏层输出就是监测数据的特征。

(3) 自适应阈值设计与故障检测

实现故障检测的一种简单方法就是设置阈值 T，当信号幅值大于阈值 T 时，认为故障发生，如图 5-38 所示。但是，由于复杂过程工业监测数据信息往往具有不确定性，而且容易受到测量噪声的影响，因而此阈值应具有足够的容错能力以避免误报。同时，阈值设置过大，故障检测的灵敏度过低，需要在误报和检测灵敏度间达到某种平衡。

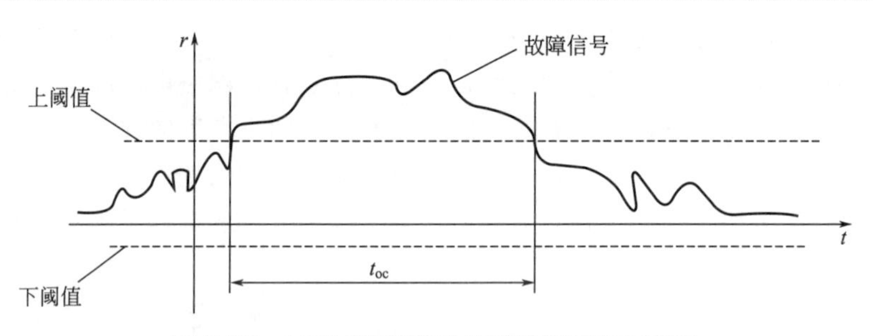

图 5-38 基于固定阈值的故障检测原理示意图

自适应阈值方法的核心优势在于故障信号在动态变化的干扰下，其检测的有效性不受影响。为实现故障检测，阈值应基于数理统计原理从故障信号的部分导出。通常，故障信号近似地满足正态分布，故障信号段中的 n 个样本的均值和方差可通过以下函数来计算。

$$\begin{cases} m_{\mathrm{i}}(k)=\dfrac{1}{n}\displaystyle\sum_{t=k-n}^{k} r_{\mathrm{i}}(t) \\ v_{\mathrm{i}}(k)=\dfrac{1}{n-1}\displaystyle\sum_{t=k-n}^{k}\left[r_{\mathrm{i}}(t)-m_{\mathrm{i}}(k)\right]^2 \end{cases} \tag{5-37}$$

式中，$0<n<k$，$r_{\mathrm{i}}(t)$ 为故障信号。在故障信号的统计模型假设下，可采用以下函数来计算阈值：

$$T_i(k)=\pm t_\beta v_i(k)+m_i(k) \tag{5-38}$$

式中，$T_i(k)$ 为阈值；t_β 为概率为 β 的 t-分布的分位数。需要特别注意的是，应适当选择时间窗口 n。若时间窗口 n 足够大，阈值 $T_i(k)$ 将会变为常数。相比之下，若时间窗口 n 足够小，则阈值 $T_i(k)$ 几乎对任何信号变化都非常敏感。为避免此种情况，引入自适应阈值可采用以下方法进行计算。

$$\begin{cases} T(k)=\pm t_\beta \overline{v}(k)+\overline{m}(k) \\ \overline{v}(k)=\zeta v(k)+(1-\zeta)v(k-1) \\ \overline{m}(k)=\zeta m(k)+(1-\zeta)m(k-1) \end{cases} \tag{5-39}$$

式中，ζ 为调节因子。

通常，自适应阈值可用于检测快速变化的突发故障信号。然而，若在原始系统中出现缓慢变化的早期故障信号，则很难用自适应阈值进行检测。一般地，故障的发生不仅取决于阈值大小，还取决于信号超出阈值的时间。假设阈值的上限和下限分别为 T_{cu}、T_{cl}，则初始决定发生故障的标志是信号满足 $r>T_{cu}$ 或 $r<T_{cl}$，且比 t_{oc} 时间更长，其中 t_{oc} 称为容忍时间，如图 5-38 所示。但当发生突然故障时，系统监测信号发生较为剧烈的变化，然后以故障信号的瞬态偏差形式呈现。若该信号的瞬态变化是由噪声或其他干扰引起的，则警报的持续时间不应超过容忍时间 t_{oc}，不会认为发生了故障。此外，由于监测信号的突然变化，阈值将会剧烈增加，将会导致一系列故障警报后面的盲点，且这种现象将很快消失。值得注意的是，检测复杂系统中的突发故障是一个极其困难的问题，且故障检测只是为了确定故障是否发生，而不能确定故障的类型。实际上，此方法无法识别故障的类型，这个问题是本案例未来的研究方向。

总的来说，检测分为两部分。第一，以深度置信网络输出和原始系统输出的残差作为故障信号，可用于描述来自大量过程变量间的非线性和复杂性。若突然发生故障，则会导致原始系统的动态变化，而后故障信号应超出阈值限制，且超过容忍时间。第二，采用自适应阈值方法来检测突发故障，当信号超出阈值界限、超过容限时间时，认为发生突然故障。

（4）仿真试验分析

低温燃料加注系统主要用于向储运装置加注液氢等低温燃料，整个加注系统包括加注储罐、增压气化器、过冷器、低温加注泵、加注阀门、夹层真空管路、泄压阀、储箱和流量、温度、压力仪表等设备，系统结构及参数极其复杂，如图 5-39、图 5-40 所示。

低温燃料加注系统的主要任务是按系统要求向储运装置加注低温燃料，加注系统主要由控制系统，地面燃料储存系统，增压输送系统和燃料压力、液位、温度量测指示系统等子系统组成。该类系统是一种极其复杂、极其危险的过程系统，稍有不慎便会招致重大加注事故，但在一些特殊场合中又要经常使用，如运载火箭加注、液化天然气运输以及新能源等领域。

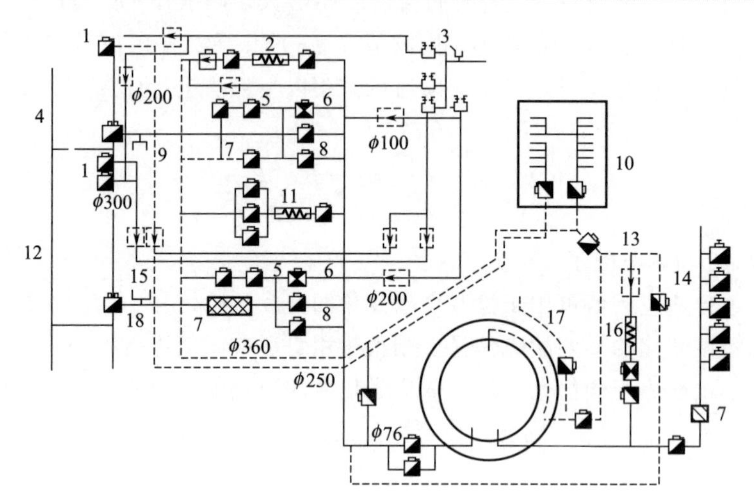

图 5-39 某高压液体低温燃料加注系统示意图

1—放气阀；2—氦热交换器；3—气态氦；4—三级氢箱；5—塔架的放气管路；6—加注阀门；7—过滤器；8—主加注阀门；9—气氦口（190L）；10—燃料焚烧池；11—二级氦热交换器；12—二级氢箱；13—放气阀门；14—加注管放气；15—气氦口；16—蒸发器；17—液氢储存容器；18—滤水池

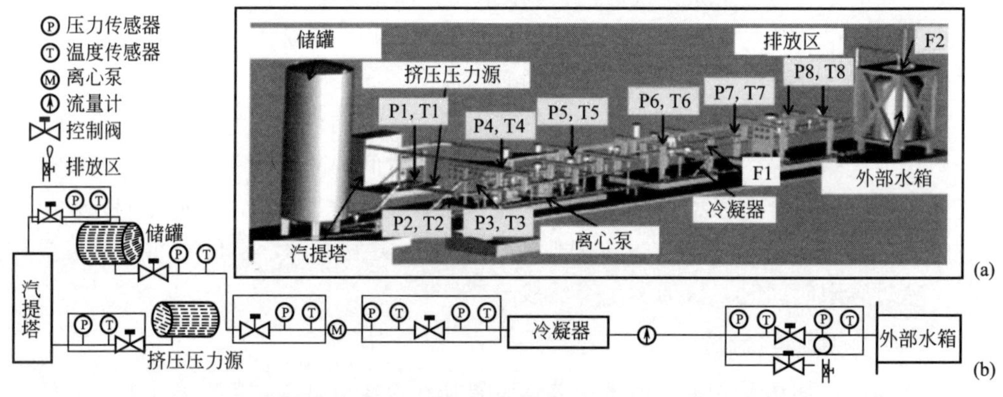

图 5-40 某低温燃料加注系统及其简化的物理仿真模型示意图

P1~ P8—压力传感器；T1~ T8—温度传感器；F1，F2—流量计

所考虑的复杂过程工业系统的过程故障与系统参数（压力、温度、流量、阀门开度等）的变化相对应，其中表 5-7 中描述了这 8 个过程故障。因此，需要构建 9 个动态感知机模型，每个模型代表复杂过程工业的某状态行为。相应地，后面 8 个动态感知器对应于复杂过程工业系统的过程故障，而前面 1 个感知器是描

述系统正常运行状态。需要注意的是，每种情况下共计 3000 个采样点，这对于模型的训练来说是远远不够的。

表 5-7 所考虑的复杂过程工业系统故障与正常运行状态的定义和描述

序号	模型标记	变量	描述
1	DBNs-MMs0	*Nod*	复杂过程工业系统的正常运行状态集
2	DBNs-MMs1	*Isp*	储罐挤压压力的迅速下降
3	DBNs-MMs2	*Fct*	冷凝器失效，无法冷却至预期设定温度
4	DBNs-MMs3	*Cfe*	挤压压力不足和冷凝器失效的复合故障
5	DBNs-MMs4	*Lpl*	加注管路泄漏，导致中线压力不足
6	DBNs-MMs5	*Fcv*	控制阀故障，无法调节过程压力和流量
7	DBNs-MMs6	*Sfs*	传感器故障，无法对被测对象运行状态做出量测响应
8	DBNs-MMs7	*Cfs*	传感器故障与控制阀故障的复合故障
9	DBNs-MMs8	*Cfm*	复合故障，挤压压力不足，冷凝器故障，传感器故障和控制阀故障

首先，复杂系统监测变量 $u(t)$、$\hat{x}(t)$、$\hat{y}(t)$ 往往具有不同的幅度，且它们的最大值和最小值常常存在较大差异。众所周知，在感知器输入和输出数据上进行某些预处理，使得其在模型训练中更加有效。数据归一化步骤对模型训练结果非常敏感，这一现象在很多不同识别任务中都得到了验证，本案例研究中，采用了离差标准化以对原始数据进行线性变换，使其结果落到 [0,1] 区间，转换函数如下：

$$X_n=2(X-a)/(b-a) \tag{5-40}$$

式中，a、b 分别为系统监测信号 X 的最大值、最小值。

此项应用案例研究被应用于任何给定的动态感知器的输入数据、测量数据和多个模型的输出应分别集中，以避免大数吃小数。

由于训练和测试数据集的严重不足，且本研究初步仅收集了 8 个故障案例。因此，3000 个样本采集点被分成两部分：1400 个训练样本点和 1600 个测试样本点。此时，从原始信号中训练得到的各层间的权重向量可在复杂系统运行期间，随着在线训练的进行而改变。本案例利用有限的监测数据集来训练模型，且其结果显示了故障检测方法在复杂的低温高压燃料加注系统中的有效性。

假设所要处理的数据集具有 N 个谱带，可使用具有 N 个输入感知器和 H 个隐含感知器的 RBM，其 RBM 的输入到隐含层是完全连接的，每个隐含单元均与每个输入感知器连接，对于每个隐含单元，都有 N 个连接的权值。因其可通过过滤来自某些输入的信息特征来表征，N 个输入感知器及其隐含感知器可被看作是个复杂的“过滤器”，其他层 RBMs 也是这一工作原理，在故障以及正常运行状态监测数据训练构建 DBN，各种 DBN 经过多次故障监测数据进行训练，构建了多种 DBNs-MMs 模型的故障检测方法。

如图 5-41 所示，一些隐含节点表现为一小部分输入节点上权重值较大，每个训练批次中有 10 个样本点，而在其他节点上的权重较小。这表明，不同运行状态在深度模型中的信息是有区别的，从可视化的权重来看，具有不同的、复杂的波纹图。为凸显权重向量，便于比较，网络权重被折叠成 52×100 和 100×100 像素，以对应于正常与故障的工业过程的 52×1400 的监测输入。显而易见，从 RBM1 到 RBM3 中的权重向量有很大的不同，在同一权重向量中存在着类似的特征，而其差异主要是其值的微弱差异，即颜色深度。这意味着，不同运行状态在不同故障模式间包含有完全不同的特征信息，可用于实现故障特征的提取。其还可以提供一种故障检测方法，以结合数据驱动和相关知识，实现复杂系统的故障检测与识别。每个动态感知器模型均已通过适当的对应于复杂系统运行监测到的正常或故障数据进行了训练。

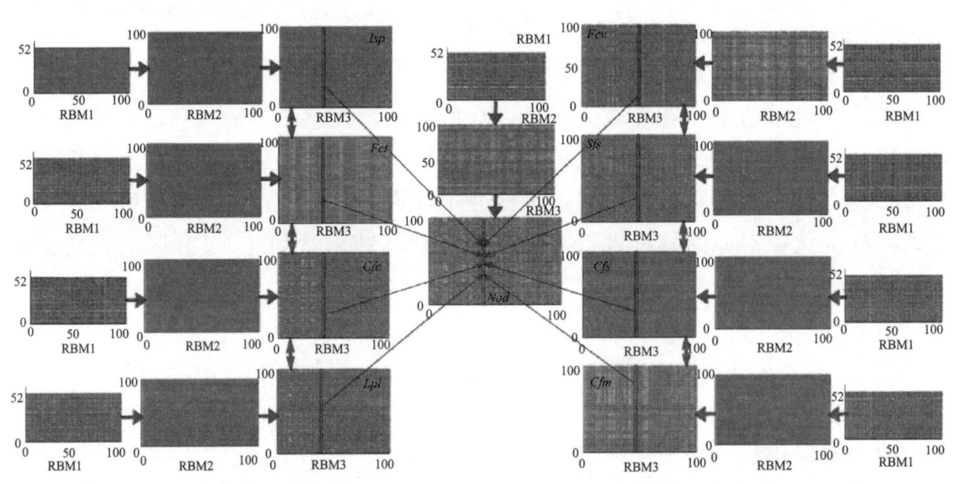

图 5-41 输入层与第一隐含层（RBM1）间的权重向量以及 RBM2 和 RBM3 中可视化层的抽象特征表征，其均来自 8 个案例的 1400 个训练样本点学习

所讨论的 8 个动态感知器所描述的典型故障 Isp、Fct、Cfe、Lpl、Fcv、Sfs、Cfs、Cfm 常常出现在低温高压燃料加注系统中，且其在稳定运行过程中注入到系统中。用前述方法计算得到的网络输出与实际测量得到的系统输出残差，如图 5-42、图 5-43 所示。采用前述的自适应阈值设定技术，构建可用于检测复杂系统中不同的故障模式，此实验中，设定 $t_\beta=0.1$，$\zeta=0.8$。

来自 DBNs-MMs 输出与原始系统输出间差值的残差，可用于描述大量工业过程中的非线性与复杂性，而后采用自适应阈值方法来检测系统故障。残差信号超过阈值界限的时间长于容忍时间，表明系统发生某种故障的可能性较大。在该理论的指导下，第一部分的残差来自 DBNs-MMs 输出与实际监测数据流之间的差异性，正常运行状态下的残差几乎接近于 0，表明这些监测数据处于健康运行状态。其他监测到的系统运行数据集也显示了这种类似现象，如图 5-42、图 5-43 所示。

如图 5-42、图 5-43 所示，故障发生时间是极其明显的，即故障发生后，残差信号会产生类似于振动信号的巨大抖动，超过自适应阈值，超越容忍时间，进而报警。然而，由于自适应阈值是由邻近的实时监测数据计算而来的，其值也会在短期内产生较大的抖动，以避免误报现象发生，但也会产生一系列故障报警后的盲区，但是会很快消失。事实上，这一系列故障报警后的盲区不总是出现，我们不认为其是一个缺陷，因为如此可将后期自适应阈值的变化趋势与不同时期的故障检测联合起来，因而，一旦产生一系列的故障报警，即可认为系统发生了故障。

根据正常运行监测数据来计算固定阈值，联合自适应阈值与固定阈值，可以很好地消除盲区。

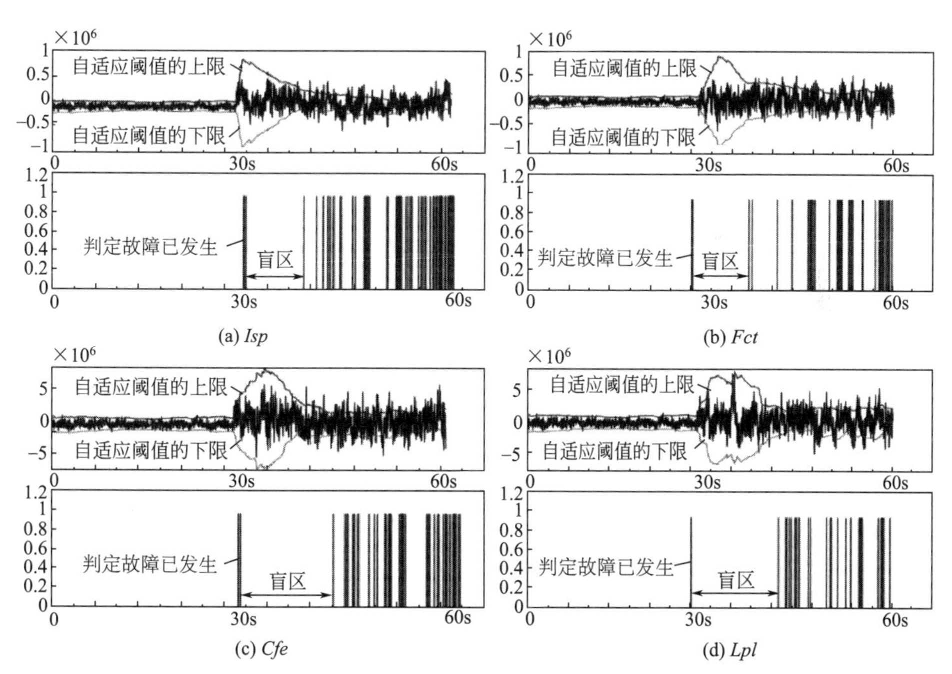

图 5-42　对于具有自适应阈值的复杂系统故障检测，DBNs-MMs 生成对应于正常与故障运行状态的残差（1）

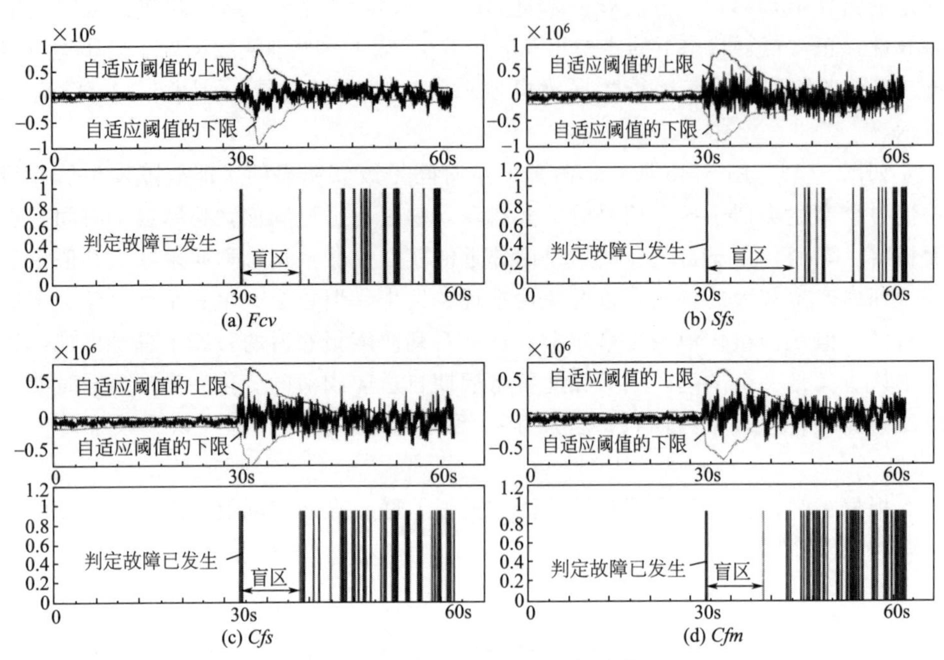

图 5-43 对于具有自适应阈值的复杂系统故障检测，DBNs-MMs 生成对应于正常与故障运行状态的残差（2）

本节提出了一种新的故障检测方法以实现复杂过程工业系统的故障检测，其构建于充分考虑简洁高效的体系结构基础上。同时，模型参数可通过在正式运行期间收集的新的监测数据，对模型参数进行更新，以提高其泛化能力。根据该框架，故障检测方法可进行自我训练、自我更新、自动校正等，因而可提供一种联合数据驱动和基于知识驱动的方法来实现复杂系统的故障检测。该方法的思路是将限制玻尔兹曼机分配至分布式复杂系统中，以解决监测数据的多源统一等问题。DBNs-MMs 模型可视为一个灰盒模型来描述具有耦合交互行为的复杂过程工业系统，描述其非线性和复杂性，不需要精确的数学模型，而后便可从量测数据输出与深度学习网络输出构建残差，再加上自适应阈值的设计，便可实现复杂工程系统的故障检测。

本方法的主要缺点是训练阶段只能通过大量试验来完成，仍然存在大量可能的干扰，权重向量在某些节点中存在不是很明显的差异。此外，训练阶段需要大量正常或故障运行的操作数据。动态感知器无须考虑输入输出以及瞬时值，一旦训练阶段结束，可使用深度置信网络来描述系统模型和表征过程工业的复杂性与非线性。随着系统运行期间的在线学习和参数更新，所提模型的性能将如何发展，是未来继续研究的方向。

参考文献

[1] Khan A T, Khan Y U. Dual tree complex wavelet transform based analysis of epileptiform discharges [J]. International Journal of Information Technology, 2018, 10(4): 543-550.

[2] Hui W, Huang C J, Yao L P, et al. Application of reassigned cohen class time-frequency distribution to the analysis of acoustic emission partial discharge signal for GIS[J]. High Voltage Engineering, 2010, 36(11): 2724-2730.

[3] Samiappan D, Krupa A J D, Monika R. Epochextraction using Hilbert-Huang transform for identification of closed glottis interval[M]// Innovations in electronics and communication engineering, 2018.

[4] Caseiro L M A, Mendes A M S. Real-time IGBT open-circuit fault diagnosis in three-level neutral-point-clamped voltage-source rectifiers based on instant voltage error[J]. Industrial Electronics IEEE Transactions on, 2015, 62(3): 1669-1678.

[5] Yang Zhimin, Chai Yi. A survey of fault diagnosis for onshore grid-connected converter in wind energy conversion systems[J]. Renewable and Sustainable Energy Reviews, 2016, 66: 345-359.

[6] Long B. Diagnostics of filtered analog circuits with tolerance based on LS-SVM using frequency features[J]. Journal of Electronic Testing, 2012, 28(3): 291-300.

[7] 任浩，屈剑锋，柴毅，等.深度学习在故障诊断领域中的研究现状与挑战[J].控制与决策，2017，32(8)：1345-1358.

[8] Tang Q, Chai Y, Qu J, et al. Fisher discriminative sparse representation based on DBN for fault diagnosis of complex system[J]. Applied Sciences, 2018, 8(5): 795.

[9] Ren H, Chai Y, Qu J F, et al. A novel adaptive fault detection methodology for complex system using deep belief networks and multiple models: A case study on cryogenic propellant loading system[J]. Neurocomputing, 2018, 275: 2111-2125.

第6章

系统运行安全分析与评估

系统安全运行分析与评估是从安全角度对系统进行全面分析，对系统及各组成部分的完好性以及存在的事故隐患、系统运行存在的不安全因素（包括人为因素与环境因素）进行描述，从根本上杜绝重大安全事故的发生和蔓延，保障系统安全。其基本思想是在危险源辨识的基础上，分析和度量整个系统的安全状态。在对动态系统进行运行安全分析与评估中，主要目的是明确安全状况，发现事故隐患。本章将从系统运行风险表征及建模、系统运行安全分析、系统运行安全评估等方面进行介绍。

6.1 概述

安全性是系统的固有属性，确保安全是系统生产和使用的首要要求。开展系统运行安全性分析与评估研究，对于提高系统生产水平具有十分重要的意义。该项研究主要从系统整体出发，对系统中潜在的危险源进行分析，并采取相应措施减少事故的发生，保障系统安全运行，最大限度地避免人员伤亡、设备损坏、环境破坏和财产损失事故。

（1）系统运行安全分析

系统运行安全分析是对系统可能的危险过程建模，并在系统当前（或指定）条件下定性定量分析这些危险造成损失的严重性和可能性。系统安全分析方法种类多样，选择适宜的系统运行安全分析方法将有助于有针对性地保障系统安全。一般来说，在深入了解系统的特点以及各种安全分析方法适用范围后，应遵循三个原则。

① 合理性。不同的系统在应用领域和功能范围上差异明显，在进行运行安全分析时，需要充分考虑分析方法的合理性和针对性，尽量减小分析的难度和工作量。

② 全面性。动态系统功能和结构复杂，在进行安全分析时，应从事故相关的危险因素进行全面综合的考虑，使得能够在不影响安全完整性的前提下尽可能地覆盖系统对象的结构和流程。

③ 针对性。每种分析方法均有一定的适用范围，在对系统进行运行安全性分析时，需要充分考虑每种安全性分析方法的使用条件，以及所适用的对象、范围、环境等，有针对性地选择能深入挖掘系统危险性的方法。

系统运行安全与系统安全性有一定的区别，不同的危险因素在不同的运行条件下将会表现出不同的安全形态。此外，系统运行安全有动态与静态之分。从理论上，系统运行安全来源于系统安全性，前者考察系统的运行过程，后者考察系统几乎所有的安全风险因素。因此，在进行系统安全性分析时，必须有针对地选择分析目标和过程。

(2) 系统运行安全评估

系统运行安全评估在运行安全分析的基础上，给出过程对象的安全性定量表示，主要包括固有或潜在的危险及其可能后果的严重程度。

经过多年研究，国内外逐渐形成了对动态系统运行过程中“运行安全”的描述和安全边界的概念。对系统运行安全评估需求能在整个动态系统运行过程中，刻画评价其危险程度模型，规避造成人员伤亡、运行性能劣化和妨碍运行任务的危险因素等。主要包含与系统运行安全有关的关键子系统（如低温工业系统中的燃料加注系统、液压系统等）的危险性评估。在整个评价过程中，首先需要确定系统中的危险因素和危险过程，就需要构建系统安全的评估指标体系及评价体系，最后结合评估模型，定量描述系统的安全性程度。

当前，大多数动态系统在运行过程中的具体流程相当复杂、涉及的关键参数繁多，在支撑资源配置有限的情况下，运行流程决策压力很大。开展系统运行安全分析与评估研究，有助于为管理和技术人员提供有效的安全决策信息，简化传统的数据判读和故障检测模式，这是在动态系统日趋复杂的前提下，提升其安全性的有效手段。

6.2 动态系统运行安全风险表征和建模

风险是涉及多种复杂因素的系统特性。从定义来看，风险是指特定的安全事件（事故或意外事件）发生的可能性与其产生的后果的组合，即潜在的安全事件所包含的量化特性。通常地，风险由两个因素共同作用组合而成，一是该安全事件发生的可能性，即安全事件概率；二是该安全事件发生后所产生的后果，即安全事件严重程度。受动态系统在运行中的时变特征影响，本书所述风险还关注安全事件可能会在什么时刻发生，即安全事件时效性将其作为风险的第三个因素。通过这样“轻重缓急”的规定，可以有针对性地认识并处理风险，其中有 4 个问题值得关注：

① 如何了解风险的发生概率？

② 如何了解风险的严重程度？

③ 如何了解风险的时间紧迫程度？

④ 如何根据上述指标特性发现和规避风险？

前文已经阐述过，动态系统运行安全性可以用运行监测数据表征，由于风险直接与安全相关，因此在监测数据中也含有多种与风险直接相关和间接相关的数据。其中直接相关的有性能数据、状态数据（如部件是正常或故障）、统计量化指标（如正常工作小时数）等，这些可以作为衡量及评价风险的指标。而间接相关相对隐蔽，多来自多个不同参数之间的相关性组合（如高湿热天气与某部件持续运转时间），在初始设计形成的监测体系中，通常缺乏完整描述方法和评价这样组合关系的风险评价指标。因此，有必要对特定对象进行专门的安全风险表征与建模，该项任务建立在动态系统对象和基本机理以及大量的历史经验知识基础之上，借助于定性分析的基础，使用定量分析或信息融合的方法研究各种危险源数据以及危险类型对安全风险的描述和评价算法。以此需求为切入点，本节将主要阐述安全风险表征和建模的一般性方法、过程和技术。

6.2.1 系统运行安全风险表征

系统进行安全风险分析的前提是对于安全风险的描述，不同的系统关注点有所不同。按照本节的概述，动态系统的安全风险需要描述其发生概率、时间紧迫程度以及严重程度。在安全风险描述方面，安全风险与事故发生的可能性、严重性、时效性有关，是度量系统安全性水平的特征量[1]。而后，定义安全风险状态以及据不同的严重程度对其进行划分，用如下函数的形式进行描述，其中使用事故可能性、后果严重性、行动时间框架（采取有效措施规避风险的时限）是默认的参量，也可根据实际需求增减。

$$r(t)=f(P_A(t),S_A(t),T) \tag{6-1}$$

式中，$r(t)$ 为系统 t 时刻的安全风险；$A=(A_1,A_2,\cdots,A_{n_A})$为系统可能发生的 n_A 种事故；$P_A(t)=(P_{A_1}(t),P_{A_2}(t),\cdots,P_{A_{n_A}}(t))$为系统发生各种可能事故对应的概率；$S_A(t)=(S_{A_1}(t),\cdots,S_{n_A}(t))$为系统发生各种可能事故的严重程度；$T$ 是指采取有效措施规避风险的时限。一般来说，事故发生概率 $P_A(t)$ 通常可分为五个等级，而事故的严重程度可分为四个等级，其具体定义如表 6-1、表 6-2 所示。

表 6-1 事故发生可能性等级

等级	等级说明	可能性说明
A	频繁	频繁发生
B	很可能	在寿命期内会出现若干次
C	有时	在寿命期内可能有时发生
D	极少	在寿命期内不易发生,但有可能发生
E	不可能	很不容易发生,以至于可认为不会发生

表 6-2 事故后果严重性等级

等级	等级说明	可能性说明
Ⅰ	灾难的	人员死亡或系统报废
Ⅱ	严重的	人员严重受伤、严重职业病或系统严重损坏
Ⅲ	轻度的	人员轻度受伤、轻度职业病或系统轻度损坏
Ⅳ	轻微的	人员受伤或系统损坏的程度小于Ⅲ级

根据事故发生的概率及其严重程度的定性描述，可定义出安全风险矩阵，如图 6-1 所示。度量系统安全风险时，要求各种严重程度的安全风险的发生概率在给定范围内，否则安全风险不符合要求。如图 6-1 所示，阴影区域为安全风险拒绝域，表示后果严重程度的发生概率超出了安全风险要求，如“灾难性事故”的发生概率在“极少”及以上时，则安全风险不能接受；空白区域为安全风险可接受域，即安全风险符合要求。另外，根据笔者的工程实际经验，特别需要重点关注在状态转移过程中，安全风险状态转移间的临界状态及其对应的关键部件，通常安全风险分析的切入点即是这类存在动态变化且与风险状态关联的对象。

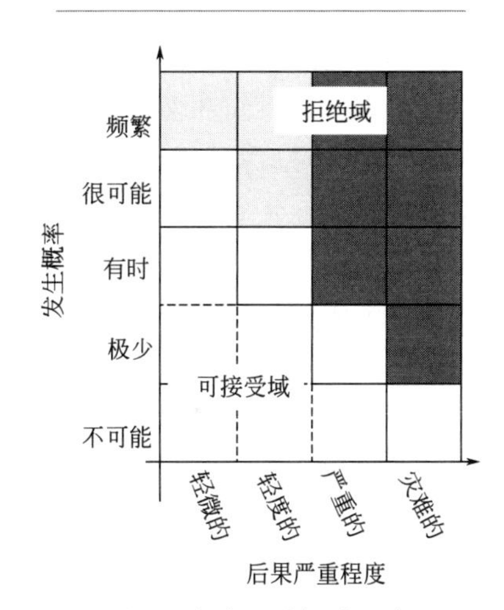

图 6-1 安全风险矩阵示意图

事实上，动态系统运行过程中关联安全风险的危险源种类繁多，复杂程度高。根据危险源在事故中发生、发展中的作用，把危险源划分为两大类，即第一类危险源和第二类危险源，这两类风险源将直接影响系统的安全风险状态。

在安全风险状态方面，根据系统各状态 $X(t)$ 对应的严重程度，参考两类风险源的定义，将其划分为 4 个状态：正常、低、中和高风险状态。

① 正常风险状态，系统正常运行，没有任何人员损伤、财产损失和环境损害等事件发生。

② 低风险状态，在异常事件发生后，因故障（异常）等原因致使安全保护

子系统未能及时有效地对其进行控制，最终导致人员轻度伤害、系统轻度损坏等事故，系统所面临的安全风险相对较小。

③ 中风险状态，在低风险状态的基础上，又发生了一系列的故障（异常），系统安全风险进一步恶化，并导致人员较大损伤、系统较大损坏、较大的财产损失等较为严重的后果。

④ 高风险状态，在中风险状态出现后，系统完全失控，丧失遏制权，将会发生诸如爆炸等重大人员伤亡、系统报废、财产重大损失等非常严重的事故。

由上述定义，结合系统事故的成因和危险源的区分可知，第一类危险源是事故发生的前提，第二类危险源的出现是第一类危险源导致事故的必要条件。安全风险的两类风险源相互作用便可能引发事故。一般来说，第一类危险源在发生事故时释放出的能量是导致人员伤害或财产损失的能量主体，决定事故后果的严重程度；而第二类危险源出现的概率决定事故发生的可能性的大小。安全风险状态 $\varphi(t)$ 与系统状态向量 $\boldsymbol{X}(t)$ 间存在一定的函数对应关系，即

$$\varphi(t)=\Phi(\boldsymbol{X}(t))=\Phi(x_1(t),x_2(t),\cdots,x_n(t)) \tag{6-2}$$

随着运行时间和部件故障的增加，系统安全风险总是处于不断动态变化的过程中，若未采取措施，安全风险状态将逐步趋近于事故状态，在这种情况下，需要及时掌控系统安全风险状态的变化，明确构成风险三方面因素的定量描述。

安全风险状态是对影响已投入运行的工艺过程或生产装置的安全状态因素的描述，主要是利用现有信息对系统未来运行状态进行评估。安全风险临界状态是指系统处于该状态时，某一部件状态的改变将直接导致系统风险状态的改变。这两个状态在动态系统运行安全分析与评估尤其受到关注，其反映了整体系统的风险及变化。

在给定系统的安全风险结构函数时，通常能区分对应的临界状态和关键部件。但在动态系统复杂的结构、功能、过程的前提下，临界状态和关键部件之间是对应关联关系，任意一个部件是否是关键部件取决于与其相邻的 $n-1$ 个部件状态，临界状态需要对应到具体的部件上。同时，当系统处于安全风险临界状态的情况下，关键部件状态的改变将会直接导致系统风险状态的变化。综上所述，表征安全风险需要从风险源、风险状态、临界状态、关键部件等方面展开考虑。

6.2.2 系统运行安全风险转移过程

安全事故总是由正常状态经历一系列的系统安全风险状态转移后发生。在系统运行过程中，通过状态监测可以获取有关安全风险状态转移的信息，主要包括系统层次和部件层次的安全风险信息等。通常，系统层次的安全风险信息有安全风险状态、临界状态和关键部件等，部件层次的安全风险信息有性能退化数据、

部件状态信息、部件寿命分布等。通过对动态系统运行过程中监测信息的分析来识别系统所面临的安全风险因素以及风险转移信息，将有助于采取适当的控制措施以预防事故的发生。同时，若将其按时空维度关联起来形成安全风险转移过程，即能从动态过程上对风险的变化进行描述。

安全风险状态转移过程定义为安全风险状态随运行时间的增加而动态变化的过程，用以描述是系统安全风险的动态特性。安全风险转移过程分析是通过对系统运行过程中部件状态信息、过程变量等的分析，获取系统的安全风险状态转移路径，帮助操作人员及时了解系统的动态特性，以便于控制系统安全风险状态转移的方向，以及未来可能产生的后果。主要方法是采集反映系统动态转移过程的状态信息和过程变量（如振动、压力、温度等），将其输入至安全风险状态转移过程模型中，通过分析算法来获取系统安全风险的动态特性，以确定其转移过程，估计安全风险水平。

另外，传统的系统动态转移过程分析方法多基于事故概率的动态变化进行分析，其缺点在于时效性不足，不能够充分利用系统运行过程中监测到的性能退化数据、状态数据等“实时信息”。而大型工业过程及复杂装备系统事故是由多个相互关联的事件共同作用导致的，若采用动态因果图等方法来描述事件间的关联关系，则可以构建出结合定量信息与定性信息的运行过程状态评价方法。

6.2.3 系统运行安全风险水平估计

安全风险水平估计是指利用获取的多种安全风险相关信息来评估系统当前时刻的安全风险水平，并基于给定的安全风险判定准则对安全风险进行预警与决策。传统的安全风险水平估计主要依靠操作人员处理故障信息和安全报警。对于当前多数的动态系统，面对海量的信息和报警时，人工操作易误判可能导致事故发生（如三里岛核电站事故）。因此，需要利用先进手段和技术方法来主动评估系统运行安全风险水平，如基于机理或仿真模型的安全风险水平估计方法与基于监测故障事件的估计方法。

在系统安全风险水平不能满足要求时，需要对其进行安全风险控制，即根据安全风险评估结果，采取对应的措施来规避已知安全风险，并对潜在的安全风险加以预防，以提升系统的运行安全性。

安全风险控制的本质是给出应对安全风险的最优措施，即根据部件安全风险重要度的优先级，选择对提高系统的安全风险水平贡献最大的部件来实施风险控制。在运行过程中，安全风险控制主要是在系统安全风险预警后所采取的一系列控制事故发生或减小事故后果的行为（包括应对、规避、转移、接受等），具体实施步骤如下。

① 收集安全风险相关数据。广泛收集安全风险相关数据，用于计算系统的安全风险重要度，主要包括部件寿命分布和故障数据、系统结构信息、运行过程中的后果事件数据等。

② 构建系统安全风险结构模型。风险结构模型是计算安全风险优先级的基础，主要根据安全风险监控信息提取及描述方法来确定风险结构。

③ 计算安全风险优先级。根据安全风险相关数据和安全风险结构模型，确定系统安全风险优先级，用于定量描述安全风险等级和程度。

④ 实施安全风险优先级分析与安全风险控制。对系统所有部件当前的安全风险优先级进行排序，以便于选取安全风险优先级较大的部件实施安全风险水平控制，通过多种控制措施提升系统的安全风险水平。

6.2.4 系统运行安全风险建模

系统运行安全性评估是在安全风险分析、评估的基础上，以安全风险模型为支撑定量地给出过程对象的安全性程度，即定量地衡量系统可用或敢用性程度，评估系统的危险性是否可以被接受。系统运行安全性评估比较多的方法主要有两种，一种是概率安全性评估法（Probabilistic safety assessment，PSA）或称概率风险评估（probabilistic risk assessment，PRA），另一种是状态监测评估法。

状态监测评估法是目前大型工业过程和复杂装备系统领域应用广泛的一种方法，其基本思想是采用测量到的过程参数和状态参数对系统安全性进行在线评估，是及时获取运行系统状态信息的重要手段，有效地克服了传统的安全性评估法的实时性问题。状态监测评估法需要充分利用安全风险模型对动态系统运行的重现，通过系统运行安全域构建，运行安全性指数定义、安全指数求解，迭代评估等步骤，获取动态系统运行安全性的实时动态评估结果。

需要注意的是，状态监测评估法是一类在线计算方法，其实时性和有效性取决于评估方法，风险模型的准确程度以及计算资源的效率，在风险相关信息维度和数量规模较大时，可能会导致“过估计”的情况，评估结果不能正确反映系统实际情况。因此，通常在评估之前，也需要对用于评估的参数进行筛选和预处理。

一般地，现有大型工业过程和复杂装备系统的运行过程常常会运行在不同的工况下，研究表明监测系统运行工况的信号在较为宽泛的条件下，可视为一种服从混合高斯分布（Gaussian mixture model，GMM）的随机变量，即若将一个测量值看成许多个随机独立因素影响的结果，则其量测过程应渐进地服从高斯分布。

几乎所有的大型工业过程和复杂装备系统都有依据工艺参数指标设计的安全阈限或安全边界，当系统处于安全阈限以内时，工业过程运行是安全的。若将这些安全阈限描述为约束方程组，则可在超高维度空间中构建描述运行安全的超曲面。如图 6-2 所示，当过程变量处于第 m 个局部工况时，其监测变量服从第 m 个高斯分量的分布，当系统出现安全问题时，过程变量必有一定的概率变化至安全界限以外（需要注意的是，由于工艺参数的不同，致使依据安全阈限设置的约束方程组而构建的安全边界面，将是一个不规则的形状，需要取最小化切面作为最终的临界安全面）。

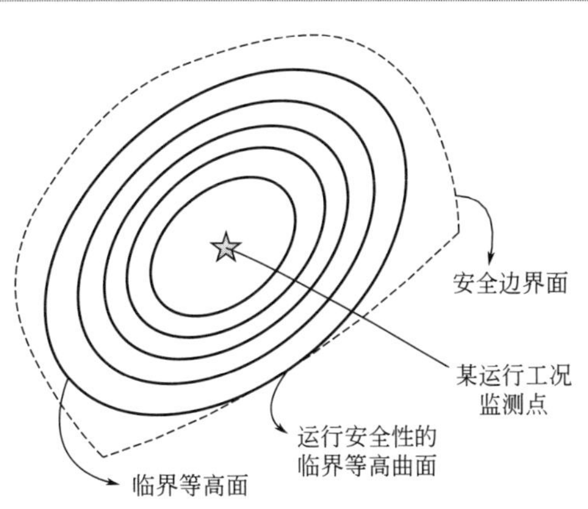

图 6-2　局部工况下，概率密度的等高面（实线）与安全边界面（虚线）示意

假设系统的运行安全性的临界等高曲面为 D_m，而处于 D_m 以内的区域被规则的各变量临界等高面所包围，其积分可得到精确的闭合解，作为安全边界以内积分的保守估计，将运行安全性指数定义为

$$SI_m = \Pr\{X \leqslant D_m\} \tag{6-3}$$

但是式(6-3) 仍然是一个定性描述，无法进行实时计算。根据已有研究成果，变量空间中服从高斯分布，其概率密度函数值主要取决于$(X-\mu_m)^{\mathrm{T}} Cov_m^{-1}(X-\mu_m)$，某点到中心点的马氏距离表示为（根据实际情况可采用其他距离的计算方法，如欧式距离等）

$$d_Q = \sqrt{(X-\mu_m)^{\mathrm{T}} Cov_m^{-1}(X-\mu_m)} \tag{6-4}$$

其中，μ_m、Σ_m 分别为均值和协方差矩阵；d_Q 为距离矩阵。由式(6-4) 所示，概率密度等高面转化为马氏距离的等高面，即等高面上的点到中心的马氏距离相等。若令 δ 表示临界等高面上的点到中心的马氏距离最小值，则安全指数可重新定义为：

$$SI_m = \Pr\{d_Q(X, \mu_m) \leqslant \delta\} \tag{6-5}$$

由式(6-5) 可知，便可将安全指数的求解问题转化为参数 δ 的最小值求解问题。

$$\min \quad J = \sqrt{(X-\mu_m)^{\mathrm{T}} Cov_m^{-1}(X-\mu_m)}$$

$$s.t. \quad g_i(x)=0 \tag{6-6}$$

其中，$g_i(x)$ 为所考察的第 i 个监测变量安全阈限约束方程。若令 X^* 为式(6-6) 最小值优化后的解，则可将安全性指数简化为

$$SI_m=\Pr\left\{d_Q(X,\mu_m)\leqslant\sqrt{(X^*-\mu_m)^{\mathrm{T}}Cov_m^{-1}(X^*-\mu_m)}\right\} \tag{6-7}$$

由式(6-7) 可知，在不同的运行工况下，其监测到的变量参数 X 是动态变化的变量，因而优化的 X^* 解也是实时计算且动态变化的，因此计算后的系统运行安全性指数也动态变化。在实际应用中，需要实时计算运行工况的后验概率，而 $X^{(t)}$ 属于第 m 个高斯工况的后验概率，表示为

$$p(C_m\mid X^{(t)})=\frac{\omega_m p_m(X^{(t)}\mid\mu_m,Cov_m)}{\sum\limits_{m=1}^{M}\omega_m p_m(X^{(t)}\mid\mu_m,Cov_m)} \tag{6-8}$$

式中，ω_m 为各工况的先验概率，且满足 $\sum\limits_{m=1}^{M}p(C_m\mid X^{(t)})=1$，$\mu_m$，$Cov_m$ 为均值和协方差。通过对后验概率的加权求和，将监测点 $X^{(t)}$ 的实时运行安全性指数表示为

$$SI(X^{(t)})=\sum_{m=1}^{M}SI_m p(C_m\mid X^{(t)}) \tag{6-9}$$

已有研究表明，可将 $d_Q^2(X,\mu_m)$ 视为统计量，且服从自由度为 k 的 χ^2 分布，则式(6-5) 的概率可根据 χ^2 分布的规律计算得到，为

$$\begin{aligned}SI_m&=\Pr\{d_Q(X,\mu_m)\leqslant\delta\}\\&=\Pr\{d_Q^2(X,\mu_m)\leqslant\delta^2\}\\&=\Pr\{\chi^2(k)\leqslant\delta^2\}\end{aligned} \tag{6-10}$$

由于 $\sum\limits_{m=1}^{M}p(C_m\mid X^{(t)})=1$，且 $0\leqslant SI_m\leqslant1$，且 $SI(X^{(t)})$ 的值域为 $[0,1]$，将式(6-8) 代入式(6-9)，可得

$$SI(\mathrm{X}^{(t)})=\frac{\sum\limits_{m=1}^{M}\omega_m\exp(-d_m^2/2)SI_m\left|\det(Cov_m)\right|^{-1/2}}{\sum\limits_{m=1}^{M}\omega_m\exp(-d_m^2/2)\left|\det(Cov_m)\right|^{-1/2}} \tag{6-11}$$

式中，d_m 为 $X^{(t)}$ 与 μ_m 间的马氏距离。

由此可见，对动态系统运行过程的安全性指数的计算，实际上就是将系统运行的各监测点通过一个连续的非线性映射，再通过加权求和的方式，将每个监测点映射至一个表征风险的安全域超曲面中，以此形成安全性评估模型。

6.3 系统运行安全分析

动态系统安全会随着运行时间和危险源的变化而不断变化，在这个转变过程中，安全状态可能将不断趋近事故状态。因此，需要及时获取和掌握系统安全性的变化信息和系统安全风险状态信息，明确系统安全状态的演化。本节从系统动态安全分析和系统运行过程安全分析两方面出发，从运行过程的角度，分析不同的危险源在不同的运行条件下对系统运行安全状态的影响；从系统的暂态稳定性的角度，介绍系统动态安全分析方法，分析系统受到大扰动后过渡到新的稳定运行状态的能力。

6.3.1 系统动态安全分析方法

系统动态安全分析是评价系统受到大扰动后过渡到新的稳定运行状态的能力，是对预想事故后系统的暂态稳定性进行评定，着眼于分析系统在受到大扰动中有无失去稳定的危险。典型的系统动态安全分析方法有能量函数法、动态安全域法和分岔分析法等。

（1）能量函数法

能量函数法是一种基于 Lyapunov 稳定性理论的方法。该方法认为由故障激发并在故障阶段形成的暂态能量包含动能（kinetic energy）和势能（potential energy）两个分量。这种暂态能量可用状态变量表示，当故障发生时，系统对应暂态能量的动能分量和势能分量会显著增加，当故障切除时，系统对应暂态能量的动能分量会开始减少而势能分量继续增长。

故障从发生到清除的过程中，暂态能量随着故障状态的变化而呈现不同的变化趋势。由能量守恒定律，系统出现故障并切除后，系统的动能会转化为势能。在能量转化过程中，如果剩余动能能够被系统有效吸收，那么系统是稳定的；反之，如果系统剩余动能不能被系统完全吸收，则系统不稳定。在临界时间下，假设系统所能达到的最大势能为 V_{cr}，故障清除时刻系统暂态能量为 V_{cl}。通过比较 V_{cr} 与 V_{cl}，可以获得系统的暂态稳定性[2]。定义 V_{cr} 与 V_{cl} 的差为能量裕度 ΔV，也称稳定裕度（stability margin），其表达式如下：

$$\Delta V = V_{cr} - V_{cl} \tag{6-12}$$

动态系统出现故障时，可按照发生过程分为故障前、故障时和故障后三个阶段。对应的描述这三个过程的状态方程表达式分别如式(6-13)～式(6-15)所示。故障发生前，由式(6-13) 可知，系统稳定运行于平衡点，处于稳定状态；t_0 时刻故障发生，τ 时刻故障切除，这段时间段系统处于故障状态；τ 时刻后，系统受到故障影响会失去稳定或者仍保持稳定。由于故障前动态系统处于稳定状态，假设该稳定平衡点为 x_0，于是式(6-13)～式(6-15) 可以简化为式(6-16)、式(6-17)。

$$\dot{x}(t)=f_0(x),-\infty<t<t_0 \tag{6-13}$$

$$\dot{x}(t)=f_f(x),t_0<t<\tau \tag{6-14}$$

$$\dot{x}(t)=f_p(x),\tau<t<+\infty \tag{6-15}$$

$$\dot{x}(t)=f_f(x),t_0<t<\tau \quad x(t_0)=x_0 \tag{6-16}$$

$$\dot{x}(t)=f_p(x),\tau<t<+\infty \tag{6-17}$$

动态系统的运行安全较为关注非线性系统渐进稳定问题，主要针对系统在发生故障后的暂态稳定性分析，考虑为系统在故障结束时的状态量 $x(\tau)$ 为起始状态的情况下，在 $t\to\infty$ 时能否收敛至稳定点 x_s 的问题。当利用能量函数法对动态系统进行安全性分析时，通常需要对故障后的系统定义一个暂态能量函数，并计算故障结束时刻系统的暂态能量，计算出稳定域局部边界上的主导不稳定平衡点处的暂态能量，以求解临界故障切除时间。

通过比较故障结束时系统的暂态能量函数的值与故障类型的暂态能量函数临界值，可以对系统的稳定性进行判断。当 V_{cl} 小于临界值 $V(X)$ 时，系统处于暂态稳定状态；当 V_{cl} 大于临界值 V_{cr} 时，系统处于暂态不稳定状态。同理，当 V_{cl} 等于 V_{cr} 时，系统处于临界状态，系统暂态稳定裕度可以用 $V_{cr}-V_{cl}$ 定量描述。实际中通常采用规格化的稳定裕度 ΔV_n，通常定义为：

$$\Delta V_n=\frac{V_{cr}-V_{cl}}{V_{k|c}} \tag{6-18}$$

$V_{k|c}$ 表示故障切除时刻系统的动能。暂态能量裕度能够提供系统稳定裕度对系统关键参数或运行条件变化的灵敏度分析，可用于快速计算极限参数，快速扫描系统暂态过程。在实际应用中，采用规格化的稳定裕度 ΔV_n 比采用 $V_{cr}-V_{cl}$ 作为暂态稳定裕度的一般性和可比性更强。当 $\Delta V_n>0$ 时，可认为受扰后系统是暂态稳定的。利用灵敏度概念可快速导出受暂态稳定支配的系统极限参数，分析判断系统的动态安全特性。

(2) 动态安全域法

① 动态安全域的定义　在传统的系统安全性分析方法中，主要关注的参量是变量之间的稳态关系，对于系统的动态因果关系仅停留在定性的描述层面上，缺乏从动态稳定性角度出发的描述。而在系统的实际运行和操作中，系统动态稳定性对系统的影响非常重要，使用动态安全域（dynamic security region，DSR）的概念能充分针对上述缺陷。动态安全域法的基本思想是，当系统出现故障时，

找到系统动态稳定区域的边界，系统动态稳定性区域边界内是安全的[3]。

考虑系统受到一个大扰动后，系统的结构会随着扰动的改变发生变化。用动力吸引微分方程组描述系统结构事故前、中、后三个阶段，具体公式如式(6-19)～式(6-21) 所示。

$$\dot{\boldsymbol{x}}_0(t)=f_{\mathrm{i}}(\boldsymbol{x}_0,y),-\infty<t<0 \tag{6-19}$$

$$\dot{\boldsymbol{x}}_1(t)=f_{\mathrm{F}}(\boldsymbol{x}_1,y),0<t<\tau \tag{6-20}$$

$$\dot{\boldsymbol{x}}_2(t)=f_{\mathrm{j}}(\boldsymbol{x}_2,y),\tau<t<+\infty \tag{6-21}$$

式中，$\boldsymbol{x}_0$、$\boldsymbol{x}_1$、$\boldsymbol{x}_2$ 均为系统的状态变量，事故前、事故中和事故后的网络结构分别用 i、F、j 表示，事故中的 F 可由事故前的网络结构 i 和事故后的网络结构 j 得到，y 表示注入功率，τ 为事故清除时间。对于稳态系统 i，式(6-19) 退化为潮流方程，式(6-20) 描述了系统发生事故的瞬间（$t=0$）到事故清除时刻（$t=\tau$）这一时间段系统 F 的动态，式(6-21) 描述了事故后系统 j 的动态。

当系统发生事故后，如果事故后系统的解能够从初始状态渐进稳定至动力吸引微分方程的平衡点，那么认为系统是暂态稳定的，此时系统动态安全。在此基础上，事故前系统的动态安全域可以用系统发生事故后的暂态稳定域来定义，具体定义如下：设功率注入空间上的集合为动态安全域 $\boldsymbol{\Omega}_{\mathrm{d}}(\mathrm{i},\mathrm{j},\tau)$，当且仅当事故前系统 i 的注入 y 位于该集合内时，事故前系统 i 在受到持续时间为 τ 的事故后，事故后的系统 j 不会失去暂态稳定。即：

$$\boldsymbol{\Omega}_{\mathrm{d}}(\mathrm{i},\mathrm{j},\tau)\triangleq\{y\mid x_{\mathrm{d}}(y)\in\mathbf{A}(y)\} \tag{6-22}$$

式中，x_d 表示故障清除时刻的状态；$\mathbf{A}(y)$ 表示系统注入 y 决定的故障后，状态空间中稳定平衡点周围的稳定域；$\partial\boldsymbol{\Omega}_{\mathrm{d}}(\mathrm{i},\mathrm{j},\tau)$表示 $\boldsymbol{\Omega}_{\mathrm{d}}(\mathrm{i},\mathrm{j},\tau)$的边界。在系统运行中，各节点注入功率存在一定的上下限约束，一般而言，定义存在上下限的注入功率约束集为：

$$\boldsymbol{W}_1\triangleq\{y\in\boldsymbol{R}^n\mid y^{\min}<y<y^{\max}\} \tag{6-23}$$

式中，$y^{\min}$、$y^{\max}$ 表示系统注入 y 的上限和下限。此时，动态安全域的定义结合注入功率的约束可以得到进一步修正：

$$\begin{aligned}\boldsymbol{\Omega}_{\mathrm{d}}(\mathrm{i},\mathrm{j},\tau)&\triangleq\{y\mid x_{\mathrm{d}}(y)\in\mathbf{A}(y)\}\cap\boldsymbol{W}_1\\&\triangleq\{y\mid x_{\mathrm{d}}(y)\in\mathbf{A}(y),y^{\min}<y<y^{\max}\}\end{aligned} \tag{6-24}$$

在应用动态安全域进行动态系统安全分析时，确定系统是否安全的方法通常是通过判断系统注入 y 是否位于 $\boldsymbol{\Omega}_{\mathrm{d}}$ 内，目前多数的研究工作主要集中在分析动态安全域边界 $\partial\boldsymbol{\Omega}_{\mathrm{d}}$ 的性质和描述动态安全与边界的构成上。

② 实用动态安全域　动态稳定区域的边界确定是基于动态安全域的安全分析方法的关键之处。在实际的动态系统中，动态安全域临界表面具有如下性质：

在有功功率注入空间上，保证暂态功角稳定性的临界点所形成的动态安全域边界 $\partial\boldsymbol{\Omega}_{\mathrm{d}}(\mathrm{i,j},\tau)$，可由分别对应于不同失稳模式的极少数几个超平面描述，这种形式的动态安全域称为实用动态安全域（practical dynamic security region，PDSR）。

典型的确定实用动态安全域临界面的方法包含拟合法以及解析法。使用这两种方法求取临界面时，都需要确定暂态稳定临界点，这种临界点存在一个或多个的可能。具体的临界点搜索方法主要包含两个步骤。第一，需要给出具体的事故及对应的事故清除时间 τ。第二，在给定注入功率 y 的情况下，判断当前注入是否是临界注入点（具体的判断方法可采用数值仿真法）。如果当前注入经判定属于临界注入点，则结束本次临界点搜索；否则需要重复判断过程。对应的重复过程中注入功率 y 也随之改变。在搜索出大量的暂态稳定临界点后，拟合法可通过最小二乘法拟合得到实用动态安全域临界面的超平面方程，具体方程表达式如下：

$$\sum_{j=1}^{n} a_i P_i = a_1 P_1 + a_2 P_2 + \cdots + a_i P_i = c \tag{6-25}$$

式中，$a_i(i=1,2,\cdots,n)$为待求超平面方程的系数；$P_i(i=1,2,\cdots,n)$是保证系统暂态稳定的临界有功功率；n 为注入节点的维数；c 为观测变量，一般取 1。

作为求解实用动态安全域临界面的基本方法，拟合法在求取过程中，为了使结果具有一定的精度，必须搜索大量的临界点，加大离线工作量。而在实际应用场景中，系统结构复杂且会随时间发生变化，且事故具有多样性，因此，必须加快动态安全域的计算速度才能适应在线应用的需求。通过解析法求取动态安全域临界面，需要先利用数值仿真求解出一个基本临界注入点，通过对系统不同阶段进行有功功率的小扰动分析，确定出临界面的法线方向，结合点式法可进一步求解动态安全域临界面的超平面方程。上述方法结合仿真计算和解析推导，具备解析法计算速度快的优点，同时又通过数值仿真得到基本临界点，有效弥补纯粹解析法计算精度的不足。

③ 动态安全域的拓扑性质　通过对动态安全域边界超平面的近似描述可简化系统暂态稳定性的分析过程，动态安全域微分拓扑性质对动态安全域的实用化提供了可行依据。现有的理论研究成果分析了域本身的拓扑学性质，给出了系统动态安全域的大范围定性性质，并证明了安全域的紧致性、稠密性以及无扭扩性。具体而言，稠密性和无扭扩性为通过直接分析注入功率 y 和安全域边界的相对位置来判别系统的动态安全性提供了可能，即只通过分析节点注入与动态安全域边界的相对关系，即可确定系统安全与否。同时，动态安全域的边界也可用有限个子表面的并集来表示其具体范围。

(3) 分岔分析法

分岔分析法是非线性科学研究的一个重要分支，主要研究系统的拓扑结构随参数（如动力学系统中平衡点和极限环个数及稳定性、周期解等）改变引起的解的结构及稳定性发生改变的情况。在一个结构不稳定的系统中，将其拓扑结构受微小扰动而发生突变的现象称为分岔现象，在动态系统运行状态发生变化时易出现，并导致系统结构失稳并出现振荡或极限环现象。实际事故与理论分析表明，分岔是系统振荡的因素与动态系统的运行安全性存在关联关系，因此可通过分岔分析法对系统的动态安全性进行判定[4]。

动态系统一旦发生分岔现象，说明运行状态发生了转变，分岔分析的基本思想是研究动力学系统的拓扑结构会随参数值的改变而发生变化的方法。当系统发生分岔现象时，系统会出现不稳定的振荡或者极限环现象，研究分岔现象，能从一定程度上分析系统的动态稳定性和安全性。众所周知，动态系统实际上是高维非线性的，其动态特性可通过微分动力学进行描述。对分岔现象进行分析时，常采用如下连续动力系统模型：

$$\dot{x}(t)=F(x,u),x\in D,D\in R^N,u\in U,U\in R^{\mathrm{T}} \tag{6-26}$$

式中，D、U 是开集；x 为状态变量；u 为运行控制参数（亦称分岔参数）。

当动态系统处于稳态情况时在某个平衡点（不动点）(x_0,y_0,μ_0) 处运行。当系统在处于小范围扰动时，需确定两个最基本的问题：平衡点 (x_0,y_0,μ_0) 是否处于稳定状态；平衡点的稳定性随着控制参数 μ 的缓慢变化的变化情况。

当系统处于稳态时，系统运行在某一平衡点处。当系统受到扰动时，需要确定平衡点的稳定性以平衡点稳定性在参数变化下的情况，一般可以通过 Lyapunov 稳定性理论对平衡点的稳定性进行判定，主要对系统运动稳定性进行研究，考虑动态系统当前的运行状态受扰动影响后的运动行为。对平衡点的稳定性随着控制参数 μ 变化情况的确定，主要对系统结构稳定性进行研究，即研究动态系统在受到轻微扰动时其拓扑结构保持不变的性质。

当参数 u 连续变动时，如果系统［式(6-26)］在 $u=u_0$ 时失去结构稳定性，即拓扑结构发生突变，则称此系统在 $u=u_0$ 处出现分岔，u_0 称为分岔值。由全体分岔值组成的集合称为该系统在参数空间的分岔集。以电力系统为例，其参数空间的分岔集为其静态电压稳定域和微小扰动稳定域的边界，其中影响较大的拓扑结构变化包括：平衡状态和极限环数目及稳定性的变化，周期运动中周期的变化等，这些都是可能影响系统安全性的因素。根据动力学知识可知，系统的动态稳定性完全由状态矩阵的特征值决定。通过分析状态矩阵特征值的变化即可判断系统是否发生分岔，并确定系统的分岔类型。

(4) 系统动态安全分析方法的选择

在系统动态安全分析方法的选择中，需考虑方法的适用性和系统特点，不同的动态安全分析方法具有不同的适用特点。其中，能量函数法的突出优点是可以定量地提供系统的稳定程度等信息，可以给出系统的稳定裕度，并对系统暂态过程进行快速扫描；动态安全域在实际应用中具有良好的应用前景，其既能在离线的情况下计算系统的动态安全域，也能在较短的时间内判定系统是否暂态稳定并进行在线应用。需要注意的是，动态安全域是一种全新的方法论，目前仍存在一些问题亟待解决。基于分岔分析的动态安全分析方法目前仍局限于对离线的单参数分岔现象的分析，而对于实际动态系统，多参数的漂移变化十分常见，需要进一步考虑多个参数因素同时变化的情况。同时，不同的系统具有不同的工艺过程、操作过程以及运行特点，也直接影响系统动态安全分析方法的选取。

6.3.2 系统运行过程安全分析

系统运行过程安全分析主要是指在系统运行过程中，分析不同的危险源在不同的运行条件下系统的运行安全状态。动态系统结构复杂程度高，其整体的运行过程容易受到故障和人在回路误操作的影响。因此本节重点分析故障和人在回路误操作下的系统运行过程安全分析方法。针对不同分系统的结构和故障特性，基于动态复杂网络分析故障传播过程，阐述系统运行故障的传播对系统运行安全趋势的影响；并从人在回路误操作与系统事故的角度出发，介绍人在回路误操作下的系统运行过程安全分析方法。

（1）系统运行故障的安全分析

一般动态系统是集电、机、液和控制等多个功能于一体的复杂集合体，也可以视为由设备、子系统以及零部件等大量基本单元所构成的复杂网络。由于动态系统各个组成部分之间高度关联、紧密耦合，因此故障一旦发生，就很有可能进行传播和扩散。如传感器系统可能将有误差的情报信息发送给控制中心或其他系统，从而导致控制中心下达错误的指令或系统采取错误的行动。这种情况下，原本一个局部细小的故障，通过网络进行传播、扩散、积累和放大后，最终可能会酿成重大安全事故。

动态系统中若干部件故障后，因部件间的作用关系引发故障传播，相关部件相继故障，导致系统损坏或人员伤亡达到不可接受的范围或水平，则说明系统是不安全的。由于系统中部分子系统本身结构复杂难以建立精确的数学模型，且分系统之间相互耦合，具有强非线性特性，可结合系统网络的拓扑结构特性，分析网络拓扑对故障传播的影响，进而掌握故障发生、扩散、传播的路径，了解故障的传播途径和影响范围[5]。

① 故障传播过程分析　在分析故障传播过程前，需要对动态系统进行结构分解，将系统分离成多个相互之间有一定关联的子系统，在此基础上，对子系统

进一步细分。首先将系统中的部件单元和元件进行抽象。具体抽象规则如下：将具体系统中的各个部件单元抽象为图中的节点，对应地，把故障在元件之间的关联和传播关系抽象为连接两个节点的有向边。

令：

$$X=\{x_i \mid x_i \in X\} \tag{6-27}$$

式中，x_i 为系统的组成要素或单元，$i=1,2,\cdots,n,n\geqslant 2$。

假设系统中各个组成要素之间的关系用 R 表示，设 $x_i \in \boldsymbol{X}$、$x_j \in \boldsymbol{X}$，那么 x_i 与 x_j 两者的关系可以用式(6-28) 来表示：

$$x_j=R(x_i),x_i=R(x_j) \tag{6-28}$$

在故障诊断中，R 可用来表示故障的传播特性。则系统 S 可以表示为：

$$S=\{\boldsymbol{X} \mid R\} \tag{6-29}$$

即通过 R 关系的集合 $\boldsymbol{X}$ 可以用来表征系统 S。当用节点表示系统的元件，用边表示各元件之间的故障传播过程时，系统 S 可以用一个有向图来表示，称为系统的故障传播有向图。在实际的运算过程中，邻接矩阵 $\boldsymbol{A}$ 表示系统结构模型，$\boldsymbol{A}$ 中的元素 a_{ij} 定义方法如式(6-30) 所示：

$$a_{ij}=\begin{cases}1,\text{元素 } i \text{ 和 } j \text{ 相邻}\\0,\text{元素 } i \text{ 和 } j \text{ 不相邻}\end{cases} \tag{6-30}$$

为了对故障传播过程进行分析，可通过小世界聚类特性来描述故障传播过程，并作如下假设：如果两个基本单元间存在着结构连接关系，则这两个单元间就存在着故障传播关系。进一步，对系统采用自下而上的方式进行逐级分析，掌握故障的传播过程。得到系统结构模型的邻接矩阵以后，根据邻接矩阵计算网络节点的度数，确定不同簇的聚类中心。同时，系统模型的骨干由连接不同簇之间节点的边构成，同一簇内的节点之间聚类系数较高。

② 故障扩散过程分析　在基于复杂网络的动态系统故障传播模型中，网络节点是关键影响因素所在。其中，节点的度数越大，表示对应的传播路径越多，传播范围越大。在复杂网络中，当几个节点具有长程连接时，其他节点会优先通过这类节点，因此，长程连接的可能性越大，故障经过这些节点快速传播的概率越高。

通常，故障会优先经过传播概率较大的边，其传播概率可从历史故障数据中获取，或根据系统参数进行估计。节点之间的故障传播概率与传播路径长度相关，传播路径长度 L_k 越长，对应的传播概率越小。一旦传播概率低于一定阈值，则可判断该节点处于安全状态。在假设网络节点数以及节点之间扩散概率的情况下，可以表示故障扩散强度 I_{ij}^k：

$$I_{ij}^k=w_{\mathrm{s}}\left[w_{\mathrm{p}}P_{ij}^k+\frac{w_{\mathrm{d}}d_j^k}{\sum\limits_{j\in F_k}d_j^k}\right];i\in F_{k-1} \tag{6-31}$$

式中，P_{ij}^{k} 为在第 k 步扩散过程中故障由节点 V_i 直接传播到 V_j 的概率；F_k 和 F_{k-1} 分别为第 k 步和第 $k-1$ 步扩散将波及的故障节点集合；w_{p}，w_{d} 分别为传播概率和节点度数对应的权重；d_j^k 为 F_k 中第 j 个节点的度数；w_{s} 为跨簇传播系数，用于强化故障跨系统传播时的扩散强度。

故障传播过程由节点和边构成的复杂网络进行描述，通过优化方法可以计算出对故障传播有促进作用的边和节点，进而分析出系统的薄弱环节，掌握故障传播对系统安全性的影响。相关的优化方法有蚁群算法、粒子群优化算法、遗传算法等。通过以上过程的计算，可求出基于复杂网络的动态系统故障传播模型中扩散能力最强的故障传播路径。

③ 故障下系统安全性分析　在故障发生时动态系统安全性分析，重点考虑系统故障导致的异常在系统体系中的传播效应有关的安全性分析。在获得动态系统中可能的故障传播路径后，结合运行的故障数据，可依次获得网络中各故障传播路径上各节点最可能发生的故障模式集，以及传播停止后网络中各传播路径的发生概率。

实际系统中，部件的每种故障模式所导致的系统故障后果是不同的，对系统安全性的影响程度存在较大差异，结合故障数据以及节点故障模式集，分别得到各故障路径上各节点发生相应故障模式所对应的系统故障后果集。系统故障后果的严重程度划分通常是已知的且由相关领域专家给出。针对不同的系统，系统故障后果量化取值以及系统安全性阈值的选取标准、方法及结果也是不同的。其中，系统故障后果的量化取值和系统安全性阈值可以是确定值，也可以是区间数。

动态系统的内部耦合关系复杂，但其导致系统安全性变化的初始原因均是部件。底层节点故障后果由数据获得，中间层计算节点故障后果到路径故障后果，顶层计算由各路径故障后果到系统安全性结果。对于底层节点故障后果，其量化取值通常是由相关领域专家与研究人员共同确定，主观影响因素大，客观性有待验证；其次，系统中的同一部件由于所处的运行工况等不同，导致故障传播具有并发性和多样性，可能出现同一部件的同一种故障模式对应不同的系统故障后果。因此，需要降低主观因素和不确定性影响。

对于中间层各路径故障后果，部件故障后所导致的系统故障后果，是以故障数据与现场专家经验为基础获得的。其考虑的是该部件故障后，引起相应的故障传播，进而对系统造成损失或人员伤害的综合评估结果。对于顶层系统安全性，系统由于其复杂性，多条故障路径并发的可能性较大。某些导致系统故障后果较严重的路径发生后，系统处于不安全状态，需要关注影响程度较高的因素。得到系统的顶层安全性测度后，将其与所设定的安全性阈值比较，如果大于阈值，则表明系统不安全，反之则表示系统是安全的。

(2) 人在回路误操作的安全分析

动态系统运行过程中按照设定流程会涉及部分人工手动操作，由于人工操作多具有不确定性，易出现误操作导致系统运行状态的变化。因而，在进行系统安全性分析时，必须要考虑与人工误操作相关的失效。图 6-3 揭示了人在回路误操作与事故之间的关系。

由图 6-3 可知，人的内部因素和环境因素都会对人（操作者）的操作行为产生重要影响。人的内部因素是指人受自身因素的影响，如当员工受到温度、照明、气温、噪声等外界条件干扰时，可能会引起操作失误；或者受身体条件和心理影响，造成体力不支、疲劳和记忆与判断的失误。环境因素指社会环境与工作环境，包括社会文化环境、人文环境等，也可能导致操作者失误。从操作者的角度看，操作者在生产操作中，执行操作行为时一般经历感觉、识别判断、操作执行三个阶段。当这三个阶段判断正确、动作执行无误时，那么出现人为失误的可能性就较小；但如果其中某个环节出现失误或误判，则工作可能出现失误。从系统角度看，行为失误的原因不仅仅限于人本身的问题，还包括环境因素，如社会环境、管理决策、人机界面设计不协调等。

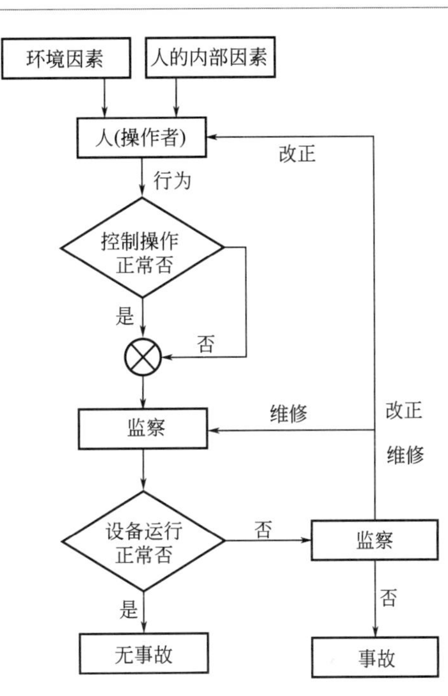

图 6-3 人在回路误操作与事故之间的关系

假设操作系统由相互独立的一系列操作组成，并与其他设备操作独立。设该操作有 n 个关键操作($n=1,2,\cdots,N$)，即 $op_1,op_2,\cdots,op_n$。关键操作直接与操作系统是否发生危险事故有关，只要其中某个关键操作无失误则系统不会出现事故，而 n 个关键操作同时出现失误时，系统导致事故。一般而言，人失误概率表示为人失误次数与可能发生失误总数的比值。如果失误过程与历史状况相互独立，那么人失误概率则服从典型的泊松分布。

假设单个关键操作出现的次数服从泊松分布，那么在某段时间 T 第 i 个关键操作出现 k_i 次失误的概率[6]：

$$P_i^1=[N(T+s)-N(s)=k_i]=e^{-\lambda_i T\frac{(\lambda_i T)^{k_i}}{k_i!}} \tag{6-32}$$

其中，P_i^1 中 1 表示误操作，i 代表第 i 个关键操作，λ_i 为单位时间内第 i 个关键操作出现失误的平均次数，$N(s)$ 表示时间 s 内出现操作失误的次数。那么在一段时间 T 第 i 个关键操作不出现失误的概率为：

$$P_i^0=P_i^1[N(T+s)-N(s)=0]=e^{-\lambda_i T\frac{(\lambda_i T)^{k_i}}{k_i!}}=e^{-\lambda_i T} \tag{6-33}$$

P_i^0 中 0 表示不失误状态。

系统要发生事故须 n 个关键操作在某一个时间点同时发生失误，此时时间较短，发生 2 次失误的概率为 0，即任一关键操作在非常短的时间内最多只能发生 1 次失误。在此假设下，在非常短的时间 T 内，该系统出现事故的概率为：

$$\begin{aligned} P_q^1 &= \prod_{i=1}^{n} P_i^1[N(T+s)-N(s)=1] \\ &= \prod_{i=1}^{n} e^{-\lambda_i T\frac{(\lambda_i T)^1}{1!}} \\ &= \prod_{i=1}^{n} \lambda_i T e^{-\lambda_i T} \end{aligned} \tag{6-34}$$

假设该设备的操作系统由 m 个操作人员执行操作。由于由操作者在不同时间执行这些操作，如果关键操作在时间 t 时出现失误的概率分别为 $p_{1t}, p_{2t}, \cdots, p_{nt}$，那么系统在时间 t 时出现危险事故的概率为：

$$P_t=p_{1t}p_{2t}\cdots p_{nt} \tag{6-35}$$

式中，在时间 t 时第 i 个关键操作 op_i 的概率为 p_{it}。由于操作人员能够调整自己的操作行为，则在下一个操作时间，该操作可能从失误状态转变为无失误状态，或者从不失误状态转化为失误状态，同理，用“1”表是失误状态，“0”表示不失误状态。在时间 t 时第 i 个关键操作失误与否的状态转移方程为：

$$\boldsymbol{S}_i=\begin{bmatrix} s_{00}^i & s_{01}^i \\ s_{10}^i & s_{11}^i \end{bmatrix} \tag{6-36}$$

根据假设，每个关键操作均相互独立，那么在一段长时间内，每个关键操作为一个 Markov 链，则在相当长的一段时间内第 i 个关键操作的状态，有：

$$\boldsymbol{S}_i=\begin{bmatrix} 1-h_i & h_i \\ k_i & 1-k_i \end{bmatrix} \tag{6-37}$$

式中，$h_i=s_{01}^i$，$k_i=s_{10}^i$。则根据 Markov 链的性质，第 i 个关键操作的 n 步转移概率方程，有：

$$S_i^n=(Q_iD_iQ_i^{-1})^n \tag{6-38}$$

式中，$Q_i=\begin{bmatrix}1 & -h_i\\1 & k_i\end{bmatrix}$，$D_i=\begin{bmatrix}1 & 0\\0 & 1-h_i-k_i\end{bmatrix}$。

从而 $M_i=\lim\limits_{x\to\infty}S_i^n=\begin{bmatrix}\dfrac{k_i}{k_i+h_i} & \dfrac{h_i}{k_i+h_i}\\ \dfrac{k_l}{k_i+h_i} & \dfrac{h_l}{k_i+h_i}\end{bmatrix}$。

则第 i 个关键操作的状态概率为：

$$(1-p_i,p_i)=(1-p_{it},p_{it})M_i \tag{6-39}$$

令 $t=0$，则第 i 个关键操作在稳定状态的失误概率为：

$$p_i=\frac{h_i}{k_i+h_i} \tag{6-40}$$

在长时间内设备系统出现事故的概率为：

$$P=\prod_{i=1}^{n}\frac{h_i}{k_i+h_i} \tag{6-41}$$

另外，对于该设备操作系统，失误与不失误是每一个操作存在的两种状态。那么在时间 t 时系统中处于失误状态的操作数为 n 个关键操作的期望值，即 $n_1(t)=\left[\sum\limits_{i=1}^{n}p_i\right]$，则处于不失误状态的操作数为 $n_2(t)=n-n_1(t)$。那么下一个操作时间段，从不失误状态转移到失误状态的操作数为：$R_1(t)=\left[\sum\limits_{j=1}^{n_2(t)}\dfrac{h_j}{k_j+h_j}\right]$。从失误状态转移到不失误状态的操作数为：$W_0(t)=\left[\sum\limits_{i=1}^{n_1(t)}\dfrac{h_i}{k_i+h_i}\right]$。则时间 $t+1$ 时系统中处于失误状态的操作数为：

$$n_1(t+1)=n_1(t)+R_1(t)-W_0(t) \tag{6-42}$$

则该设备系统的一系列操作中，处于状态的操作数所占总操作数的百分比为：

$$V=\frac{M[n(t+1)]}{n}\times 100\% \tag{6-43}$$

式中，$M[\cdot]$ 表示取上界整数。V 的大小作为衡量指标用以确定该设备出现事故的状态。相关设备系统的事故风险等级如表 6-3 所示。

表 6-3　设备系统的事故风险等级

风险值	风险等级	风险状态	处理措施
<0.10	无警	0 级	无须关注，正常操作

续表

风险值	风险等级	风险状态	处理措施
0.10～0.20	轻警	1 级	关注，调整行为
0.21～0.30	中警	2 级	重点关注，监察、改正操作行为
0.31～0.40	重警	3 级	密切重视，监督指导，改正操作行为
＞0.40	巨警	4 级	非常重视，停止生产并检查，改正操作行为

6.4 系统运行安全评估

动态系统在运行过程中需要面临人为失误、外部原因、技术故障、设备或子系统故障等多类因素的考验，前面章节讨论了分析这些因素的技术方法，为了准确地发现各类事故因素对动态系统运行安全性的具体影响程度，为保障手段提供决策，需要实施科学的安全性评估手段，本节主要对其中指标体系、评估体系构建和评估计算模型进行简要的介绍。

6.4.1 系统运行安全评估体系构建

在动态系统的运行中，由多类设备、多重流程所构成的庞大体系存在着大量的未知规律，影响安全性的诱因多，系统失效模式相当复杂，误操作、运行参数超限和系统故障等危险因素随时可能出现，人们希望充分了解这些因素对整体安全性的影响。因此准确的系统运行安全性评估对运行安全性的保障显得尤为重要。其中，首要工作是针对系统本身特性和安全需求建立以运行安全为目标的安全性评估指标体系，为对各种危险因素做出分析和评估提供基础。

(1) 系统运行安全指标体系的构建

通过分析误操作、故障传播和事故演化对系统行为的影响，可以确定系统中的危险因素和危险过程，以及构建包括系统中的故障、误操作、异常工况和参数超限等构成系统安全的评价要素集。同时，通过系统运行监测数据，分析数据和安全要素之间相关关系，选取系统运行过程中可表征运行安全的相关参数/过程变量，得出安全指标变量集，建立起运行工况下的动态系统安全性实时评估量化指标；利用系统或设备的额定参数指标，以事故演化机理为支撑，分析安全评价要素与额定参数之间的映射关系，构建出较为完整的安全性指标体系。

(2) 系统运行安全评价体系的构建

分析动态系统在各个危险过程中存在的安全事故类型，针对不同事故类型如设备损坏以及引发的二次事故等，应用模糊分析等计算事故的严重程度，建立基于运行事故严重程度的安全性评估等级。针对工况异常和危险因素如故障、误操作等，筛选指标体系中相同层级的评价指标进行聚合处理。结合误操作、设备故障和工艺参数异常下的安全性预测技术，应用层次分析量化各指标的相对重要程度，应用统计分析建立各指标的重要性区间和相应的置信度分布，从而构建系统运行安全性评价体系。

(3) 运行安全性评估方法的确定

通过选择合适的系统异常工况的识别与预警、运行安全性的在线分析与运行安全性实时评估的理论和方法，是运行安全性评估的关键。具体做法是充分考虑动态系统的危险运行阶段中出现的物质、能量密集流动的特点，利用系统运行工况的安全关键参数，建立危险指标集和相应的指标范围，针对系统故障和误操作下系统的异常运行，结合运行事故演化模型以及运行工况与危险因素关联模型，为识别系统运行过程中发生的危险因素提供方法。基于运行工况异常区间模型，以系统运行监测的数据为基础，实时计算系统当前危险因素下各指标的系统安全性等级。

6.4.2　系统运行安全评估指标体系及评价体系

(1) 指标体系

在安全评估中，指标是反映评估对象基本面貌、特征、层次划分等属性的重要指示标志。通过对评估目标和评估内容的初步调研，对评估对象的关联信息进行收集整理，进而构建一套满足评估要求的指标体系，是进行安全评估的保障。有助于运行安全性量化评价，从而进一步明确安全风险的演化趋势及危害性后果。例如针对电力系统的运行安全评估中，为了保证其在突发故障扰动下的稳定供电能力，将节点电压、线路潮流、线路传输功率等设为指标，基于故障集量化故障对系统造成的影响程度，再通过其影响度进行紧急程度的排序，从而完成指标体系的构建。

① 构建指标体系的基本原则　指标体系的构建是实施系统运行安全评估的先决工作，需要遵循的具体原则如下。

a. 整体一致，指标通用性良好。在构建系统运行安全评估指标体系时，需要确定一个涵盖体系内全部指标的评价系统对象。在各指标的遴选上，要保证其既能表现所属子系统的运行安全性，又能够在对象总体的运行安全评估中体现重要作用。

b. 可建立关联性。在实施评价指标体系构建工作时，由于系统各个部分或过程相互耦合交叉，单一指标不能完整描述，因此，需要在指标选择上既考虑其自身独立性，又兼顾和其他指标存在的关联性。

c.状态可量化。为了实现评估工作的准确性，评价指标体系中的所有指标必须是可以被测量或量化计算的。并且在前后研究的数据来源必须保持一致，且必须保证指标的数据来源在研究工作时的环境一致性。

② 构建指标体系的思路　构建评估指标体系是为了方便对具体系统运行安全评估的成果量化与准确性保证。在具体实施上，主要基于以下两点进行考量。

a.方便研究工作的效率提升。在一个动态系统中，其运行过程涵盖了大量可用作指标进行运行安全评估的数据。为了避免指标数目过多、层次关系过于复杂造成运行安全评估的数值计算在运算资源上的负荷过重，反而影响到最终结果的准确性与及时反馈，需要根据具体的研究对象，构建既能充分展现系统运行状态，又具备典型代表性的指标体系，以确保最终结果的准确性。

b.有助于操作流程的规范。在系统的运行过程中，需要充分考虑指标体系中对于操作规范性和便携性的考量，系统操作人员正确的指令输入和执行流程也是系统运行安全的重要保证。合理的指标体系对于辅助参与人员保持操作正确性，保证系统运行安全具有重要的意义。

指标体系的建立是进行系统运行安全评估的先决条件，通过详细地调研考察，合适地选择指标，清晰地划分层次之后建立的指标体系有助于实施准确快速的评估计算，以满足安全需求。

(2) 评价体系

在评估工作中，评价体系的作用在于整合各类评估指标数据，确定评价标准，得到合理可靠的综合评估结果，并通过对评估指标数据的二次筛选与分析，附以恰当的评价准则，构建一套满足评估要求的评价体系。例如在针对复杂装备系统进行安全评估时，在将设备故障率、平均故障间隔时间、维修度及维修密度、修复率、精度寿命等指标作为指标的基础上，结合数理统计及概率预测的方法，对制造设备当前运行状况建立有效的评价体系，最大限度地保证其处于生产产品符合要求、设备运行不存在停机故障的“随时可用”状态。

系统运行安全评价体系的建立，有助于判断系统结构稳定性和推断系统抵御风险的能力，需要从以下两个方面展开。

① 构建评价体系的基本原则　评价体系的构建总体目标是确保评价工作的标准科学，保证评价结果的准确可靠。对系统运行安全评估构建评价体系时，应考虑与应用对象和工作时间的匹配和关联需求。

a.与应用对象相匹配。在构建系统运行安全评价体系时，需要分析评估工作面向的应用场景，根据具体的安全评估需求对已筛选出的安全评估指标进行整合，确保评价体系与应用对象相关场景不相悖。

b.考虑评估工作的时间或精度要求。评估体系的侧重会为评估方法带来响应时间或计算精度上的差异。故而在时间要求和精度要求上需要偏重处理。

② 构建评价体系的思路　构建评价体系是为了整合指标数据，确定评价标准，从而及时得到准确科学的综合评估结果。在具体实施上，主要基于以下两点进行考量。

a. 保证研究工作的准确可行。动态系统运行安全指标体系与其本身结构和监测数据的规模密切相关。为避免规模效应影响到最终评估结果的准确性或实时性，需要根据相关应用场景，在计算资源有限的客观条件下确定合适的评价体系。

b. 致力于操作流程的优化。系统操作流程的合理性是系统运行安全的重要保证。合理的评价体系可以及时向系统操作人员提供可作为决策依据的系统状态评估结果，从而辅助系统操作人员优化操作流程。

6.4.3 运行安全性评估计算方法

考虑到动态系统运行时各过程变量之间的耦合关系复杂的背景，过程中影响安全性的因素在发生位置、类型、幅度等多个属性上呈现差异，故而故障对动态系统也将造成更加复杂的影响。通过运行安全性评估，对各类型故障进行检测、识别、诊断，及时发现系统运行时变量或特性出现的非正常偏离，进而对其造成的影响做出准确判断，实现对故障信息的及时准确反馈，使操作人员能根据准确信息选择合适的措施进行补救，消除或减小故障对运行过程的影响或威胁，保证系统的运行安全性。针对此，学术界与工业界基于解析数学模型和知识、定性模型提出了一系列评估计算方法。

（1）解析数学模型

在系统运行安全性评估中的解析数学模型是指基于研究对象运行过程中的物理化学现象中所蕴含的平衡关系（如能量平衡、汽液平衡等）建立的变量之间的数学关系。以低温加注系统的储罐绝热问题为例，针对其分别以真空多层缠绕绝热形式与真空粉末绝热形式储存的液氢、液氧，其通过外界的漏入热量分别如式(6-44)、式(6-45) 所示。

$$Q_d=\lambda_m S_m(T_0-T_i)/\delta \tag{6-44}$$

$$Q_f=K_m S_m(T_0-T_i)/\delta \tag{6-45}$$

式中，Q_d 为外界透过液氢储罐绝热层漏入的热量；Q_f 为外界透过液氧储罐绝热层漏入的热量；λ_m 与 K_m 为液氢、液氧储罐绝热层的表观热导率；S_m 为绝热层的平均表面积；δ 则为储罐绝热层在垂直方向上测量得到的厚度；T_0 与 T_i 分别为储罐结构中外罐和内罐的温度。如此便依据加注系统储罐中的漏热现象及科学公式，建立了其中各参数的数学关系式，便于进行诸如储罐漏放气条件下材料绝热性能判定的运行安全性评估。如 Q_f 超过上限表明液氧储罐绝热层厚度异常，由此便可对故障进行基本定位。

(2) 知识/定性模型

在系统运行安全性评估中，知识/定性模型是在指系统运行中获取到的一些定性信息和模糊规则。例如在针对某化工生产系统的运行过程安全性评估之前，首先根据专家经验建立运行状态规则表，根据专家经验构建了化工生产系统不同运行过程下的状态映射知识模型，便于划分安全性评估层次结构。

以解析数学模型与知识/定性模型为代表的各类运行安全性评估模型均存在各自的优势、劣势及适用范围，都不足以应对种类繁多的应用环境，在实际应用中需要根据对象特征以及时间限制、经济成本等实际需求综合考虑，选择合适的模型及方法。

运行安全性评估不仅是实现工业运行过程“安全优先，预防为主”策略的重要手段，也是企业在工业运行过程中实现科学化、规范化管理的基础。此外，运行安全性评估在具体实施时必须依赖于某类具体对象，从相应的观测数据或状态中获得有价值的信息。一般来说，运行安全性评估可以涵盖的范围包括工业应用材料、运行设备；在环节上包括系统开发及系统运行与测试；同时还会考虑到运行过程的人因因素及外部环境因素。本节简要介绍了几类典型的运行安全性评估方法。

6.4.4 典型评估方法——层次分析方法

层次分析方法多用于研究一类问题状态清晰、决策风险明确的评估问题。其主要对属性层次结构的分析，采用相应建模方法构建决策模型。该方法在面对复杂度较大或层级较多的多属性问题时具有应用优势。

层次分析法的决策步骤主要有以下四个环节[7]：

① 研究因素间的关联关系，确定整体层次结构；

② 对处于同一上层元素关联下的同层元素进行重要性权值量化，建立上下层元素之间的关联评价矩阵；

③ 将单个元素代入对应关联评价矩阵中，计算该元素在对应关联关系下的相对权重；

④ 依据相对权重，结合总体系统或总体目标进行组合权重计算，再根据具体情况实施升序或降序排序。

在层次区分上，根据结构设定及具体功能的差异，将其主要分为三类，结合具体问题，可在三类层次基础上做进一步的细分，如图 6-4 所示。

对于任一集合 E，若其中所有元素都满足自反性、对称性及传递性，则可将

E 称为有序集；若其中有任一元素不符合完备性，则又将其称为局部有序集。

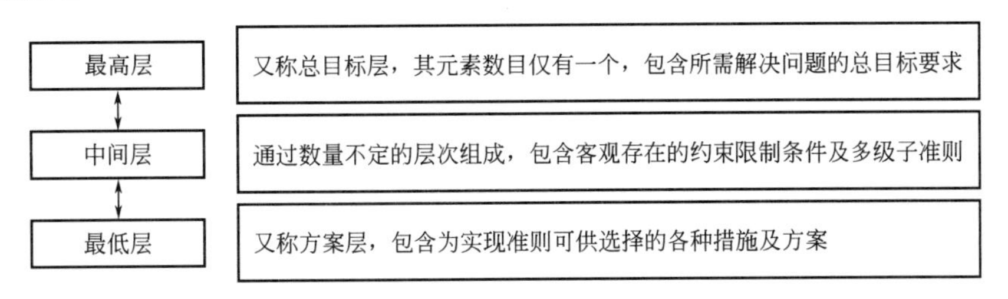

图 6-4 层次分析法三层结构及其具体含义

集合性质的定义如表 6-4 所示。

表 6-4 集合性质的定义

集合关系	定义
对称	$(x,y)\in \boldsymbol{A}\Rightarrow(y,x)\in \boldsymbol{A}$
非对称	$(x,y)\in \boldsymbol{A}\Rightarrow(y,x)\notin \boldsymbol{A}$
反对称	$(x,y)\in \boldsymbol{A},(y,x)\in \boldsymbol{A}\Rightarrow x=y$
自反	$(x,x)\in \boldsymbol{A},\forall x\in \boldsymbol{X}$
非自反	$(x,x)\notin \boldsymbol{A},\forall x\in \boldsymbol{X}$
传递	$(x,y)\in \boldsymbol{A},(y,z)\in \boldsymbol{A}\Rightarrow(x,z)\in \boldsymbol{A}$
反向传递	$(x,y)\notin \boldsymbol{A},(y,z)\notin \boldsymbol{A}\Rightarrow(x,z)\notin \boldsymbol{A}$
完备	$(x,y)\in \boldsymbol{A}$ 或$(y,x)\in \boldsymbol{A},\forall x\neq y$
强完备	$(x,y)\in \boldsymbol{A}$ 或$(y,x)\in \boldsymbol{A},\forall x,y\in \boldsymbol{X}$

对于任一有序集 $\boldsymbol{E}$，任选其中元素 x 与 y，记

$$\boldsymbol{X}^{-}=\{y\,|\,x \text{ 占优于 } y,y\in E\}$$

$$\boldsymbol{X}^{+}=\{y\,|\,y \text{ 占优于 } x,y\in E\}$$

设带有唯一最高元素 c 的有限的局部有序集为 $\boldsymbol{H}$，如果它满足：

① 存在 $\boldsymbol{H}$ 的一个划分 $\{\boldsymbol{L}_k\}$ （$k=1$，2，3，…，m），其中 $\boldsymbol{L}_1=\{c\}$，每个划分 $\boldsymbol{L}_k$ 便称为一个层次；

② 对于每个 $x\in\boldsymbol{L}_k$，其中 $1\leqslant k\leqslant m-1$，$\boldsymbol{X}^{-}$ 非空且 $\boldsymbol{X}^{-}\subseteq\boldsymbol{L}_{k+1}$；

③ 对于每个 $x\in\boldsymbol{L}_k$，其中 $2\leqslant k\leqslant m$，$\boldsymbol{X}^{+}$ 非空且 $\boldsymbol{X}^{+}\subseteq\boldsymbol{L}_{k+1}$。

则称 $\boldsymbol{H}$ 为一个递阶层次。

建立递阶层次是不同上下层级之间元素隶属关系建立的重要环节，是实现不同层级元素之间关联关系量化的首要基础。递阶层次建立完成后，令顶层元素为 x_0，并将其作为该分析问题的准则，其引申的下一层次的元素为 x_1，x_2，…，

x_n，其元素与准则 x_0 通过两两相较的方法计算出相对重要性权重 w_1，w_2，…，w_n。此时，需要对两两元素做出重要性判断（例如针对 x_0 的下级层次元素 x_1 与 x_2），且对其进行量化。量化数值基于表 6-5 给出。以此类推，下层 n 个被比较元素构成了一个两两比较判别矩阵。

$$\mathbf{A}=[a_{ij}]_{n\times n} \tag{6-46}$$

式中，a_{ij} 为元素 x_i 与 x_j 相对于 x_0 的重要性的 1～9 标度量化值。

表 6-5　重要性标度表

重要性标度	两两相较重要性定义	含义
1	两者同样重要	两者对目标的贡献相同
3	前者比后者稍显重要	经验和判断偏向认为前者重要于后者
5	前者比后者明显重要	经验和判断强烈认为前者重要于后者
7	前者比后者更加重要	有实际数据证实,更加强烈认为前者重要于后者
9	前者比后者极为重要	有最肯定的证据表明前者远远重要于后者
2,4,6,8	表示相邻判断的中间值	两者对目标的贡献相同
有理数	按标度成比例转换	

在得到了判别矩阵后，需要依据该矩阵求出 n 个元素对于准则 x_0 的相对权重向量 $\boldsymbol{w}=(w_1, w_2, \cdots, w_n)^{\mathrm{T}}$，并对其做出一致性检验。

在构造判别矩阵时，因为事物复杂程度高、认知不完全等多种局限条件，判别结果经常存在误差，使得最终判别结果难以呈现完全一致性。在已有的理论研究中，针对这类结果的一致性问题给出了如下的检验步骤[8]。

步骤 1：计算一致性指标 $C.I.$（consistency index）。

$$C.I.=\frac{\lambda_{\max}-n}{n-1} \tag{6-47}$$

其中，$\lambda_{\max}$ 为方阵 A 绝对值最大的特征值。

步骤 2：查询相对应 n 的平均随机一致性指标 $R.I.$（random index）。

通过随机算法将 1～9 标度的 17 个标度值 $\left(\frac{1}{9},\frac{1}{8},\cdots,1,2,\cdots,9\right)$ 随机抽样填满 n 阶矩阵的上三角或下三角阵中的 $\frac{n(n-1)}{2}$ 个元素，形成随机正互反矩阵，再以特征根算法求出最大特征根，再以一致性指标计算法求出 $C.I.$，最后经过多次重复计算，取得一个平均值，即为平均随机一致性指标 $R.I.$。

步骤 3：计算一致性比例 $C.R.$（consistency ratio）。

$$C.R.=\frac{C.I.}{R.I.} \tag{6-48}$$

一般认为，若 $C.R.<0.1$，则判定该判别矩阵一致性可以接受，反之则需要对判别矩阵做适当调整从而维持其一致性处于可接收区间。

以上计算求解的是一组元素对其上一层中某个元素的权重向量，而最终的组合权重则需要以下方式予以计算。

设已求出的第 $k-1$ 层上第 n_{k-1} 个元素相对于总准则的合成权重向量 $\boldsymbol{w}^{(k-1)}=[w_1^{(k-1)},w_2^{(k-1)},\cdots,w_{n_{k-1}}^{(k-1)}]^{\mathrm{T}}$，而第 k 层上 n_k 个元素对第 $k-1$ 层上第 j 个元素为准则的单权重向量为 $\boldsymbol{P}^{j(k)}=[P_1^{j(k)},P_2^{j(k)},\cdots,P_{n_k}^{j(k)}]^{\mathrm{T}}$，其中若该权重元素不受 j 支配，则其值便为 0。合成权重 $\boldsymbol{P}^{(k)}=[P^{1(k)},P^{2(k)},\cdots,P^{n_{k-1}(k)}]_{n_k\times n_{k-1}}$，表示 k 层上 n_k 个元素对 $k-1$ 层上各元素的合成权重，那么 k 层元素对顶层总准则的合成权重向量 $\boldsymbol{w}^{(k)}$ 由下式给出：

$$\boldsymbol{w}^{(k)}=(w_1^{(k)},w_2^{(k)},\cdots,w_{n_k}^{(k)})^{\mathrm{T}}=\boldsymbol{P}^{(k)}\boldsymbol{w}^{(k-1)}$$

$$w_i^{(k)}=\sum_{j=1}^{n_{k-1}}P_{ij}^{(k)}w_j^{k-1},i=1,2,\cdots,n_k \tag{6-49}$$

由递推公式可得

$$\boldsymbol{w}^{(k)}=\boldsymbol{P}^{(k)}\boldsymbol{P}^{(k-1)}\cdots\boldsymbol{w}^{(2)} \tag{6-50}$$

同理可得，若已求出以 $k-1$ 层上元素 j 为准则的一致性指标 $C.I._j^{(k)}$，平均随机一致性指标 $R.I._j^{(k)}$，一致性比例 $C.R._j^{(k)}$，则 k 层的综合指标如下所示：

$$\boldsymbol{C.I.}^{(k)}=[C.I._1^{(k)},C.I._2^{(k)},\cdots,C.I._{n_{k-1}}^{(k)}]\boldsymbol{w}^{(k-1)} \tag{6-51}$$

$$\boldsymbol{R.I.}^{(k)}=[R.I._1^{(k)},R.I._2^{(k)},\cdots,R.I._{n_{k-1}}^{(k)}]\boldsymbol{w}^{(k-1)} \tag{6-52}$$

$$\boldsymbol{C.R.}^{(k)}=\frac{\boldsymbol{C.I.}^{(k)}}{\boldsymbol{R.I.}^{(k)}} \tag{6-53}$$

6.4.5 典型评估方法——灰色评估决策方法

灰色评估决策来源于灰色理论，其主要思路为基于局部已知信息进行分析筛选，得到价值权重高的信息，根据结果结合数学方法模型实现对系统演化规律的描述与对未来演化趋势的预测[9]。

在确定范围的被研究事件集合称为事件集，记为

$$\boldsymbol{A}=\{a_1,a_2,\cdots,a_n\}$$

其中 a_n 为第 n 个事件，相应的所有可能的对策全体成为对策集，记为

$$\boldsymbol{B}=\{b_1,b_2,\cdots,b_m\}$$

其中 b_m 为第 m 种对策。

事件集与对策集的笛卡儿积为

$$\boldsymbol{A}\times\boldsymbol{B}=\{(a_i,b_j)|a_i\in\boldsymbol{A},b_j\in\boldsymbol{B}\}\tag{6-54}$$

式(6-54) 称为决策方案集，记作 $\boldsymbol{S}=\boldsymbol{A}\times\boldsymbol{B}$。对于任意的 $a_i\in\boldsymbol{A}$，$b_j\in\boldsymbol{B}$，称 (a_i,b_j) 为一个决策方案，记作 $s_{ij}=(a_i,b_j)$。

(1) 灰色关联决策

决策方案的效果向量的靶心距是衡量方案优劣的一个标准，而决策方案的效果向量与最优效果向量的关联度可以作为评价方案优劣的另一个准则。

设 $\boldsymbol{S}=\{s_{ij}=(a_i,b_j)|a_i\in\boldsymbol{A},b_j\in\boldsymbol{B}\}$ 为决策方案集，$\boldsymbol{u}_{(i_0j_0)}=[u_{(i_0j_0)}^{(1)},u_{(i_0j_0)}^{(2)},\cdots,u_{(i_0j_0)}^{(s)}]$为最优效果向量，相应的 $s_{i_0j_0}$ 称为理想最优决策方案。灰色关联决策可按下列步骤进行。

步骤 1：确定事件集 $\boldsymbol{A}=\{a_1,a_2,\cdots,a_n\}$和对策集 $\boldsymbol{B}=\{b_1,b_2,\cdots,b_m\}$，构造决策方案集 $\boldsymbol{S}=\{s_{ij}=(a_i,b_j)|a_i\in\boldsymbol{A},b_i\in\boldsymbol{B}\}$。

步骤 2：确定决策目标 $1,2,\cdots,s$。

步骤 3：求不同决策方案 s_{ij} 在 k 目标下的效果值 $u_{(ij)}^{(k)}$。

步骤 4：求 k 目标下决策方案效果序列 $u^{(k)}$ 的初值像。

步骤 5：由第四步结果可得决策方案 s_{ij} 的效果向量。

步骤 6：求理想最优效果向量。

$$\boldsymbol{u}_{(i_0j_0)}=[u_{(i_0j_0)}^{(1)},u_{(i_0j_0)}^{(2)},\cdots,u_{(i_0j_0)}^{(s)}]\tag{6-55}$$

步骤 7：计算 $\boldsymbol{u}_{(ij)}$ 与 $\boldsymbol{u}_{(i_0j_0)}$ 的灰色绝对关联度 ε_{ij}。

步骤 8：计算次优效果向量 $\boldsymbol{u}_{(i_1j_1)}$ 和次优决策方案 $s_{i_1j_1}$。

(2) 灰色发展评估决策

灰色发展评估决策并不注重单一评估决策方案在目前的效果，而注重随着时间推移方案效果的变化情况。

设 $\boldsymbol{A}=\{a_1,a_2,\cdots,a_n\}$为事件集，$\boldsymbol{B}=\{b_1,b_2,\cdots,b_m\}$为对策集，

$$\boldsymbol{S}=\{s_{ij}=(a_i,b_j)|a_i\in\boldsymbol{A},b_i\in\boldsymbol{B}\}\tag{6-56}$$

为决策方案集，则称

$$\boldsymbol{u}_{ij}^{(k)}=[u_{ij}^{(k)}(1),u_{ij}^{(k)}(2),\cdots,u_{ij}^{(k)}(h)]\tag{6-57}$$

为决策方案 s_{ij} 在 k 目标下的效果时间序列。

设 k 目标下对应于决策方案 s_{ij} 的效果时间序列 $u_{ij}^{(k)}$ 的 GM(1,1) 时间响应累减还原式为

$$\hat{u}_{ij}^{(k)}(l+1)=[1-\exp(a_{ij}^{(k)})]\left[u_{ij}^{(k)}(1)-\frac{b_{ij}^{(k)}}{a_{ij}^{(k)}}\right]\exp(-a_{ij}^{(k)}l)\tag{6-58}$$

当 k 目标为效果值越大越好的目标时，若 $\max\limits_{1\leqslant i\leqslant n,1\leqslant j\leqslant m}\{-a_{ij}^{(k)}\}=-a_{i_0j_0}^{(k)}$，此时 $s_{i_0j_0}$ 为 k 目标下的发展系数最优决策方案：若 $\min\limits_{1\leqslant i\leqslant n,1\leqslant j\leqslant m}\{\hat{u}_{ij}^{(k)}(h+l)\}=$

$\hat{u}_{i_0j_0}^{(k)}(h+l)$，则称 $s_{i_0j_0}$ 为 k 目标下的预测最优决策方案。

类似地，可以定义效果值越小越好或适中为好的目标发展系数最优决策方案和预测最优决策方案。

6.4.6 典型评估方法——模糊决策评价方法

在实际应用中，精确描述对象或过程相对困难（维度可能非常高）。诸如数据缺失、采集误差、认知局限性、计算复杂度等多重因素都会造成描述的差异。由此带来的描述差异便体现了评价的模糊性。模糊评价基于模糊数学理论，存在要素模糊性、结果模糊性两大基本特征。

① 要素模糊性：问题的构成要素无法通过简单赋予权值的方式给予量化参数，其内部涵义与外沿边界给予研究背景的不同也会存在一定范围的变化波动。

② 结果模糊性：计算结果多以置信区间方式呈现，但基于一定条件可以通过数值化处理转变为确定性结果。

模糊评价方法通常有基于无偏好信息、基于有属性信息、基于有方案信息的多种评价方法。本书重点介绍基于无偏好信息下的模糊乐观型评价法与模糊悲观型评价法。

(1) 模糊乐观型评价方法

模糊乐观型评价以方案的优势指标作为切入点，以"优中选优"作为筛选原则，在结果上仅将最优指标作为求解目标进行计算。在实际应用中，可根据不同评价方式施行不同的权重分配方法，从而保证计算结果的准确性[10]。

步骤1：集中所有模糊指标值矩阵，对其进行归一化处理。

步骤2：对于方案 A_i 的右模糊极大集

$$\widetilde{M}_{iR}=\widetilde{\max}_R(\widetilde{r}_{i1R},\widetilde{r}_{i2R},\cdots,\widetilde{r}_{inR}) \tag{6-59}$$

存在隶属函数

$$\mu_{\widetilde{M}_{iR}}(r_i)=\sup_{r_i=\{r_{i1}\vee r_{i2}\vee\cdots\vee r_{in}\}}\min\{\mu_{\widetilde{r}_{i1R}}(r_{i1}),\mu_{\widetilde{r}_{i2R}}(r_{i2}),\cdots,$$
$$\mu_{\widetilde{r}_{inR}}(r_{in})\},(\widetilde{r}_{i1},\widetilde{r}_{i2},\cdots,\widetilde{r}_{in})\in R^n$$

步骤3：根据右模糊集与右模糊极大集之间的Hamming距离进行计算。

$$d_R(\widetilde{r}_{ijR},\widetilde{M}_{iR})=\int_{s(\widetilde{r}_{ijR}\cup\widetilde{M}_{iR})}|\mu_{\widetilde{r}_{ijR}}(x)-\mu_{\widetilde{M}_{iR}}(x)|\mathrm{d}x \tag{6-60}$$

步骤4：设 $\widetilde{r}_i^{\max}=\min\{d_R(\widetilde{r}_{ijR},\widetilde{M}_{iR})\}$。

步骤5：确定 $\widetilde{r}_{iR}^{\max}$ 的右模糊极大集 $\widetilde{M}_R$。

$$\widetilde{M}_R=\widetilde{\max}_R(\widetilde{r}_{1R}^{\max},\widetilde{r}_{2R}^{\max},\cdots,\widetilde{r}_{mR}^{\max}) \tag{6-61}$$

存在隶属函数

$$\mu_{\widetilde{M}_R}(r)=\sup_{r_i=\{r_1 \vee r_2 \vee \cdots \vee r_m\}}\min\{\mu_{\widetilde{r}_{1R}^{\max}}(r_1),\mu_{\widetilde{r}_{2R}^{\max}}(r_2),\cdots,\mu_{\widetilde{r}_{mR}^{\max}}(r_m)\},\quad (r_1,r_2,\cdots,r_m)\in R^m \tag{6-62}$$

步骤 6：根据 $\widetilde{r}_{iR}^{\max}$ 与 $\widetilde{M}_R$ 求解计算 Hamming 距离。

$$d_R(\widetilde{r}_{iR}^{\max},\widetilde{M}_R)=\int_{S(\widetilde{r}_{iR}^{\max}\cup\widetilde{M}_R)}|\mu_{\widetilde{r}_{iR}^{\max}}(x)-\mu_{\widetilde{M}_R}(x)|\mathrm{d}x \tag{6-63}$$

其中，若 A 是实数域上的模糊集，$S(A)$ 表示满足隶属函数 $\mu_{\widetilde{A}}(x)>0$ 的所有属于实数域的 x 的普通集合，且 $\widetilde{r}_{iR}^{\max}\cup\widetilde{M}_R=\max\{\widetilde{r}_{iR}^{\max},\widetilde{M}_R\}$。

步骤 7：按照计算出的 Hamming 距离从小到大排列 A_i 的优劣次序，并将最优方案记为 $A_{\max}^{+}$。

(2) 模糊悲观型评价方法

模糊悲观型评价方法从方案中的劣势指标入手，通过“劣中选优”的筛选原则进行模糊评价。其计算以左模糊极大集为基准，以 Hamming 距离为尺度，先确定每一个方案中相对劣势指标，再从劣势指标中选择相对优先者，从而确定最佳方案。

步骤 1：集中所有模糊指标值矩阵，对其进行归一化处理。

步骤 2：对于方案 A_i 的左模糊极大集

$$\widetilde{M}_{iL}=\widetilde{\max}_L(\widetilde{r}_{i1L},\widetilde{r}_{i2L},\cdots,\widetilde{r}_{inL}) \tag{6-64}$$

存在隶属函数

$$\mu_{\widetilde{M}_{iL}}(r_i)=\sup_{r_i=\{r_{i1} \vee r_{i2} \vee \cdots \vee r_{in}\}}\min\{\mu_{\widetilde{r}_{i1L}}(r_{i1}),\mu_{\widetilde{r}_{i2L}}(r_{i2}),\cdots,\mu_{\widetilde{r}_{inL}}(r_{in})\},\quad (\widetilde{r}_{i1},\widetilde{r}_{i2},\cdots,\widetilde{r}_{in})\in R^n \tag{6-65}$$

步骤 3：根据左模糊集与左模糊极大集之间的 Hamming 距离进行计算。

$$d_L(\widetilde{r}_{ijL},\widetilde{M}_{iL})=\int_{s(\widetilde{r}_{ijL}\cup\widetilde{M}_{iL})}|\mu_{\widetilde{r}_{ijL}}(x)-\mu_{\widetilde{M}_{iL}}(x)|\mathrm{d}x \tag{6-66}$$

步骤 4：设 $\widetilde{r}_i^{\min}=\max\{d_L(\widetilde{r}_{ijL},\widetilde{M}_{iL})\}$。

步骤 5：对于 $\widetilde{r}_{iR}^{\max}$ 的左模糊极大集

$$\widetilde{M}_L=\widetilde{\max}_L(\widetilde{r}_{1L}^{\min},\widetilde{r}_{2L}^{\min},\cdots,\widetilde{r}_{mL}^{\min}) \tag{6-67}$$

存在隶属函数

$$\mu_{\widetilde{M}_L}(r)=\sup_{r_i=\{r_1 \vee r_2 \vee \cdots \vee r_m\}}\min\{\mu_{\widetilde{r}_{1L}^{\max}}(r_1),\mu_{\widetilde{r}_{2L}^{\max}}(r_2),\cdots,\mu_{\widetilde{r}_{mL}^{\max}}(r_m)\},\quad (r_1,r_2,\cdots,r_m)\in R^m \tag{6-68}$$

步骤 6：根据 $\widetilde{r}_{iL}^{\min}$ 与 $\widetilde{M}_L$ 求解计算 Hamming 距离。

$$d_L(\widetilde{r}_{iL}^{\min},\widetilde{M}_L)=\int_{S(\widetilde{r}_{iL}^{\max}\cup\widetilde{M}_L)}|\mu_{\widetilde{r}_{iL}^{\min}}(x)-\mu_{\widetilde{M}_L}(x)|\mathrm{d}x \tag{6-69}$$

其中，$\widetilde{r}_{iL}^{\max} \cup \widetilde{M}_L = \max\{\widetilde{r}_{iL}^{\max}, \widetilde{M}_L\}$。

步骤7：对 A_i 进行优劣次序排序，排序按 Hamming 距离升序排列，并记最优方案为 $A_{\min}^{+}$。

6.4.7 典型评估方法——概率安全性评估方法

概率安全性评估是计算子单元、子系统的事故发生概率，获取整个动态系统发生事故的概率。如通过基于事故场景的方法分析来研究实际的系统，能够对系统的危险状态和潜在的事故的发生概率进行明确描述，对多种安全性分析方法进行综合应用，从而鉴别出事故可能发生的后果，同时计算出每种危险因素可能导致事故发生的概率。总体而言，概率安全性评估建立在概率论的基础上，又充分考虑对象自身结构特征的方法。

(1) 概率安全性评估的过程

概率安全性评估是一个通过集成运用多种安全性分析方法的综合过程。虽然对不同系统进行概率安全性评估时其范围、时间和流程等具体的要求不完全相同，但应包括表6-6所示的步骤。

表6-6 概率安全性评估的基本步骤

步骤	步骤名称	操作内容
步骤1	熟悉系统	熟悉系统的设计以及运行过程和运行环境
步骤2	初始事件分析	采用初步危险分析、检查表、FMEA、HAZOP等方法对初始事件进行分析
步骤3	事件链分析	针对系统的不同响应而造成事件链的不同发展过程进行分析，一般采用事件树进行分析
步骤4	事件概率评估	对顶事件展开故障树分析，进而得到事件链初始事件或中间事件发生的概率
步骤5	后果分析	分析不同环境条件下的后果
步骤6	风险排序和管理	针对同一后果的不同危险因素的风险进行排序

(2) 概率安全性评估的实现

基于贝叶斯网络的安全评估方法是概率安全性评估的一种主要评估方法，在处理具有复杂网络结构的系统安全性评估问题中具有较好的效果。

在贝叶斯网络中，对于给定节点的联合概率分布目前已经存在比较成熟的计算算法，因此当一个系统成功地构建了贝叶斯网络之后，便可以对其进行概率安全评估，主要是对各个底事件的重要度以及各个后果的概率进行计算[11]。

① 后果发生的概率　可以通过联合概率分布对贝叶斯网络中的后果 j 的发

生概率进行直接计算，不需要对割集进行求解，这里计算方法如式(6-70)所示。

$$P(outcome=j)=\sum_{E_1,\cdots,E_M}(E_1=e_1,\cdots,E_M=e_M,outcome=j) \quad (6\text{-}70)$$

式中，$j\in O$，O 是叶节点 $outcome$ 的状态空间，对应于贝叶斯网络中的非叶节点的是节点 $E_i(1\leqslant i\leqslant M)$，$M$ 是非叶节点的数目，此外，节点 E_i 对应的事件是否发生由 $e_i\in(0,1)$来表征。

② 分析底事件的重要度　分析底事件的重要度是概率安全性评估中的一项关键流程。它通过对后果发生概率跟随故障树底事件概率的变化趋势开展分析，进一步减小风险概率。

节点 E_i 对应的底事件在贝叶斯网络中对于后果的重要度能够通过下式获得，主要是对相应的条件概率分布以及联合分布进行计算：

a. risk reduction worth（RRW）重要度：

$$I_{E_i}^{\mathrm{RRW}}(j)=\frac{P(outcome=j)}{P(outcome=j\mid E_i=0)} \quad (6\text{-}71)$$

b. fusel-vesely（FV）重要度：

$$I_{E_i}^{\mathrm{FV}}(j)=\frac{P(outcome=j)-P(outcome=j\mid E_i=0)}{P(outcome=j)}=1-\frac{1}{I_{E_i}^{\mathrm{RRW}}(j)} \quad (6\text{-}72)$$

c. risk achievement worth（RAW）重要度：

$$I_{E_i}^{\mathrm{RAW}}(j)=\frac{P(outcome=j\mid E_i=1)}{P(outcome=j)} \quad (6\text{-}73)$$

d. birnbaum measure（BM）重要度：

$$\begin{aligned}I_{E_i}^{\mathrm{BM}}(j)&=P(outcome=j\mid E_i)=1-P(outcome=j\mid E_i=0)\\&=P(outcome=j)\left(I_{E_i}^{\mathrm{RAW}}(j)-\frac{1}{I_{E_i}^{\mathrm{RAW}}(j)}\right)\end{aligned} \quad (6\text{-}74)$$

③ 其他结果分析　在节点 E_j 对应的事件发生的前提下，节点 E_i 对应事件发生的后验概率也可以利用贝叶斯网络得到，计算方法如下所示：

$$\begin{aligned}&P(E_i=1\mid E_j=1)\\=&\sum_{E_1,\cdots,E_{i-1},E_{i+1},\cdots,E_{j-1},E_{j+1},\cdots,E_N}P(E_k=e_k,E_i=1,E_j=1)/P(E_j=1)\end{aligned} \quad (6\text{-}75)$$

式中，$1\leqslant k\leqslant N$，$k\neq i$，$k\neq j$。贝叶斯网络中的节点由 E_k（$1\leqslant k\leqslant N$）表示，节点的数目为 N，节点 E_k 对应的事件是否发生由 $e_i\in\{0,1\}$表示。如果 E_j 的后代节点是 E_i，那么可以利用这些信息实现推理。如果 E_i 的后代节点是 E_j，那么便能够实现诊断。因此，基于贝叶斯网络的概率安全性评估方法和传统的事件树/故障树比较而言，具有更加强大的建模以及分析的能力。

④ 计算步骤　根据前面的描述，贝叶斯网络的概率安全性评估计算步骤可总结为下面的几个方面，如表 6-7 所示。

表 6-7 基于贝叶斯网络的概率安全性评估方法的计算步骤

序号	描述	操作
步骤 1	事件树转化得到对应的贝叶斯网络 EBN	①建立事件树的每个事件 E_i 对应的两状态节点 VE_i； ②建立对应事件树的各个后果的状态叶节点 $outcome$，同时 $outcome$ 节点连接了 VE_i； ③根据事件树的分支逻辑关系建立 $outcome$ 的条件概率分布
步骤 2	故障树转化得到事件 E_i 对应的贝叶斯网络 FBN_i	①建立故障树的每个事件 E_{ij} 对应的两状态节点 VE_{ij}； ②确定贝叶斯网络节点的连接关系； ③建立贝叶斯网络的定量描述
步骤 3	对贝叶斯网络的整合	将 FBN_i 整合到 EBN 中，在保持连接关系不变的前提下叠合相同的节点，进而得到网络 $EFBN$
步骤 4	概率安全评估	计算概率 $P(outcome)$ 和底事件的重要度

参考文献

[1] Srinivas Acharyulu P V, Seetharamaiah P. A framework for safety automation of safety-critical systems operations [J]. Safety Science, 2015, 77: 133-142.

[2] 陈敏维，张孔林，郭健生，等. 基于改进能量函数法的暂态稳定评估应用研究[J]. 电力与电工，2011，31(1)：7-10.

[3] 曾沅，常江涛，秦超. 基于相轨迹分析的实用动态安全域构建方法[J]. 中国电机工程学报，2018(7)：1905-1912.

[4] Ye L, Fei Z, Liang J. A method of on-line safety assessment for industrial process operations based on hopf bifurcation analysis[J]. Industrial & Engineering Chemistry Research, 2011, 50(6): 3403-3414.

[5] 李果，高建民，高智勇，等. 基于小世界网络的复杂系统故障传播模型[J]. 西安交通大学学报，2007，41(3)：334-338.

[6] Liu S. Risk assessment based on the human errors in the petroleum operation [J]. Disaster Advances, 2012, 5(4): 182-185.

[7] 智文书，马昕晖，赵继广，等. 基于层次分析法的低温加注系统安全风险评估[J]. 低温工程，2013，196(6)：31-35.

[8] 徐玖平，吴巍. 多属性决策的理论与方法[M]. 北京：清华大学出版社，2006.

[9] 刘思峰，谢乃明，等. 灰色系统理论及其应用[M]. 第6版. 北京：科学出版社，2013.

[10] 李荣钧. 模糊多准则决策理论与应用[M]. 北京：科学出版社，2002.

[11] 古莹奎. 复杂机械系统可靠性分析与概率风险评价[M]. 北京：清华大学出版社，2015.

第7章

动态系统安全运行智能监控关键技术及应用

动态系统安全运行的本质是防止事故的发生，信息化、物联化、智能化、大数据等技术为实现动态系统安全运行的监测管控和决策提供了手段，以期及时准确地辨识出安全方面的薄弱环节和隐患，综合、完善地掌握动态系统运行过程中的整体与局部安全性，为操作者、管理者的决策提供指导依据，衡量动态系统“是否可用，是否敢用，是否能用”，实现安全风险监控与防范。本章以此作为切入点，结合笔者十多年来的工程实践经验，从需求分析、功能架构、数据处理三个方面阐述动态系统安全运行智能监控的关键技术，以实现动态系统的安全分析、状态监测、健康管理、维护管理、数据与资源管理等功能，并讨论了构建监测管控与决策系统的技术和方法，以航天发射飞行安全控制智能决策作为实际案例，给出系统安全运行控制决策的实施内容。

7.1 动态系统安全运行监控信息化需求

安全性是动态系统运行过程中首要关注的问题，涉及系统工况异常、人为操作失误、外部环境干扰、内部部件间影响等[1]，但安全性并不能直接检测，需要通过监控与其相关的过程、参数、变量等来实现。动态系统主要分为大型工业过程和复杂装备系统两类，多具有部件组成丰富、工艺连续烦琐、结构关系庞杂、处理数据密集的特征，对动态系统进行安全监测管控与决策需要用到大量的基础数据和运行数据[2]。一方面，人们希望利用先进的信息化手段、通过大量的在线数据和历史离线数据来揭示装备及系统安全运行性规律，及时发现和处理各类不利于安全的因素；另一方面，大规模的监控数据信息又会导致安全决策的计算量剧增，无法兼顾计算算法的时效性和准确性[3-5]。

针对此难点，结合前述各章节的描述，本节将针对动态系统安全运行监控信息化需求进行分析，并讨论在构建监测管控与决策系统软件应用中的需求规格。

(1) 制定安全运行监控信息化准则

能够表征系统动态安全的特征量和参数有很多，在一般的安全决策中，会从中遴选出适合的且权重较大的进行决策。这对动态系统安全运行监控信息化提出了基本要求，即：对于特定的系统对象，根据系统的特点，在参考通用安全运行准则的基础上，结合具体领域行业安全生产运行规范，制定其安全运行监控规范和准则。安全运行监测管控与决策系统是信息化应用的载体，参考信息化系统建设基本规律和要求，安全需求、数据需求、应用需求等内容均是需要完善的内容，这些准则是构建系统应用的基础，体现为各类基本运行流程、数据集、算法、数据结构、基础配置项等，这些要素在构建系统之前必须确定，以支持各系统功能模块的逻辑关系。

（2）确定安全运行要求

确定动态系统运行所要达到的安全目标和要求，是一个动态系统运行的定量指标，也是对安全运行监控信息化准则的具象化，即，根据具体的系统运行工艺规程和功能设计定义各参数的配置项和限制项。在软件系统应用中体现为不同技术过程、不同安全要求、不同运行环境等条件下动态系统运行参数的上下限、阈值、特定目标等限制性数据指标的集合，该类集合包含了应对不同安全运行准则的指标和指标评价体系。

（3）确定安全性指标

安全性指标是对动态系统进行安全分析的目标和风险管理决策的依据，是判定动态系统运行是否安全的征兆指标，该类指标综合反映了安全运行要求（若干项安全运行要求会形成一组或多个安全性指标，对应到动态系统运行过程中可能出现的风险、潜在事故）。由于安全性指标与事故发生可能性、事故后果严重性紧密相关，因此在软件系统应用中需采用可能性参数、后果严重性、时间紧迫程度等参数作为安全性能指标。同时，考虑到动态系统由多个分系统组成，其功能、结构、机理、效能均有所不同，因此分系统对系统的风险贡献以及风险接受等级等也是安全性指标的重要组成部分。上述指标直接影响到系统安全性的度量。

（4）安全分析

安全分析分为初步安全分析和系统安全分析两个步骤，用于从局部到整体对动态系统的运行安全计算分析，但并不给出直接的安全分析结果，而是以分析报告的形式为安全决策提供素材。其中初步安全分析根据安全性指标进行的基本数据处理、分析，该项工作通常会生成初步安全分析报告和危险跟踪报告并输出；在软件系统应用中表现为运行监测数据的基本处理功能，如数据指标比对、风险性数据统计等。而系统安全分析是以动态系统为对象，全面地在各个层级进行安全分析工作，要求能够输出完整的系统安全分析结果、分析报告和危险跟踪报告；该功能在软件系统应用中需要充分考虑系统各部分之间的接口关系，从全系统的角度来实现运行监测数据的分析和挖掘。

(5) 安全风险评价

安全风险评价是判断动态系统是否安全的最终功能部分，分为定性和定量两类。定性评价方法包括安全风险评估指数法、总风险暴露指数法[5,6]；定量方法为概率风险评价法等[6,7]。在软件系统应用中的安全风险评价，主要以图形、列表、报告、文件等多种方式输出风险结果。

由上述分析，可以将动态系统安全运行监控信息化的基本流程和任务明确为如下部分。

第一，根据动态系统对象的特点和运行要求，划分任务阶段。对每个阶段进行具体的任务分析，然后按照系统结构、系统功能，建立系统的主逻辑图模型。

第二，对主逻辑图模型的顶级事件展开分析，得到动态系统可能的初始事件集合。配置不同的动态安全性建模方法进行建模，得到动态安全模型。

第三，对所建立的模型展开分析，得到动态系统中所有的事故发展路径、事故发生概率定性或定量的描述、后果的严重性等级或期望损失。

第四，通过安全运行评估，获取系统运行过程中的安全风险状态及其变化趋势。

最后，根据安全运行评估结果进行安全控制与决策。这也是动态系统安全运行监测管控与决策的根本任务和目标[8]。

需要注意的是，动态安全性分析进行的阶段不同，安全决策也有所不同[5-7]。运行阶段决策最主要的是根据系统当前的安全水平以及技术和费用与获益等诸因素，来决定选取何种控制策略[9]。在软件系统应用中，重点关注对动态系统安全性因素的采集、处理、分析、呈现等内容，与决策相关的功能按控制与否作为区分，通常以辅助决策为主。

图 7-1 表现了用于动态系统安全监测管控与决策系统的流程与任务。

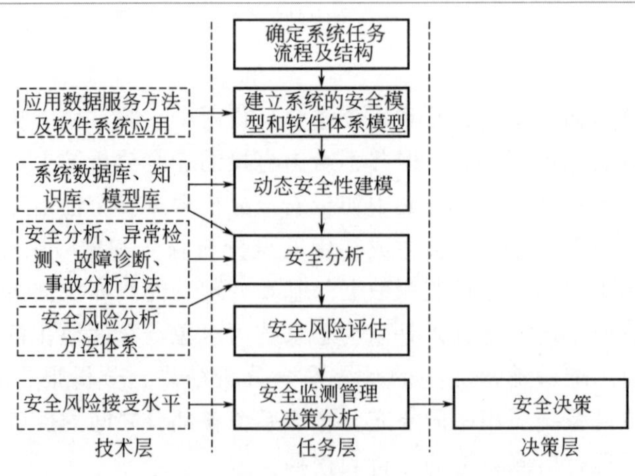

图 7-1 动态系统安全运行监测管控与决策流程与任务

7.2 动态系统运行实时监测数据处理技术分析

在大型工业过程和复杂装备系统中，获取的实时在线数据和历史离线数据表现出运行模态多样化的特征[8]。这些数据的来源众多且分布在不同空间位置，数据采样和传输频率不统一。不同系统的数据在时间维度上具有耦合交叉，使得准确地挖掘出数据中有关安全运行关键参数及指标的难度较大。考虑到表征工况的多类数据规则各有设定，为确保安全监控过程中对于动态系统状态认知的准确性，通常按照空间位置、功能、子系统、时序等作为区分，对各类数据进行实时监测并处理。

前述章节对危险及安全事故分析、运行监测信号处理、异常工况识别、故障诊断、安全性分析评估、安全运行监控信息化等动态安全运行性分析的基础理论和技术方法进行了阐述，而在软件系统应用中，还需要结合 7.1 节中讨论的信息化需求，重点解决在监测数据处理方面的 3 个方面的问题：

① 如何统筹管理并应用实时监测数据和信息？

② 如何存储这些海量的监测数据以使其便于调用？

③ 如何将监测数据转换为易于决策的信息？

针对上述问题，以动态系统安全运行监控信息化准则和监测管控与决策的流程和任务，对相关的数据监测和处理的关键技术进行分析。

7.2.1 动态系统安全监测管控系统构建技术

针对动态安全监管任务多模态和监测数据时空关联的特征[5]，面向不同应用对象和场景需要多系统协同参与的需求[2]，充分考虑多层级系统结构、多数据时序交叉、分布式业务逻辑为数据服务带来的影响[8]，需要实现多层级数据资源调度服务系统设计方法、分布式多模态数据整合方法、时空关联数据资源共享方法、服务可拓展的决策数据管理方法等。

(1) 多层级数据资源调度服务系统设计方法

动态系统在功能和流程上是一类典型多层级结构，表述层级间关系需要集成大规模的、分布在不同资源上的运行数据。针对此，设计一个云服务平台来存储和整合所有动态系统层级的信息数据，不同层级数据运行状况和服务均汇集于管理机构的客户端，以分布式的调度平台反馈层级间的数据处理机制和负载，通过负载性能分析来动态调度和分配处理资源，在不改变数据资源分布物理结构和层次逻辑结构的前提下，实现对源于不同层级的大规模数据的统一调度。该方法是动态系统安全监测管理系统构建技术的基础，如图 7-2 所示。

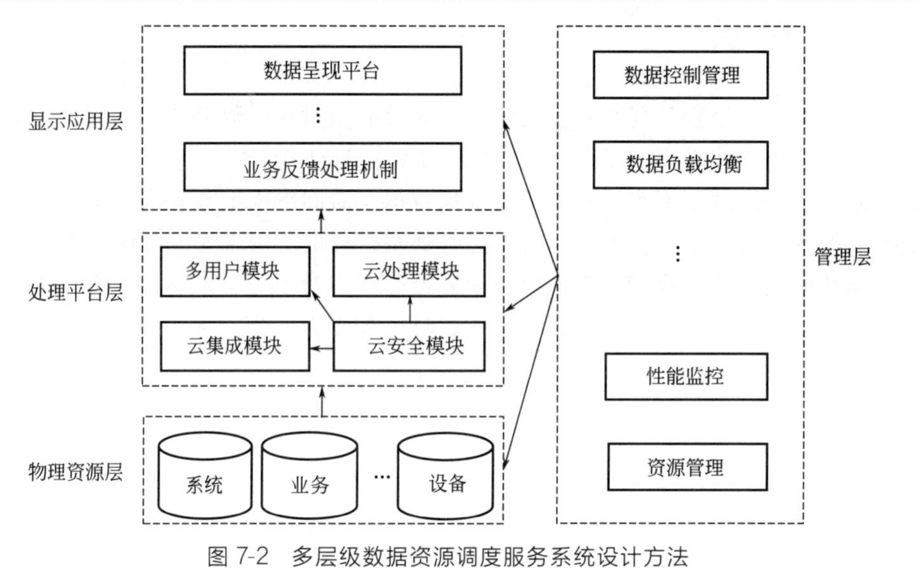

图 7-2 多层级数据资源调度服务系统设计方法

(2) 分布式多模态数据整合方法

针对动态系统运行过程中源自不同系统但业务逻辑上统一的多模态数据整合的需求，将多个不同层级的信息平台相互关联至多个信息终端上。各信息平台中属于相同或关联业务逻辑的数据按照模态区分存储，形成数据交互需要的信息流，这些交互信息流在用户界面上通过类型分析转化为与具体业务相关的流程模型和数据列表，映射到不同数据源中不同模态的数据上，使其整合成为该业务流程的组成部分，以便于对特定安全运行目标的认知和决策，提升同类型但不同模态数据间的逻辑整体性，如图 7-3 所示。

(3) 时空关联数据资源共享方法

针对动态系统监测数据接口差异和功能模块连接固定等问题，以业务逻辑为区分，以时空关联的业务数据为对象，按照业务逻辑划定时序串联的记录体系，定义用于时空数据交互请求列表的资源共享模块；并制定共享模块间的通信协议、信息流向、配置集成服务接口、对外通信接口，按业务的运行规范整合各服务功能之间的数据流向，通过集中管理层调配服务并发送至资源共享模块，形成集中式的资源共享架构，实现按业务区分对多分布多时序交叉数据源的复用。

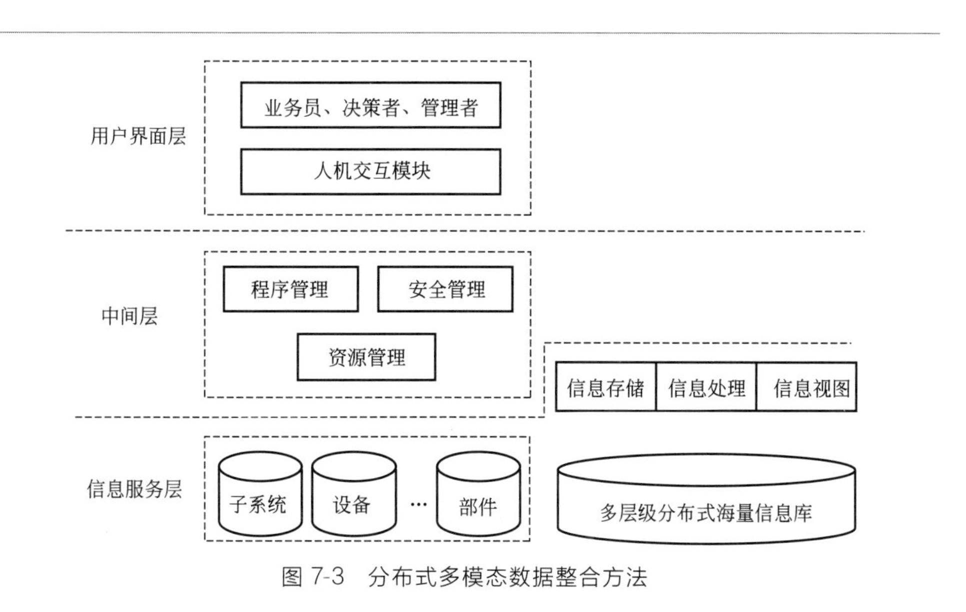

图 7-3　分布式多模态数据整合方法

(4) 服务可拓展的决策数据管理方法

针对传统安全监管软件系统平台在功能模块之间连接性过强、软件架构整体性高、具有面向过程设计的局限性等问题，定义数据源层、云计算访问协议层、服务封装层、集成接口层、服务调用层、服务需求处理层、表示层等，将动态系统运行过程和功能模型封装成独立业务类，各个子系统和功能模块与实际运行数据剥离，仅与动态系统实际运行业务相关联，应对于不同的业务流程。该方法通过服务模块发现、服务模块匹配和服务模块组装，将决策数据服务应用集成于顶层的安全监管决策服务上，如图 7-4 所示。

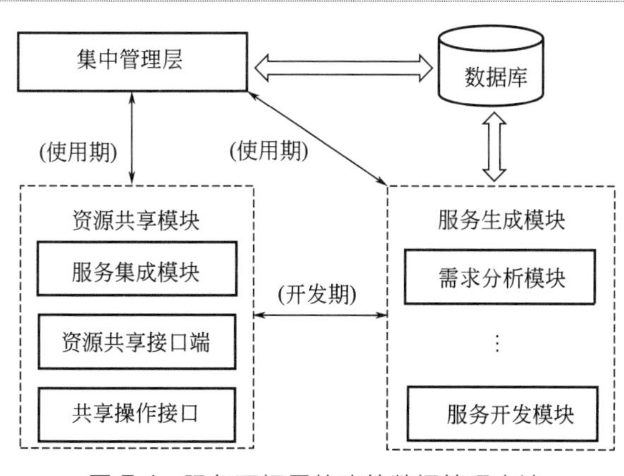

图 7-4　服务可拓展的决策数据管理方法

7.2.2 动态系统安全监测数据组织处理技术

动态系统运行过程中在受限条件下存在数据组织和存储障碍，为解决大规模多模态、多冲突、多时序关联的数据在实时决策目标下的存储、检索、备份等难题，需要专门对动态系统安全监测数据进行组织和处理，以提升运行安全分析的准确性和实时性，并为运行安全管控与决策提供完备的基础数据支持。

(1) 基于时效和重要度区分的数据存储方法

动态系统运行监测数据具有实时涌现和异步异构的特性，对多分布数据源的处理需要耗费大量计算存储资源，通用的关系型数据存储结构又难以兼顾交互操作的实时性和效率。鉴于此，以数据产生和调用的速率以及规模作为时效和重要度区分，跨越数据本身含义进行划分，形成“业务处理数据暂驻缓存＋实时数据常驻内存＋时效型数据形成二进制文件＋历史数据存储关系型数据库”的存储模式，并结合相应的数据协同处理算法，使用兼顾实时和历史访问的多元数据池，以解决多模态、多采样、多冲突的大规模运行数据在存储、组织、调用过程中存在的时延和拥塞等难题，如图 7-5 所示。

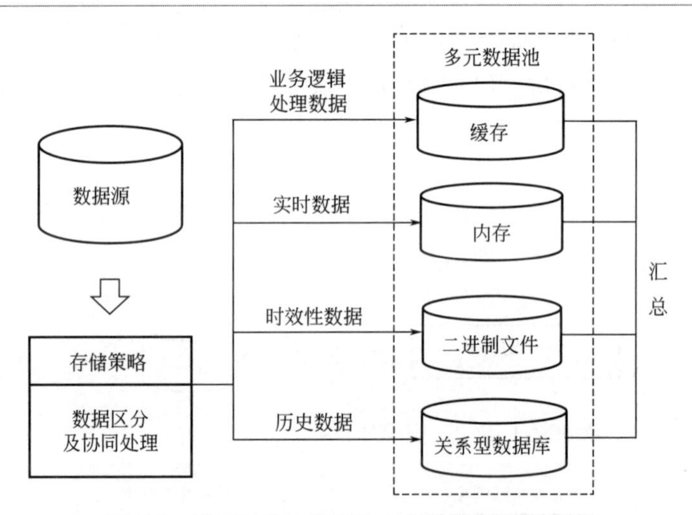

图 7-5 基于时效和重要度区分的数据存储方法

(2) 高负荷分布式数据均衡存储及索引方法

动态系统运行监测数据在交互存储中受多分布和持续产生的影响，极易出现存储资源非线性不均衡分配的情况，导致决策支持稳定性和时效性效率大幅下降。针对此，需要对数据检索进行优化，该方法在后台服务器端持续生成并存放包含基础信息的索引数据集，各分布式终端存放详细数据信息，将原始数据、存储地址、接收地址等信息封装成元数据包，地址信息封装为路由信息以供交互，配置按需调用运行数据的策略，将数据均匀分布存储在不同介质中，将访问压力平均分散各个终端，为大规模运行监测数据持续产生时的区分存储和索引提供基础依据，如图 7-6 所示。

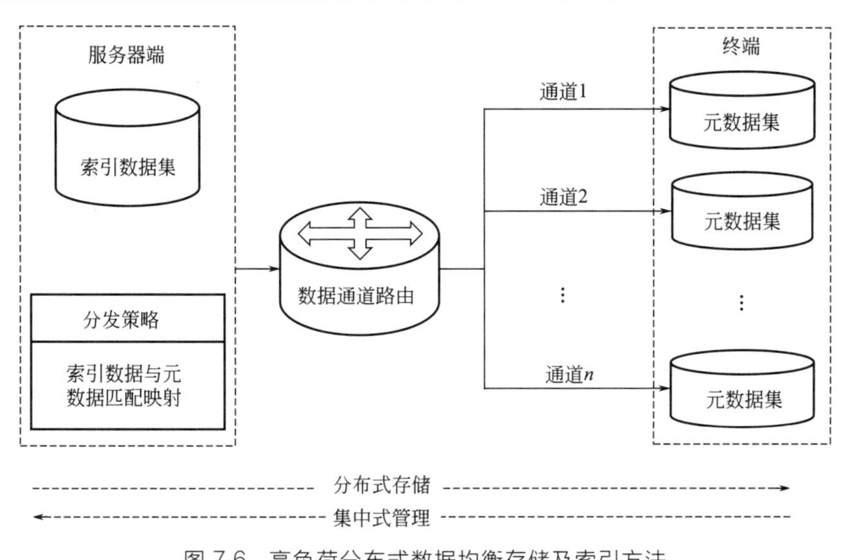

图 7-6 高负荷分布式数据均衡存储及索引方法

(3) 多分布时序数据实时同步记录方法

受动态系统运行监测数据多分布的影响，在存储过程中无法预知下一时刻所获取的数据，而且不同终端因其存储介质差异会造成分布式存储效率波动，需要对数据记录的同步进行优化。该方法以一个主数据服务器作为数据中心、多个从数据服务器作为数据节点，相互之间采用偶连接方式，按照时间序列的区分采用增量同步的方式进行记录，确保相同类型的数据记录于同一数据节点；采用相异记录策略，将数据按时效分别记录于内存表、暂态表、恒久表中，保证热度更高的数据位于更快的存储通道中，以提升监测数据存储的数据交互效率和服务响应速度，如图 7-7 所示。

(4) 大规模监测数据的可靠检索和备份方法

动态系统运行监测数据和用于安全分析的数据若位于同一终端，大规模的实时调用会造成数据拥塞，而受限于存储介质的容量和速度差异，又易导致 CRUD 操作中的数据紊流现象。针对此，在前述的存储模式上考虑针对大规模监测诊断数据的可靠检索和备份方法，包括进程实际平均执行时间反馈优化估算、数据索引分类协同优化检索、特定数据结构的连续信息片段压缩、应急性爆发数据可靠备份及实时分析、按时序和数据本体变化的备份和恢复等，以解决非周期涌现大规模数据的存储和调用效率低下与耗时波动的问题。相关方法在动态分配存储空间、异构数据实时分类检索、关键过程特征数据发现与表征、数据通道平稳畅通、异构数据的备份和恢复等方面保障安全分析的性能。

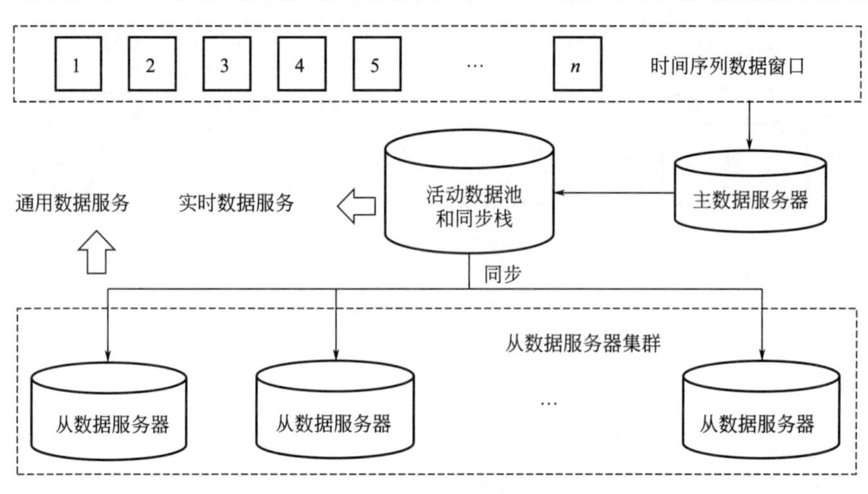

图 7-7 多分布时序数据实时同步记录方法

7.2.3 动态系统安全监测决策数据呈现技术

实现动态系统的安全决策必须要对运行监测数据进行深度关联的直观呈现，而传统基于设计和工艺的系统模型难以完整展现动态系统运行的过程，在实现“局部-全局”的视角转换时存在着认知偏差。

(1) 运行任务进程分段模块化及功能模型化方法

从大量动态系统运行监测数据中甄别出表征当前运行工况的关键参数和流程时，必须对不同类型数据按照系统运行过程和功能的差异进行区分。鉴于此，以对动态系统运行业务流程可视化建模为目的，针对运行过程动态特性，通过学习运行数据的主要关联特征来实现冗余数据的降维和线性化。根据系统参数与过程的关联度分析，甄别出当前运行阶段的关键参数，作为任务进程分段的依据，提取并输出为标准数据格式。按照不同任务进程的区分将这些数据和相关的操作进行封装，成为独立的模块化类和函数，映射为具体的功能模型，在此基础上进行“任务-过程-参数-数值”多层级的数据配置，为数据可视化提供开放的流程和完备的结构，如图 7-8 所示。

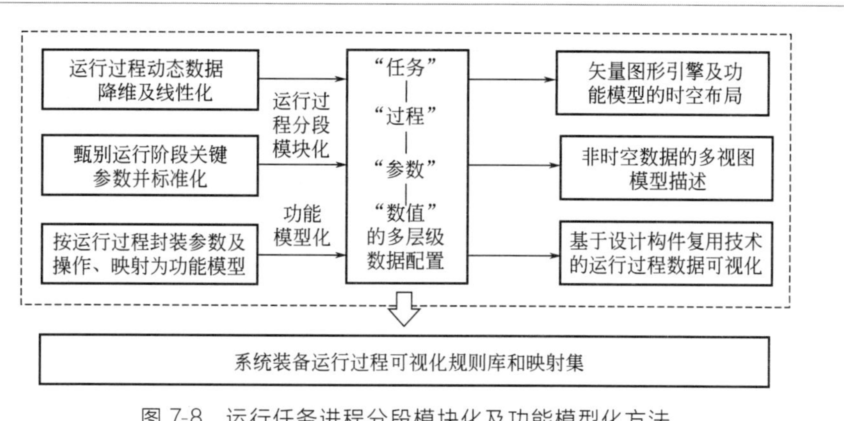

图 7-8 运行任务进程分段模块化及功能模型化方法

（2）基于事件驱动的可视化映射集及多视图模型

动态系统运行监测数据主要分为时空类和非时空类，需要通过关键事件映射为时空标量或抽象形态来表现对象的变化关系。针对此，对时空类数据采用正则化方式规范，映射于标量场中的图元（如何缩放向量图形、脚本绘制画布），以事件作为驱动模型将其作用于可视化引擎上，完成多要素功能模型的时空布局；针对非时空数据的多层次结构关系，按照（1）的方法将事件驱动可视化模型进行模态变更，形成突出有用信息的多视图呈现模型，并基于设计构件复用的运行过程数据标准可视化方法，针对各类功能模型的业务层级，定义统一的数据接口和协议，将过程运行数据与逻辑、方法、属性独立开，搭建出可有效重复利用图形组件库，具备可扩展性和可移植性，如图 7-9 所示。

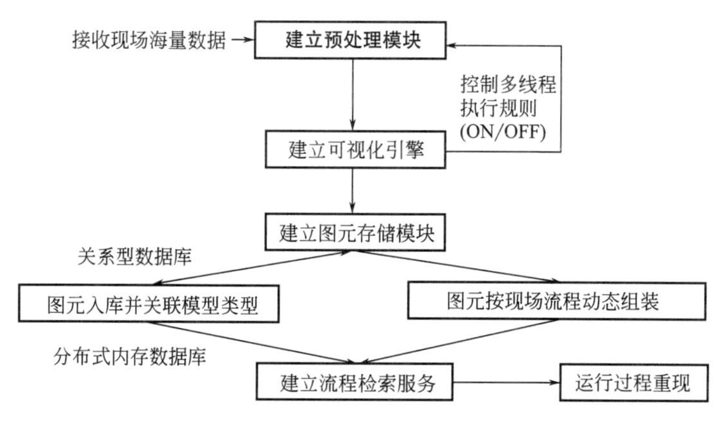

图 7-9 基于事件驱动的可视化映射集及多视图模型

(3) 基于监测数据的运行业务流程重现可视化方法

动态系统任务流程重现多采用模拟动画和生产流程示意图，但模拟动画不具备良好的可操作性和交互性，而生产流程示意图在针对动态环节和复杂流程时无法兼顾细节。针对此，结合（1）和（2）确定动态系统运行中各个流程的关键工艺参数，按进程和事件来区分多维交叉的监测数据，以发现流程之间的时空关系和连接点；使用（2）中的可缩放矢量图形、脚本绘制画布等对业务流程生成可视化模型（如动画、时间轴、图形统计报告等）；使用多视图模型建立有效数据之间的关系模型，并通过聚类分析区分有效数据；按照动态系统运行流程的时空关系进行配置划分，与可视化呈现模型相对应，将所有与可视化相关的服务进行组装，完成动态可视数据的异步数据更新和交互功能，如图 7-10 所示。

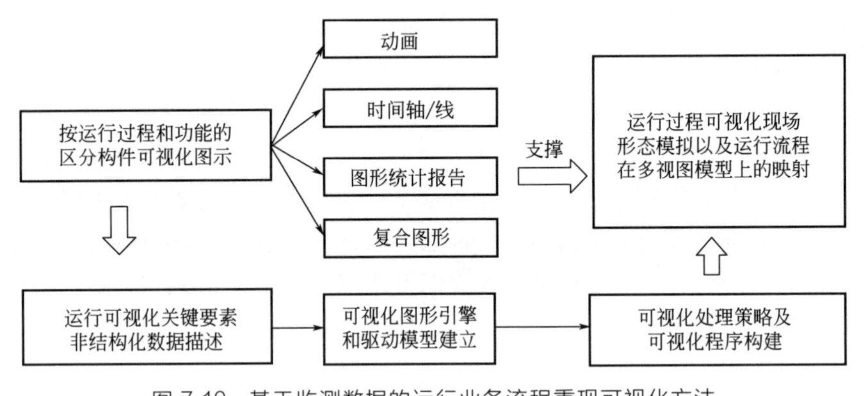

图 7-10 基于监测数据的运行业务流程重现可视化方法

(4) 动态系统关键进程动态可视方法

动态系统运行过程中的整体变化状态与其关键进程和参数具有高相关性，针对不同任务进程中行为、属性、构成参数等的差异，将运行过程和功能模型映射为（3）中所述的动画、时间线、图形统计报告、复合图等多种基本图形；基于（1）提取出进程的关键参数、交互模式、事件驱动脚本、里程碑等，以非结构化数据描述；指定各基本元素的交互对象和呈现度，应用于图形引擎规则和驱动模型，基于（2）和（3）形成与实际运行过程并行的可视化程序。该方法是前述 3 个方法的集合，将复杂不可观的动态系统运行业务流程映射于多视图模型之上，以数据驱动方式还原现场流程，呈现参数变化情况和不同参数之间的对比情况，实时反映现场的形态，以便于直观掌握运行过程安全状况。

7.3 动态系统安全运行监测管控系统功能分析

动态系统的运行随时间变化，其状态变量是时间函数。因此系统状态变量随时间变化的信息（按时间区分采集的监测数据）可以反映动态系统运行的状况，也包括了运行安全信息。人们希望借助于大量的实时动态监测数据，经过数据处理、挖掘、分析、和呈现等技术手段，从多方面反映与系统安全有关的信息和知识。从广义的过程自动化角度来看，则希望通过软件系统的应用，将安全分析、评价与提高安全性的调节措施集成到自动控制系统中，在识别不安全运行状态之后能自动采取措施或及时告警故障等方式消除不利影响，提高安全运行性。

一般地，动态系统安全运行监测管控工作分为对历史工作状态的安全评价和对系统现阶段运行过程的安全分析。由于安全分析具有较高的时效性，特别是在动态系统中，适时且完善的安全分析结果将有助于决策者及时地发现潜在隐患威胁，并指导现场操作和管理人员采取适当有效的措施，保证系统健康安全地运行。

按照上述需求，在动态系统安全运行监测管控系统的架构组成上主要包括数据资源管理、监测数据分析处理、动态系统安全分析、健康管理功能 4 部分，其涵盖的具体功能需求如图 7-11 所示。

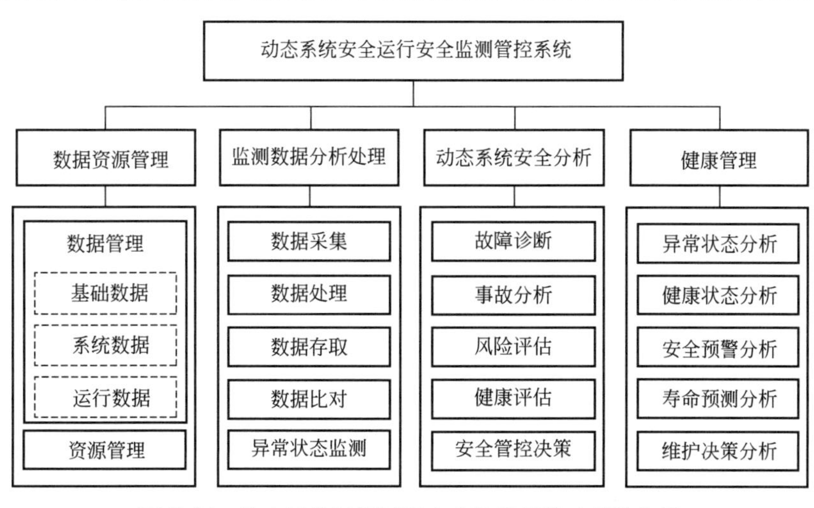

图 7-11　动态系统运行过程安全监测管控功能结构图

7.3.1 数据资源管理需求

动态系统安全性建模和风险评估需要数据、知识和模型支持，该项功能要求对安全性分析所需的所有信息进行管理和维护，为安全性分析提供必需的基础数据支持[10]。相关数据主要包括如下。

① 系统数据：描述系统及分析用户有关配置的数据，其中又分为领域知识数据和系统专用知识。其中领域知识与具体动态系统应用对象密切相关，用于描述对象基本特征（如应用对象的类型、组成部件、基本功能），通常是固定数据；而系统专用知识与应用对象无关，是计算机、软件、自动化等学科方面的领域知识，用于支撑系统应用的正常运行。

② 基础数据：与动态系统运行安全性有关的但非系统数据的各类数据，这类数据从各个角度描述或表征系统安全性，如系统运行的环境参数（温度、湿度、压力等）、系统制造材料的结构强度、电子元器件的有关阈值、安全分析基础数据、标准和规范等。一般对于这类数据通过事先的区分形成配置项，用专门的数据结构进行记录存储，若非存在变动调整，这类数据常为固定值。基础数据和系统数据最大的区别在于描述对象不同。

③ 运行数据：表征应用对象运行的相关数据，包括当前安全性分析的输入数据、中间结果数据和最终结果数据，是随时间或空间变化而变化的数据（即广义的状态参数）。从产生源来看，可分为对象源产生数据和加工产生数据。其中对象源产生数据是各类传感器对应用对象的监测采集所获取的原始数据以及这些原始数据经过处理（如归一化、位数对齐、数据集映射）后的数据，直接对应系统运行的安全状况；加工产生数据是在对对象源产生数据进行分析处理（如统计分析、趋势分析、分布分析）后形成的新数据，间接地对应系统运行的安全状况。需要注意的是，运行数据仅与应用对象有关，与系统应用程序无关。

同时，需要根据应用对象的差异专门编制对这些数据、知识和模型按安全信息资源进行统一管理、维护和自动调度的程序，这是一种对动态系统安全运行监测管控基础数据的基本管理操作。

7.3.2 监测数据分析处理功能

监测数据基本处理实质是对表征系统安全性的各类运行数据的采集、处理、存取、比对以及特定数据监测（通常是与已知的异常数据进行比对）等。按照动态系统的时变特性，在安全分析时采用时序数据作为状态监测的基本信息，用一个完整的状态监测数据记录来表示，其中包含采集数值以及相应的采集时间点，对象工作运行状态在一个采集周期内的变化情况。

因此，本项功能相关的工作需要对采集到的动态系统各个层级的运行数据进行状态识别（包括各个系统级、分系统级、子系统级、设备级、部件级等传感器采集的数据和人工调试设置的数据），并对数据来源的编号、型号以及数据采集时间等进行记录，以确认异常数据的来源（包括产生的对象、产生的具体时间范围以及可能导致异常的环境等内容）。

通常地，状态监测数据空间中的一个数据点由特定的监测设备在一个特定的采集时间点的一个特定状态参数的采集数构成，而一个采集周期内一个状态参数的若干采集数值组成了该状态参数的状态监测数据集，状态监测的目标即是完成这些数据集从产生到储存的系统性操作。

7.3.3 动态系统安全分析决策功能

动态系统安全分析包括故障诊断、事故分析、风险评估、健康评估、安全决策等内容，该项工作要求能够从监测数据集中探析出与安全直接相关的信息和知识，为决策者提供安全控制决策知识，是动态系统安全运行监测管控系统中最重要的部分。

具体地，需要在完成安全运行准则制定、安全运行要求确定、安全性指标创建等多项工作后进行安全分析，这些是在构建系统之初就必须完成的配置项，并非是系统应用程序在运行过程中的交互性操作，包括系统数据集的定义和记录、基础数据的采集和记录等。

当系统应用程序投入使用后，需要根据安全分析的要求选择安全性指标，结合数据管理系统中的基础数据和系统数据，分析系统历史数据和现阶段实时运行数据，得到初步的安全分析结果，再在分系统级对设备进行安全分析，并考虑各分系统之间的接口关系，从全系统的角度来进行安全分析，全面综合分析后输出系统安全分析结果、分析报告和危险跟踪报告。

① 故障诊断和事故分析需要在系统在线运行阶段和离线阶段评估系统在运行过程中各类影响安全性的不利因素，并作为风险评估的支撑内容，以便于系统操作人员在系统运行状态变化时及时有效地采取各种应对措施。

② 风险评估需要为安全性分析提供风险评价技术方法并评价事故场景的风险，获得定性和定量的风险结果，再以各种形式进行呈现，使相关安全分析结果能够直观地送达决策人员。

③ 健康评估需要通过系统运行监测数据，基于数据处理分析这些数据与健康指标之间的相关关系，选取系统运行过程中可表征健康状态的相关参数，再根据健康指标进行权重分析得出健康状态指标变量集，建立动态健康评估模型，提出适应于研究对象系统特点的健康状态评估方法，利用各种算法评估被监测系统

的健康状态（分级），最后得到系统健康的评估结果。另外健康管理（PHM）是一个相当大的系统级应用，而在本软件系统应用中，主要服务对象是安全分析，因此仅将普遍意义的PHM中可以获取和分析的“未来一段时间内系统失效可能性以及采取适当维护措施的能力”作为安全分析的参考来源，并结合故障预测完善分析结果。

安全决策是安全分析的最终目的，需要以动态系统运行数据和相关基础数据作为基础，经过采集、监测、处理、分析（包括本书各章节所叙述的危险及安全事故分析、运行监测信号处理、异常工况识别、故障诊断、安全性分析评估、安全风险评估）等操作，判断动态系统的整体运行状况及安全状况，为决策者提供决策建议，并在存在安全风险时发出安控指令，最终形成应用对象的安全运行报告。该项工作涉及动态系统安全分析技术中综合性最强、难度最大、层级最高的方法体系。

7.3.4 健康管理功能

健康管理功能是以前述3类系统应用为基础，在安全监测管控之上集成已有功能，相关工作需要汇聚各类基础数据和运行数据，贯穿于动态系统长周期运行的过程（可以是对象的全生命周期），以提升系统安全性、可靠性、稳定性为目标，在既有系统应用基础上，以现场监测数据为基本信息源，参考离线历史数据，开展异常状态分析、健康状态分析、安全预警分析、寿命预测分析、维护决策分析，以发现系统运行过程中存在的错误，便于对可能会引发安全事件（或已出现）的部件进行恢复或保持效能等操作。

上述4方面需求是动态系统运行安全监测管控系统具体功能的基础，是针对动态系统进行安全监控的基本内容。

7.4 动态系统安全运行智能监控决策关键技术

不同的应用对象对安全监测管控的功能需求各有差异，但均具有通过大量的监测数据和分析结果来反映系统安全状况的共性。按照前述中的功能需求分析，以及考虑人机交互的便利性，笔者认为：典型的动态系统安全运行监测管控系统中，通常含有数据采集与集成、数据存取管理、智能数据处理、状态监测、异常预警、故障分析与定位、健康状态评估与预测、维护决策支持、安全分析、资源管理、远程维护、远程协作、人机交互等功能部分，涉及智能感知、智能诊断、智能决策、智能管理等技术体系。受不同领域对象的差异，上述技术亦体现出区别。在本节的分析中，将以通用的动态系统抽象为对象在人工智能技术的框架下开展研究，其结构如图 7-12 所示。

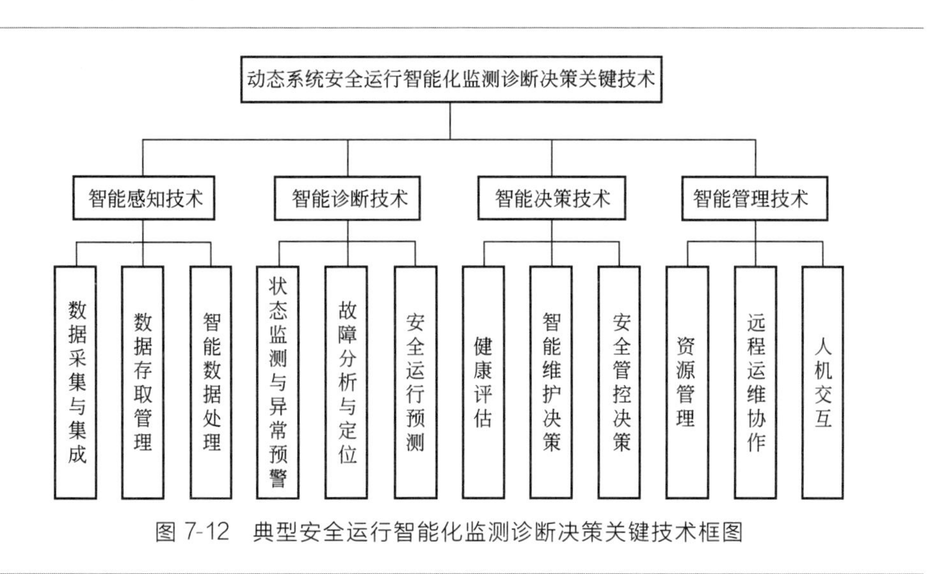

图 7-12 典型安全运行智能化监测诊断决策关键技术框图

其中，数据采集与集成、数据存取管理、智能数据处理、状态监测与异常预警、故障分析与定位、健康评估、安全管控决策是动态系统安全运行分析的核心技术。

7.4.1 运行过程智能物联感知技术

表征动态系统安全运行的数据量通常规模较大，因此针对大量监测数据采集、存储处理的高效准确需求，运用系统运行过程智能物联感知技术，从传感器优化配置和数据库的建立出发展开研究，通过不同任务驱动下的传感器优化配置，合理配置各类型传感器，保证系统具有较好的监测性能，采集大型复杂设备各部件的动态响应信号；通过建立安全管理与维护数据库，将测量数据、故障信息以及健康管理案例、维修信息等统一规范，并给出统一接口，为各类安全管理客户端识别和交互提供支撑。

在动态系统运行中需要采集和处理的安全数据类型有很多种，常见的有连续型、离散型、逻辑型、枚举型、有序键值、混合式数据集合等，伴随着数字技术和智能终端技术的进步，以及网络带宽的扩展，网络通信量爆炸式增长给数据处理带来了沉重负担。对于这些问题，需要实现资源与计算能力的虚拟化，解决海量数据的管理和存储。

（1）数据采集与集成

从动态系统安全运行状态监测与健康管理涉及的各类数据来源以及健康评价结论的信息回馈来看，需要与各类信息系统进行系统集成，其中包括现场数据、本地数据库以及远程维护中心等。

监测参数数据库中存储系统的环境信息、测试信息以及历史信息。动态系统从设计制造到退役报废的整个服役周期内，将面临不同的环境因素的影响，包括温度，湿度，外部环境，内部环境，部件磨损、腐蚀、老化以及其他动态环境的影响，不同的环境因素会导致系统处于不同的健康状态[10]。测试信息（包括出厂检测信息）产生于对动态系统的定期检测与维护、不同等级转进时的检测，从主控软件获取的状态信息，新增采集装置所收集的运行状态信息，将直接反映系统的健康状态。而历史信息则是对各种状况的累积，包括故障发生情况、预警情况、相关人员操作信息、对各参数的调整信息等。因此应将环境信息、测试信息、历史信息作为反映动态系统健康状态的基本信息连同相关数据阈值纳入监测参数数据库中。具体应该包括：在线实时设备各部件的状态；异常及预警信号以及相关处置措施；开机自检记录、故障及处置措施、定期维护信息以及对各参数的及时调整、健康状态信息等；相关操作人员的信息；环境信息。

（2）数据存取管理

动态系统大型化、复杂化，自动化程度日益提高，系统层级结构复杂，总体行为具有涌现特性，在运行过程中会时刻产生海量、异步、异构、高密度的数据信息，蕴涵了大量可以表征系统运行状况但不易表述的隐性知识。传统的集中式存储方法难以满足多路在线运行数据运算分析的高效准确的需求，参考 7.2.2 节中提出的方法采用分布式存储策略。

在多层级海量数据交互存储模式下，需要根据运行数据产生环节、用途等的区分选择不同的存储结构和介质，在数据量特别大时极容易出现涌现爆发的情况。因此，应该采用集中式管理模式。

在该模式下，包含基础信息的索引数据集中存放于服务器端，而详细数据信息分布于不同的终端。其中终端将原始数据、存储地址、接收地址等信息封装成元数据包，其中将地址信息封装为路由信息供终端与服务器端之间的通信交互。该模式可以将访问压力最大限度地平均分散到连接各个终端的数据通道上，在扩充存储通道带宽的同时又配置了运行数据按需调用的策略，以应对海量数据爆发式涌现的情况。

另外，动态系统运行过程中产生的大量工作数据以及标识其本身的属性和方法所需的各类异构数据，组合在一起会形成一种复杂的数据结构，而根据应用的需求，这些数据往往都是非结构化数据，为了便于决策人员对于监测数据的安全状态表征，必须要形成能够被前后端调用的数据格式。

（3）智能数据处理

在动态系统运行过程监测中，所需的数据多是对事实、概念或指令的一种表达形式，不能被决策人员或辅助决策系统直接调用，必须要经过人工或自动化装置进行处理，经过解释并赋予一定的意义之后，成为可用的信息。此时，数据处理包括对数据的采集、存储、检索、加工、变换和传输等。其基本目的是从大量的、可能是杂乱无章的、难以理解的数据中抽取并推导出对于某些特定的人们来说是有价值、有意义的数据。在完成数据的采集与储存之后，需要对数据进行处理分析，一般包括数据预处理、数据统计与分析、数据挖掘等，其目的在于对动态系统运行安全规律的挖掘。

实时数据处理是指计算机对系统现场级数据在其发生的实际时间内进行收集和处理的过程。在动态系统运行数据采集过程中通常由于机械扰动、传感器信号传输等原因，会产生漂移、跳变、空值等噪声。为了提高数据分析和故障建模的质量，要先对采集数据进行预处理。而在预处理后，监测数据结构仍然可能呈现出无序、混杂等情况，因此需要进一步地进行归纳、清洗、汇总，其方法可参考7.2.2节（常用的数据预处理方法有很多，如数据清洗、数据集成、数据变换、数据归纳等）。

7.4.2 智能诊断技术

为持续监测动态系统的运行状况，需要及时地对系统安全工况监测、预警、诊断。按照设定的预警策略，对超出状态评价导则或规程规定闭值范围的状态量和变化趋势，及时提醒监测人员，启动设备健康状态评估、故障分析与定位功能，分析设备缺陷位置和原因。智能诊断技术即是用于发现影响安全因素的重要手段。

（1）状态监测与异常预警

状态监测与异常预警按照状态量预警阈值的要求进行状态量级别的预警，包括设备子系统监测、重点部位监测、整体态势监测等。主要功能是将监控的设备、系统的运行状态特征信息集中显示，对故障特征进行跟踪和对比，进一步检测故障并隔离，提供人机交互界面，实现设备异常和故障检测功能。包括状态监测：数据起止时间、监测结果；状态监测报告：监测时间、监测部件、监测结果，并以功能和子系统区分，结合异常报警预测、报警跟踪等部分，并将警告或报警记录存入本地数据库，实现对数据异常、装置异常、和通信故障等不同类型的异常状态告警。

同时，将各子系统的监测情况进行汇总，设置专门的交互界面，按层级呈现，特别注意，子系统与整体逻辑结构的统一完整，避免监测遗漏或失效。

各子系统在选出关键监测和预警参数以后，仍需要对以上参数的显示方式进行设计，对其中的重要两状态参量设计布局合理的信号灯，对连续型变量设计显示层级及显示次序。

一般认为，现场操作人员和决策希望能对导致设备性能产生重大影响的子系统进行专门的监测及预警，但优先级低于对影响设备功能完整性子系统将无法直观展示。因此需要将针对整体和关键参数的界面分别设置，按需全程监测，重要概念包括：

① 在线监测参数　把影响系统功能完整性的参数作为重点监测对象，实时监测其状态，除此之外，一些影响系统性能的重要参数以及系统状态发生变化时的过程参数也是在线监测对象。

② 离线监测参数　把其他需要监测的参数作为离线监测参数。

③ 监测方式的转换　某些参数需要从在线监测转换到离线监测或者从离线监测转换到在线监测，设置在线监测和离线监测参数的列表，将便于用户自行从中增加参数或删除参数，这在系统应用实现上将是一个可变的配置项集合。在数据空间初始化之后，如果状态监测数据采集数值的三个维度不超过预设值，则可以根据事先定义的策略决定是否将监测方法进行切换，同时，亦可设定默认监测方式，集中关注重要参数。

④ 预警等级的区分　需要相关人员对各个参数做出严重程度的区分，即该参数对整个系统的重要程度，重要程度越高，参数预警等级越高。

⑤ 预警的可视化展示　根据异常参数确定故障的部件，通过对各个监测节点编号查找相应异常部位的位置并呈现在可视化图示中，参考 7.2.3 节的方法，用户可以通过图示直观地确定异常部位。

(2) 故障分析与定位

故障分析是动态系统安全分析的重要组成功能，不同于传统针对静态系统或单一设备的故障诊断机制，面向动态系统安全需求的故障分析需要根据时间特性，进行故障检测、故障定位、故障分离、故障辨识及故障排除等。一般认为，有如下难点需要注意。

其一是传统人工故障诊断难以应对动态系统智能故障诊断与定位的需求。大部分监测系统功能结构较为复杂。由于在使用中的损耗以及操作失误，或外界温度的突然变化、长期的恶劣自然环境、保养措施不善等诸多原因，都会造成系统降低测量精度，乃至不能正常工作。因此传统的通过人为观察进行故障检修和诊断，无法全面地对系统安全进行评价。

其二是单一信号处理特征提取方法难以应对大量监测数据融合诊断的需求。

针对动态系统运行监测数据的大型化、复杂化、测试参数样本大等特点，传统的通过单一的信号来监测系统运行工况的方式，并不能准确地判断出系统的工作状态。而单一的监测信号提取出的故障特征并不能对故障进行完整的描述，导致故障诊断的准确性降低，甚至导致不能检测出故障，从而致使系统或设备的损毁，发生事故等。

鉴于上述两个难点，传统的基于经验知识的故障诊断具有不确定性、人为依赖性大，不具有移植性。因此针对动态系统建模和故障建模需求，需要分析关键部件和各分系统的动力学特性，结合不同运行阶段与不同时序下的子系统物理特性，建立系统模型。分析故障演化过程的系统行为特征，发展为功能故障过程中系统参数和状态行为的特征变化，并分别从系统网络结构、能量变化角度建立功能故障的演化模型。

在系统具有足够测试参数的情况下，故障定位的准确度依赖于对于故障传播路径及机制的深入理解。因此，需要首先对动态系统设备按照部件、子系统、系统的层次结构模型分层级地分析故障的原理、不同位置对故障激励的响应形式、不同类型故障对设备不同层级的影响分析，进而建立起故障的传播路径，实现对不同故障源故障征兆的分类识别。

7.4.3 智能健康评估及安全决策技术

在实现对动态系统的异常检测和故障分析后，可以得出关于系统工况的多方面报告，决策人员需要全方面了解动态系统运行过程中设备当前的性能状态，确保是否有隐患。同时，动态系统经过长时间的运行后，存在性能退化的部件随着运行次数增多，其性能会下降，从而影响整个设备的健康度。因此就系统的整体性能进行评估，以支持针对安全运行的维护决策。

（1）健康评估

健康评估通过选取能体现动态系统性能的参数进行长期记录，并进行分析，得到退化量与时间的关系模型，以便进行系统性能的预测。同时，还需要考察动态系统中设备的整体性能，并考虑故障类型随时间会发生变化的部件对设备整体健康度的影响（如故障累积后发生突变的故障）。在此基础上，分析各部件的影响量化权重，建立分层级的指标体系；建立包含“部件—子系统—系统”级别，且考虑存在寿命极限且有明确寿命判别准则、存在退化但需数据建模以及故障模式会发生转变的部件或子系统的健康状态评估方法。

① 健康状态指标　针对动态系统基本特性设置健康状态指标，也可根据任务需要选取、增加或删除表征健康状态的相关参数。将这些特征参数和有用的信息关联，借助智能算法和模型进行检测、分析、预测，并管理系统或设备的工作

状态。

值得注意的是，外部环境干扰会降低动态系统设备的可靠性，尤其是对机械结构和电气系统损伤极大，是系统故障的重要原因。因此，必须监测装备寿命周期内所经历的环境信息，确定环境应力与系统故障模式和使用寿命、剩余寿命的定量关系。

② 健康状态评估　在建模分析及计算的基础上，需要为系统设备建立适应性的量化评价指标。健康评估模块要求对设备各指标项进行分析评价，并最终得出设备状态等级。要求在设备的任何一个状态量发生变化时，启动自动评价，且当评价结果有等级的变化时，需要在预警模块提醒。

③ 评估报告　系统对设备进行健康状态评估后，应能在线自动生成评估报告并导出，报告内容应包含评估时间、评估指标、健康评估等级等。

（2）安全决策

安全决策是一个集成了多项安全分析的功能，从动态系统安全分析的技术和流程层级来看，安全决策主要分为维护决策和管控决策两部分，其基础分别是状态监测、故障分析与定位，以及健康评估结果，相关分析和评价结果可以在充分了解应用对象的基础上为具体的应用对象制定安全控制决策方案。其中，维护决策用于对影响安全的隐患因素进行排除，属于事中决策；而管控决策用于制定防范的措施和手段，属于事后决策。

安全决策主要包括 5 项内容：

① 确定动态系统安全运行控制域；

② 制定动态系统安全运行等级以及评价方法；

③ 计算动态系统安全控制参数；

④ 制定动态系统安全决策模式及框架；

⑤ 完成动态系统安全决策。

前 4 项的功能输出包括：安全控制域、安全等级指标体系、安全等级指标评价体系、安全控制参数集、安全决策模式及决策流程框架、安全综合决策方法集。这 4 项需要通过一定的人机交互才能完成，第 5 项的输出为最终安全评估报告。

7.5 动态系统安全运行控制决策——以航天发射飞行为例

动态系统安全运行控制决策是安全分析的最终目的，其通过对动态系统各类运行参数的采集、监测、处理、分析，经过危险及安全事故分析、运行监测信号处理、异常工况识别、故障诊断、安全性分析评估、安全风险评估等操作，完整而准确地判断动态系统的运行状况，及时发出相应的安控指令，为决策者提供决策建议，形成系统安全运行报告。该项工作涉及了动态系统安全分析技术中综合性最强、难度最大、层级最高的方法体系。

通过上述任务的执行，会为应用对象给出特定安全指标的最终判定，由于该判定来源于前述多项工作的研究，因此可以认为该判定为整个系统的安全决策提供了根本依据。需要说明的是，前文所述的动态系统安全运行监测管控系统需求与功能以及相关技术方法，是以具有通用性的一般动态系统为对象进行的分析，在实际工程应用中，安全分析往往会根据应用对象的差异进行不同的分析和处理，安全控制决策所涉及的 5 项内容几乎完全无法直接应用于其他对象，而且形成这些核心内容的方法流程也各不相同，这是由于应用对象的领域特性和技术特性所决定的，亦可以认为，脱离了实际对象的安全控制决策是不具备任何意义的。

因此，本节将以一种典型动态系统——航天发射飞行为例（该对象兼顾了大型工业过程和复杂装备系统的诸多特征），介绍一种针对该应用对象的安全运行控制决策技术方法和任务流程，期望通过对此部分的阐述为读者提供一种切实可行的研究思路。

7.5.1 航天发射飞行安全控制域及安全等级

安全控制是航天发射飞行中的一个重要技术。在航天发射中，需要实时计算运载火箭飞行过程中安全管道、星下点和飞行轨迹等参数，准确可靠地判断运载火箭当前状态，当实时数据达到或超出告警线范围，安全控制系统要能作出相应处理和响应。

（1）航天发射飞行安全控制域的计算

安全控制域，又称安全管道，是指运载火箭动力飞行轨迹参数偏离设计值的容许变化范围。但是，安全管道是根据运载火箭飞行安全的落点边界、故障运载火箭的运动特性、保护区分布和影响安全控制的各种误差而制定的。

安全管道按照运载火箭飞行安全控制选用的轨迹参数不同，分为位置、速度和落点三种安全管道。在实际使用中，这三种安全管道都用平面曲线图的形式标绘，并分别称为运载火箭实时位置、实时速度和实时落点安全管道标绘图。它们可在图上连续绘制出来。安全管道是判断运载火箭飞行正常与否的基本依据。计算步骤如下：

① 理论轨迹插值　对安全控制时段内的理论轨迹数据应用多项式三点内插方法，得到相应时间点的数值。

② 管道偏差计算　管道偏差是指各安控参数告警和炸毁管道相对于理论数据的误差。对某一时刻的管道偏差按下式计算：

$$\delta=\sqrt{(k_1\delta_{gr})^2+(k_2\delta_{cl})^2+\delta_{xs}^2+\delta_{sy}^2+\delta_{sm}^2} \tag{7-1}$$

式中，δ_{gr} 为运载火箭飞行干扰偏差数据；δ_{cl} 为测量偏差数据，计算告警管道时取高精度测量偏差，计算炸毁管道时取低精度测量偏差；δ_{xs} 为显示误差；δ_{sy} 为传输系统时延误差；δ_{sm} 为数学模型误差；k_1、k_2 为计算告警和炸毁管道时的系数；$\delta_{xs}^2+\delta_{sy}^2+\delta_{sm}^2$ 在计算各类管道偏差时取值为常数，落点和位置参数的偏差管道取值为 C_1，速度参数偏差管道取值为 C_2，角度参数的偏差管道取值为 C_3。

③ 炸毁、告警管道确定　用多项式三点内插公式，对计算出的炸毁线偏差 δ_{bz} 和告警线 δ_{gj}，间隔插值与插出的理论轨迹对齐，可得炸毁和告警管道 $GD_{\chi\frac{炸}{告}}$：

$$GD_{\chi\frac{炸}{告}}=X\pm\delta_{\chi\frac{炸}{告}} \tag{7-2}$$

取“＋”时，为上管道，否则为下管道，式中 X 为理论轨迹值。横向偏差 Z 安全管道如图 7-13 所示，安全管道计算流程如图 7-14 所示。

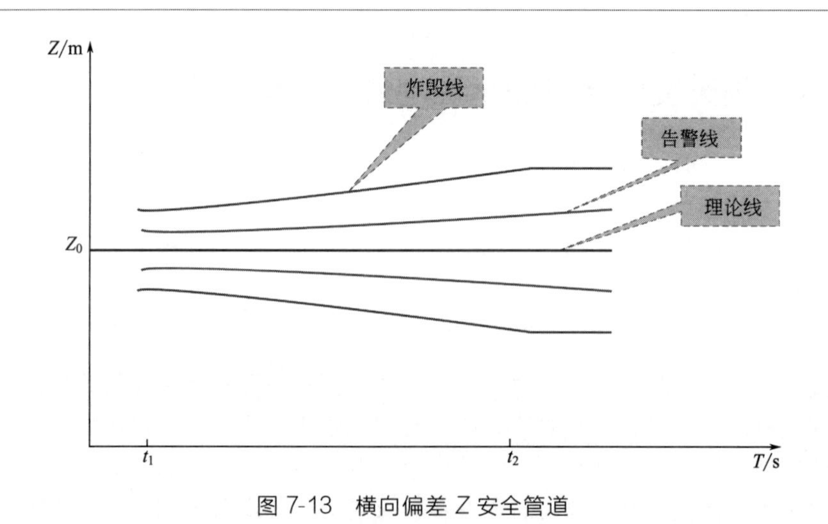

图 7-13　横向偏差 Z 安全管道

(2) 航天发射飞行安全等级判断

① 安全等级判断方法　在设计安全判断方法时，遵循以下原则。

a. 外测与遥测，以外测为主，并充分发挥遥测的作用。

b. 轨迹落点参数与遥测参数，以前者为主，兼顾后者。

c. 落点参数与轨迹参数，以落点参数为主，轨迹参数为辅。

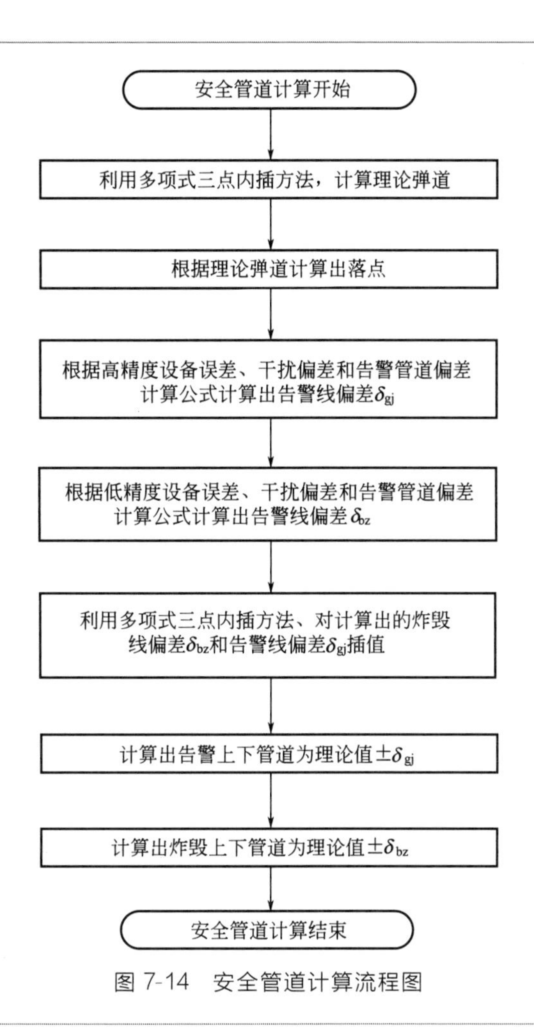

图 7-14　安全管道计算流程图

d. 当没有遥测信号时，通过提高“外测告警”的标准和外测“告警指令”，让外测单独判断；当轨迹与落点出现矛盾时，以落点为主进行安全判断。

以落点与速度参数联合告警为例说明算法，W 为外测值，J 为告警线，S_i 为计算机内部产生的信号，它的值为 0 或 1，V_k 为发射系速度值，β_c 为某一时刻的落点参数。

$$S_1(W,\beta_c,10,J)=\begin{cases}1,\text{当外测落点连续 10 点超越告警线时}\\0,\text{否则}\end{cases} \tag{7-3}$$

$$S_2(W,V_k,10,J)=\begin{cases}1,\text{当外测速度连续 10 点超越告警线时}\\0,\text{否则}\end{cases} \tag{7-4}$$

当 S_1 和 S_2 均等于 1 时，外测落点与速度参数联合告警成立，即 $S_W=S_1$

$(W,\beta_c,10,J)\wedge S_2(W,V_k,10,J)=1$。在航天发射飞行过程中进行安全判断的依据是安全判别表，见表 7-1。

表 7-1 安全判别表

类	序	曲线坐标	告警线	炸毁线
外测轨迹落点	1	落点	√	√
	2	距离	√	√
	3	速度	√	√
	4	倾角	√	
	5	偏角	√	
遥测轨迹落点	6	落点	√	√
	7	距离	√	√
	8	速度	√	√
	9	倾角	√	
	10	偏角	√	
遥测姿态参数	11	俯仰角偏差	√	
	12	滚动角偏差	√	
	13	偏航角偏差	√	
遥测压力参数	14	一级压力 1	√	
	15	一级压力 2	√	
	16	一级压力 3	√	
	17	一级压力 4	√	
	18	二级压力	√	
…	…	…	…	…

注：符号“√”表示对此参数在这方面进行判决。

② 安全运行超界判断　超界判断是判断飞行参数（状态参数和落点参数）是否超越告警线或炸毁线。在两线之间为未超界，在两线之外为超界。这里以落点告警线为例，说明如下。

对于某一时刻的落点经纬度参数 λ_c，β_c 可以找出 $\lambda_{i-1}<\lambda_i<\lambda_c<\lambda_{i+1}$，对应于 λ_i，$i=1$，…，n（理论落点经度），利用 β_{i-1}，β_i，β_{i+1}（理论落点纬度），采用拉格朗日三点内插方法，得到 λ_c 所对应的理论落点纬度 β_c'，利用安全属性数据库中的落点纬度告警上、下管道数据，采用同样的插值方法，计算出对应于 λ_c 的落点纬度告警上、下管道数据 $\beta_{c告警上}$、$\beta_{c告警下}$。当 $\beta_c\in[\beta_{c告警下},\beta_{c告警下}]$成立时，认为飞行器处于告警线之内，否则为超越告警线，此时可以找出参数 β_c 与告警线之差：

$$\begin{cases}\Delta\beta_{c上}=\beta_{c告警上}-\beta_c\\ \Delta\beta_{c下}=\beta_c-\beta_{c告警下}\end{cases}\tag{7-5}$$

超越炸毁线的方法与此相同，其他曲线的判断亦同。

③ 落点选择　进行落点选择时，首先由瞬时落点参数可以外推出三组落点

参数：X_{ci}，Z_{ci}，$\sin\delta_c$ 和 $\cos\delta_c(i=1,2,3)$，X_{ci}，Z_{ci} 为发射系坐标，δ_c 为速度矢量在地面上投影的大地方位角；若三组落点经纬度参数 λ_c、β_c 皆符合落点选择要求，则认为此瞬时落点符合落点选择要求，否则不选取。

落点选择步骤是：先进行一次落点选择，成功则不进行第二次选择，否则进行第二次选择，若第二次选择仍不成功，则说明此瞬时落点不符合落点选择要求。通过一次落点选择的计算，如果确定所有保护城市的保护圆均与运载火箭残片散布椭圆相离，则不进行二次落点选择，二次落点选择是对不满足一次落点选择条件的保护城市的保护圆再次确定其是否与残片散布椭圆有相交或相含的情况。

7.5.2 航天发射飞行安全控制参数计算

（1）落点参数计算

落点参数计算是在航天器发射任务实施中，实时计算运载火箭在一、二级飞行中的任何一个时刻，在发生故障时落在地面上的位置，为安全控制提供依据。落点参数计算和安全控制策略密切相关，是运载火箭安全控制系统设计的主要任务。

① 输入量　测量设备测得的数据经中心计算机处理后，用于落点参数计算的飞行轨迹参数（发射系），位置：X_k，Y_k，Z_k；速度：v_{xk}，v_{yk}，v_{zk}。

② 实时计算的输出量　速度值为 V_k（发射系）；速度倾角为 θ_k（发射系）；偏航角为 σ_k（发射系）；当地高度为 H_k；星下点经纬度为 λ_k，β_k（地理系）；落点经纬度为 λ_c，β_c（地理系）；落点距离为 L_c；沿射向的距离为 L_x；距离偏航量为 L_z；近地点高度为 H_p。

③ 计算中常用参数　地球赤道半径为 $a=6378140\text{m}$，地球偏心率为 $e=\dfrac{1}{296.257}$，地球平均半径为 $R=6371110\text{m}$，地心引力常数为 $G_M=3.98600\times10^{14}\text{m}^3/\text{s}^2$，地球自转角速率为 $\Omega=7.292115\times10^{-5}\text{rad/s}$。

④ 轨迹参数计算公式　从地面坐标系到中间坐标系的变换公式为

$$\boldsymbol{U}=\boldsymbol{M}_a X+\boldsymbol{U}_a=[u_k,v_k,w_k]^T \tag{7-6}$$

式中，X 为理论轨迹值；$\boldsymbol{M}_a$ 为发射坐标系到中间坐标系的变换矩阵：

$$\boldsymbol{M}_a=\begin{bmatrix}1&0&0\\0&\cos\lambda_a&-\sin\lambda_a\\0&\sin\lambda_a&\cos\lambda_a\end{bmatrix}\times\begin{bmatrix}\cos\beta_a&\sin\beta_a&0\\-\sin\beta_a&\cos\beta_a&0\\0&0&1\end{bmatrix}\times\begin{bmatrix}\cos A_a&0&-\sin A_a\\0&1&0\\\sin A_a&0&\cos A_a\end{bmatrix} \tag{7-7}$$

式中，λ_a、β_a 为发射点经纬度（地理系）；A_a 为发射射向。$\boldsymbol{U}_a=[u_a,v_a,$

$w_a]^T$，$u_a=[N_a(1-e^2)+h_a]\sin\beta_a$，$v_a=(N_a+h_a)\cos\beta_a\cos\lambda_a$，$w_a=(N_a+h_a)\cos\beta_a\sin\lambda_a$，$N_a=\dfrac{a}{(1-e^2\sin^2\beta_a)^{\frac{1}{2}}}$，$U_a$ 为发射点在中间坐标系中的坐标，h_a 为发射点的高度。

⑤ 抛物模型　在上升段，当地点高度小于 30km 时采用此模型。发射系中：

$$\begin{cases} L_x=x_k+v_{xk}\times t \\ L_z=z_k+v_{zk}\times t \\ L_c=\sqrt{L_x^2+L_z^2} \\ t=\dfrac{v_{y_{ik}}+\sqrt{v_{y_{ik}}^2+2g\times y_{ik}}}{g} \end{cases} \tag{7-8}$$

式中，$g=\dfrac{3.986005\times10^{14}}{R_k(R_k+y_{ik})}$；$R_k$ 为落点的地球半径，取地球半径。y_{ik}、$v_{y_{ik}}$ 可由

$$\begin{cases} \varepsilon=\dfrac{L_x+L_z}{R_k},\beta=\arcsin\left(\dfrac{y}{R_k}\sin\varepsilon\right) \\ y_{ik}=\dfrac{R_k}{\sin\varepsilon}\sin(\varepsilon+\beta)-R_k \\ v_{y_{ik}}=v_{yk}\cos\varepsilon \end{cases} \tag{7-9}$$

计算得到。y_{ik}、$v_{y_{ik}}$ 为落点始点的地面坐标系的 y 向坐标、v 向速度；其他坐标均为发射系坐标。

落点在中间坐标系中的坐标：

$$\begin{cases} \boldsymbol{U}_c=\boldsymbol{M}_0\boldsymbol{X}_c+\boldsymbol{U}_a=[u_c \quad v_c \quad w_c]^T \\ \boldsymbol{X}_c=[L_x \quad 0 \quad L_z] \end{cases} \tag{7-10}$$

由落点中间坐标系可得大地经纬度 λ_c、β_c。

⑥ 椭圆模型　当地点高度大于 30km 时采用椭圆模型计算落点参数，惯性坐标系状态参数的计算：正向地面坐标系：X 轴的大地方位角 $\Phi=90°$的地面坐标系。通过正向地面坐标系可求得惯性系中的状态参数。发射系坐标中的 $\boldsymbol{V}_a$ 向正向转换：

$$\begin{cases} \boldsymbol{V}_k=\boldsymbol{M}_k^T\boldsymbol{M}_a\boldsymbol{V}_a=[v_{xk} \quad v_{yk} \quad v_{zk}]^T \\ |\boldsymbol{V}_k|=\sqrt{v_{xk}^2+v_{yk}^2+(v_{zk}+r_k\Omega\cos\Phi_k)^2} \\ \sin\theta_k=\dfrac{v_{yk}}{|\boldsymbol{V}_k|} \end{cases}$$

$$
\begin{cases}
\cos\theta_{\mathrm{k}}=\dfrac{\sqrt{v_{\mathrm{xk}}^{2}+(v_{\mathrm{zk}}+r_{\mathrm{k}}\Omega\cos\Phi_{\mathrm{k}})^{2}}}{|\boldsymbol{V}_{\mathrm{k}}|}\\
\sin\delta_{\mathrm{k}}=\dfrac{v_{\mathrm{zk}}+r_{\mathrm{k}}\Omega\cos\Phi_{\mathrm{k}}}{\sqrt{v_{\mathrm{xk}}^{2}+(v_{\mathrm{zk}}+r_{\mathrm{k}}\Omega\cos\Phi_{\mathrm{k}})^{2}}}\\
\cos\delta_{\mathrm{k}}=\sqrt{1-\sin\delta_{\mathrm{k}}^{2}}\\
\boldsymbol{M}_{\mathrm{k}}^{\mathrm{T}}=\begin{bmatrix}\cos\beta_{\mathrm{k}} & -\cos\lambda_{\mathrm{k}}\sin\beta_{\mathrm{k}} & -\sin\lambda_{\mathrm{k}}\sin\beta_{\mathrm{k}}\\ -\sin\beta_{\mathrm{k}} & \cos\lambda_{\mathrm{k}}\cos\beta_{\mathrm{k}} & \sin\lambda_{\mathrm{k}}\cos\beta_{\mathrm{k}}\\ 0 & -\sin\lambda_{\mathrm{k}} & \cos\lambda_{\mathrm{k}}\end{bmatrix}\\
\sin\lambda_{\mathrm{k}}=\dfrac{w_{\mathrm{k}}}{r_{\mathrm{k}}\cos\Phi_{\mathrm{k}}}\\
\cos\lambda_{\mathrm{k}}=\dfrac{v_{\mathrm{k}}}{r_{\mathrm{k}}\cos\Phi_{\mathrm{k}}}
\end{cases}
\tag{7-11}
$$

式中，θ_{k} 为速度向量与星下点大地切面的夹角；δ_{k} 为速度向量在地面上投影的大地方位角；$\boldsymbol{V}_{\mathrm{k}}$ 为惯性系下的速度值。进而，由球面三角公式可计算落点经纬度 λ_{c}、β_{c} 和距离 L_{c} 参数。为了计算的准确性，需要进行相关参数的修正。

（2）残片散布区域参数计算

运载火箭发生爆炸时，其残片将产生巨大的破坏力，产生各种形状、尺寸以及以不同速度飞行的碎片，碎片的特性取决于运载火箭的结构和爆炸模式。利用测控网获取的运载火箭遥、外测数据，结合地理信息系统提供的地形数据，可以判断故障箭的爆炸模式，确定其爆炸威力。根据故障箭的爆炸威力和爆炸发生前的遥、外测数据，可以求解不同特性爆炸碎片的速度、加速度等初始状态，运载火箭爆炸碎片散布区域的计算、显示流程如图 7-15 所示。

① 确定运载火箭发生爆炸的状态和模式　发生爆炸时的状态：根据接收到的外轨迹测量数据和遥测数据，确定运载火箭发生爆炸的时刻、所处的位置、飞行的速度和剩余的推进剂质量，这些参数均作为计算运载火箭爆炸碎片的初始条件。运载火箭爆炸模式：依据接收到的外轨迹测量数据和遥测数据，结合地理信息系统中的地形数据，确定运载火箭发生爆炸的模式，按照确定运载火箭爆炸威力的需要，分为地面爆炸和空中爆炸两种。

② 计算运载火箭爆炸威力　发生空中爆炸时爆炸威力的计算公式为：

$$M_{TNT}=M_{ln}\times 0.05+M_{ll}\times 0.6 \tag{7-12}$$

发生地面爆炸时爆炸威力的计算公式为：

$$M_{TNT}=M_{ln}\times 0.1+M_{ll}\times 0.6 \tag{7-13}$$

其中，M_{TNT} 为爆炸等效的 TNT 当量，是待求解的量。M_{ln} 为爆炸发生时运载火箭上剩余的常规推进剂质量。M_{ll} 为爆炸发生时运载火箭上剩余的低温推进剂质量。确定爆炸威力后，可以获得爆炸冲击波的各项参数，如比冲量 i_s，侧向压力 p_s，用于确定冲击波对碎片的加速作用。

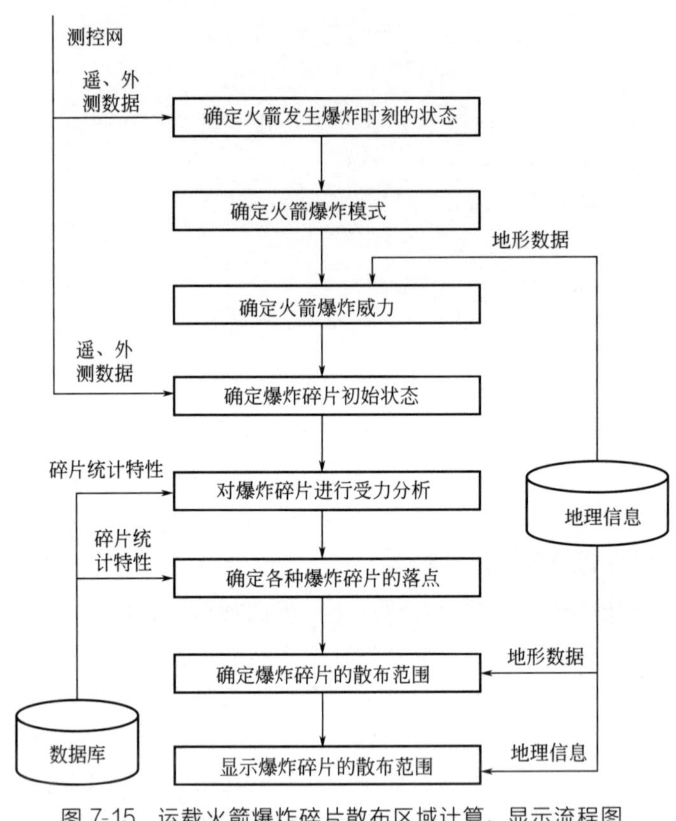

图 7-15 运载火箭爆炸碎片散布区域计算、显示流程图

③ 确定爆炸碎片初始状态　爆炸碎片在爆炸中获得的速度来源有两个，第一是推进剂储箱爆裂时碎片受高压气体作用而加速，第二是爆炸冲击波对碎片的加速作用。碎片受高压气体作用而获得的初始速度计算公式如下：

$$\begin{cases} u=\overline{U}ka_{\mathrm{q}} \\ \lg\overline{U}=1.2\lg\overline{P}+0.91 \\ \overline{P}=\dfrac{(p-p_0)V_0}{m_{\mathrm{c}}a_{\mathrm{q}}^2} \\ k=\dfrac{1.25m_{\mathrm{p}}}{m_{\mathrm{c}}}+0.375 \end{cases} \tag{7-14}$$

式中，u 为碎片受高压气体作用而获得的速度，是需要求解的量；$\overline{U}$、$\overline{P}$、k 为中间变量；a_q 为爆炸产生的气体中的音速；p 为推进剂储箱的耐压；p_0 为爆炸发生位置的大气压力；V_0 为推进剂储箱的容积；m_c 为推进剂储箱的质量，m_p 为所计算碎片的质量。利用已知条件及常数解上述方程组即可求得碎片受高压气体作用而获得的速度 u。

碎片受爆炸冲击波作用而获得的速度计算公式如下：

$$v=\frac{p_0 i_s C_D A}{m_p p_s} \tag{7-15}$$

式中，v 为碎片受冲击波作用而获得的速度，是需要求解的量；p_0 为爆炸发生位置的大气压力；i_s 为爆炸冲击波的比冲量；C_D 为碎片的阻力系数；A 为碎片的受力面积；m_p 为碎片的质量；p_s 为爆炸冲击波的侧向压力。利用已知条件代入上述方程即可求解碎片受冲击波作用而获得的速度 v。

确定了碎片受高压气体作用而获得的速度 u、碎片受冲击波作用而获得的速度 v 和爆炸发生时刻运载火箭的飞行速度 V，即可按矢量合成向不同方向投射出去的碎片速度 $\mathbf{V}_p$。按矢量合成速度的公式如下：

$$\mathbf{V}_p=\mathbf{V}+\boldsymbol{u}+\boldsymbol{v} \tag{7-16}$$

④ 爆炸碎片受力分析及落点计算　对爆炸碎片进行受力分析，考虑碎片速度方向在 OXY 平面的情况，可列出碎片飞行的微分方程组如下：

$$\begin{cases}\ddot{X}=-\dfrac{AC_D\rho(\dot{X}^2+\dot{Y}^2)}{2m_p}\cos\alpha+\dfrac{AC_L\rho(\dot{X}^2+\dot{Y}^2)}{2m_p}\sin\alpha \\ \ddot{Y}=-g-\dfrac{AC_D\rho(\dot{X}^2+\dot{Y}^2)}{2m_p}\sin\alpha+\dfrac{AC_L\rho(\dot{X}^2+\dot{Y}^2)}{2m_p}\cos\alpha\end{cases} \tag{7-17}$$

式中，$\ddot{X}$ 为碎片飞行时在 x 方向的加速度；$\dot{X}$ 为碎片飞行时在 x 方向的速度；$\ddot{Y}$ 为碎片飞行时在 k 方向的加速度；$\dot{Y}$ 为碎片飞行时在 y 方向的速度；A 为碎片的受力面积；C_D 为碎片的阻力系数；C_L 为碎片的升力系数；ρ 为碎片的密度；m_p 为碎片的质量；α 为碎片飞行时的攻角。由于爆炸发生后碎片的初始位置、初始速度已知，因此可以用迭代法求解碎片飞行中各个时刻的位置$(x_t,y_t,0)$，并与地理信息系统中的地形数据$(x_l,y_l,0)$进行比较，当迭代计算出 $y_t=y_l$ 时停止迭代计算，碎片已落到地面，碎片的落点坐标为$(x_t,y_t,0)$。

⑤ 计算、显示爆炸碎片的散布范围　分别确定各种碎片在爆炸发生后的初始速度，并按不同的方向进行速度合成，反复进行迭代计算求解并记录其落点，最后对记录的落点进行统计，确定爆炸碎片的散布范围，在地理信息系统中显示出来。

（3）燃料泄漏的扩散参数计算

液体推进运载火箭坠落爆炸范围的确定，国内外均采用缩比试验的方式进行，其试验结果只适用于火箭在发射台上爆炸的情况，对于火箭在空中坠落爆炸的情况则无法确定。本方法是通过试验数据分析，建立数学模型，结合航天器发射飞行时的风速、主导风方向等气象信息和落点地理空间信息，完成复杂地形上空的风场和随时间变化的毒气扩散浓度的计算和毒气扩散仿真，如图 7-16 所示。

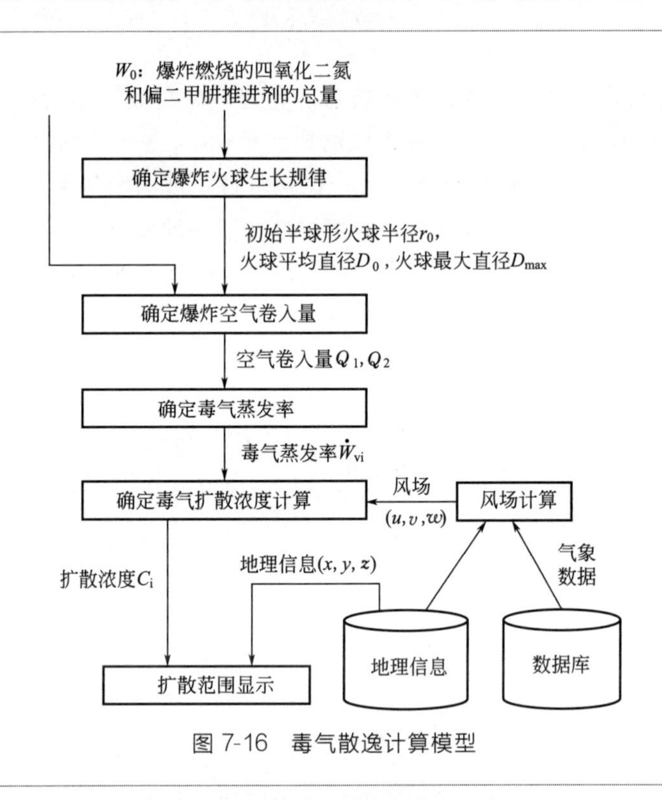

图 7-16　毒气散逸计算模型

① 初始化　初始化运载火箭飞行航区的气象数据(U,T,α)、位置(X,Y,Z)和飞行时间 t_q。其中，U 为平均风速，T 为空气绝对温度，α 为主导风的方向。

② 确定推进剂源强　确定推进剂源强，即要确定毒气蒸发速率，毒气蒸发速率是确定毒气扩散浓度的输入条件。液体推进剂运载火箭爆炸火球的生长规律主要由初始半球形火球半径和火球平均直径确定，初始半球形火球半径 r_0 由下式确定：

$$r_0=0.156D_{max} \tag{7-18}$$

火球平均直径 D_0 由下式确定：

$$D_0\approx 0.75D_{max} \tag{7-19}$$

式中，D_{max} 式为火球最大直径：

$$D_{max}=2.32W_0^{0.32} \tag{7-20}$$

W_0 为参与爆炸燃烧的 N_2O_4 和偏二甲肼推进剂的总量：

$$W_0=W-U(t_q+1.5)-W_e \quad 0\leqslant t\leqslant 60s \tag{7-21}$$

式中，W 为运载火箭中常规双组元推进剂 N_2O_4 和偏二甲肼的加注量；U 为运载火箭起飞后 60s 内 N_2O_4 和偏二甲肼的秒消耗量；t_q 为距运载火箭起飞零秒时间。

③ 确定爆炸空气卷入量　液体推进运载火箭爆炸火球升离地面前的空气卷入量 Q_1 为

$$Q_1=Q_{11}-Q_{12} \tag{7-22}$$

$$Q_{11}=\int_0^{t_0}\pi\left\{r^2-\left[\sqrt{r^2-\left(\int_0^{t_{r_0}}\frac{2}{3}gt\,dt\right)^2}\right]^2\right\}\frac{2}{3}gt\,dt \tag{7-23}$$

$$Q_{12}=\frac{1}{243}\pi g^3\left(t_1^6-\frac{9}{2g}r_0t_1^4+\frac{27}{g^2}r_0^2t_1^2-\frac{81}{g^3}r_0^3\ln\frac{r_0+\frac{1}{3}gt_1^2}{r_0}\right) \tag{7-24}$$

式中，t_0 为初始半球形火球生成的时间，$t_0=0.3329W_0^{0.16}$；t_{r0} 为初始半球形火球停止生长的一段时间，$t_{r0}=0.1437W_0^{0.16}$；t_1 为火球由半球形逐渐生长成球形所经历的时间，$t_1=\left[\frac{(3D_0-6r_0)}{2g}\right]^{\frac{1}{2}}$；$g$ 为重力加速度，其值近似为 $9.8m/s^2$；π 为圆周率；t 为火球爆炸后所经历的时间；W_0 为参与爆炸燃烧的 N_2O_4 和偏二甲肼推进剂的总量；D_0 为火球平均直径；r_0 为初始半球形火球半径。

液体推进运载火箭爆炸火球上升阶段的空气卷入量 Q_2 为

$$Q_2=\int_0^{t_2}\pi r^2\left(V_{fbt}-\frac{1}{3}V_r\right)dt \tag{7-25}$$

式中，t_2 为火球开始上升至上升膨胀成最大直径阶段经历的时间；r、V_r 分别为火球开始上升至上升膨胀成最大直径阶段的半径和径向速度；V_{fbt} 为火球体上升的速度；t 为火球体上升的时间，$0\leqslant t\leqslant t_2$；$\pi$ 为圆周率。

④ 确定运载火箭推进剂爆炸后的毒气蒸发速率　确定蒸发速率分两种情况，即基于推进剂爆炸事故发生时环境温度 T（已知）在沸点上和沸点下的情况，分别对应急骤蒸发速率和平稳蒸发速率。

急骤蒸发速率为

$$W_f=k_f\rho_{air}(Q_1+Q_2) \tag{7-26}$$

式中，k_f 由空气中氧的比例和化学反应分子式确定，对 N_2O_4 为 0.02028，对偏二甲肼为 0.009566；Q_1、Q_2 分别由式(7-22) 和式(7-25) 确定；ρ_{air} 为空气密度。

平稳蒸发速率为

$$\dot{W}_{vt}=\dot{W}_{v0}e^{-\frac{\dot{W}_{v0}}{W_f}t} \tag{7-27}$$

式中，$\dot{W}_{vt}$ 为液体推进运载火箭爆炸后毒气平稳蒸发速率；t 为蒸发经历时间；$\dot{W}_{v0}$ 为运载火箭推进剂初始蒸发速率。

$$\dot{W}_{v0}=0.03305k_m m_f W_f G_f \tag{7-28}$$

式中，$\dot{W}_f$ 为火球中富余的推进剂重量，由式(7-26) 求出。

⑤ 生成复杂地形网格　为了模拟不同垂直分布的气流在复杂地形上空的输送或者扩散过程，将地形表面作为一个网格面，这样正确地反映了地形的真实效应，可模拟过山波动、地形的阻塞、分支和绕流、地形尾流区流场状态（即背风坡涡旋）等。在发射坐标系（x,y）水平平面上空间采用等步长分布，而在 Z 方向采用随地形的垂直坐标变换，输出为物面拟合的贴体坐标 x，y，$\overline{Z}$。它充分反映了地形的起伏，为确定复杂地形上空的风场输入地形网格数据，可构成复杂地形上空的贴体曲线坐标网格，适用于山区地形。网格由式(7-29) 确定。

$$\overline{Z}=H\frac{Z-Z_g}{H-Z_g} \tag{7-29}$$

式中，H 为此点所要考虑的顶部高程；$Z_g=Z_g(x,y)$为地面的起伏高度数据；Z 为笛卡儿坐标系中(x,y,z)的垂直坐标；$\overline{Z}$ 为变化后的高程坐标，根据式(7-29) 可以得到 $\overline{Z}$ 的值域为：$\overline{Z}=[0,H]$。

如果在区间 $[0,H]$ 上的 $\overline{Z}$ 的分割确定以后，则可确定 Z 为

$$Z=Z_g+\frac{\overline{Z}(H-Z_g)}{H} \tag{7-30}$$

⑥ 确定复杂地形上空的风场　我们知道，浓度的扩散是在风的作用下完成的，风场在扩散方程求解中是一个非常重要的输出量，它是整个毒气扩散问题求解的基础。风场由式(7-31) 和式(7-32) 确定。

$$\begin{cases}\dfrac{\partial E}{\partial t}+\boldsymbol{u}\dfrac{\partial E}{\partial x}+\boldsymbol{v}\dfrac{\partial E}{\partial y}+\boldsymbol{w}\dfrac{\partial E}{\partial z}=k_{mz}\left[\left(\dfrac{\partial \boldsymbol{u}}{\partial z}\right)^2+\left(\dfrac{\partial \boldsymbol{v}}{\partial z}\right)^2\right]+\dfrac{\partial}{\partial x}(\dfrac{k_{mh}}{\sigma_E}\times\dfrac{\partial E}{\partial x}) \\ \qquad +\dfrac{\partial}{\partial y}\left(\dfrac{k_{mh}}{\sigma_E}\times\dfrac{\partial E}{\partial y}\right)+\dfrac{\partial}{\partial z}\left(\dfrac{k_{mh}}{\sigma_E}\times\dfrac{\partial E}{\partial z}\right)-\varepsilon \\ \dfrac{\partial \varepsilon}{\partial t}+\boldsymbol{u}\dfrac{\partial \varepsilon}{\partial x}+\boldsymbol{v}\dfrac{\partial \varepsilon}{\partial y}+\boldsymbol{w}\dfrac{\partial \varepsilon}{\partial z}=\dfrac{\partial}{\partial z}\left(\dfrac{k_{mz}}{\sigma\varepsilon}\times\dfrac{\partial \varepsilon}{\partial z}\right)+\dfrac{\partial}{\partial x}\left(\dfrac{k_{mh}}{\sigma\varepsilon}\times\dfrac{\partial \varepsilon}{\partial x}\right)+\dfrac{\partial}{\partial y}\left(\dfrac{k_{mh}}{\sigma\varepsilon}\times\dfrac{\partial \varepsilon}{\partial y}\right) \\ \qquad +c_{1\varepsilon}\dfrac{\varepsilon^2}{E}k_{mz}\left[\left(\dfrac{\partial \boldsymbol{u}}{\partial z}\right)^2+\left(\dfrac{\partial \boldsymbol{v}}{\partial z}\right)^2\right]-c_{2\varepsilon}\dfrac{\varepsilon^2}{E}\end{cases} \tag{7-31}$$

$$k_{\mathrm{mz}}=c_u \frac{\varepsilon^2}{E} \tag{7-32}$$

式中，$(\boldsymbol{u},\boldsymbol{v},\boldsymbol{w})$为发射坐标系中的三个风速向量，是需要求解的量；$(x,y,z)$为发射坐标系的经式(7-29)和式(7-30)变换得到的三个分量，为已知的地理信息；E、ε 分别为主导风能量和动量，由主导风的风向和风速确定；$c_{1\varepsilon}$、$c_{2\varepsilon}$分别为二阶和四阶耗散系数；k_{mh}、k_{mz} 分别为水平和大地高程方向风场系数。利用拟压缩时间相关法求解发射坐标系中的三个风速向量（$\boldsymbol{u},\boldsymbol{v},\boldsymbol{w}$）。

⑦ 确定毒气扩散范围及浓度　液体推动运载火箭推进剂爆炸后的有毒气体在大气中扩散，在得到推进剂源强推进剂爆炸后的有毒气体扩散速率、发射坐标系中的三个风速向量（$\boldsymbol{u},\boldsymbol{v},\boldsymbol{w}$）后，解扩散方程，得出液体推动运载火箭推进剂爆炸后的时间 t 时有毒气体随发射坐标系(x,y,z)的扩散浓度 c_i，为扩散范围显示提供浓度场数据。毒气扩散浓度由式(7-33)确定。

$$\frac{\partial c_i}{\partial t}+\frac{\partial}{\partial x}(uc_i)+\frac{\partial}{\partial y}(vc_i)+\frac{\partial}{\partial z}(wc_i)=D_i\left(\frac{\partial^2 c_i}{\partial x^2}+\frac{\partial^2 c_i}{\partial y^2}+\frac{\partial^2 c_i}{\partial z^2}\right)+R_i(c_i,T)+\dot{W}_{vi}(x,y,z,t) \tag{7-33}$$

式中，t 为运载火箭推进剂爆炸后的时间；c_i 为待求扩散浓度；D_i 为已知第 i 种毒气成分的分子扩散系数；R_i 为已知第 i 种成分的化学反应生成率；$\dot{W}_{vi}$ 为已知第 i 种毒气成分的毒气蒸发速率；T 为绝对温度；(u,v,w)为发射坐标系中的三个已知风速分量。

7.5.3 航天发射飞行安全控制决策模式及框架

综合外测遥测参数对运载火箭超越告警线和炸毁线的判断方法，通过分析得到运载火箭飞行轨迹参数是否正常的处理结果，并获取运载火箭飞行安全的判断规则。

(1) 航天发射飞行安全控制知识规则设计原则

① 当外测轨迹参数中落点参数超越安全管道时，以遥测姿态控制系统的遥测参数作为综合判决依据。

② 当外测轨迹参数中距离参数超越安全管道时，以遥测姿态控制系统和动力系统的遥测参数作为综合判决依据。

③ 当外测轨迹参数中空间位置参数超越安全管道时，以遥测姿态控制系统的遥测参数作为综合判决依据。

④ 当外测轨迹参数中运载火箭飞行速度参数超越安全管道时，以动力系统的遥测参数作为综合判决依据。

(2) 运载火箭飞行安全判断规则

根据以上知识规则设计原则，在运载火箭轨迹参数出现异常并超越告警线时，将提供告警信号形成的原因，即是由哪几个轨迹参数异常所引起的。下面以外测落点参数、距离参数及速度参数超界为例说明运载火箭飞行安全知识规则。

实时飞行状态 Φ_k 可表示为：$\Phi_k=\{S_1,S_2,S_3\}$。

① 落点参数超界判断　落点参数超越告警线定义为 $S_1(k)$：

$$\begin{cases}S_1(k)=\{S_{11}(k),S_{12}(k),\cdots,S_{17}(k)\}\\S_{11}(k)=W_{\beta_c}\\S_{12}(k)=\beta_c\\S_{13}(k)=T_{\beta_c}\\S_{14}(k)=J_{\beta_c}\\S_{15}(k)=\alpha\\S_{16}(k)=\beta\\S_{17}(k)=\gamma\end{cases}\tag{7-34}$$

式中，W_{β_c} 为外测落点参数超界告警；β_c 为外测落点；T_{β_c} 为外测落点连续超界时间；J_{β_c} 为外测落点超界告警线；α 为运载火箭飞行俯仰角；β 为火箭飞行偏航角；γ 为运载火箭飞行滚动角。

落点变化与控制系统姿态参数有关，结合对遥测参数对运载火箭飞行状态的影响的分析结果，应对遥测中的一、二级控制系统参数作综合判断，为了进一步保证安全判断结果的可靠性，确定当落点参数超界时至少有同时段两个或以上控制系统参数异常，则确定落点参数超界为真实状态。

② 距离参数超界判断　距离参数超越告警线定义为 $S_2(k)$：

$$\begin{cases}S_2(k)=\{S_{21}(k),S_{22}(k),\cdots,S_{27}(k)\}\\S_{21}(k)=W_{L_c}\\S_{22}(k)=L_c\\S_{23}(k)=T_{L_c}\\S_{24}(k)=J_{L_c}\\S_{25}(k)=P\\S_{26}(k)=\theta_1\\S_{27}(k)=\theta_2\end{cases}\tag{7-35}$$

式中，W_{L_c} 为外测距离参数超界告警；L_c 为距离；T_{L_c} 为外测距离连续超界时间；J_{L_c} 为外测距离超界告警线；P 为运载火箭发动机燃烧室压力；θ_1 为运载火箭速度正俯仰角；θ_2 为运载火箭速度负俯仰角。

通过分析，运载火箭射程同其飞行瞬时速度和姿态相关，因此，对运载火箭距离参数的综合判断主要包括动力系统、控制系统和运载火箭俯仰角的变化情况，考虑动力系统参数和运载火箭俯仰角的变化。当运载火箭推力偏小时，距离偏近；推力偏大时，距离偏远；飞行俯仰角接近45°时距离偏远，反之偏近；在系统判断中，当距离参数超越告警线时，首先计算实际距离与理论距离相比是偏远还是偏近，同时计算飞行俯仰角的变化是更接近45°还是更偏离45°，并处理相应的遥测动力系统参数是有利于运载火箭推力增加还是减小，当遥测俯仰参数或动力系统参数中有一类情况同运载火箭距离偏离方向一致时，则确定距离超界为真实状态，否则将取消距离超界的判断结论。

③ 速度参数超界判断　速度参数超越告警线定义为$S_3(k)$：

$$\begin{cases} S_3(k)=\{S_{31}(k),S_{32}(k),\cdots,S_{37}(k)\} \\ S_{31}(k)=W_{V_k} \\ S_{32}(k)=V_k \\ S_{33}(k)=T_{V_k} \\ S_{34}(k)=J_{V_k} \\ S_{35}(k)=P_1 \\ S_{36}(k)=P_{yx} \\ S_{37}(k)=P_{rx} \end{cases} \tag{7-36}$$

式中，W_{V_k}为外测速度参数超界告警；V_k为飞行速度；T_{V_k}为外测速度连续超界时间；J_{V_k}为外测速度超界告警线；P_1为运载火箭发动机推力室压力；P_{yx}为氧化剂储箱压力；P_{rx}为燃烧剂储箱压力。

速度参数的变化主要与动力系统参数变化相关，同样，当运载火箭推力偏小时，速度偏小；推力偏大时，速度偏大。当速度参数超越告警线时，首先计算实际速度处理结果与理论速度相比是偏大还是偏小，同时处理相应的遥测动力系统参数是有利于运载火箭推力增加还是减小，动力系统参数判断结果同运载火箭速度偏离变化趋势方一致时，则确定速度超界为真实状态，否则将取消速度超界的判断结论。

(3) 基于最小损失的安全控制实时决策

安全控制决策是一种基于空间信息处理和损失估计的有反馈安全时机决策。反馈的决策控制策略是非常有意义的，其目的是在实施安全控制时，通过计算机对落区事故地点空间信息的处理，寻求损失最小地点的时机，如图7-17所示。

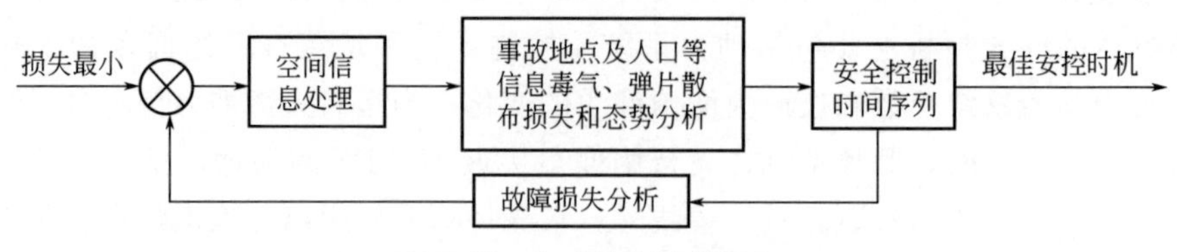

图 7-17　安全控制决策框架

实时决策是一种广义的计算机处理与控制，它是对被控参数的瞬时值进行检测，并根据输入进行分析，决定下一步的控制过程。在故障箭的爆炸现场，通过空间地理分布特征，可以初步确定残片散布范围和毒气散逸范围，反映事故动态变化的特性，做出事故危害性的估计，通过地理信息系统（GIS）将事故的状况和发展态势及时以可视化的方式呈现给决策者，包括事故所处的位置、发生事故造成什么样的影响以及到达事故地点的最短路径等。

根据运载火箭飞行航区的星下点轨迹，结合地理空间信息，综合预测落点地理位置、事故危害等影响运载火箭安全控制的因素，得到运载火箭飞行安全控制的时间序列：

飞行时刻 k：1，2，…，N。

落点 D：D_1，D_2，…，$D_N \in \boldsymbol{D}_i(x_i, y_i)$，$i=1$，2，…，$N$。

残片散布 R：$R_{1,h1}$，$R_{2,h2}$，…，$R_{N,hN} \in \boldsymbol{R}_{i,hi}$ (x_i, y_i)，$i=1,2,\cdots,N$。

毒气状态 C：C $(h<h_0)$。

人口分布 $\boldsymbol{P}$：$\boldsymbol{P}=\rho\boldsymbol{R}_{i,hi}(x_i, y_i)$，$\rho$ 为在落点坐标的人口密度。决策值为 $\min(P)$。

重要目标 $\boldsymbol{\sigma}$：$\boldsymbol{\sigma}(x_i, y_i) \cap \boldsymbol{R}_{i,hi}(x_i, y_i)=\boldsymbol{Q}$。$\boldsymbol{\sigma}=\{$大型设施、江河、湖泊$\}$，$\boldsymbol{\sigma}(x_i, y_i)$为在 (x_i, y_i) 处有保护目标。决策值为：$\boldsymbol{Q}=\text{null}$ 或 $\boldsymbol{Q}=\min$ $(\boldsymbol{Q})$。

在运载火箭飞行过程中的各种状态，其实质是每一时刻描述飞行过程的特征参数的状态集合，唯一地确定了运载火箭的飞行状态，下式表示了飞行特征参数与其状态的对应关系：

$$\begin{gathered}\boldsymbol{\Phi}_k=\{\boldsymbol{S}_1, \boldsymbol{S}_2, \boldsymbol{S}_3 \mid t=t_k\}=[\boldsymbol{S}_1(k), \boldsymbol{S}_2(k), \boldsymbol{S}_3(k)] \\ \boldsymbol{S}_j(k) \in [\boldsymbol{S}_{j1}(k), \cdots, \boldsymbol{S}_{jn}(k)]\end{gathered} \tag{7-37}$$

式中，$\boldsymbol{\Phi}_k$ 为运载火箭在 t_{k} 时刻的飞行状态；$\boldsymbol{S}_j(k)(j=1,2,3)$为 t_{k} 时刻描述飞行状态的特征参数，分别为三维位置坐标和飞行姿态参数；$\boldsymbol{S}_{jl}$ (k) $(l=1$，…，$n)$ 为 $\boldsymbol{S}_j(k)$ 的一个取值。在 t_k 时刻飞行的特征参数的集合 $\boldsymbol{S}_j(k)$ 就唯一地描述了该时刻过程的状态 $\boldsymbol{\Phi}_k$。

将运载火箭飞行的坐标和姿态参数分解为各个参数下的特征状态体。将包含式(7-37) 所示的运载火箭飞行实时状态的特征状态体，按优先级和常规级分别存储于知识库中，该特征状态体可以被描述为一个三元组：

$$\boldsymbol{T}=\langle\boldsymbol{\Phi},\boldsymbol{Q},\boldsymbol{\varphi}\rangle \tag{7-38}$$

式中，$\boldsymbol{\Phi}$ 是一组飞行实时特征的有限集合 $\boldsymbol{\Phi}=\{s_1,s_2,s_3\}$；$\boldsymbol{Q}$ 为运载火箭飞行正常状态信息的值域集 $\boldsymbol{Q}=\{q_{s1},q_{s2},q_{s3}\}$，$\boldsymbol{q}_{si}=[q_{si,1},q_{si,2},\cdots,q_{si,n}]$；$\boldsymbol{\varphi}$ 为当前运载火箭飞行工作时间在状态 $\boldsymbol{Q}$ 的飞行安全值域范围集 $\boldsymbol{\varphi}_s=\{\varphi_s(q_{s1}),\varphi_s(q_{s2}),\varphi_s(q_{s3})\}$。

式(7-38) 称为“规则基-特征状态体”，规则基定义为结论为真的基本信息集。其包含的 3 个关键参数为：运载火箭飞行特征 $\boldsymbol{\Phi}_k$、正常飞行状态 $\boldsymbol{Q}$、当前运载火箭飞行时间的正常取值范围 $\boldsymbol{\varphi}$，当实时飞行状态 $\boldsymbol{\Phi}_k$ 在 $\boldsymbol{Q}$ 所描述的正常取值范围 $\boldsymbol{\varphi}$ 内时，运载火箭飞行正常。

在空间安全决策与应急决策中，“目标-规则基-特征状态体”的领域知识表示模型可以分解为目标、结论为真的基本信息集（规则基）、事实特征，这三者包括不同事实特征的修正量形成了领域规则。

安全应急决策是一种突发事件已经发生时基于空间信息处理的应急决策，是为了有效保护事故地点人民生命财产安全和减少损失而需要采取的应急处理行为。一旦出现故障，根据运载火箭轨迹数据和相关地理信息，提取故障点人口、城镇设施、气象、地形、环境等空间和属性信息，根据故障火箭的状态信息（大小、携带燃料多少和是否有毒等），实时直观地确定故障爆炸点及残片和毒气散布区域与影响区域，进行损失估计和现场态势分析，综合应急数据库、预案库和安全应急处理模型，为应急指挥决策提供支持。

7.5.4 航天发射飞行安全智能应急决策

本节将以运载火箭的飞行安全评估和控制决策为例，对系统运行安全性动态评估技术的应用进行详细阐述。在航天发射过程中，进行运载火箭发射飞行安全的仿真模拟和现场态势分析，建立运载火箭、卫星发射场完善的组织救援体系和故障处置方案与应急措施，提高安全应急保障能力和实时决策的手段，将有着重要的意义。

（1）智能应急决策预案的表示

通过研究基于大规模实时运行监测数据的网络化、智能化运载火箭发射飞行应急决策方法，将仿真和空间信息处理相结合实现故障点周围情况及故障区域范围的描述，提供事故应急和数据管理的技术决策支持，解决运载火箭发射和飞行的安全保障。

预案是针对未来某种情况的假设或“想定”条件而预先做出的决策方案，是隐式规则。采用向量空间的方法描述预案，然后采用面向对象基于框架的方法来表示预案。将预案表示成：＜问题描述，解描述＞或＜问题描述，解描述，效果描述＞。利用主要特征点（属性）来描述预案，预案特征向量表示如下。

假设预案空间为 $\boldsymbol{S}$，问题空间为 $\boldsymbol{P}$，条件空间为 $\boldsymbol{T}$，决策空间为 $\boldsymbol{R}$，预案库为 $\boldsymbol{CB}$。预案库 $\boldsymbol{CB}$ 可表示为：$\boldsymbol{CB}=\{cs_1,cs_2,\cdots,cs_k\}$。其中，$k$ 为预案库中实例的数目，$cs_i \in \boldsymbol{CB}$。每条预案 cs 由特征向量 $\boldsymbol{c}$ 和决策向量 $\boldsymbol{r}$ 组成：$cs_i=(\boldsymbol{c}_i,\boldsymbol{r}_i)$，其中，$cs_i \in \boldsymbol{CB}$，$c_i \in \boldsymbol{T}$，$r_i \in \boldsymbol{R}$ 分别为预案 cs_i 的特征向量和决策结果向量。决策的问题描述分为三种类型：特征属性描述，标记为 a^e；主题属性描述，标记为 a^s；环境属性描述，标记为 a^c。

一个预案的特征向量 $\boldsymbol{c}$ 可表示为有限个属性及其属性值的集合，即：

$$\begin{aligned}\boldsymbol{c}&=\{(a_i^e,v_i^e),(a_j^s,v_j^s),(a_k^c,v_k^c)\}\\&=\{(a_1^e,v_1^e),\cdots,(a_l^e,v_l^e),(a_1^s,v_1^s),\cdots,\\&\quad(a_m^s,v_m^s),(a_1^c,v_1^c),\cdots,(a_n^c,v_n^c)\}\end{aligned}\tag{7-39}$$

式中，l、m、n 分别为预案的特征属性、主题属性和环境属性数目，v 为各属性值。

设问题 p 与预案 $cs_i \in \boldsymbol{CB}$ 的相似度为：$\delta_i=f(cs_i,p)$。对问题 $q \in \boldsymbol{P}$，将 q 映射到条件空间 $\boldsymbol{T}$ 上，得到问题特征向量 $p \in \boldsymbol{T}$，将 p 与预案 $cs_i \in \boldsymbol{CB}$ 的条件向量部分 $\boldsymbol{c}_i$ 逐一匹配，得到相似度 δ_i，选择相似度最大（比如 δ_j）并大于阈值的预案 cs_j 对应的决策向量 $\boldsymbol{r}_j$ 决策结果。

在本节研究的基于预案的抽象描述中，一条具体的预案应该由以下几个部分组成。

① 类型：航天发射飞行事故可能出现的各种突发性事件。

② 决策条件：决策条件即预案的问题描述，包括特征条件、专有条件和公有条件。特征条件对应于问题属性中的特征属性，是该决策预案的特征描述，采用关键字来实现。专有条件对应于问题属性中的主题属性，是不同事故应急所需的特殊的决策条件，例如泄漏有毒气体的类型、气体的浓度、气体的物化性质等。公有条件对应于问题属性中的环境属性，是事故发生时的环境信息的描述，如运载火箭的飞行时间、爆炸点经纬度、风力、风向等。

③ 方法和措施：根据事故类型和决策条件做出的决策。由各特征对决策的属性影响不同可定义不同的权重。

（2）智能应急决策推理方法

基于预案推理是通过检查出预案库中预先建立的同类相似问题从而获得当前问题的解决方案。因此，在输入目标问题后，需要在预案库中查找与各决策条件最相似的预案。

① 相似性的度量 在案例的相似度评估中，需要建立一个相似性计算函数，对当前决策问题与预案决策条件进行比较。

设相似函数“$sim: \boldsymbol{U} \times \boldsymbol{CB} \rightarrow [0,1]$”。$\boldsymbol{U}$ 为对象域即目标预案集合，$\boldsymbol{CB}$ 为预案库中的预案集合。用 $sim(x,y)$ 表示目标预案 x 与源预案 y 的相似程度。其中，$x \in \boldsymbol{U}$，$y \in \boldsymbol{CB}$。

显然有如下特性：

$$\begin{cases} 0 \leqslant sim(x,y) \leqslant 1 \\ sim(x,x)=1 \\ sim(x,y)=sim(y,x) \end{cases} \tag{7-40}$$

一条预案所包含的问题属性在计算相似度时所起的作用是不一样的。因此应根据不同的问题属性赋予不同的权重。设一条预案中含有 n 个问题属性时，则有

$$g_1+g_2+\cdots+g_j+\cdots+g_n=1 \tag{7-41}$$

式中，$0 \leqslant g_j \leqslant 1$，$j=1,2,\cdots,n$，$g_j$ 为第 j 个属性的权值。

假设某条预案的问题描述包含了 n 个属性，分别记为 $A_1,A_2,\cdots,A_n$，它们的值域记为 $dom(A_1),dom(A_2),\cdots,dom(A_n)$。用向量：$V_{\mathrm{t}}=(a_{\mathrm{t}i})$，$a_{\mathrm{t}i} \in A_i$，$i=1,2,\cdots,l$；$V_{\mathrm{r}}=(a_{\mathrm{r}j}),a_{\mathrm{r}j} \in A_j,j=1,2,\cdots,m$，分别代表决策问题 T 和预案库中预案 R 的各属性。计算两信息实体的相似度：

$$\begin{aligned} sim(V_{\mathrm{t}},V_{\mathrm{r}})=sim[(a_{\mathrm{t}i}),(a_{\mathrm{r}j})]=sim(a_{\mathrm{t}1},a_{\mathrm{r}1})g_1 \\ +sim(a_{\mathrm{t}2},a_{\mathrm{r}2})g_2+\cdots+sim(a_{\mathrm{t}n},a_{\mathrm{r}n})g_n \end{aligned} \tag{7-42}$$

式中，$g_i[i=1,2,\cdots,n,n=\min(l,m)]$代表各属性的权重。

常用的相似度量函数有以下几种类别：

a. Tversky 对比匹配函数：这是基于概率模型的度量方法；

b. 改进的 Tversky 匹配法：考虑了属性集中的各属性段对于两个案例具有不同的权值；

c. 距离度量法或最近邻算法：通过计算两个对象在特征空间中的距离来获得两案例间的相似性。

在基于案例的推理（CBR）推理中，大多数的范例检索都使用最近邻算法。除此之外，还有局部相似技术、基于模糊集相似性的计算方法等，在本节中采用距离度量法。

② 距离度量法的计算 距离度量法或最近邻算法是通过计算两个对象在特征空间中的距离来获得两预案间的相似性。为解决属性相似度计算的问题，首先必须对每个属性定义其值域，使其取值规范化，特别是其值域为符号集合时，然后对属性值的差异实行量化。

首先引入距离 $dist$：

$$dist:dom(A_i) \times dom(A_j),0 \leqslant dist(a_{\mathrm{t}},a_{\mathrm{r}}) \leqslant 1 \tag{7-43}$$

采用基于闵可夫斯基（Minkowski）距离度量法，其定义如下：

$$dist(X,Y)=\sqrt[r]{\sum_{i=1}^{n}|X_i-Y_i|^r\omega_i^{\ r}} \tag{7-44}$$

式中，X_i 和 Y_i 分别为预案 X 和预案 Y 的第 i 个属性值；r 为指数；ω_i 为权值。

距离和相似性都可以描述两预案间的相似程度，两者之间的关系可表示为：

$$sim(X,Y)=\frac{1}{1+dist(X,Y)} \tag{7-45}$$

③ 智能应急决策推理预案的求解匹配　由于预案跟实际问题的吻合不可能完全准确，因此需要设置一个阈值 t，只要两者相似度大于这个阈值 t，则选出作为候选预案，即当满足：$sim_i>t$，$t\in(0,1)$。

预案问题属性不同，对应的权重也各不相同。因此，可能会出现预案整体相似性低，但个别属性的相似程度高的情况。在其匹配过程中，需要将整体上相似性最高和一些整体相似性不高但个别属性相似性高的预案都检索出来，为预案的改写和决策提供更加完善的信息。检索匹配的流程图如图 7-18 所示。

④ 智能应急决策推理预案修正的实现　预案的修改和调整在预案推理中相当重要，当预案库中没有预案与问题完全匹配的时候，只能找到一个和待求问题比较相似的最佳预案，然后通过适当调整，使其能够适应新情况，从而得以求解。修正技术可以简单地理解为把决策方案的一部分用其他的内容替换或者修改整个决策方案。以下两种情况需要进行预案的修正。

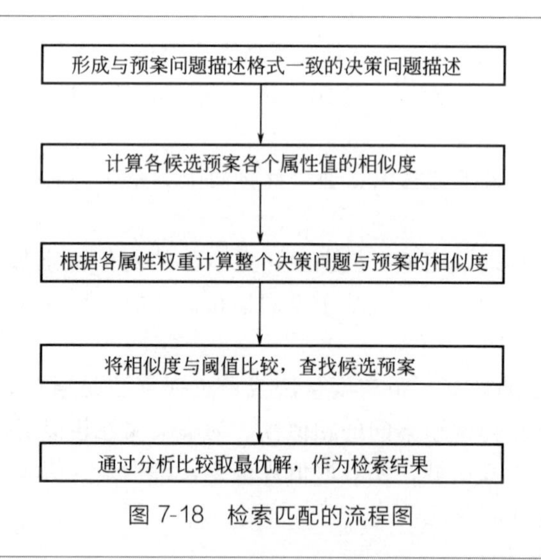

图 7-18　检索匹配的流程图

a. 通过最近邻检索匹配法得到的预案总体相似度较高，但个别属性相似度很低，特别是权重大的属性的相似度很低。可以通过对其他总体相似度不高，但属性相似度值最大预案的分析，提取相应部分的决策内容，替换需要修正预案的相应内容。

b. 通过检索匹配没有找到能够满足要求的预案。可通过查找相关案例知识，并通过相关预案生成模板，生成新的应急预案。案例库中包含了大量事实知识，这些案例库中的信息比预案库中的信息更加完整。因此，可以作为案例修正的知识来源。

航天发射飞行安全判断推理包括两个步骤：一是对安全判断参数是否真正异常（超界）的推理过程；二是依据各类安全判断参数的状态形成各类安控指令推理过程。

在判断某一安判参数是否存在超界情况时，首先按照安判参数超界处理的一般方法进行计算。如果处理结果超界，根据反向推理机制，则以此为可能超界的结论。然后以这些结论为假设，进行反向推理，再寻找支持这个假设的事实。

对于安控指令形成的推理过程，我们建立了三个数据表：安判参数表、规则元表和规则表，三个表之间也并不是相互独立的。图 7-19 说明了各表之间的关系，同时也反映了安判知识的逻辑组织形式。

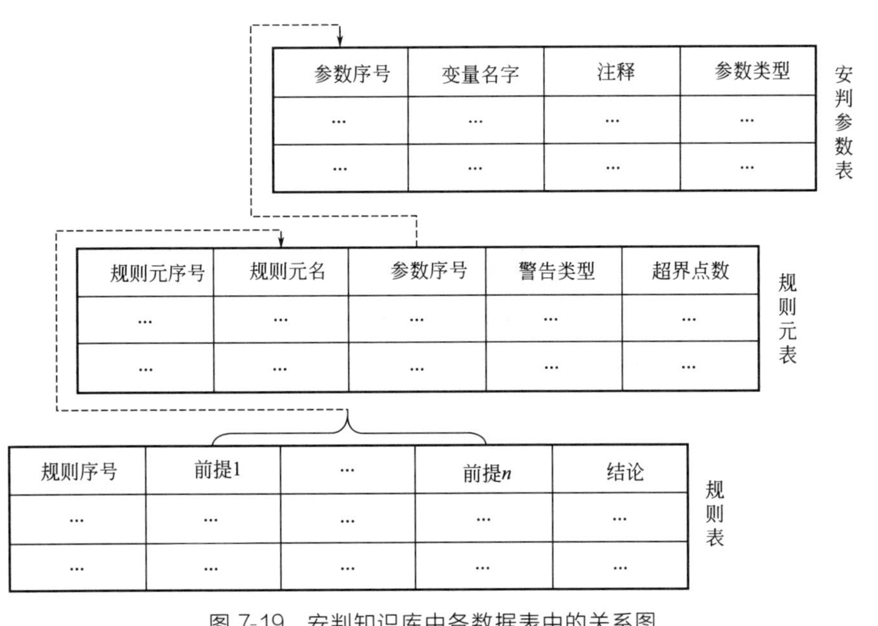

图 7-19 安判知识库中各数据表中的关系图

(3) 推理决策网络的实现

根据安判知识的产生式表示形式，引入树的概念建立起相应的安判推理决策网络。此外，以“综合告警”的模型为例来建立决策网络，将每一条知识作了如下约定：知识前提可以多于两个；前提之间组合关系全用逻辑与和逻辑或来表示；知识结论仅为一个。因此，在安全控制决策过程中，问题的求解过程可以用一个与/或树来表示。图 7-20 为一个“综合告警”决策网的结构，其中 S_n 表示第 n 条决策知识，“+”表示“或”关系，“·”表示“与”关系。

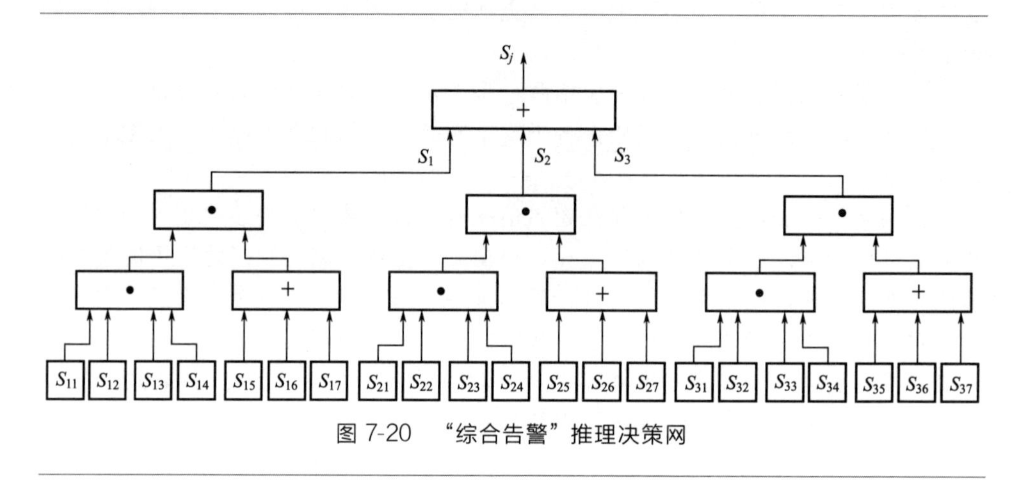

图 7-20 “综合告警”推理决策网

(4) 推理控制策略

推理过程是一个思维的过程，即如何求解问题。问题求解的质量不仅依赖于所采用的求解的方法，而且还依赖于求解问题的策略，即推理的控制策略。推理的控制策略主要包括推理方式、冲突解决策略和搜索策略等。

推理过程中系统不断地用当前已知事实与知识库中的知识进行匹配，可能同时有多条知识的前提条件被满足，即这些知识都匹配成功，形成冲突，具体选择哪一条规则执行成为冲突解决策略的主要内容。在安判决策中，每一条规则对安判结果都起着非常重要的作用，不能忽略任何一个规则对结果的影响。因此凡是规则的前提条件匹配时，就激活此规则，然后对所有的触发启用规则应用冲突解决方法进行消解。

搜索是安全控制决策中的一个基本问题，是安全决策推理中重要的部分，它直接关系到智能系统的性能与运行效率。所谓搜索策略是指在推理方式一定的情况下，寻求最佳推理路径的方法，它分为盲目性搜索和启发式搜索。依据图 7-20 所示的“综合告警”决策推理模型，在决策树宽度较大且深度一定的情况下，采用宽度优先搜索，由下至上逐层进行；反之，则采用深度优先遍历的方式。在对上一层的任一节点进行搜索之前，必须搜索完本层的所有结点，其过程如图 7-21 所示。

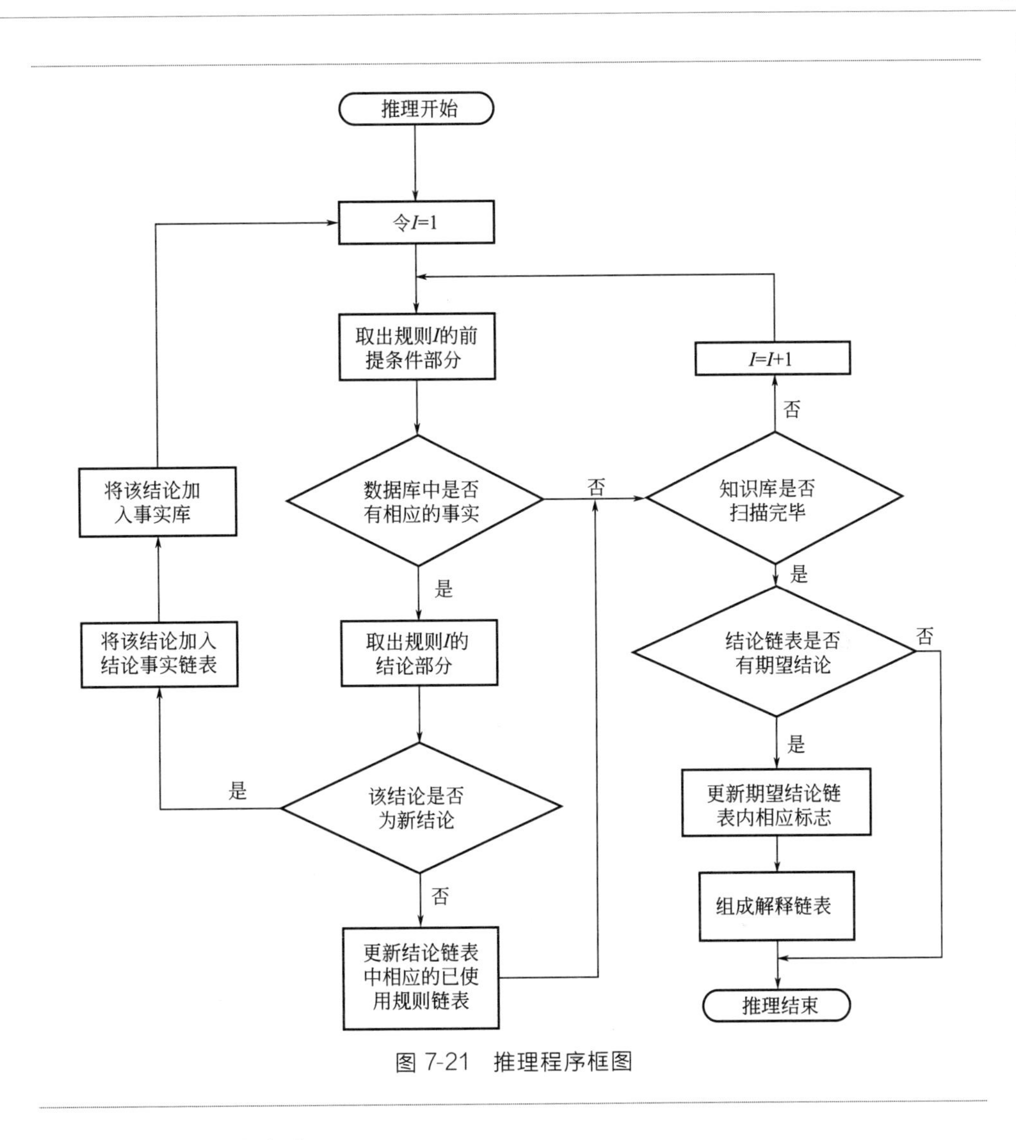

图 7-21 推理程序框图

（5）推理解释机制

辅助决策系统与传统逻辑软件的执行行为存在很大的差异。在传统软件系统应用中，程序顺序执行，因此通过顺序跟踪，人们便可以了解系统的行为，排除隐藏的错误。但是在辅助决策系统中，由于知识库与推理机的分离性，系统启动哪一条规则，需要由当时的前提条件和推理机共同决定，这样推理知识的执行顺序是不可预见的。为了对基于知识推理的航天发射安全控制过程有个清晰的了解，需要专门提供推理解释部分。

系统提供的解释机制是：系统在安全判断模块执行中，输出推理结果的同时，输出和存储相应的推理解释。在系统中，推理解释的内容包括了推理运行日期与时刻、推理结论、推理所用的基本事实等信息，以数据文件、数据库、临时文件等形式存储。当经过推理得到某一特定结论时，如果用户要了解推理解释结论是如何得到的，则该解释机制给出导致该结论的推理解释，表明这个结论从何而来，以提高用户对系统推理结果的了解；同时也增加系统的透明性，使用户易于接受推理结果。如果使用者是领域专家，则推理过程的显示可以帮助他了解知识库的工作情况和合理性，有利于系统的维护工作。

7.5.5 系统应用

在航天发射飞行过程中，针对运载火箭安全控制及应急保障的需要，通过运载火箭飞行轨迹数据与地理信息可视化仿真和空间信息处理相结合的方式，描述飞行轨迹、落点及其范围，在故障情况下提取故障点人口、城镇设施、气象、地形、环境等空间和属性信息，综合故障箭的状态信息（大小、携带燃料多少和是否有毒等），在可视化界面上实时地确定故障爆炸点及残片和毒气散布区域与影响区域。在构建的应急数据库、预案库和安全应急处理模型的基础上，进行运载火箭飞行安全的仿真模拟和现场态势分析，利用推理技术在预案库中匹配与各决策条件最相似的预案，提供事故应急控制处理和管理的决策支持。

图 7-22 利用残片散布区域计算模型模拟在运载火箭发生爆炸后，描述爆炸残片中心点及残片散布区域的仿真。系统给出了残片中心点的坐标和范围（矩形区域）等信息。

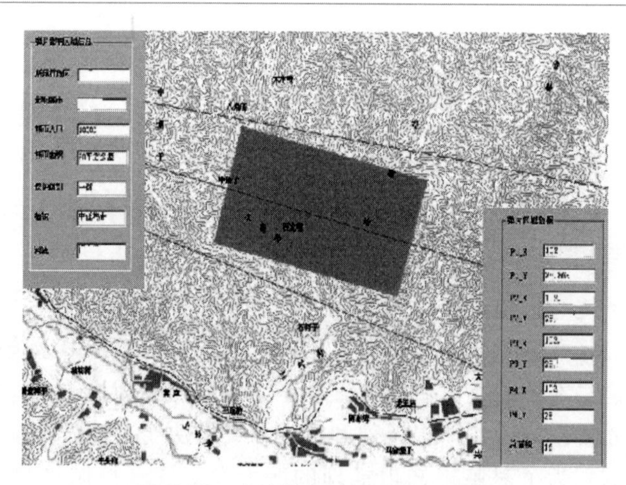

图 7-22 残片散布地点和范围仿真

图 7-23 为模拟运载火箭出现故障采取安控措施后，燃料泄漏散逸的浓度等

值线分布和相关仿真信息，其中地图中各种颜色区域的圆弧边界曲线为燃料散逸浓度等值线。

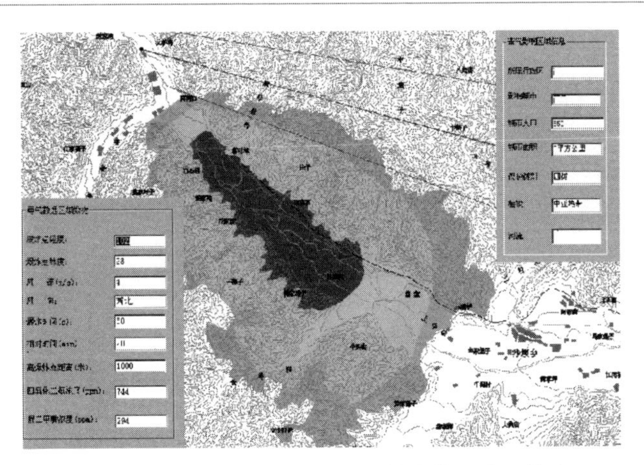

图 7-23　燃料泄漏散逸的浓度等值线和范围仿真

图 7-24 为模拟运载火箭预示落点地点和范围仿真。系统给出了落点的坐标和范围（椭圆区域）等信息。

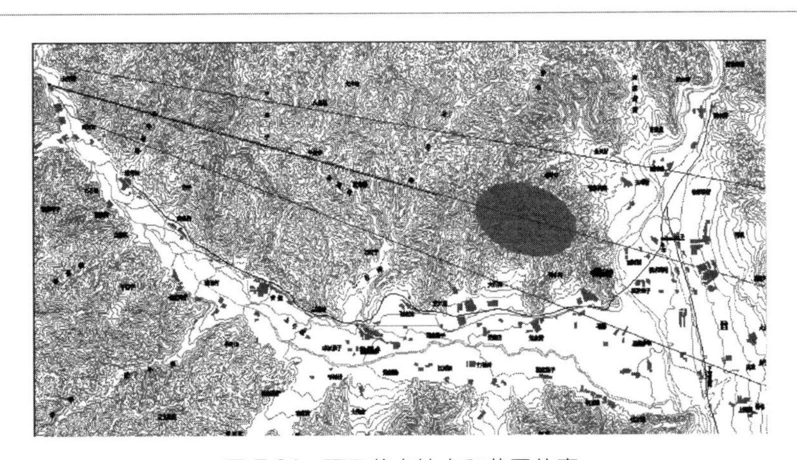

图 7-24　预示落点地点和范围仿真

针对航天发射的特点，通过将智能决策支持技术和 GIS 技术相结合，描述运载火箭飞行过程中安全管道、预示落点、飞行参数和飞行轨迹利用故障状态下残片散布模型和毒气泄漏扩散模型，实时准确地描述残片散布范围和燃料泄漏散逸的浓度场危害范围，实现了运载火箭飞行安全的仿真模拟、现场态势分析和智能化应急控制决策，如图 7-25 所示。

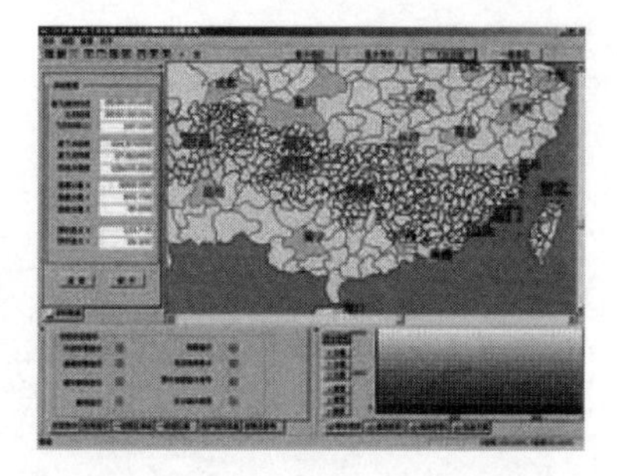

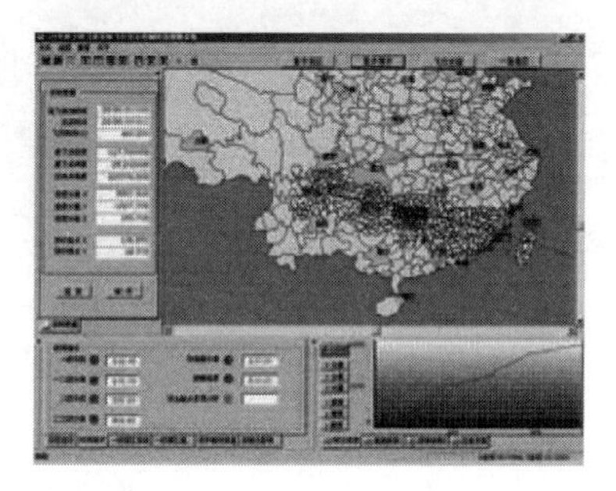

图 7-25 系统实际运行部分结果

参考文献

[1] Moore D A. Security risk assessment methodology for the petroleum and petrochemical industries [J]. Journal of Loss Prevention in the Process Industries, 2013, 26 (6): 1685-1689.

[2] Acharyulu P V S, Seetharamaiah P. A framework for safety automation of safety-critical systems operations [J]. Safety Science, 2015, 77: 133-142.

[3] Wang H, Khan F, Ahmed S, et al. Dynamic quantitative operational risk assessment of chemical processes [J]. Chemical Engineering Science, 2016, 142: 62-78.

[4] Yu H. Dynamic risk assessment of complex process operations based on a novel synthesis of soft-sensing and loss function[J]. Process Safety & Environmental Protection, 2016, 105: 1-11.

[5] Ye L, Liu Y, Fei Z, et al. Online probabilistic assessment of operating performance based on safety and optimality indices for multimode industrial processes[J]. Industrial & Engineering Chemistry Re-

search, 2009, 48(24): 10912-10923.

[6] Lin Y, Chen M, Zhou D. Online probabilistic operational safety assessment of multi-mode engineering systems using Bayesian methods[J]. Reliability Engineering & System Safety, 2013, 119: 150-157.

[7] Liu Y, Chang Y, Wang F. Online process operating performance assessment and nonoptimal cause identification for industrial processes[J]. Journal of Process Control, 2014, 24(10): 1548-1555.

[8] Liu Y, Wang F, Chang Y, et al. Comprehensive economic index prediction based operating optimality assessment and nonoptimal cause identification for multimode processes[J]. Chemical Engineering Research & Design, 2015, 97: 77-90.

[9] Zou X, Wang F, Chang Y, et al. Process operating performance optimality assessment and non-optimal cause identification under uncertainties[J]. Chemical Engineering Research & Design, 2017, 120.

[10] 叶鲁彬. 工业过程运行案例性能分析与在线评价的研究[D]. 杭州: 浙江大学, 2011.

索　引

G

H

J

K

L

M

N

Q

R

S

T

W

X

Y

Z